Analytiker-Taschenbuch · Band 8

Analytiker-Taschenbuch

Band 8

Herausgegeben von

R. Borsdorf · W. Fresenius · H. Günzler
W. Huber · H. Kelker · I. Lüderwald
G. Tölg · H. Wisser

Mit 86 Abbildungen und zahlreichen Tabellen

Springer-Verlag
Berlin Heidelberg New York
London Paris Tokyo

Prof. Dr. Rolf Borsdorf
Karl-Marx-Universität Leipzig
Sektion Chemie
Liebigstr. 18, DDR - 7010 Leipzig

Prof. Dr. Wilhelm Fresenius
Institut Fresenius
Im Maisel, D - 6204 Taunusstein

Dr. Helmut Günzler
BASF Aktiengesellschaft,
ZSA-Analyt. Labor — M 325
D - 6700 Ludwigshafen

Dr. Walter Huber
BASF Aktiengesellschaft,
ZSA-Analyt. Labor — M 320
D - 6700 Ludwigshafen

Prof. Dr. Hans Kelker
Rauenthaler Weg 26
D - 6000 Frankfurt am Main 71

Prof. Dr. Ingo Lüderwald
Dr. Karl Thomae GmbH
Analytik/Qualitätskontrolle
Postfach 1755
D - 7950 Biberach

Prof. Dr. Günter Tölg
Institut für Spektrochemie
Bunsen-Kirchhoff-Str. 11
D - 4600 Dortmund 1

Prof. Dr. Dr. Hermann Wisser
Robert-Bosch-Krankenhaus
Auerbachstr. 110
D - 7000 Stuttgart 50

ISBN-13: 978-3-642-73982-8   e-ISBN-13: 978-3-642-73981-1
DOI: 10.1007/ 978-3-642-73981-1

CIP-Kurztitelaufnahme der Deutschen Bibliothek
Analytiker-Taschenbuch Bd. 8
Berlin, Heidelberg, New York: Springer, 1989

2152/3020-543210 — Gedruckt auf säurefreiem Papier

Vorwort

Die Analytische Chemie ist eine angewandte Wissenschaft, die heute mehr
denn je weit über Chemie, Biochemie und Lebensmittelchemie hinaus für
Biologie, Klinische Medizin, Geowissenschaften, Werkstoffwissenschaften,
Umweltforschung, Umweltüberwachung und auch für die Physik grund-
legende Bedeutung erlangt hat. Aus diesem interdisziplinären Zusammen-
wirken erwuchs eine Fülle neuer analytischer Aufgaben und Möglichkeiten:
Der Physik und der Physikalischen Chemie verdankt die Analytik neue
Methoden; die Automatisierung der chemischen Analytik ist in rascher
Entwicklung begriffen; die Techniken der elektronischen Datenverarbeitung eröffneten der Analytik eine neue Dimension an Qualität und bislang
nicht gangbare methodische Strategien. Aus dieser Situation entstand die
Forderung nach einem aktuellen, handlichen Taschenbuch, das am Arbeitsplatz kurz gefaßte und präzise Informationen über Prinzip und Anwendbarkeit der analytischen Verfahren bietet.

Das bislang etwa jedes Jahr erscheinende Werk soll, der fortschreitenden
Entwicklung folgend, in einer Reihe von Einzelbeiträgen neue wie auch
bewährte klassische „Grundlagen", „Methoden" und „Anwendungen"
beschreiben. Im Anschluß an diesen Beitragsteil erscheinen (ab Band 2)
einige für den Analytiker nützliche Informationen ständig gleichbleibend
als „Basisteil", der in den Folgebänden ergänzt bzw. überarbeitet wird.
Die Auswahl der Beiträge erfolgt nach Aktualität des Themas oder aufgrund des technischen, methodischen oder anwendungsbezogenen Fort-
schrittes analytischer Verfahren. Das Taschenbuch hat seine Aufgabe dann
erfüllt, wenn es dem analytisch Arbeitenden ein Hilfsmittel am Arbeitsplatz ist, das ihm täglich auftretende Fragen beantwortet oder ihm Hinweise gibt, wo er eine Antwort finden kann.

Von einem jeden Band einzeln erschließenden Sachregister wurde von
Band 7 an abgesehen; statt dessen ist geplant, Band 10 mit einem alle bis
dahin erschienenen Beiträge umfassenden Register zu versehen. Das
Autorenverzeichnis wird dagegen von Band zu Band ergänzt. Um eine
optimale Inhaltsübersicht zu gewährleisten, werden von Band 4 ab die
Inhaltsverzeichnisse der vorangegangenen Bände abgedruckt.

R. Borsdorf, W. Fresenius, H. Günzler, W. Huber, H. Kelker,
I. Lüderwald, G. Tölg, H. Wisser

Autoren

Porf. Dr. sc. K. Dittrich
Sektion Chemie der Karl-Marx-Universität Leipzig
Talstraße 35, DDR-7010 Leipzig
Prof. Dr. J. F. K. Huber
Institut für Analytische Chemie der Universität Wien
Währinger Straße 38, A-1090 Wien
Dr. R. Kanne
Bayer AG, Werksverwaltung Leverkusen, Umweltschutz
D-5090 Leverkusen, Bayerwerk
Porf. Dr. E. Kenndler
Institut für Analytische Chemie der Universität Wien
Währinger Straße 38, A-1090 Wien
Dr. E. Knoll
Abteilung für Klinische Chemie
Robert-Bosch-Krankenhaus
Auerbachstraße 110, D-7000 Stuttgart 50
Dr. R. Küppers
Fa. Boehringer Mannheim
Sandhofer Straße 116, D-6800 Mannheim 31
Dr. R. Linke
Fa. Boehringer Mannheim
Sandhofer Straße 116, D-6800 Mannheim 31
Dr. E. Metzmann
Forschungslaboratorien der Behringwerke AG
Postfach 1140, D-3550 Marburg/Lahn
Prof. Dr. M. Schöneshöfer
Abteilung für Laboratoriumsmedizin
Städtisches Krankenhaus Berlin-Spandau
Lynarstraße 12, D-1000 Berlin 20
Dr. M. Schwalbe-Fehl
Hoechst AG, Analytisches Laboratorium
Postfach 800320, D-6230 Frankfurt am Main 80
Prof. Dr. H. Schwarz
Institut für Organische Chemie
Technische Universität Berlin
Straße des 17. Juni 135, D-1000 Berlin 12

Inhaltsverzeichnis

Inhalt der Bände 1—7

Band 1

I. Grundlagen

Probenahme an festen Stoffen (*G. Kraft*)

Lösen und Aufschließen (*R. Bock*)

On-line Datenverarbeitung (*W. Eichelberger, H. Günzler*)

Auswertung quantitativer Analysenergebnisse (*G. Gottschalk*)

II. Methoden

Elektrochemische Analysenverfahren (*G. Kraft*)

Grenzen der Atomabsorptions-Spektroskopie (*G. Knapp, W. Wegscheider*)

Tabellen zur Gas-Chromatographie (*R. E. Kaiser*)

Prüfröhrchen (*K. Leichnitz*)

Chiroptische Methoden (*F. Snatzke, G. Snatzke*)

Fehlerquellen bei ionenselektiven Elektroden (*K. Cammann*)

Röntgenspektralanalyse am Rasterelektronenmikroskop,
I. Energiedispersive Spektrometrie (*R. Klockenkämper*)

Methoden der Oberflächenanalyse (*S. Hofmann*)

III. Anwendungen

Anwendungsbereiche der enzymatischen Analyse
(*G. Pfleiderer, H. E. Pauly*)

Mycotoxine, insbesondere Aflatoxine (*R. E. Fresenius*)

Qualitative Untersuchungen von Farbstoffen (*H. Schweppe*)

Nachweis von Rauschgiften und Dopingmitteln im Urin (*W. Vycydilik*)

Quecksilber- und Organoquecksilber-Verbindungen im Wasser
(*F. H. Frimmel*)

Analyse von Plutonium (*H. Kutter*)

Band 5

I. Grundlagen

Analytische Methoden in der kulturgeschichtlichen Forschung
(*J. Riederer*)

II. Methoden

Neutronenaktivierungsanalyse (*V. Krivan*)

Plasma-Emissions-Spektrometrie (*H.-J. Hoffmann, R. Röhl*)

Photo-Akustik-Spektroskopie im UV-VIS-Spektralbereich
(*H.-H. Perkampus*)

Massenspektroskopische Analyse ungesättigter Fettsäuren
(*H. Budzikiewicz*)

III. Anwendungen

Schnelltests in der medizinischen Analytik
(*W. Majunke, U. Watterodt, R. Proetzsch, G. Brillinger*)

Schnelltests zur Umweltanalytik (*E. Koch*)

Cadmium-Bestimmung in biologischem und Umweltmaterial
(*M. Stoeppler*)

N-Nitroso-Verbindungen in Lebensmitteln (*G. Eisenbrand*)

Weinanalytik (*A. Rapp*)

IV. Basisteil

Band 6

I. Grundlagen

Referenzmaterialien (*B. Griepink* und *H. Marchandise*)

Vollautomatische rechnergesteuerte Analysensysteme:
Geräteentwicklung und Auswertung. I. Allgemeine Grundlagen
(*S. Ebel*)

Korrelationsfunktionen in der Analytik
(*K. Doerffel* und *W. Wundrack*)

II. Methoden

IR-Spektrometrie von Polymeren (*D. O. Hummel*)

One-Line Kopplung Hochleistungsflüssigkeitschromatographie-
Massenspektrometrie (*K. Levsen*)

I. Grundlagen

Methodische Fortschritte der Gaschromatographie

E. Kenndler und J. F. K. Huber

Institut für Analytische Chemie der Universität Wien, Währingerstraße 38, A-1090 Wien, Österreich

1 Einleitung

Obwohl die Gaschromatographie (GC) schon Anfang der Fünfziger Jahre in die Analytik Eingang gefunden hat und die stürmische Entwicklung der ersten Periode vorüber ist, hat es in den letzten Jahren doch einige wichtige methodische Fortschritte gegeben. Insbesonders hat sich die Kapillar-Gaschromatographie aufgrund wesentlicher Verbesserungen in der Praxis durchgesetzt. Zusätzlich wurden in der Massenspektrometrie (MS) und in der Infrarotspektrometrie (IR) chromatographiegerechte Systeme entwickelt.

Die Chromatographie wird als Trennmethode definiert, die auf der selektiven Verteilung der Komponenten einer Probe zwischen einer strömenden und einer ruhenden Phase beruht. Über diese Definition hinausgehend versteht man aber in der Analytik unter Chromatographie auch die Kombination dieser Trennmethode mit der Detektion und der Signalverarbeitung. In diesem Sinn kann man die Gaschromatographie als eine nahezu ideale Analysenmethode bezeichnen. Sie kombiniert eine Hochleistungstrennmethode mit einer hochempfindlichen, entweder universellen oder selektiven Meßmethode und einer computerunterstützten Signalverarbeitung zu einem außerordentlich leistungsfähigen, integrierten Analysensystem mit hohem Automatisierungsgrad. Leider ist die Gaschromatographie auf Proben beschränkt, die unzersetzt verdampfbar sind. Durch Einbeziehung der chemischen Reaktion als weitere Grundoperation kann zwar der Anwendungsbereich durch Herstellung flüchtiger Derivate erweitert werden, trotzdem bleibt er auf etwa 10% der bekannten chemischen Verbindungen beschränkt.

Dieser Artikel besteht aus zwei Teilen, einer theoretischen Einführung und einer Beschreibung der experimentellen Weiterentwicklungen der letzten Jahre. Die Anwendung der Gaschromatographie zur Lösung analytisch-chemischer Probleme sollte von einer praxisgerechten theoretischen Basis ausgehen. Da diese im Analytiker-Taschenbuch bisher noch nicht beschrieben wurde, wird dies jetzt unter Beschränkung auf das unbedingt Notwendige nachgeholt. Dabei ergibt sich allerdings die Schwierigkeit, daß in der Literatur unterschiedliche Definitionen und Symbole verwendet werden. Dies gilt z. B. für die Auflösung und den Kapazitätsfaktor. Für die Auflösung haben wir eine Definition gewählt, die es am einfachsten erlaubt, den Einfluß dieser Kenngröße auf die Qualität der Analysendaten (Richtigkeit, Präzision) zu beschreiben. Als Symbol für den Kapazitätsfaktor wurde der griechische Buchstabe $\varkappa$ gewählt, da die in der Literatur oft verwendeten Buchstaben k oder K in der Theorie der Chromatographie bereits belegt sind: die Gleichgewichtskonstante für die Verteilung zwischen zwei Phasen wird mit dem Symbol K und die Geschwindigkeitskonstante für den Stoffaustausch mit k bezeichnet. Diese Konvention wurde aus der physikalischen Chemie und der Verfahrenstechnik übernommen.

2 Einführung in die theoretischen Grundlagen

2.1 Verweilzeitverteilung

Die Ausgangsfunktion beschreibt die Konzentration einer Substanz am Ende der Trennsäule in Abhängigkeit von der Zeit. Die Ausgangsfunktion, die man bei einer stoßförmigen Eingangsfunktion der Substanz erhält, nennt man die Verweilzeitverteilung. Aus der Theorie des chromatographischen Prozesses läßt sich ableiten, daß die Form der Verweilzeit-

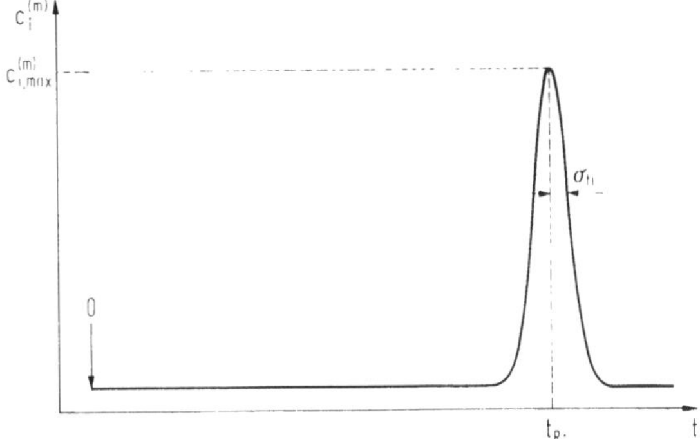

Abb. 1. Gauß-Funktion als Verweilzeitverteilung
t = Zeit, $c_i^{(m)}$ = Konzentration der Komponente i in der mobilen Phase.
Zur Erläuterung: siehe Text

verteilung annähernd einer Gauß-Funktion entspricht, welche schematisch in Abb. 1 dargestellt wird.
Diese Funktion wird durch folgende Gleichung beschrieben.

$$c_i^{(m)} = c_{i,max}^{(m)}\ e^{-\frac{1}{2}\left(\frac{t-t_{R i}}{\sigma_{ti}}\right)^2} \tag{1}$$

wobei

$c_i^{(m)}$ = Konzentration der Komponente i in der mobilen Phase
t   = Zeit seit dem Eintritt der Probe in die Säule
$t_{R i}$ = mittlere Verweilzeit = Retentionszeit
σ_{ti} = Standardbreite (Standardabweichung) der Verweilzeitverteilung
$c_{i,max}^{(m)}$ = Höhe der Verweilzeitverteilung

Diese Verteilungsfunktion also wird durch 3 Parameter festgelegt: durch die Retentionszeit $t_{R i}$, durch die Standardbreite σ_{ti} und durch die Höhe des Peakmaximums $c_{i,max}^{(m)}$.
Diese Parameter werden durch folgende Ausdrücke beschrieben.

$$t_{R i} = \frac{L}{u}\,(1 + \varkappa_i) \tag{2}$$

$$\sigma_{ti} = (H_i/L)^{1/2}\,t_{R i} \tag{3}$$

$$c_{i,max}^{(m)} = \frac{Q_i}{\sqrt{2\pi}\,(H_i L)^{1/2}\,A_m(1 + \varkappa_i)} \tag{4}$$

mit

L   = Säulenlänge
u   = Strömungsgeschwindigkeit, gemittelt über den Strömungsquerschnitt
$\varkappa_i$ = Mengenverteilungsverhältnis der Komponente i zwischen stationärer und mobiler Phase = Kapazitätsfaktor

$$H_i = \text{theoretische Trennstufenhöhe}$$
$$Q_i = \text{dosierte Menge der Komponente i}$$
$$A_m = \text{Strömungsquerschnitt}$$

Aus Gl. 1 erkennt man, daß die Verweilzeitverteilung durch zwei Vorgänge bestimmt wird, nämlich durch die Retention und durch die Dispersion. Beide Vorgänge werden in den folgenden Kapiteln behandelt.

2.2 Retention

Die Retentionszeit einer Komponente i hängt nach Gl. 2 vom Kapazitätsfaktor ab. Dieser wird durch den (stoffspezifischen) Verteilungskoeffizienten K_i und durch das Volumensverhältnis q bestimmt.

$$\varkappa_i = K_i q \tag{5}$$

mit

$$
\begin{aligned}
K_i &= c_i^{(s)}/c_i^{(m)} \\
c_i^{(s)}, c_i^{(m)} &= \text{Gleichgewichtskonzentration der Komponente i in} \\
&\quad \text{der stationären bzw. mobilen Phase} \\
q &= V^{(s)}/V^{(m)} \\
V^{(s)}, V^{(m)} &= \text{Volumen der stationären bzw. mobilen Phase in} \\
&\quad \text{der Trennsäule}
\end{aligned}
$$

Der Verteilungskoeffizient nähert sich bei hoher Verdünnung einem konstanten Wert, der für ein System, welches aus einer gasförmigen und einer flüssigen Phase besteht, durch folgenden Ausdruck gegeben ist.

$$K_{i0} = \frac{RT}{p_{i0}\gamma_{i0}\overline{V}^{(s)}} \tag{6}$$

wobei

$$
\begin{aligned}
T &= \text{absolute Temperatur} \\
p_{i0} &= \text{Dampfdruck der reinen Komponente bei der Temperatur T} \\
\gamma_{i0} &= \text{Aktivitätskoeffizient von i bei unendlicher Verdünnung} \\
\overline{V}^{(s)} &= \text{Molvolumen der stationären Trennflüssigkeit} \\
R &= \text{Gaskonstante}
\end{aligned}
$$

Mit $t_{R0} = L/u$, der Verweilzeit einer unverzögerten Komponente, d. h. einer Komponente mit $\varkappa_i = 0$, kann man die Gleichung für die Retentionszeit auch in der folgenden Form schreiben.

$$t_{Ri} = t_{R0}(1 + \varkappa_i) \tag{7}$$

Man ersieht aus der obigen Beziehung, daß Unterschiede in den Retentionszeiten, durch welche eine Trennung der Komponenten ermöglicht wird, durch Unterschiede in den Kapazitätsfaktoren bewirkt werden. Der dabei entscheidende Parameter ist der Selektivitätskoeffizient, r_{ji}, der wie folgt definiert ist.

$$r_{ji} = \varkappa_j/\varkappa_i \tag{8}$$

Der Selektivitätskoeffizient ist eine thermodynamische Größe und hängt von der Art des Analyten, der Art des Phasensystems und von der Temperatur der Trennsäule ab.
In der Gaschromatographie kann der Selektivitätskoeffizient durch die folgende Beziehung ausgedrückt werden, welche durch Kombination der Gl. 6 und 8 erhalten wird.

$$r_{ji} = \frac{p_{io} \cdot \gamma_{io}}{p_{jo} \cdot \gamma_{jo}} \tag{9}$$

Man ersieht daraus, daß zwei Substanzen trennbar sind, wenn der Dampfdruck der reinen Komponenten oder die Aktivitätskoeffizienten in der stationären Flüssigkeit bei einer bestimmten Temperatur genügend ungleich sind. Das Verhältnis der Aktivitätskoeffizienten hängt vom Unterschied der Wechselwirkungen der beiden Analyten mit der stationären Trennflüssigkeit ab. Auch bei gleichem Dampfdruck kann daher durch die geeignete Auswahl der stationären Phase eine Trennung erreicht werden.

2.3 Dispersion

Die Kinetik der Peakdispersion in der chromatographischen Säule wird durch eine Kenngröße, die theoretische Trennstufenhöhe H_i beschrieben. Diese hat den Charakter einer Geschwindigkeitskonstanten mit der Dimension einer Länge.

Die Effizienz einer Trennsäule wird durch die theoretische Trennstufenzahl N_i beschrieben.

$$N_i = L/H_i \tag{10}$$

Die theoretische Trennstufenhöhe einer gepackten Säule setzt sich im Prinzip aus 4 Beiträgen aufgrund der an der Dispersion beteiligten Prozesse zusammen.

$$H = H_d + H_c + H_m + H_s \tag{11}$$

Die Peakverbreiterung wird also durch folgende Teilprozesse verursacht:

— longitudinale Diffusion (H_d)
— konvektive Durchmischung aufgrund eines Strömungsprofils (H_c)
— Stoffübergang von der mobilen Phase zur Grenzfläche mit der stationären Phase und umgekehrt (H_m)
— Stoffübergang von der Grenzfläche in die stationäre Phase und umgekehrt (H_s).

Bei gepackten gaschromatographischen Säulen kann die Abhängigkeit der theoretischen Trennstufenhöhe H_i von der mittleren linearen Geschwindigkeit u der mobilen Phase in vereinfachter Weise durch folgende Gleichung ausgedrückt werden (van Deemter [1]).

$$H = A + B/u + C \cdot u \tag{12}$$

Der erste Term A beschreibt in vereinfachter Form den Beitrag der konvektiven Durchmischung H_c in Gl. 11, der zweite Term B/u den Beitrag der longitudinalen Diffusion H_d und der dritte Term $C \cdot u = C_s \cdot u$ den Beitrag des Stofftransportes in der stationären Phase H_s. Der Term für den Stofftransport in der mobilen $H_m = C_m \cdot u$ kann bei nicht zu hohen Drukken aufgrund des großen Diffusionskoeffizienten in der Gasphase vernachlässigt werden.

Für Kapillarsäulen kann man aufgrund der Zylindersymmetrie von Rohren eine Gleichung ableiten, welche die theoretische Trennstufenhöhe als Funktion der verschiedenen Einflußgrößen beschreibt (Golay [2]).

$$H_i = \frac{2D_i^{(m)}}{u} + \frac{(1 + 6\varkappa_i + 11\varkappa_i^2)}{(1 + \varkappa_i)^2} \frac{r_0^2}{24D_i^{(m)}} \cdot u + \frac{2}{3} \frac{\varkappa_i}{(1 + \varkappa_i)^2} \frac{d_f^2}{D_i^{(s)}} \cdot u \qquad (13)$$

mit

$$D_i^{(m)} = \text{Diffusionskoeffizient der Komponente i in der mobilen Phase m}$$

$$D_i^{(s)} = \text{Diffusionskoeffizient der Komponente i in der stationären Phase s}$$

$$r_0 = \text{Innenradius des Kapillarrohres}$$

$$d_f = \text{Filmdicke der stationären Phase}$$

Diese Beziehung besteht aus drei Termen. Der erste Term beschreibt H_d, den Einfluß der longitudinalen Diffusion. Im zweiten Term treten die Beiträge H_c und H_m von Gl. 11 als gekoppelter Beitrag H_{cm} auf. Der dritte Term gibt den Beitrag H_s des Stoffüberganges in der stationären Phase an.

Wie aus Gl. 13 ersichtlich ist, beeinflußt die Änderung des Kapazitätsfaktors die theoretische Trennstufenhöhe, da sowohl der zweite als auch der dritte Term dieser Gleichung Faktoren enthält, die Funktionen des Kapazitätsfaktors sind. Die Abhängigkeit dieser Faktoren von $\varkappa_i$ ist in Abb. 2 graphisch wiedergegeben. Man ersieht aus der Abb. 2a, daß der Faktor des zweiten Terms, welcher den Einfluß des $\varkappa_i$ beschreibt, vom

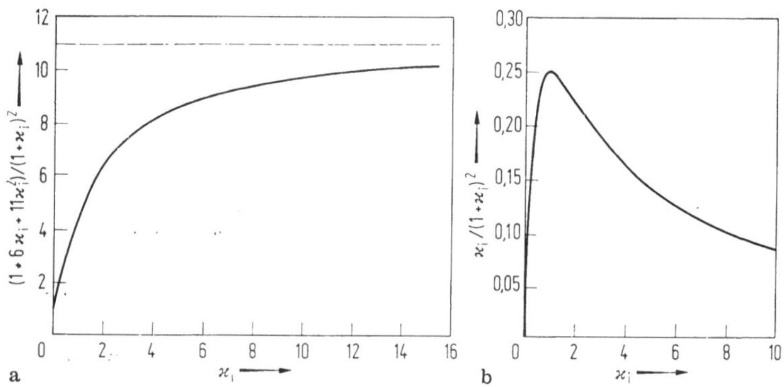

Abb 2. Abhängigkeit der K-abhängigen Faktoren der theoretischen Trennstufenhöhe von Kapillarsäulen vom Kapazitätsfaktor $\varkappa_i$. Der Kapazitätsfaktor beeinflußt den zweiten Term (**a**) und den dritten Term (**b**) der Golay-Beziehung (Gl. 13)

Wert 1 (für $\varkappa_i = 0$) bis zum Wert 11 (für $\varkappa_i = \infty$) anwächst. Andererseits ersieht man aus der Abb. 2b, daß der Faktor des dritten Terms, welcher den Einfluß des $\varkappa_i$ beschreibt, für $\varkappa_i = 0$ Null ist, mit wachsendem $\varkappa_i$ ein Maximum bei $\varkappa_i = 1$ erreicht, dann wieder abnimmt und sich dem Wert Null nähert.

Wir erkennen, daß H_i für $\varkappa_i = 0$ am kleinsten ist, d. h., daß die Effizienz am größten ist für eine Substanz, die unverzögert durch die Kapillarsäule läuft. Bei $\varkappa_i = 0$ wird die Verbreitung eines Peaks nur durch die Beiträge der longitudinalen Diffusion $H_d = 2D_i^{(m)}/u$ und der konvektiven Durchmischung $H_c = r_0^2 \cdot u/24D_i^{(m)}$ bewirkt. Mit zunehmendem Kapazitätsfaktor üben die Beiträge $H_{cm} + H_s$ einen wachsenden Einfluß aus. Entsprechend den $\varkappa$-abhängigen Faktoren nähern sich die beiden Beiträge entweder einem konstanten Wert oder durchlaufen ein Maximum. Der

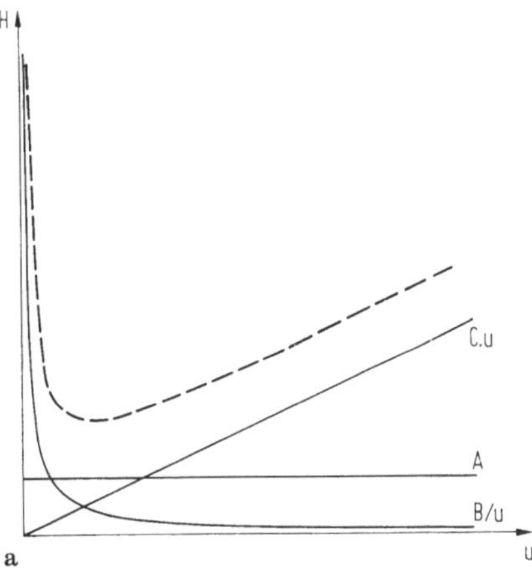

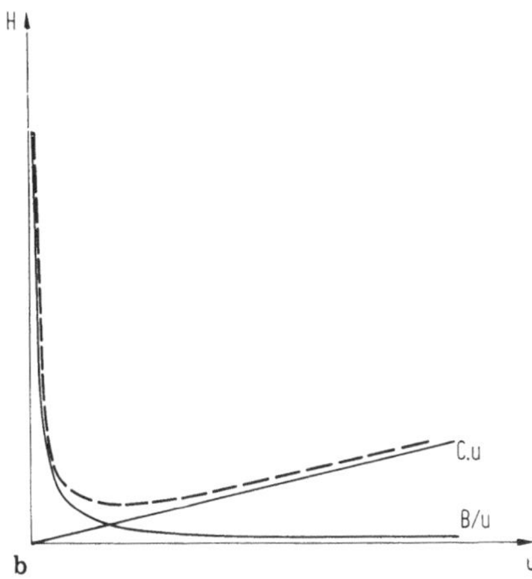

Abb. 3. Abhängigkeit der theoretischen Trennstufenhöhe H von der mittleren Strömungsgeschwindigkeit der mobilen Phase u. **a** gepackte Säule; **b** Kapillarsäule. Die Parameter A, B und C werden im Text diskutiert.

relative Beitrag der beiden Stoffübergangsterme zu H_i, und damit der Gesamteffekt des Kapazitätsfaktors auf die theoretische Trennstufenhöhe, hängt von der Größe der anderen involvierten Parameter, wie r_0, d_f, $D_i^{(m)}$ und $D_i^{(s)}$ ab.

Mit Hilfe von Gl. 13 kann man jene Effekte, welche sich auf die Effizienz von Kapillarsäulen auswirken diskutieren und optimieren. So kann bei Kapillarsäulen eine beträchtliche Zunahme der Effizienz mit abnehmendem Innendurchmesser erreicht werden, da im zweiten Term das Quadrat des Radius steht. Somit ist dieser Term z. B. bei Säulen mit 0,1 mm Innendurchmesser um den Faktor 25 kleiner als bei Säulen mit 0,5 mm Innendurchmesser. Ebenso läßt sich die Zunahme der Effizienz bei Dünnfilmkapillaren gegenüber Dickfilmkapillaren mit Hilfe des 3. Terms voraussagen.

Die van Deemter-Gleichung für gepackte Säulen und die Golay-Gleichung für Kapillarsäulen sind in Abb. 3 graphisch dargestellt, wobei für Kapillarsäulen der Achsenabschnitt A der der Gl. 12 analogen Beziehung gleich Null ist. Die Analyse der beiden Gleichungen für die theoretische Trennstufenhöhe führt beim Vergleich zwischen Kapillarsäulen und gepackten Säulen z. B. zu folgenden Konsequenzen:

— Kapillarsäulen haben im Vergleich zu gepackten Säulen geringere H_i-Werte, wenn auch die Unterschiede im Allgemeinen nicht allzu groß sind. Aufgrund der höheren Permeabilität und dem dadurch bedingten geringeren Druckabfall können jedoch in der Praxis wesentlich längere Kapillarsäulen als gepackte Säulen eingesetzt werden, so daß weitaus höhere theoretische Trennstufenzahlen erreicht werden können.

— Aufgrund der relativ geringen Bedeutung des $C_s \cdot u$-Terms bei Dünnfilmkapillaren ist der Anstieg der H vs. u-Kurve rechts vom Minimum bei Kapillarsäulen wesentlich flacher als bei gepackten Säulen. Aus diesem Grund verlieren Kapillarsäulen auch bei relativ hohen Strömungsgeschwindigkeiten nur wenig an Effizienz. Dieser Verlust kann oft akzeptiert werden, da dadurch die Analysenzeit drastisch verkürzt wird.

2.4 Außersäuleneffekte

Die Breite eines chromatographischen Ausgangspeaks hängt nicht nur vom chromatographischen Prozeß ab. Andere Beiträge zur Peakverbreiterung, die außerhalb der Säule erzeugt werden, führen dazu, daß der gemessene Peak breiter ist als der durch die Säule allein erzeugte. Zusätzliche Peakverbreiterungseffekte rühren von Mischungsvorgängen im Injektor, im Detektor, in Zu- oder Ableitungen, in Kopplungen etc. her. Auch ein zu großes Probevolumen verursacht bei der Injektion eine nicht mehr vernachlässigbare Anfangspeakbreite. Ähnlich wirkt sich ein zu großes Volumen der Detektorzelle aus. Diese zusätzlichen Beiträge zur Peakbreite werden um so deutlicher, je kleiner das Säulenvolumen und die theoretische Trennstufenhöhe ist. Das führt dazu, daß z. B. für Kapillarsäulen mit geringer Länge, kleinem Innendurchmesser, geringer Filmdicke der stationären Phase bei hoher Uniformität der Schichtdicke, besonders für Analyte mit kleinen Kapazitätsfaktorwerten extrem hohe Anforderungen an die Instrumentierung gestellt werden müssen, da sonst die erreichbare Effizienz nicht erreicht wird.

Der Einfluß der einzelnen Beiträge auf die Gesamtverbreiterung kann quantifiziert werden: die Varianz (das zweite Moment) des Ausgangspeaks σ_t^2 setzt sich additiv aus den verschiedenen Varianzen σ_{tk}^2, der einzelnen Teileffekte zusammen.

$$\sigma_t^2 = \sum_{k=1}^{n} \sigma_{tk}^2 \tag{14}$$

Die in der Chromatographie am häufigsten auftretende Peakfunktion ist die Gauß-Funktion; daneben spielen noch die Rechteckfunktion und die Exponentialfunktion eine Rolle.

Eine gaußförmige Eingangsfunktion in eine chromatographische Säule tritt z. B. bei der Mehrstufenchromatographie auf, wo die Ausgangsfunktion der Vorsäule zugleich die Eingangsfunktion der Nachsäule ist. Ihre Varianz ist gleich dem Quadrat der Standardabweichung. Aufgrund der Additivität der Varianzen ist es nötig, die Breite des Peaks nach der Vorsäule zu reduzieren, um die Effizienz der Nachsäule voll auszunutzen. Diese Peakkompression ist besonders wichtig, wenn die Varianz, welche durch die Vorsäule bewirkt wird, größer ist als die der Nachsäule. Dies ist z. B. in der Regel der Fall, wenn als Vorsäule eine gepackte Säule, als Nachsäule aber eine Kapillarsäule verwendet wird. Die erforderliche Peakkompression wird dann z. B. durch den Einsatz einer Kühlfalle erreicht.

Die Rechteckfunktion, welche in der Abb. 4a dargestellt ist, entsteht, wenn ein Peak durch eine Detektorzelle läuft, deren Volumen wesentlich größer ist als das Peakvolumen. Dieser Fall tritt aufgrund der kleinen Peakvolumina besonders leicht bei Kapillarsäulen auf. Man unterdrückt daher diesen Außersäuleneffekt durch Peakverbreiterung mit Hilfe eines Spülgases. Die Auflösung bleibt erhalten, und bei der Verwendung eines massestromabhängigen Detektors (z. B. des Flammenionisationsdetektors) tritt auch keine Verringerung der Empfindlichkeit auf. Rechtecksfunktionen mit zu großen Varianzen können auch bei splitloser und on-column-Injektion auftreten. Sie müssen durch entsprechende Maßnahmen („Lösungsmitteleffekt", thermische Fokusierung etc.) eliminiert bzw. reduziert werden.

Wenn im chromatographischen System die Probekomponenten in nicht-durchströmte Volumina gelangen, aus denen sie nur durch Diffusion in den Trägergasstrom zurückgelangen können, ergibt sich für diesen Vorgang eine exponentiell abfallende Verweilzeitverteilungskurve, welche in der Abb. 4b dargestellt ist. Exponentialfunktionen treten in der GC z. B. bei schlecht konstruierten Injektoren auf, bei Kapillarsäulen auch bei einer schlechten Positionierung der Säule im Injektor. Außerkolonneneffekte, welche zu Exponentialfunktionen führen, erzeugen nicht nur eine Peakverbreiterung sondern auch eine Peakasymmetrie.

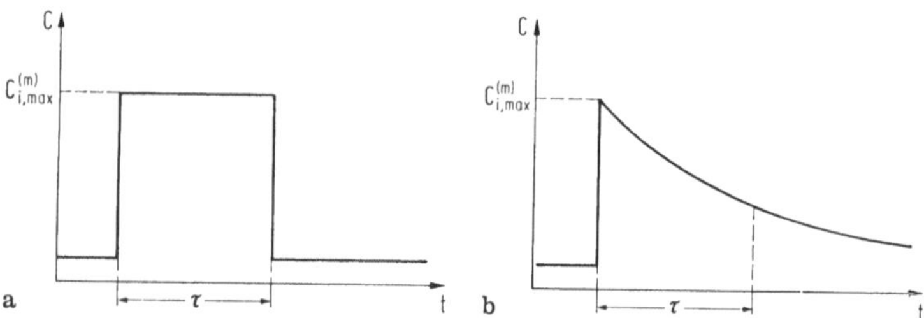

Abb. 4. Rechteckfunktion (**a**) und Exponentialfunktion (**b**). c = Konzentration, t = Zeit. Die Varianz der Rechteckfunktion beträgt $\tau^2/12$. Die Varianz der Exponentialfunktion ist τ^2, wobei τ in der Höhe $c_{i,max}^{(m)}/e$ gemessen wird (e = Eulersche Zahl)

2.5 Auflösung

Das Ziel bei der analytisch-chemischen Anwendung der Chromatographie ist, die Komponenten der Probe soweit aufzutrennen, daß sie qualitativ und quantitativ mit ausreichender Präzision und Richtigkeit gemessen werden können.

Die Güte der Trennung zweier Komponenten wird durch die chromatographische Auflösung R_{ji} beschrieben. Es gibt mehrere Varianten der Definition der Auflösung mit relativ geringen Unterschieden. Jene, welche aus der Theorie des chromatographischen Prozeßes am schlüssigsten hervorgeht und welche sich am besten zur Verknüpfung mit den analytischen Kriterien Richtigkeit und Präzision eignet, definiert die Auflösung R_{ji} durch die folgende Gleichung.

$$R_{ji} = \frac{\mu_j - \mu_i}{\sigma_i} \tag{15}$$

wobei

$$\mu_j, \mu_i = \text{Lage der Schwerpunkte der Konzentrationsvertei-}$$
lungsfunktionen der Komponenten j bzw. i $(\mu_j > \mu_i)$
$$\sigma_i \quad = \text{Standardabweichung der Konzentrationsverteilung der}$$
Komponente i

Betrachtet man den chromatographischen Prozeß in der Zeitdomäne, so lautet Gl. 15 wie folgt.

$$R_{ji} = \frac{t_{Rj} - t_{Ri}}{\sigma_{ti}} \tag{16}$$

Daraus läßt sich mit Gl. 3, 7 und 10 eine Beziehung ableiten, welche die Abhängigkeit der Auflösung von den chromatographischen Einflußgrößen angibt:

$$R_{ji} = (r_{ji} - 1)\left(\frac{\varkappa_i}{1 + \varkappa_i}\right)\sqrt{N_i} \tag{17}$$

Man erkennt, daß die Gleichung für die Auflösung aus drei Termen besteht:

dem Selektivitätsterm $(r_{ji} - 1)$,

dem Retardationsterm $\varkappa_i/(1 + \varkappa_i)$ und

dem Effizienzterm $\sqrt{N_i}$.

Die Kapillarsäulentechnik wurde entwickelt, um eine größere Säulenpermeabilität zu erreichen und damit eine Vergrößerung des Effizienzterms zu ermöglichen. Es ist jedoch zu bedenken, daß die theoretische Trennstufenzahl nicht linear zur Auflösung beiträgt, sondern lediglich mit der Quadratwurzel. Das führt bei einer Verdopplung der Trennstufenzahl (durch Verdopplung der Säulenlänge) nur zu einer Vergrößerung der Auflösung um 40%, andererseits jedoch zu einer Verdopplung der Analysenzeit.

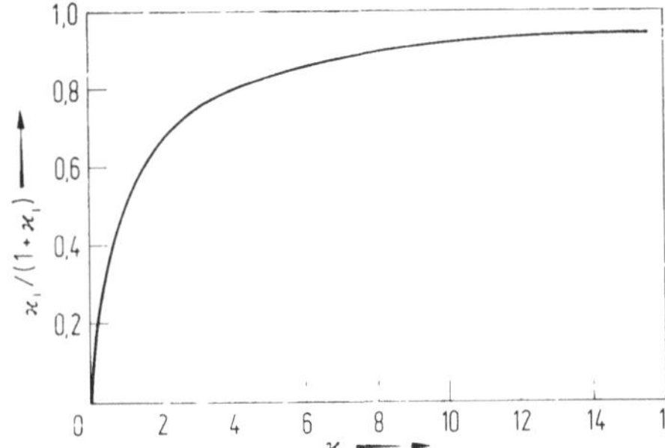

Abb. 5. Abhängigkeit des Retardationsterms $\varkappa_i/(1 + \varkappa_i)$ der Gleichung für die chromatographische Auflösung vom Kapazitätsfaktor $\varkappa_i$

Der Retardationsterm hat in der Gaschromatographie mit gepackten Säulen normalerweise nur eine marginale Bedeutung, da er, wie aus der Abb. 5 ersichtlich ist, für Kapazitätsfaktoren, welche größer als 5 sind, schon mehr als 80% seines maximalen Wertes von 1 erreicht. Auf Kapillarsäulen jedoch, und besonders auf Dünnfilmkapillaren, haben viele Verbindungen aufgrund des sehr kleinen Phasenverhältnisses kleine $\varkappa_i$-Werte. Das führt dazu, daß der Retardationsterm ebenfalls kleine Werte annimmt. Tatsächlich ist dann, wie man aus der Gl. 17 für die Auflösung ersehen kann, eine extrem hohe theoretische Trennstufenzahl erforderlich, um eine hinreichende Auflösung zu erzielen, so daß diesem sonst nebensächlichen Term eine große Bedeutung zukommt. Diese Abhängigkeit der erforderlichen theoretischen Trennstufenzahl vom Kapazitätsfaktor, wie sie aus der Auflösungsgleichung folgt, ist in der Abb. 6 dargestellt. Dabei wird die mittlere theoretische Trennstufenzahl $\bar{N}$ verwendet, da die Abhängigkeit von N_i vom Kapazitätsfaktor, wie sie in der Golay-Gl. 17 angegeben wurde, in erster Näherung vernachlässigt wird. Man sieht gerade bei der Diskussion des Retardationsterms die zum Teil gegenläufigen Effekte bei der Optimierung der chromatographischen Parameter. Wird z. B. bei der Verkleinerung der Filmdicke nur auf die Effizienz geachtet und der Retardationsterm nicht beachtet, so kann das Endergebnis negativ sein.

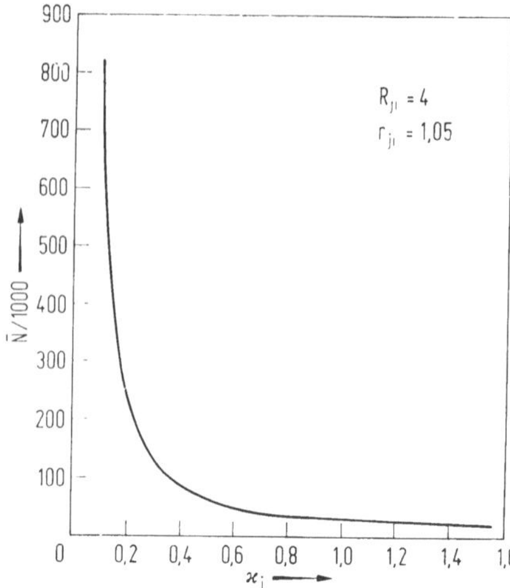

Abb. 6. Mittlere theoretische Trennstufenzahl $\overline{N}$, welche für eine Auflösung von 4 erforderlich ist, in Abhängigkeit vom Kapazitätsfaktor $\varkappa_i$
Annahme: Selektivitätskoeffizient $r_{ji} = 1,05$; Erläuterung im Text

Der erste Term, der Selektivitätsterm, birgt sicherlich das größte Potential zur Optimierung von Trennungen. Eine Änderung der stationären Phase bei einem schwierig zu trennenden Komponentenpaar kann dazu führen, daß sich der Selektivitätskoeffizient zwar nur wenig vergrößert; da aber die Auflösung durch den um 1 verminderten Selektivitätskoeffizienten bestimmt wird, können dennoch drastische Änderungen durch den Selektivitätsterm hervorgerufen werden, ohne daß die anderen Terme wesentlich verändert werden. Dieser Term ist daher am leistungsfähigsten bezüglich der Optimierung von Tennungen und wird am vorteilhaftesten bei der mehrdimensionalen Chromatographie mit Säulenschalten benutzt.

Die Einstellung der Selektivität erfolgt durch die Auswahl der stationären Phase und sekundär der Temperatur. Die Auswahl dieser Arbeitsbedingungen erfolgt noch immer hauptsächlich auf der Basis von Erfahrung und Intuition. Der Computer kann vielleicht über Expertensysteme einen wesentlichen Beitrag zur Bewältigung dieser Problematik liefern.

Die Gleichung für die Auflösung ist die Basis für die Problemlösung in der Chromatographie. Wenn man die Auflösung für die jeweils nacheinander eluierten Komponenten definiert, so ist die Trennung einer aus n Komponenten bestehenden Probe durch n − 1 Auflösungswerte bestimmt. Diese n − 1 Auflösungswerte muß man zugleich betrachten.

2.6 Trennkapazität (Peakkapazität)

Die Auflösung ist eine Kenngröße für die Auswahl der Arbeitsbedingungen zur Trennung einer bestimmten Mischung. Da sie stoffspezifisch definiert ist, eignet sie sich aber nicht für die Bewertung von Trennmethoden im allgemeinen, unabhängig von der Art der Mischung. Für diese Aufgabe verwendet man die Trennkapazität SC („separation capacity"), welche auch Peakkapazität genannt wird. Sie ist definiert als die maximale Anzahl der Komponenten, die in einer gegebenen Zeit t mit einer bestimmten Auflösung R voneinander getrennt werden können. Im Prinzip wird dadurch eine maximale Peakdichte im Chromatogramm festgelegt. Diese Definition bestimmt eine hypothetische Serie von Peaks, in der alle Peaks mit der gleichen Auflösung voneinander getrennt sind. Daraus läßt sich folgende Gleichung ableiten.

$$SC = \frac{\log (1 + \varkappa_n)}{\log (1 + R/\sqrt{\overline{N}})} \qquad (18)$$

wobei $\varkappa_n$ = Kapazitätsfaktor der zuletzt eluierten Komponente n
$\overline{N}$ = mittlere theoretische Trennstufenzahl.

Da die individuellen theoretischen Trennstufenzahlen N_i, wie in Kap. 2.3 diskutiert wurde, insbesonders über den Kapazitätsfaktor von der Art der Analyten abhängen, muß dieser Einfluß durch Mittelung eliminiert werden, wenn man eine rein methodenspezifische Größe definieren möchte. In der Tabelle I sind die Trennkapazitäten für unterschiedliche Werte der gewünschten Auflösung, für Säulen mit unterschiedlichen Werten der theoretischen Trennstufenhöhen und für Chromatogramme mit unterschiedlich weiten Kapazitätsfaktorbereichen zusammengestellt. Die Länge des Chromatogramms und daher die maximal mögliche Peakkapazität wird dadurch begrenzt, daß der letzte Peak ja noch detektierbar sein muß, was bei zu großer Peakverbreiterung nicht mehr möglich ist.

2.7 Trenngeschwindigkeit und Trennleistung

Ein Ausdruck für die Zeit, in der sich eine Probe auftrennen läßt, kann aus Gl. 2, 10 und 17 abgeleitet werden und führt zu folgender Gleichung.

$$t_{Rn} = R^2 \left[\frac{1 + \varkappa_j}{\varkappa_i(r_{ji} - 1)} \right]^2 (1 + \varkappa_n) \frac{H_i}{u} \qquad (19)$$

wobei
n = Symbol für die zuletzt eluierte Komponente
i, j = Symbole für die am schwierigsten zu trennenden Komponenten, für die der Term $[(1 + \varkappa_i)/\varkappa_i(r_{ji} - 1)]^2$ am größten ist
R = gewünschte minimale Auflösung

Bei der Minimierung von Gl. 19 muß man dafür sorgen, daß
— der Selektivitätskoeffizient r_{ji} so groß wie möglich gemacht wird,
— der Kapazitätsfaktor $\varkappa_i$ nicht zu klein wird,
— der Kapazitätsfaktor $\varkappa_n$ so klein wie möglich gemacht wird und
— der Faktor H/u minimiert wird.

Den Selektivitätskoeffizienten und die Kapazitätsfaktoren kann man durch die Art der stationären Phase und die Temperatur beeinflussen, die Kapazitätsfaktoren zusätzlich noch durch das Phasenverhältnis. Wie Abb. 7 zeigt, nimmt der Faktor H/u mit zunehmender Strömungsgeschwindigkeit ab und nähert sich einem konstanten Wert, der, wie Gl. 12 und 13 zeigen, durch den in Kap. 2.3 diskutierten Stoffübergang bestimmt wird. Daß der Faktor H/u mit zunehmender Strömungsgeschwindigkeit abnehmen soll, erscheint im ersten Moment paradox, da ja bereits gezeigt wurde, daß die theoretische Trennstufenhöhe rechts vom Minimum (s. Abb. 3) mit der Strömungsgeschwindigkeit zunimmt. Dieser Widerspruch läßt sich leicht aufklären, wenn man berücksichtigt, daß für eine bestimmte Auflösung R_{ji} eine bestimmte theoretische Trennstufenzahl $N_i = L/H_i$ notwendig ist. Die Zunahme von H_i mit der Strömungsgeschwindigkeit muß daher durch eine Verlängerung der Trennsäule kompensiert werden. Die Zunahme von H mit u erfolgt aber unterproportional, so daß nach der entsprechenden Verlängerung der Säule ein Gewinn an Trennzeit resultiert. Erst bei sehr hohen Strömungsgeschwindigkeiten nimmt nach Gl. 12 und 13 H proportional mit u zu, wodurch der Ausdruck H/u konstant wird, und L proportional mit u vergrößert werden muß, so daß kein Gewinn an Trenngeschwindigkeit mehr erzielt werden kann. Man wird daher anstreben, in der Beuge der H/u vs · u-Kurve zu arbeiten. Ab hier kann man keinen großen Geschwindigkeitsgewinn mehr erzielen, muß aber die Säulenlänge stark vergrößern.

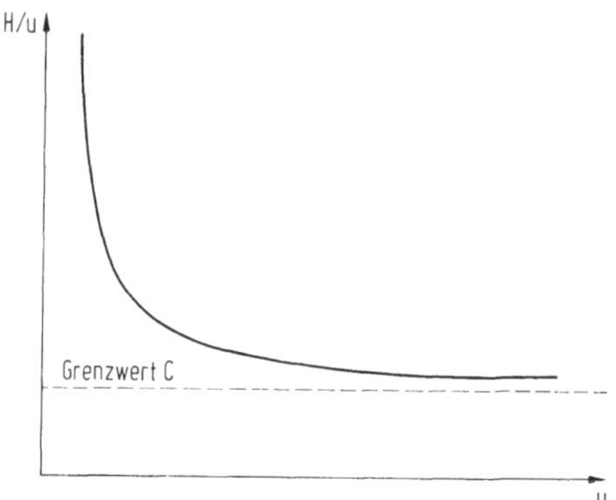

Abb. 7. H/u in Abhängigkeit von u. H = Theoretische Trennstufenzahl; u = mittlere Strömungsgeschwindigkeit der mobilen Phase

Will man die Geschwindigkeit von Trennprozessen vergleichen und nicht jene von Trennungen bestimmter Mischungen, dann muß man den Einfluß der probenabhängigen Faktoren ausschalten, so daß nur noch methodenabhängige Einflußgrößen wirksam sind. Wie schon im vorangegangenen Abschnitt gezeigt, eignet sich dazu die Trennkapazität, die jetzt auf die Zeit bezogen werden muß. Daraus folgt eine neue Kenngröße, die Trennleistung, welche die Trenngeschwindigkeit charakterisiert. Die Trennleistung SP („separation performance") kann wie folgt definiert werden.

$$SP = SC/t \tag{20}$$

Dabei muß aber beachtet werden, daß die Trennleistung einer Säule nicht konstant ist. Bei isokratischer Arbeitsweise z. B. nimmt sie mit zunehmendem Kapazitätsfaktor stark ab, wie Tabelle 1 erkennen läßt. Bei Temperaturprogrammierung ist diese Abnahme wesentlich geringer.

Tabelle 1. Trennkapazität SC bei unterschiedlichen Werten der Auflösung R, der theoretischen Trennstufenzahlen N und der Kapazitätsfaktorbereiche $\varkappa_n$

R = 4			R = 6		
N	n	SC	N	n	SC
1 000	10	20	1 000	10	14
	100	38		100	27
10 000	10	61	10 000	10	41
	100	118		100	79
100 000	10	191	100 000	10	128
	100	367		100	246
1 000 000	10	600	1 000 000	10	401
	100	1156		100	771

3 Experimentelle Fortschritte

3.1 Probenaufgabetechniken

Das Einbringen flüssiger Proben in die mobile Phase ist bei gepackten Säulen problemlos. Die Probe wird in einen geheizten Injektorblock injiziert, verdampft dort und wird mit dem Trägergas auf die chromatographische Säule transportiert. Die Präzision und die Richtigkeit der quantitativen Bestimmungen sind gut. Diskriminierung bei der quantitativen Analyse der Mischungskomponenten finden in der Regel nicht statt. Durch die hohe Belastbarkeit der gepackten Säule können relativ große Probenvolumina eingebracht werden, ohne daß die Breite und Form der chromatographischen Peaks bzw. die erzielte Auflösung meßbar beeinflußt werden. Kapillarsäulen andererseits erfordern, daß nur sehr geringe Mengen der Analyten auf die Säule gebracht werden, da bei Volumenüberladung symmetrisch verbreiterte Peaks und bei Konzentrationsüberladung asymmetrisch verbreiterte Peaks auftreten und die Auflösung sich verschlechtert. Die konventionelle Methode der Injektion, nämlich unter Verwendung eines Strömungsteilers, zeigt eine Reihe von Nachteilen. Aus diesem Grunde wurde in den letzten Jahren eine Reihe von Arbeiten publiziert, welche sich mit einer verbesserten Probeaufgabe für Kapillarsäulen beschäftigt (s. z. B. [3, 4]).

3.1.1 Split-Injektion

Beim Split-Injektor wird die flüssige Probe in den heißen Injektorblock mit einer Dosierspritze eingebracht und dort verdampft. Mit Hilfe eines Strömungsteilers wird ein Großteil der verdampften Probe ins Freie gespült und nur ein kleiner Teil der Säule zugeführt. Das Split-Verhältnis ist über weite Bereiche wählbar, was diesen Injektortyp sehr flexibel macht.

Die zum Zweck des Einbringens sehr geringer Probemengen einge-

setzte einfache und flexible Split-Injektion ist zwar unkompliziert und
nur wenig aufwendig, sie entspricht aber oftmals nicht den höchsten Anforderungen in bezug auf die Präzision und Richtigkeit der Analysendaten. Außerdem ist es in der Spurenanalytik oft nicht möglich, in Kauf
zu nehmen, daß der Großteil der Probe nicht der Säule zugeführt und daher
auch nicht detektiert wird.

Zu kleine Split-Verhältnisse verschlechtern die Effizienz der Kapillarsäule scheinbar drastisch und zwar schon in Bereichen, welche üblicherweise unter den gegebenen Bedingungen noch als unkritisch angesehen
werden. So kann man aus der Abb. 8 ersehen, daß schon ab einem Verhältnis von 20:1 die Effizienz des chromatographischen Systems scheinbar
verringert wird. Diese Effizienz wird durch die gemessene Zahl der theoretischen Trennstufen N_i ausgedrückt. Der Effekt ist nicht auf eine Konzentrationsüberladung der Säule zurückzuführen, da im gezeigten Beispiel
nur pg-Mengen aufgebracht wurden und die Peaks symmetrisch waren.
Der scheinbare Verlust an Effizienz ist vielmehr auf eine Volumenüberladung der Säule zurückzuführen, welche durch den Injektor, selbst schon
bei einem in der Regel als hinreichend angesehenen Split-Verhältnis verursacht wird.

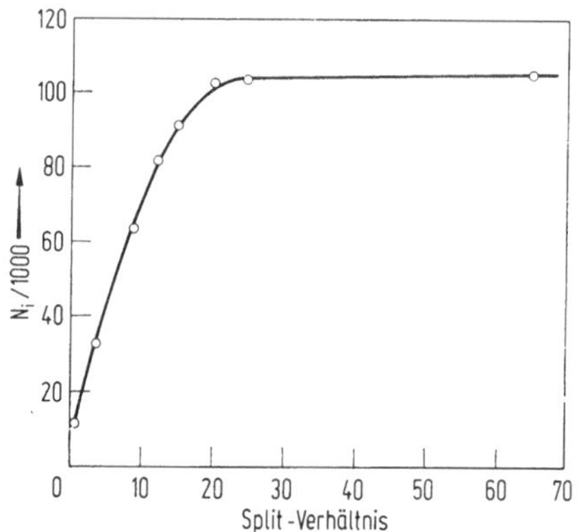

Abb. 8. Einfluß des Split-Verhältnisses eines Injektors auf die scheinbare
Effizienz eines gaschromatographischen Systems. Die scheinbare Effizienz
wird durch die gemessene theoretische Trennstufenzahl ausgedrückt.
Probe: 1 µl Lindan in n-Pentan (Konz.: 115 ppb)
Säule: stationäre Phase Polydimethylsiloxan OV101, 25 m Länge, 0,3 mm
I. D. Temperatur: 230° isotherm; Trägergas: Stickstoff, 1 ml/min. Detektor:
ECD. Injektor- und Detektortemp.: 280 °C

Der größte Nachteil des Split-Injektors ist jedoch die Diskriminierung
von schwererflüchtigen Probenkomponenten bei der quantitativen
Analyse von Mischungen, die aus Komponenten mit weitem Flüchtig-
keitsbereich bestehen. Diese Diskriminierung erfolgt hauptsächlich durch
selektive Verdampfung der Komponenten beim Austritt der Probe aus

der Injektionsspritze in den heißen Injektor und eine ungleichmäßige
Durchmischung der verdampften Probe mit dem Trägergas im Split-
Querschnitt.

Vorschläge, Diskriminierungseffekte zu vermeiden und die Verdamp-
fungseffizienz zu verbessern, betreffen die Verbesserung der Geometrie
des Injektionsraums z. B. durch Füllen mit Glaswolle, bzw. mit Trägermaterial wie es für gepackte Säulen verwendet wird, oder durch entsprechend geformte Injektoreinsätze. Diese Modifikationen werden zwar noch
immer diskutiert [5], sie haben sich jedoch nicht durchgesetzt.   -

Die hohen Anforderungen an die Güte quantitativer Daten einerseits,
und die Anforderungen der Spurenanalytik nach relativ großen Dosier-
volumina andererseits, haben daher zur Entwicklung von neuen Injektionstechniken geführt.

So wird z. B. bei der Technik mit gekühlter Nadel (Cold Needle Sampling, CNS) [6] versucht, die selektive Verdampfung durch eine Modifikation der Split-Injektion zu vermeiden. Dabei wird die Injektionsnadel
während des Einführens in den heißen Injektorblock gekühlt und die
Temperatur erst erhöht, nachdem die Probe aus der Injektionsspritze
ausgetreten ist. Ebenso wurde versucht, die besprochenen Nachteile der
klassischen Split-Injektion mit Hilfe der unten beschriebenen „Programmed Temperature Vaporization"-Technik zu reduzieren.

3.1.2 Splitlose Probenaufgabe

Bei der normalen Injektion ohne Split wird der Injektorblock auf der
(hohen) Arbeitstemperatur und der Anfang der Säule auf niedriger
Temperatur gehalten. Die große applizierte Probenmenge führt aber zu
einem breiten Eingangspeak und einer dadurch bedingten reduzierten
Trennleistung. Dieser Effekt kann durch eine Rekonzentrierung der Probe
am Anfang der Säule korrigiert werden. Eine Peakkompression erreicht
man dadurch, daß am Anfang der Trennsäule beim Eintritt der Probe
hohe Kapazitätsfaktoren der Analyten erzeugt werden.

Dies kann entweder durch starkes Kühlen des Säulenanfangs, oder
durch den sogenannten „Lösungsmitteleffekt" erreicht werden. Dieser
beruht darauf, daß Lösungsmittel am Anfang der Säule kondensiert, quasi
eine stationäre Phase bildet und damit das Phasenverhältnis stark vergrößert. Danach wird das Chromatogramm durch Temperaturprogrammierung entwickelt, wobei das Lösungsmittel verdampft und die Kapazitätsfaktoren nun durch die ursprüngliche stationäre Phase der Trennsäule
bestimmt werden. Die quantitativen Resultate hängen bei dieser Injek-
tionstechnik von einer großen Zahl von Parametern ab, z. B. von der Art
des Lösungsmittels, der Säulentemperatur, der Trägergasflußrate, der
Injektionsgeschwindigkeit, dem Injektionsvolumen, der Einlaßtemperatur,
der Zeit zwischen Schließen und Öffnen des splitlosen Injektors und der
Nadellänge [7], wodurch die Optimierung dieser Technik kompliziert
wird.

Trotz allen Aufwandes können Diskriminierungseffekte bei der splitlosen Injektion auftreten, so daß zum verbesserten Einsatz dieses Injektors
die PTV-Probenaufgabe (PTV = Programmed Temperatur Vaporizing)
[8—14] empfohlen wird. Dabei wird die Probe in den kalten Injektor ein-

gebracht und dort durch sehr rasches Aufheizen des Injektorblocks auf die entsprechende Arbeitstemperatur verdampft. Dadurch gelangt die Probe schon verdampft in die Säule. Als Nachteil zeigt sich, daß niedrigsiedende Komponenten schon bei niedriger Temperatur verdampfen, und damit kein definierter Start des Chromatogramms erfolgt. Dieser Effekt kann zu Doppelpeaks, aber auch zu verringerter Trennleistung für flüchtige Komponenten führen. Auch mit dieser Technik gelingt es anscheinend nicht immer, Diskriminierungseffekte völlig zu unterdrücken.

3.1.3 "On-column" Injektion

Bei der on-column-Injektion wird die flüssige Probe durch spezielle Aufgabeeinrichtungen direkt in den Anfang der relativ kalten Säule eingebracht, wo sie durch Aufheizen der Säule verdampft wird. Naturgemäß kommt es hierbei zu keinem Diskriminierungseffekt. Ein Ablösen der stationären Phase, welches bei konventionellen, mit Trennflüssigkeit belegten Säulen zu einer Beeinträchtigung der chromatographischen Leistung führen kann, tritt bei neueren Säulen mit gebundenen Phasen nicht mehr auf. Einer zu starken Verbreiterung der chromatographischen Peaks durch das breite Eingangsprofil kann durch das sogenannte „retention gap" (z. B. [15]) begegnet werden. Dabei wird ein kurzes Stück am Anfang der Kapillarsäule von stationärer Phase befreit, oder es wird eine kurze unbelegte Kapillare als Vorsäule montiert. Für große Probenvolumina kann eine Vorsäule mit größerem Innenradius als die Trennsäule verwendet werden. Die injizierte Probe wird nun in der Vorsäule kaum oder gar nicht retendiert, wird aber am Anfang der relativ kalten Trennsäule aufgrund der relativ tiefen Temperatur bzw. des oben erwähnten Lösungsmitteleffekts rekonzentriert.

3.1.4 Vergleich der verschiedenen Injektionstechniken

Obwohl die einfache Methode der Split-Injektion im Vergleich zu weiterentwickelten Injektionstechniken wie den „kalten" Techniken, der on-column Injektion und der PTV-Technik, bezüglich der Güte der quantitativen Daten im Allgemeinen unterliegt, zeigte doch eine vergleichende Untersuchung des „ASTME E-19 Committee", über die Präzision und Richtigkeit der Analyse von Kohlenwasserstoffen (im % Bereich) und von Polyaromaten (im ppm-Bereich), daß alle Injektionstechniken untereinander vergleichbar sind und mit den Ergebnissen, die man mit der Gaschromatographie mit gepackten Säulen und mit HPLC erreicht, übereinstimmen [16].

Zusammenfassend kann gesagt werden, daß die Güte der quantitativen Analysenresultate bei der Injektion mit Split durch die Entwicklung neuer Techniken wie der CNS und zum Teil der PTV wesentlich verbessert wurde [3, 6, 7, 17, 18]. Splitlose Injektionstechniken erfordern einen hohen Aufwand bei der Optimierung zahlreicher Parameter, um eine mit der on-column-Technik vergleichbare Güte zu erreichen [7, 19]. „Kalte" Techniken wie die on-column-Technik und die Injektion ohne Split mit PTV führen zu Resultaten mit vergleichbar hoher Präzision und Richtigkeit [3, 17].

3.2 Trennsäulentechnologie

3.2.1 „Fused silica" Kapillarrohre

Eine der wesentlichsten Verbesserungen der Gaschromatographie mit Kapillaren wurde in den letzten Jahren durch die Einführung von Kapillaren aus amorphem Quartz („fused silica") als thermisch und mechanisch stabiles Material für Kapillarrohre erreicht. Diese Säulen, die außen mit Kunststoff, neuerdings zum Erreichen einer größeren Thermostabilität mit Aluminium überzogen sind, sind aufgrund ihrer großen mechanischen Flexibilität sehr einfach in ihrer Handhabung, verglichen mit den früher üblichen Glassäulen. Weiters sind, wiederum aufgrund der günstigen Eigenschaften des „fused silica"-Materials, Säulen mit einem größerem Bereich an Innendurchmessern erhältlich. Unter anderem werden sogenannte „wide bore"-Kapillaren angeboten, das sind Säulen mit Innendurchmessern von 0,5 mm und mehr, die als Konkurrenz zu den gepackten Säulen gedacht sind. Dies deshalb, weil Gaschromatographen, welche für gepackte Säulen konzipiert sind, und deren Injektions- und Detektionssysteme deshalb nicht den Anforderungen der Kapillargaschromatographie mit engen Säulen entsprechen, mit nicht allzu großem Aufwand zum Gebrauch von Kapillarsäulen mit größerem Durchmesser adaptiert werden können.

Ein weiterer Fortschritt ist das Angebot von wohldefinierten Schichtdicken der stationären Phase bei kommerziellen Säulen. Sie variieren von extrem dünnen Schichten von 0,05 μm bis zu dicken Schichten von mehr als 5 μm, welche durch Immobilisierung (s. 3.2.3) stabilisiert sind.

Kapillarsäulen aus „fused silica" haben den weiteren Vorteil, daß ihre Oberfläche u. a. wegen der extrem geringen Konzentration an Metallionen, welche weniger als 1 ppm beträgt, wesentlich weniger heterogen ist als die Oberfläche von Glaskapillaren. Dennoch muß zur Beseitigung der aktiven Silanolgruppen auch die Innenoberfläche der fused-silica-Kapillare durch chemische Modifikationen desaktiviert werden.

Desaktivierung

Die Oberfläche wird in der Regel durch Überführen der Silanolgruppen in Silylethergruppen desaktiviert. Eine Reihe von Methoden wurde dazu vorgeschlagen, wobei am häufigsten für unpolare Säulen die Hochtempeartursilylierung, der Polysiloxanabbau (PSD) und die Desaktivierung mit Octamethylcyclotetrasiloxan, Polymethylhydrosiloxan oder Octaphenylcyclotetrasilan angewendet werden (s. z. B. [20—22]). Die chemische Behandlung der „fused silica"-Kapillare hat aber nicht das Ziel, das Adsorptionsvermögen der Oberfläche durch Maskierung von aktiven Gruppen so weit wie überhaupt möglich herabzusetzen. Es muß vielmehr noch eine ausreichende Restadsorbtivität erhalten bleiben, damit die stationäre Flüssigkeit die Oberfläche noch gut benetzt. Bei zu weitgehender Desaktivierung der Oberfläche ist eine vollständige Benetzung, besonders von Flüssigkeiten mit hoher Oberflächenenergie, also bei stark polaren Trennflüssigkeiten, nicht mehr gewährleistet. Zur Oberflächenbehandlung von „fused silica"-Kapillaren, welche mit polaren Trennflüssigkeiten belegt werden sollen, werden deshalb Polysiloxane mit Phenyl- oder Trifluoroacetylsubstituenten, sowie Cyclosiloxane wie z. B. Cyanopropyl-cyclosiloxan eingesetzt [20, 21].

3.2.2 *Neue stationäre Trennflüssigkeiten*

Anders als bei gepackten Säulen, für welche hunderte stationäre Trenn-flüssigkeiten angeboten werden, wurden bei Kapillarsäulen nur wenige stationäre Phasen eingesetzt. Dieser Unterschied ist in den speziellen An-forderungen begründet, welche man an Trennflüssigkeiten stellen muß, die auf der relativ glatten Innenwand eines Kapillarrohres als Film auf-gebracht werden soll, und nicht, wie bei gepackten Säulen, in den Poren von Körnern deponiert werden. Diese Anforderungen führten in den letzten Jahren dazu, daß neue stationäre Trennflüssigkeiten auf der Basis der Organopolysiloxane mit der Struktur

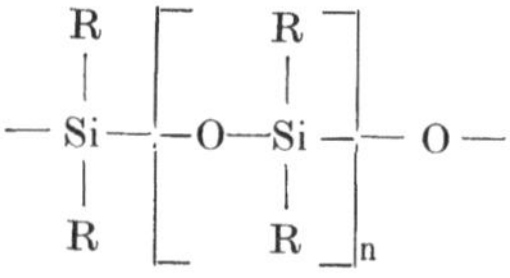

$$
-\underset{\underset{R}{|}}{\overset{\overset{R}{|}}{Si}}-\left[-O-\underset{\underset{R}{|}}{\overset{\overset{R}{|}}{Si}}-\right]_n-O-
$$

entwickelt wurden, wobei die Si—O—Si-Kette diesen Molekülen eine hohe thermische Stabilität verleiht. Die organischen Seitenketten bei den neueren Silikonphasen sind nicht mehr allein, wie früher, Methyl-, Phenyl- und Cyanopropylgruppen; es werden heute auch andere Gruppen wie z. B. Biphenyle oder polar substituierte Phenyle eingesetzt (s. z. B. [20, 21, 23]). Um eine bessere Interaktion der substituierten Phenylgruppe mit den Analyten zu ermöglichen, kann der aromatische Ring mittels einer längeren Alkylkette an das Silicongerüst gebunden werden. Um die Polarität der stationären Phasen zu erhöhen, wird der aromatische Ring mit verschie-denen Gruppen Y substituiert, so daß z. B. 4-Methoxy-, 3,4-Dimethoxy-, 3,4,5-Trimethoxy-, Pentafluoro-, 4-Cyano- oder 3-Nitro-Derivate mit der folgenden typischen Struktur entstehen [24—26]:

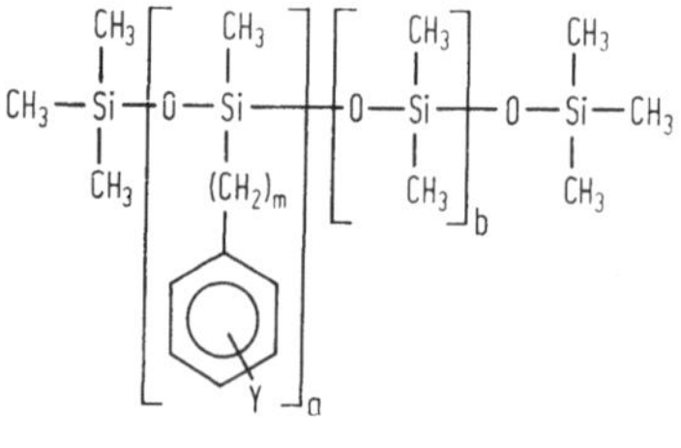

$$
CH_3-\underset{\underset{CH_3}{|}}{\overset{\overset{CH_3}{|}}{Si}}-\left[O-\underset{\underset{(CH_2)_m}{|}}{\overset{\overset{CH_3}{|}}{Si}}\right]_a-\left[O-\underset{\underset{CH_3}{|}}{\overset{\overset{CH_3}{|}}{Si}}\right]_b-O-\underset{\underset{CH_3}{|}}{\overset{\overset{CH_3}{|}}{Si}}-CH_3
$$

Eine stationäre Phase mit einem Polysiloxan-Gerüst und mit der folgenden Struktur zeigt die Eigenschaften eines Flüssigkristalls. (Formel s. S. 23) Für neue chirale stationäre Phasen, ebenfalls auf Polysiloxan-Basis, wurden chirale Amid-Seitenketten als Substituenten eingeführt [27]. Diese Verbindungen haben die folgende Struktur:

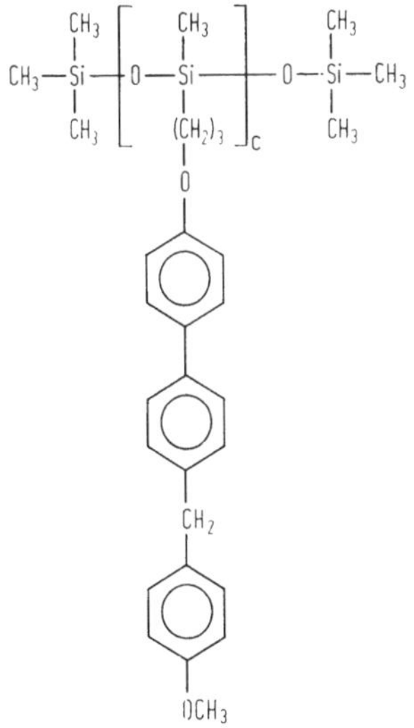

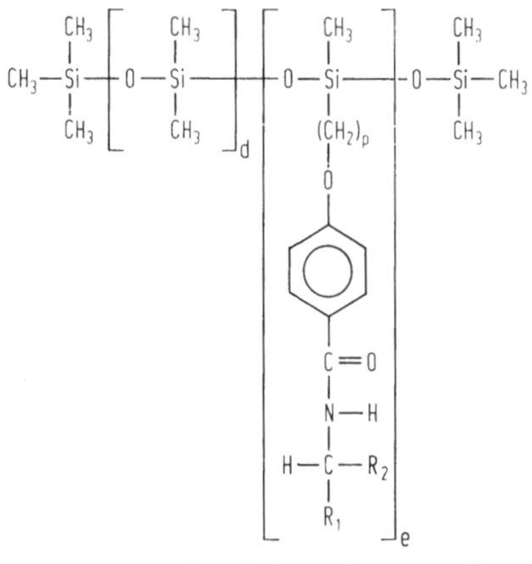

Die Gruppe R_1 am chiralen C-Atom ist entweder eine Methyl- oder Ethylgruppe, R_2 kann aus unterschiedlichen aromatischen oder aliphatischen Gruppen bestehen.

Durch den teilweisen Ersatz von Sauerstoff der Polysiloxan-Kette durch Phenylgruppen wurden stationäre Phasen entwickelt, welche sehr hohe thermische Stabilität zeigen. Diese Phasen bestehen aus Siloxan- und Silacylen-Kopolymeren und haben folgende Struktur [28, 29]:

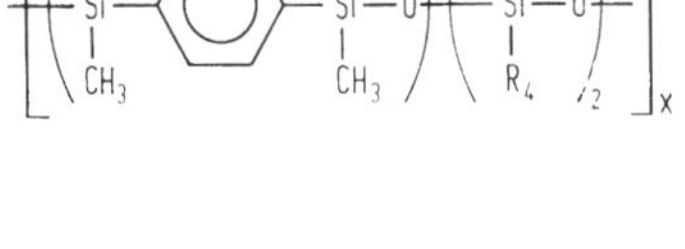

R_3 und R_4 sind Methyl-, Ethyl- oder andere Gruppen. Diese Phasen zeigen — immobilisiert — selbst bei 370 °C nur geringes Säulenbluten. Die thermische Stabilität wird auf die Modifikation der Kette zurückgeführt, unterschiedliche Polaritäten bzw. Selektivitäten werden durch die Wahl der Substituenten R_3 bzw. R_4 erzielt.

3.2.3 Immobilisierung stationärer Phasen

Durch die Immobilisierung kann eine entscheidende Verbesserung der chemischen und physikalischen Stabilität der stationären Phase erzielt werden. Eine Immobilisierung der stationären Phase wird auf zwei verschiedenen Wegen erreicht: hauptsächlich durch Molekülvergrößerung und daneben auch durch chemische Fixierung an die Oberfläche.

Bei der Immobilisierung durch Molekülvergrößerung werden die einzelnen Polymerketten in situ miteinander vernetzt. Dabei werden so große Einheiten gebildet, daß sie nicht mehr von Flüssigkeiten gelöst werden. Die Säule wird also von Lösungsmitteln nicht mehr angegriffen, so daß z. B. der Einsatz des „Lösungsmitteleffekts" bei der on-column-Injektion keine Beschädigung der Säule bewirkt. Lösungsmittel wie Wasser, deren Injektion bei normalen, nicht immobilisierten Phasen die Säule zerstören, können ohne Problem injiziert werden. Kontaminierte und verschmutzte Säulen können sogar mit Lösungsmitteln gespült und gewaschen werden, ohne daß die stationäre Phase beschädigt wird. Diese immobilisierten stationären Phasen haben den Charakter einer Feststoffschicht, an der die Analyten adsorbiert, und in der sie nicht mehr gelöst werden.

Besonders für polare Säulen und solche mit dicken Filmen ergibt die Immobilisierung noch weitere, gewichtige Vorteile. Sie haben eine höhere thermische Stabilität, können deshalb bei höheren Arbeitstemperaturen eingesetzt werden, und sind daher wegen des geringeren Säulenblutens besonders vorteilhaft bei der Kopplung eines Gaschromatographen mit Massenspektrometern oder Infrarotspektrometern. Außerdem bewirkt das Vernetzen der Polymerketten bei stark polaren Trennflüssigkeiten, welche zu instabilen Filmen und daher zur Ablösung der Trennflüssigkeit von der Oberfläche des „fused silica"-Materials und Tröpfchenbildung neigen, daß diese Filme stabilisiert werden.

Die Vernetzung wird meistens so durchgeführt, daß in den einzelnen Polymerketten Radikale generiert werden, welche mit Radikalen anderer Ketten rekombinieren und daher diese Ketten verbinden (s. z. B. [20, 21]). Diese Reaktion wird entweder durch chemische Radikalbildner oder durch energiereiche Strahlung initiiert. Als chemische Starter der Kettenreaktion werden Peroxide (z. B. Dicumylperoxid), Azoverbindungen (azo-tert-Butan, azo-tert-Dodekan) oder Ozon verwendet. Die Verwendung energiereicher Stahlung aus radioaktiven Quellen zur Molekülvernetzung, z. B. aus einer ^{60}Co Quelle hat den Vorteil, daß keine Reagentien bei der Immobilisierung verwendet werden, welche u. U. die Langzeitstabilität der stationären Phase beeinträchtigen oder die Selektivität der Säule verändern.

Bei der Vernetzung von Polysiloxanen können C—C oder Si—O—Si-Bindungen gebildet werden. C—C-Bindungen werden dadurch gebildet, daß die durch die Radikalbildner erzeugten Methyl- oder Vinylradikale, welche als Substituenten in den Ketten vorliegen, die Quervernetzung bewirken. Die anderen Substituenten können diese Reaktion stark beeinflussen. Unter den verschiedenen Methoden, Si—O—Si-Bindungen zu knüpfen, besticht die Methode, die endständigen Silanolgruppen der Polysiloxanketten mit den Silanol-Gruppen der Oberfläche der Kapillare durch Kondensation zu verknüpfen und damit die Ketten an die Oberfläche zu binden.

Zur Immobilisierung von Carbowax wird, außer mit oben beschriebenen Methoden, die Verknüpfung der Ketten mit Hilfe eines zugesetzten Cyclosiloxans oder eines bifunktionellen Isocyanats [30, 31] vorgeschlagen.

3.3 Multisäulensysteme

Bei der Anwendung der Chromatographie in der Analytik ist es häufig nicht möglich, mit Hilfe einer einzigen Trennsäule die Analyten soweit zu isolieren, daß ihre Messung ohne störende Interferenzen möglich ist. Verantwortlich für die ungenügende Auftrennung der Probe ist entweder eine zu kleine Trennkapazität oder eine ungenügende Selektivität der Säule. Die Trennkapazität einer Säule hängt, wie in Kap. 2.6 gezeigt wurde, von ihrer Effizienz, d. h. von der theoretischen Trennstufenzahl und von der Länge der Eluierungszeit ab. Sie läßt sich im Hinblick auf die Verdünnung der Probe und wegen experimenteller Beschränkungen nicht beliebig vergrößern. Die Selektivität der Trennsäule kann jeweils nur für bestimmte Substanzpaare optimiert werden, ist aber dann in der Regel für andere Paare zu gering. Das Problem wird um so kritischer, je komplexer die Probe ist.

Bei der Auswahl einer Trennsäule und ihrer Betriebsbedingungen zur Lösung eines Trennproblems wird in zwei Schritten vorgegangen. Zuerst versucht man, eine ausreichend hohe Trennkapazität zu realisieren; dann wird die Selektivität so eingestellt, daß die zur Verfügung stehende Peakkapazität so vollständig wie möglich ausgenützt wird. Oben wurde schon darauf hingewiesen, daß mit einer einzigen Säule das Trennproblem nicht immer gelöst werden kann. Dies gelingt aber im allgemeinen, wenn zwei oder mehrere Säulen eingesetzt werden.

3.3.1 Linear gekoppelte Trennsäulen

Im einfachsten Fall wird eine Säule durch zwei Säulen ersetzt, die in Serie miteinander gekoppelt sind. Die beiden Säulen können entweder verschiedene stationäre Phasen enthalten, oder bei verschiedener Temperatur betrieben werden. In dieser Weise wird zwar die Trennkapazität nicht vergrößert, es ergeben sich aber neue Möglichkeiten für die Anpassung der Selektivität der anderen Säule. Sie kann über das Längenverhältnis der beiden Säulen kontinuierlich von der Selektivität der einen Säule zur Selektivität der anderen Säule linear verändert werden. Dadurch ergibt sich eine einfache und leicht berechenbare Möglichkeit der Selektivitätsanpassung. Wenn man an der Kopplungsstelle der beiden Säulen einen

Trägergasstrom zumischt, so kann man bei konstanter Länge der zweiten Säule ihr relatives Gewicht in bezug auf die Retention kontinuierlich variieren, was den gleichen Effekt hat wie eine Änderung der Säulenlänge.

3.3.2 Mehrstufenchromatographie (Säulenschalten)

In der Mehrstufenchromatographie werden Trennsäulen durch Schaltventile miteinander gekoppelt. Dies erlaubt eine fraktionsweise Verteilung der Probe nach der Vorsäule auf eine oder mehrere Nachsäulen bzw. auf eine Leitung zum Detektor. Die Probe wird also auf eine Kaskade von Trennsäulen bzw. Leitungen zum Detektor verteilt. Im einfachsten Fall wird die Trennsäule an ein Zweiwegventil gekoppelt, das zu einer zweiten Trennsäule oder zum Detektor führt. Der Ausgang der zweiten Trennsäule ist mit einem zweiten Detektor verbunden. Mit dieser Anordnung werden zwei Chromatogramme erhalten, von denen eines aus der ersten Säule und das andere aus der Kombination der beiden Säulen stammt. Für das Ergebnis ist die Größe der transferierten Fraktion von Bedeutung. Mit der Mehrstufenchromatographie können drei Effekte erzielt werden:

— Relative Anreicherung („heart cutting“)
— Retentionsoptimierung
— Erhöhung der Peakkapazität

Bei der relativen Anreicherung wird die Tatsache ausgenützt, daß der Grad der Isolierung einer Komponente neben der Auflösung auch vom Verhältnis der Peakgrößen des Analyten zu jenen der interferierenden Störkomponenten abhängt. Wenn man die Säule in zwei Segmente teilt, die mit einem Schaltventil verbunden werden, kann man die Trennung in zwei Schritten ausführen. Nach der ersten Säule wird ein Großteil der Störkomponenten mit Hilfe des Schaltventils entfernt. Auf der zweiten Säule wird dann der Analyt von dem stark verminderten Rest der Störkomponenten abgetrennt. Bis auf eventuell die Länge sind die beiden Säulen identisch. Die Verbesserung des Trenneffektes, die mit Hilfe der Schaltoperation gegenüber den beiden gekoppelten Trennsäulen ohne Schalten erreicht wird, und welche in einem Beispiel in Abb. 9 gezeigt wird, beruht nur auf der relativen Anreicherung. Die erreichte Auflösung ist in beiden Fällen gleich.

Bei der Retentionsoptimierung wird die Retention den einzelnen Teilen der Probe angepaßt. Dabei können der Probe fraktionsweise unterschiedliche Selektivitäten angeboten werden, je nachdem ob eine Fraktion nur über die erste Säule oder über beide Säulen läuft. Darüber hinaus können auch die Säulenlänge und das Phasenverhältnis fraktionsweise variiert werden.

Zur Erhöhung der Peakkapazität dient die mehrdimensionale Arbeitsweise. Dabei verwendet man Säulen mit unterschiedlicher Retentionscharakteristik. Wenn man z. B. zwei Säulen einsetzt, kann man die Komponenten der Probe als Punkte im zweidimensionalen Raum darstellen. Die Koordinaten einer Komponente sind durch ihre Retentionsdaten auf den beiden Säulen gegeben. Es läßt sich leicht einsehen, daß die Trennkapazität bei einem zweidimensional betriebenen System von zwei Säulen viel größer ist, als wenn die zwei Trennsäulen linear gekoppelt werden

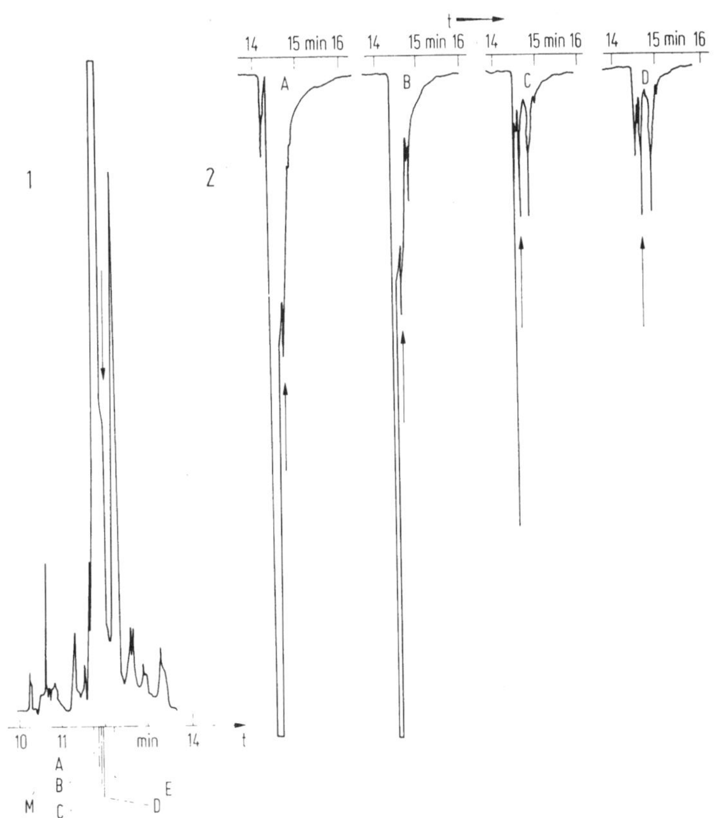

Abb. 9. Verbesserung der chromatographischen Trennung durch relative Anreicherung mittels Säulenschaltens [43]
Die mit einem Pfeil indizierte Komponente erscheint im Chromatogramm nach der ersten Säule (1) als Schulter. Die verbesserte Trennung nach der zweiten Säule (2) wird durch relative Anreicherung durch Variation der Breite der Schnittfraktion (A—E) bewirkt. Säulen: Vorsäule 18 m, Nachsäule 25 m, beide 0,3 mm I. D., stat. Phase in beiden Säulen Polydimethylsiloxan OV 101

würden. Wenn man sequentiell z. B. vier enge Fraktionen der ersten auf die zweite Säule überführt, die dort unabhängige Chromatogramme ergeben, so erhält man bereits eine etwa fünffache Peakkapazität, wenn beide Säulen etwa die gleiche Effizienz haben. Die mehrdimensionale Chromatographie ist wohl die leistungsfähigste Trennmethode in bezug auf die Anzahl der maximal trennbaren Komponenten. Ein Beispiel, in welchem zwei wenig korrelierte stationäre Phasen eingesetzt wurden, wird in der Abb. 10 gezeigt. Dabei werden Verbindungen auf der ersten, polaren Säule aufgrund von Dipol-Dipol- und Wasserstoffbrückenwechselwirkungen getrennt. Auf der zweiten, chiralen Säule hingegen werden

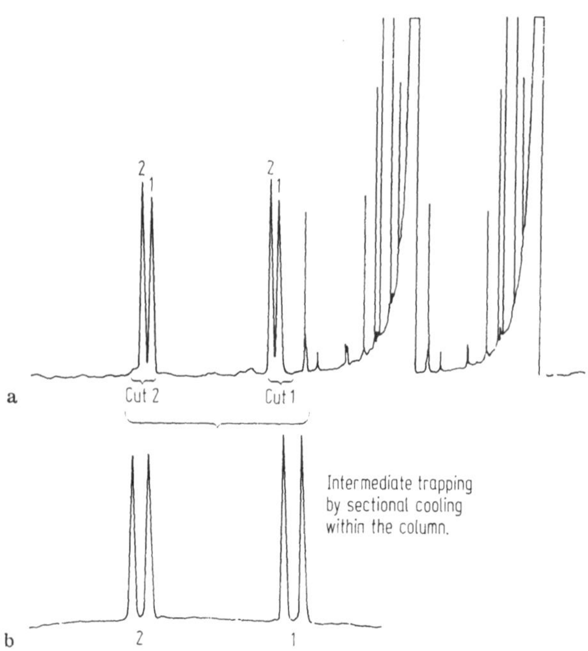

Abb. 10. Anwendung unabhängiger Retentionsmechanismen in der zwei-
dimensionalen Gaschromatographie [44]
Probe: vier Stereoisomere des Isopropylurethan-Derivats von α-Ionol.
Säule A: 18 m, Cyanomethylethylpolysiloxan X 60; Säule B: 50 m,
XE-60-S-Valin-S-α-Phenylethylamid

Enantiomere, welche von der ersten Säule unaufgelöst eluiert werden, im
Gegensatz dazu aufgrund unterschiedlicher sterischer Effekte aufgetrennt.

In der Gaschromatographie kann man in der Zweistufenchromato-
graphie sowohl gepackte Säulen, als auch Kapillarsäulen einsetzen. Dabei
ergeben sich in der Praxis folgende drei Kombinationen: Gepackte Säule/
Gepackte Säule, Gepackte Säule/Kapillarsäule und Kapillarsäule/Kapil-
larsäule.

Alle in der Literatur beschriebenen technischen Realisierungen zur
Kopplung von Säulen mit der Möglichkeit des Säulenschaltens basieren
entweder auf pneumatischen oder auf mechanischen Einrichtungen. Beide
Konfigurationen werden auch kommerziell angeboten (Siemens, SGE,
Chrompack, Valco). Auch andere Modifikationen werden in der Literatur
beschrieben, welche üblicherweise pneumatische Schalteinrichtungen zur
Grundlage haben, und zwar sowohl zum Schnitt von Fraktionen von
gepackten Säulen auf Kapillarsäulen [32—35] als auch von Kapillar- auf
Kapillarsäulen [36—38]. Bei der Verwendung einer Kapillarsäule als
zweite Säule muß, wie im Kap. 2.4 ausführlich diskutiert wurde, das
Eingangsprofil in die Kapillarsäule sehr schmal sein, um ihre volle Effi-

zienz ausnutzen zu können. Um diesen Anforderungen zu entsprechen, wird bei der Kopplung einer gepackten Säule, ähnlich wie bei der Anreicherung der Probe am Anfang der Säule nach der Injektion, der Kapazitätsfaktor am Kapillarsäuleneingang sehr stark vergrößert. Diese erwünschte Peakkompression kann entweder mittels einer polaren stationären Phase erfolgen, oder durch Kühlen des Säulenanfangs erreicht werden. Ausfrieren der Probe mit Hilfe einer Kühlfalle ist ebenfalls ein Weg, um die Probenfraktion aufzukonzentrieren. Eine zu starke Verbreiterung der Peaks, welche von der gepackten Säule eluiert werden, kann durch die Verwendung eines Füllmaterials mit sehr kleinen Partikeln vermieden werden [39].

Beim Schnitt einer Fraktion aus einer Kapillarsäule in eine zweite Kapillarsäule wird oftmals ebenfalls eine Kühlfalle verwendet, und zwar einerseits, um die Breite der austretenden Peaks zu verringern oder zu große Totvolumina des Verbindungsstücks zu eliminieren; andererseits werden auch bei vernachlässigbar kleinen Totvolumina breitere Fraktionen ausgefroren, um alle in dieser Fraktion enthaltenen Analyte — welche ja zu verschiedenen Zeiten aus der ersten Säule eluiert werden — zum gleichen Zeitpunkt in die zweite Säule einzubringen und somit bei der Verwendung von Säulen unterschiedlicher Polarität „gemischte Retention" zu vermeiden.

Der Einsatz der Säulenschalttechnik ist auch dann vorteilhaft, wenn die Analyte besonders rein sein sollen, z. B. in der präparativen Gaschromatographie [40] oder in der analytischen Chromatographie, wenn schlecht aufgelöste Peaks uninterpretierbare Spektren bewirken. Deshalb wird die Säulenschalttechnik in der Kombination der GC mit MS [41] und FTIR [42] eingesetzt. Diese Kombination bewährt sich speziell in der Spurenanalytik, wenn die Analytkonzentrationen so gering sind, daß andere Techniken, wie die Aufnahme von Spektren an den Flanken schlecht aufgelöster Peakpaare, ein zu starkes Verrauschen der Spektren nach sich ziehen würde.

3.4 Kopplung der GC mit spektrometrischen Methoden

In den letzten Jahren erfolgte verstärkt die Entwicklung von Massenspektrometern und Fourier-transform-Infrarot (FTIR)-Spektrometern als einfache gaschromatographische Detektoren. Diese Geräte zeichnen sich, im Vergleich zu früheren Geräten, besonders durch eine einfache Handhabung im Betrieb aus. Sie erreichen natürlich nicht die Leistungsfähigkeit von großen Forschungsgeräten — zu diesem Zweck wurden sie auch nicht konzipiert. Sie sind daher zum Teil nur unmittelbar mit einem Gaschromatographen als Probeneinlaß zu bedienen, d. h., sie besitzen keinen Direkteinlaß für feste Proben. Besonders leistungsfähig in bezug auf die spektrometrische Information ist dabei eine Konfiguration, bei welcher das (zerstörungsfreie) FTIR-Spektrometer direkt mit einem Massenspektrometer gekoppelt ist. Man kann damit von jedem GC-Peak hintereinander on-line beide Spektren aufnehmen. Als Nachteil ist jedoch in Kauf zu nehmen, daß die Detektorzelle des FTIR-Spektrometers ein relativ großes Totvolumen besitzt (z. B. etwa 800 µl bei den am Markt befindlichen

Geräten). Das führt, wie in Kap. 2.4 diskutiert wurde, zu einer Peakverbreiterung durch Außerkolonneneffekte, welche die Gesamtverbreiterung dominiert, wie das folgende Beispiel zeigt: unter der Annahme einer durch die Detektorzelle verursachten rechteckigen Verteilungsfunktion wird durch die Detektorzelle mit dem erwähnten Volumen von 800 μl bei einer Flußrate von 1 ml/min eine Varianz von 192 sec^2 generiert. Ein chromatographischer Peak, welcher z. B. aus einer Säule mit 200 000 theoretischen Trennstufen nach 2 min bei derselben Flußrate eluiert wird, hat jedoch lediglich eine Varianz von 0,072 sec^2. Man sieht aus dem Vergleich der beiden Varianzen, daß unter den gegebenen Bedingungen die Standardabweichung, welche durch den Außerkolonneneffekt bewirkt wird, um einen Faktor von mehr als 50 größer ist, so daß die chromatographische Auflösung sowohl im FTIR- als auch im nachgeschalteten Massenspektrometer stark beeinträchtigt wird. Das Zumischen von Spülgas zum Zweck der Verminderung dieses Effekts führt beim (konzentrationsabhängigen) FTIR-Spektrometer wegen der damit verbundenen Verdünnung der Probe zu einer Verschlechterung der Nachweisgrenze.

Wegen des großen Außerkolonneneffekts werden zum Betrieb des FTIR-Spektrometers bzw. der Kopplung mit MS „wide-bore" Kapillaren empfohlen, welche bei höheren Flußraten betrieben werden und deren Effizienz geringer ist, so daß der Beitrag der Außerkolonneneffekte weniger deutlich sichtbar wird.

Die Anwendung der kombinierten FTIR-MS wird im folgenden Beispiel, der Untersuchung historischer anatomischer Wachspräparate gezeigt. Einige der in den Gaschromatogrammen auftretenden Peaks konnten dabei keinen der möglichen Inhaltsstoffe zugeordnet werden, nämlich Methylestern von Harzsäuren. Das FTIR-Spektrum eines der Komponenten wird in Abb. 11 dargestellt und zeigt das typische Spektrum des Esters einer höheren gesättigten Fettsäure. Das entsprechende Massenspektrum, welches ebenfalls in der Abb. 11 gezeigt wird, liefert die ergänzende Information und erlaubt die Identifizierung der Komponente als Hexadecansäuremethylester.

3.5 Fortschritte der Datenverarbeitung

Die elektronische Datenverarbeitung in der Chromatographie hat in den letzten Jahren wichtige Fortschritte gemacht, welche durch die rasante Entwicklung der Rechentechnik ermöglicht wurden. Das Angebot an Datensystemen für die Chromatographie reicht heute von rechnenden Integratoren bis zu Mehrkanal-Datenstationen mit vielfältigen Möglichkeiten der Signalverarbeitung und Protokollerstellung. Moderne Datensysteme sind für die Gas- und Flüssigkeitschromatographie gleicherweise geeignet. Im Rahmen dieses Kapitels können die Fortschritte der chromatographischen Datenverarbeitung nur zusammenfassend skizziert werden. Im wesentlichen hat die Datenverarbeitung in der Chromatographie folgende Aufgaben zu erfüllen:

- Automatisierter Betrieb des Chromatographen
- Analytische Interpretation der Daten
- Erstellung eines Analysenprotokolls

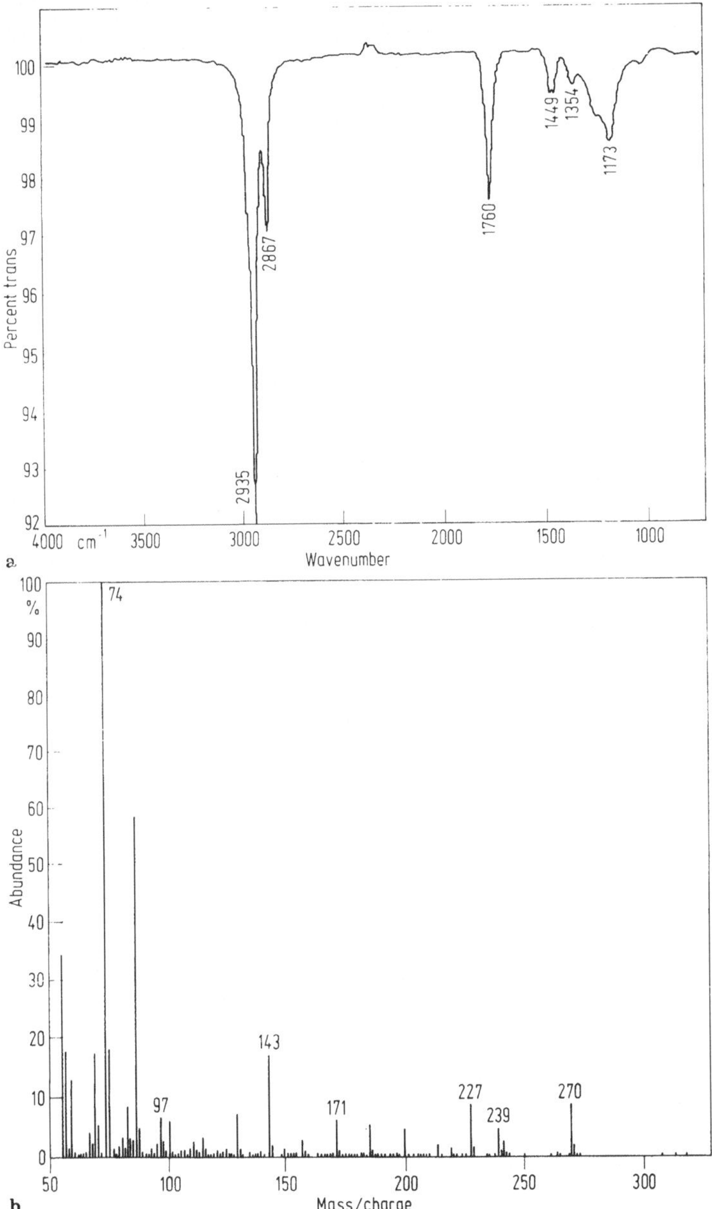

Abb. 11. Identifizierung einer Komponente aus einer Probe eines historischen anatomischen Wachsmodells mit GC/IR/MS. (a) Infrarotspektrum; (b) Massenspektrum

Durch den rechnerunterstützten Betrieb wurde die Betriebssicherheit der Chromatographen bedeutend erhöht und die Qualität der Analysendaten wesentlich verbessert.

Literatur

1. J. J. van Deemter, F. J. Zuiderweg, A. Klinkenberg, Chem. Eng. Sci. 5: 271 (1956)
2. M. Golay, in D. H. Desty (Ed.) „Gas Chromatography 1958", Butterworths, London, 1958, p. 36
3. G. Schomburg, U. Häusig, H. Husmann, JHRC & CC 8: 566 (1985)
4. J. V. Hinshaw, Jr., J. Chromatogr. Sci. 25: 49 (1987)
5. C. D. Bannon, J. D. Craske, D. L. Felder, L. M. Norman, J. Chromatogr. 404: 340 (1987)
6. G. Schomburg, U. Häusig, H. Husmann, H. Behlau, Chromatographia 19: 29 (1984)
7. R. P. Snell, J. W. Danielson, G. S. Oxborrow, J. Chromatogr. Sci. 25: 225 (1987)
8. W. Vogt, K. Jacob, A. B. Ohnesorge, H. W. Obwexer, J. Chromatogr. 186: 187 (1979)
9. W. Vogt, K. Jacob, A. B. Ohnesorge, H. W. Obwexer, J. Chromatogr. 199: 191 (1980)
10. F. Poy, S. Visani, F. Terrosi, J. Chromatogr. 217: 81 (1981)
11. F. Poy, Chromatographia 16: 345 (1982)
12. G. Schomburg, Proceed. 4th Int. Symp. Cap. Chromatogr., Hindelang 1981, p. 371 a. A 921
13. G. Schomburg, H. Husmann, J. Behlau, F. Schulz, J. Chromatogr. 279: 251 (1983)
14. C. Saravalle, F. Munari, S. Trestianu, 36th Pittsburgh Conf. on Analyt. Chem. and Applied Spectroscopy, Feb. 25—March 1, 1985, New Orleans, LA paper 239, 240
15. K. Grob. B, Schilling, J. Chromatogr. 391: 3 (1987)
16. D. H. McMahon, J. Chromatogr. Sci. 23: 137 (1985)
17. J. V. Hinshaw, W. Seferovic, JHRC & CC 9: 69 (1986)
18. G. Reglero, M. Herraiz, M. D. Cabeduzo, Chromatographia 22: 333 (1986)
19. L. G. M. Th. Tuinstra, A. H. Roos, B. Griepink, D. E. Wells, JHRC & CC 8: 475 (1985)
20. L. A. Blomberg, K. E. Markides, Critical Review, JHRC & CC 8: 632 (1985)
21. M. A. Kaiser, M. S. Klee, J. Chromatogr. Sci. 24: 369 (1986)
22. C. L. Wooley, K. E. Makrides, M. L. Lee, J. Chromatogr. 367: 9 (1986)
23. L. G. Blomberg, Trends in Analyt. Chem. 6: 41 (1987)
24. J. C. Knei, J. I. Shelton, L. W. Castle, R. C. Kong, B. E. Richter, M. L. Lee, JHRC & CC 7: 13 (1984)
25. J. S. Bradshaw, R. S. Johnson, N. W. Adams, M. A. Pulsipher, K. E. Markides, M. L. Lee, J. Chromatogr. 357:69 (1986)
26. M. A. Pulsipher, R. S. Johnson, K. E. Markides, J. S. Bradshaw, M. L. Lee, J. Chromatogr. Sci. 24:383 (1986)
27. J. S. Bradshaw, S. K. Aggarwal, Ch. A. Rouse, B. J. Tarbet, K. E. Markides, M. L. Lee, J. Chromatogr. 405:169 (1987)
28. J. Buijten, L. Blomberg, S. Hoffmann, K. Markides, T. Wännman, J. Chromatogr. 301:265 (1984)
29. A. Bemgard, L. Blomberg, M. Lymann, S. Claude, R. Tabacchi, JHRC&CC 10:302 (1987)

30. H. M. Horka, V. Kahle, K. Janak, K. Tesarik, JHRC & CC 8:259 (1985)
31. H. M. Horka, V. Kahle, K. Janak, K. Tesarik, Chromatographia 8:454 (1986)
32. S. Berg, A. Jonsson, JHRC & CC 7:687 (1984)
33. A. Hagman, S. Jacobsson, JHRC & CC 8:332 (1985)
34. W. Ligon, Jr., R. J. May, J. Chromatogr. Sci. 24:2 (1986)
35. R. E. Kaiser, R. I. Rieder, JHRC & CC 10:240 (1987)
36. D. J. Abbott, JHRC & CC 7:577 (1984)
37. F. R. Guenther, S. N. Chesler, R. M. Parris, J. Chromatogr. 363:199 (1986)
38. A. Hagman, S. Jacobsson, J. Chromatogr. 395:271 (1987)
39. Daixin Tong, Fangbao Xu, Peichang Lu, Chromatographia 23:499 (1987)
40. G. Schomburg, H. Kötter, D. Stoffels, W. Reissig, Chromatographia 19:382 (1985)
41. J. F. Elder, Jr., B. M. Gordon, M. S. Uhrig, J. Chromatogr. Sci. 24:26 (1986)
42. S. L. Smith, JHRC & CC 8:385 (1985)
43. J. F. K. Huber, E. Kenndler, W. Nyiri, M. Oreans, J. Chromatogr. 247:211 (1982)
44. G. Schomburg, H. Husmann, E. Hübinger, W. A. König, JHRC & CC 7:404 (1984)

II. Methoden

Flammenlose Atomabsorptionsspektrometrie

K. Dittrich

Sektion Chemie der Karl-Marx-Universität Leipzig,
Talstraße 35, DDR-7010 Leipzig

1 Einleitung

Die Analysenmethode Atomabsorptionsspektrometrie (AAS) ist eine Teildisziplin der analytischen Atomspektroskopie, die noch alle Verfahren der Atomemissions- und Atomfluoreszenzspektrometrie einschließt. Die AAS beruht auf dem Prinzip, daß freie Atome in der Lage sind, Photonen bestimmter Energie zu absorbieren, wobei die äußeren Elektronen der Atome in einen angeregten Zustand übergehen. In der Natur wurden Atomabsorptionsspektren unabhängig voneinander von Wollaston (1802) und Fraunhofer (1815) als „dunkle" Linien im Kontinuum des Sonnenlichtes entdeckt; sie konnten allerdings diese Phänomene nicht erklären. In den Jahren 1859 bis 1861 fanden dann Kirchhoff und Bunsen [1—3] durch ihre spektrochemischen Untersuchungen an in Flammen verdampften Salzen die phänomenologischen Grundlagen; sie formulierten:

1. Freie Atome emittieren Linienspektren.
2. Freie Atome sind in der Lage, bei den Wellenlängen, bei denen sie

Licht emittieren können, auch Licht zu absorbieren (Grundlage der AAS).

3. Die erhaltenen Spektren sind für eine Atomart charakteristisch. (Grundlage für die Anwendung der Atomspektroskopie in der qualitativen Analyse).

Die theoretische Charakterisierung der Atomlinienspektren wurde durch die Arbeiten von Rutherford, Bohr, Planck und Sommerfeld gegeben. Für ein einfaches System (Einelektronensystem) ergibt sich mit

$$\bar{\nu} = Z^2 \cdot R(1/n_1^2 - 1/n_2^2) \tag{1}$$

($\bar{\nu}$: Wellenzahl; R: Rydberg-Konstante; Z: Ordnungszahl; n_1, n_2: Hauptquantenzahlen des angeregten (2) und des nicht angeregten (1) Zustandes)

der direkte Zusammenhang zwischen der Wellenzahl einer Spektrallinie und der Ordnungszahl des entsprechenden Elementes. Dieser Zusammenhang ist grundsätzlich auf alle Spektrallinien freier Atome anwendbar. Die konkrete Auswertung dieser fundamentalen Gleichung ist jedoch schwierig, wenn Mehrelektronensysteme vorliegen. Sie gelang bisher nur beim Wasserstoffatom. Bei allen anderen Elementen müßten — bedingt durch die Störeinflüsse der anderen Elektronen — viele Korrekturgrößen eingeführt werden.

Erst etwa 100 Jahre nach Erscheinen der Arbeiten von Kirchhoff und Bunsen veröffentlichte Walsh [4] einen Vorschlag, das Prinzip der Atomabsorption für die quantitative Analytik einzusetzen. Seit diesem Zeitpunkt hat sich die AAS zu einer der führenden Methoden der Konzentrationsbestimmung der Elemente entwickelt. Mit unterschiedlichen Varianten der Methode gelingt es, sowohl Hauptkomponenten genügend genau, als auch Spuren genügend nachweisstark zu erfassen.

Die in diesem Beitrag zu behandelnden sogenannten flammenlosen Techniken der AAS sind außerordentlich nachweisstark und haben deshalb ihre Hauptanwendung in der Spurenanalyse. Unter Berücksichtigung der Anwendungsbreite, die bei etwa 60 Elementen liegt (Ausnahmen sind einige Nichtmetalle und „Problem"-Elemente s. u.) und des im Picogrammbereich befindlichen absoluten Nachweisvermögens haben sich die flammenlosen Techniken der AAS zu den Methoden der Wahl für die anorganische Elementspurenanalytik entwickelt. Außerdem besitzen diese Methoden vielfach den Vorteil, nur geringe Probemengen zu benötigen, somit sind sie speziell für Mikroanalysen geeignet.

2 Theoretische Grundlagen

2.1 Beziehungen zwischen Konzentration und Absorption

Grundlage für die quantitative Anwendung der AAS ist das bereits für die Spektralphotometrie von Lösungen (Lichtabsorption durch Moleküle) seit langem bekannte und angewendete Lambert-Beer'sche Gesetz. Durch-

strahlt man ein absorbierendes Medium mit Licht, so nimmt die Intensität
des Lichtes nach einer Exponentialfunktion ab:

$$I_D = I_0 \cdot 10 - \varepsilon_\lambda \cdot l \cdot c \tag{2}$$

I_D, I_0: Intensitäten des eingestrahlten (0) und durchgelassenen
(D) Lichtes
ε_λ: Extinktionskoeffizient $(f(\lambda))$,
l: Länge des Absorptionsweges,
c: Konzentration der absorbierenden Teilchen

Nach Logarithmieren von Gleichung (2) ergibt sich mit

$$E = \lg I_0/I_D = \varepsilon_\lambda \cdot l \cdot c \tag{3}$$

E: Extinktion (engl.: absorbance)

eine lineare Beziehung zwischen der Meßgröße (E) und der zu ermittelnden
Konzentration (c).

Dieses Gesetz gilt für die Grenzbedingungen:

— „Verdünnte Lösungen" (es dürfen keine Assoziate der das Licht absorbierenden Teilchen vorliegen) und
— „monochromatisches Licht" (der Extinktionskoeffizient ist wellen-
längenabhängig).

Eine entsprechende Übertragung dieser Gleichung führt zur Grundglei-
chung der quantitativen AAS. Dabei ist folgendes zu berücksichtigen:

1. Der Extinktionskoeffizient an der Stelle der maximalen Absorption
(Zentrum einer Spektrallinie ist gegeben durch:

$$\varepsilon_{\lambda_{max}} = \frac{2\lambda^2}{\Delta\lambda_D} \cdot \sqrt{\ln 2/\pi} \cdot \pi e^2/m \cdot c^2 \cdot f \tag{4}$$

λ: Wellenlänge; $\Delta\lambda_D$: Doppelbreite der Spektrallinie; e: Elek-
tronenladung; m: Elektronenmasse; c: Lichtgeschwindigkeit;
Oszillatorstärke des Überganges

Da die Dopplerbreite von der Temperatur abhängig ist, kann man unter
Zusammenfassung der Konstanten schreiben:

$$\varepsilon_{\lambda_{max}} = A/\sqrt{T} \tag{5}$$

Die exakte Messung der maximalen Lichtabsorption im Zentrum einer
Spektrallinie ist wegen des zu geringen Auflösungsvermögens guter Monochromatoren (vgl. Abschnitt 3.4) auf optischem Wege nur sehr schwer zu
realisieren, da die Spektrallinien unter Normaldruck bei den Arbeitstemperaturen der AAS (2000—3000 °C) Halbwertsbreiten von 0,01 nm
haben und somit Messungen in einem Intervall von 0,001 nm erforderlich
sind.

Diese Problematik, die der oben erwähnten Grenzbedingung „monochromatisches Licht" in der Spektralphotometrie entspricht, war einer
der Hauptgründe für die relativ späte Anwendung der AAS in der praktischen Analytik. Walsh [4] löste dieses Problem durch die Einführung der
Hohlkathodenlampen als spektrale Lichtquellen für die AAS. Infolge des
geringen Druckes in diesen Lampen und der niedrigen Gastemperatur

der durch eine Glimmentladung angeregten freien Atome, sind die Halbwertsbreiten der emittierten Spektrallinien stark reduziert worden. Durch Verminderung der Doppler- und der Druckverbreiterung liegen die $\Delta\lambda$-Werte bei nur 0,01 bis 0,001 nm. Die so erreichte „extreme Monochromasie" jeder einzelnen Spektrallinie ist verbunden mit einer relativ hohen Lichtstärke in diesem kleinen λ-Intervall (vgl. auch Abschnitt 3.1).

Für die praktische AAS ist es nunmehr nur noch erforderlich, *eine* Spektrallinie der Hohlkathodenlampe (HKL) (s. u.), die intensiv absorbiert wird und somit eine hohe analytische Empfindlichkeit ergibt, mit einem Monochromator auszufiltern.

2. Die Länge (l) des Absorptionsweges wird durch den Atomisator bestimmt.
3. Der Molekülkonzentration in der Spektralphotometrie entspricht in der AAS die Zahl der freien Atome im heißen Gas oder Plasma des Atomisators (N). Um den Bezug zur analytisch interessierenden Konzentration c eines Elementes in einer Lösung oder in einem Feststoff zu erhalten, müssen die zu analysierenden Substanzen durch Energiezufuhr in den Gaszustand überführt (atomisiert) werden. Dabei muß die Proportionalität zwischen N und c reproduzierbar sein.

Aus diesen drei Gründen folgt das für die quantitative AAS geltende Grundgesetz:

$$E = A/\sqrt{T} \cdot l \cdot N = A/\sqrt{T} \cdot l \cdot r \cdot c \tag{6}$$

r: Proportionalitätsfaktor zwischen N und c
andere Symbole: (vgl. Gl. (1)−(5))

2.2 Linienauswahl

Freie Atome können im Grundzustand oder in angeregten Zuständen vorliegen. Da die Verteilung der Atome auf diese Zustände nach Boltzmann von der Höhe der Anregungsenergie und der vorliegenden Anregungstemperatur abhängt, gilt für den einfachsten Fall von nur 2 Zuständen

$$N_a/N_g = g_a/g_g \cdot e^{-Ea/kT} \tag{7}$$

N_a, N_g: Teilchenzahl im angeregten (a) und Grundzustand (g);
g_a, g_g: statistische Gewichte des angeregten (a) und Grundzustandes (g);
E_a: Anregungsenergie; k: Boltzmann'sche Konstante

In der Tabelle 1 sind berechnete Werte für N_a/N_g-Verhältnisse dargestellt.
Sowohl für leicht (Na) als auch für schwer (Zn) anregbare Elemente liegt im für die AAS interessierenden Temperaturintervall zwischen 2000 K und 3000 K die Mehrzahl der Atome im Grundzustand vor. Für eine effektive Anwendung der AAS in der Analytik ist es deshalb erforderlich, Linien auszuwählen, die ihren Ursprung im Grundzustand haben (vgl. dazu Tabelle 2). Man nennt diese Linien Resonanzlinien. Ausnahmen dieser Regel gibt es bei den Elementen, deren Grundzustand der Atome durch

Tabelle 1. $N_{\mathrm{a}}/N_{\mathrm{g}}$-Verhältnisse in Niedertemperaturplasmen (vgl. auch [4])

Atomart	Wellenlänge des Überganges in nm	Anregungsenergie in eV	$N_{\mathrm{a}}/N_{\mathrm{g}}$-Werte bei unterschiedlichen Temperaturen	
			2 000 K	3 000 K
Na	589	2,1	10^{-5}	$5,8 \cdot 10^{-4}$
Cu	324	3,8	$4,8 \cdot 10^{-10}$	$6,6 \cdot 10^{-7}$
Zn	214	5,8	$7,5 \cdot 10^{-15}$	$5 \cdot 10^{-10}$

Multiplettaufspaltung aus mehreren dicht nebeneinander liegenden Energieniveaus besteht ($\Delta E \leq 1000$ cm^{-1}). Diese Energieniveaus können bei den angewendeten Temperaturen gleich stark besetzt sein.

Weiterhin kann man feststellen, daß im allgemeinen die Oszillatorstärke zwischen dem Grundzustand und dem ersten angeregten Zustand am größten ist. Für nachweisstarke Spurenbestimmungen werden deshalb diese Linien verwendet (vgl. Tabelle 2).

Aus den genannten Tatsachen resultieren sowohl Vorteile als auch Nachteile:

1. Die AA-Spektren sind linienarm und übersichtlich. Die spektrale Selektivität ist deshalb ausgezeichnet.
2. Der Arbeitsbereich (linearer Zusammenhang zwischen E und c) ist durch das Meßverfahren ($I_0 - I_D$-Vergleich) auf 2—3 Zehnerpotenzen begrenzt. Eine Bereichserweiterung erfordert den Einsatz weiterer Spektrallinien, die allerdings aus den genannten Gründen nicht zahlreich zur Verfügung stehen.

Tabelle 2. Charakteristik in der AAS benutzter Atomlinien

Element E_i in eV K_p in K	Spektrallinien in nm relative Emissionsintensität der Linien in % relative Absorptionsintensität der Linien in % Anregungsenergie des Grundzustandes in cm^{-1}						
Ag	328,1	338,3					
7,6	100	88					
2 485	100	50					
	0	0					
Al	309,3	396,2	308,2	394,4	237,3	236,7	257,4
6	100	64				2	6
2 740	100	67	48	30	20	14	9
	112	112	0	0	112	0	112
As	193,7	197,3	189,0				
9,8	88	100	28				
886	100	62	50				
	0	0	0				

Tabelle 2. (Fortsetzung)

Element E_i in eV K_p in K	Spektrallinien in nm relative Emissionsintensität der Linien in % relative Absorptionsintensität der Linien in % Anregungsenergie des Grundzustandes in cm^{-1}						
Au 9,2 3 080	242,8 80 100 0	267,6 100 55 0					
B 8,3 2 303	249,77/249,68 100 100 0	208,89/208,95 36 44 0					
Ba 5,2 1 973	553,6 100 0	350,1 0,2 0	455,4 0				
Be 9,3 3 243	234,9 100 100 0						
Bi 7,3 1 833	223,1 9 100 0	222,8 7 35 0	306,8 100 30 0	206,2 12 0	227,7 4,5 7 0	211,0 3 0	202,1 1 0
Ca 6,1 1 757	422,7 100 100 0	239,9 0,5 0,5 0					
Cd 9,0 1 038	228,8 36 100 0	326,7 100 0,2 0					
Co 7,9 3 143	240,7 53 100 0	242,5 67 0	252,1 40 0	241,1 28 816	340,6 100 2,5 0		
Cr 6,8 2 945	357,9 100 100 0	425,4 75 33 0	427,5 65 27 0	429,0 52 13 0	520,8 34 0,5 7 593	520,4 15 0,2 7 593	
Cs 3,9 952	852,1 44 100 0	894,3 2 83 0	455,5 100 19 0	459,3 26 5 0			

Tabelle 2. (Fortsetzung)

Element E_i in eV K_p in K	Spektrallinien in nm relative Emissionsintensität der Linien in % relative Absorptionsintensität der Linien in % Anregungsenergie des Grundzustandes in cm^{-1}						
Cu 7,7 2 840	324,7 100 100 0	327,4 55 30 0	222,6 3 3 0	249,2 9 0,8 0	244,2 5 0,4 0		
Dy 6,8 2 835	421,2 100 100 0	404,6 70 0	418,7 64 0	419,5 59 50 0	419,2 14 3 4 134	422,5 10 3 7 050	421,8 17 1 4 134
Er 6,1 3 136	400,8 100 100 0	386,3 36 0	415,1 36 0	389,3 47 23 0	397,4 18 0	408,8 26 13 0	402,1 20 3 6 958
Eu 5,7 1 870	459,4 100 0100 0	462,7 015 0	466,2 015 0	333,4 61 0,3 0			
Fe 7,9 3 023	248,3 24 100 0	248,8 100 0	252,3 100 0	271,9 67 0	302,1 50 0	372,0 100 29 0	386,0 49 7 0
Ga 6,0 2 676	294,4 100 100 826	287,4 61 90 0	417,2 60 826	403,3 35 0	250,0 10 826	245,0 8 0	272,0 9 3 826
Gd 6,2 3 539	368,4 51 100 0	405,8 100 87 215	419,1 78 24 999				
Ge 7,9 3 103	265,16/265,12 100 100 0		269,13 23 20 557	303,9 79 5 7125			
Hg 10,5 629,7	184,9* 0	253,7 100 100 0			* Vakuum-UV		
Ho 6,1 2 960	410,4 100 100 0	405,4 35 0	416,3 28 	404,1 10 0	412,7 5 	425,4 22 1 	

Tabelle 2. (Fortsetzung)

Element E_i in eV K_p in K	Spektrallinien in nm relative Emissionsintensität der Linien in % relative Absorptionsintensität der Linien in % Anregungsenergie des Grundzustandes in cm^{-1}						
In	303,9	325,6	410,5	451,1	256,0	271,0	275,4
5,8	100					20	
2 353	100	100	40	30	10	4	4
	0	2 213	0	2 213	0	2 213	0
Ir	208,9	264,0	266,5	285,0	237,3	250,3	254,4
9,0	8	100	87				60
4 403	100	80	50	40	40	36	20
	0	0	0	0	0	0	2 835
K	766,5	769,9	404,4				
4,3	100	80	1				
1 047	100	40	0,4				
	0	0	0				
La	550,1	495,0	403,7	357,4			
5,6	100	50	28	60			
3 730	100	60	38	18			
	0	0	0	0			
Li	670,8	323,3	610,4				
5,4	100	8	10				
1 620	100	0,3	0,01				
	0	0	14 904				
Lu	336,0	331,2	337,7	356,8	451,9	308,1	
6,2	72	76	78	100			
3 668	100	60	50	50	9	5	
	1 994	0	0	0	0	1 994	
Mg	285,2	202,5					
7,6	100	1					
1 363	100	3					
	0	0					
Mn	279,5	403,1	321,7				
7,4	43	100	3				
2 235	100	8	0,04				
	0	0	0				
Mo	313,3	320,9					
7,1	100	20					
4 885	100	8					
	0	0					
Na	589,0	589,6	320,2/320,3				
5,1	100	75	1,5				
1 156	100	35	0,2				
	0	0	0				

Tabelle 2. (Fortsetzung)

Element E_i in eV K_p in K	Spektrallinien in nm relative Emissionsintensität der Linien in % relative Absorptionsintensität der Linien in % Anregungsenergie des Grundzustandes in cm^{-1}						
Nd 5,5 3 341	492,5 100 100 000	486,7 16 16 0	463,4 50 0				
Ni 7,6 3 005	232,0 16 100 0	231,1 50 0	234,6 15 0	341,5 60 12 205	352,4 100 19 205	351,5 38 9 880	305,1 4 205
Os 8,5 5 300	290,9 31 100 0	305,9 62 0	263,7 56 0	301,8 31 0	330,2 28 0	271,5 24 0	426,1 100 3 0
P 10,9 552 subl.	178,3* 100 0	177,5* 0	178,8* 0	213,55/213,62 100 1 11 361/11 376		214,9 * Vakuum-UV 0,5 11 371	
Pb 7,4 2 013	217,0 10 100 0	283,3 100 50 0	261,4 37 3 7 819	202,2 0,5 2 0	368,4 0,8 7 819	364,0 0,3 7 819	
Pr 5,5 3 785	495,1 100 100 0	513,3 17 60 0	473,7 50 0	491,4 29 0			
Pt 9,0 4 100	265,9 100 100 0	217,7 67 0	306,5 40 0	264,7 18 0			
Rb 4,2 961	780,0 100 100 0	794,8 45 36 0	420,2 24 1 0	421,6 10 0,3 0			
Rh 7,5 4 000	343,5 100 100 0	369,2 40 0	339,7 36 0	350,3 17 0	365,8 12 1 530	370,1 8 1 530	350,7 3 2 598
Ru 7,4 4 175	349,9 100 100 0	392,6 49 9 0					

Tabelle 2. (Fortsetzung)

Element E_i in eV K_p in K	Spektrallinien in nm relative Emissionsintensität der Linien in % relative Absorptionsintensität der Linien in % Anregungsenergie des Grundzustandes in cm^{-1}						
Sb	217,6	206,8	231,1	212,7			
8,6	75	51	100	2			
20 233	100	83	50	14			
	0	0	0	0			
Sc	391,2	390,8	402,4	402,0	327,0	327,4	
6,7	100				8	24	
3 104	100	100	100	67	30	30	
	168	0	168	0	0	168	
Se	196,0	204,0					
9,8	89	100					
958	100	7					
	0	1 990					
Si	251,6	250,7	252,0	251,4	252,4	221,7	251,9
8,2	100	35		31	31		
2 628	100	50	37	37	33	27	19
	223	0	223	77	223	0	77
Sm	429,7	520,1	476,0	472,8			
5,6	94		100				
2 064	100	40	30	27			
	4 021	1 490	812	1 490			
Sn	224,6	235,5	286,3	300,9	266,1		
7,3		61	100	80	11		
2 543	100	70	55	25	5		
	0	1 692	0	1 692	1 692		
Sr	460,7						
5,7	100						
1 657	100						
	0						
Tb	432,6	431,9	390,1	406,2	433,8		
6,0	100	83			63		
3 396	100	70	60	58	50		
	0	0	462	462	0		
Tc	261,4/261,6						
	100						
	100						
	0						

Tabelle 2. (Fortsetzung)

Element E_i in EV K_p in K	Spektrallinien in nm relative Emissionsintensität der Linien in % relative Absorptionsintensität der Linien in % Anregungsenergie des Grundzustandes in cm^{-1}						
Te 9,0 1 263	214,3 40 100 0	225,9 100 10 0	238,6 31 0,7 4 751				
Ti 6,8 3 560	364,3 100 100 170	365,4 100 91 0	335,5 67 170	399,0 83 40 170	399,9 40 387	395,6 20 170	394,8 10 0
Tl 6,1 1 730	276,8 100 100 0	377,6 27 0	258,0 10 1 0				
Tm 5,8 2 220	371,8 100 100 0	420,4 82 33 0	436,0 28 11 0	530,7 38 6 0			
V 6,7 3 653	18,3 100 137	318,4 100 71 323	318,5 50 100 553	370,4 40 2 425	306,6 27 26 533	370,5 20 2 311	439,0 25 12 2 220
Yb 6,2 1 467	398,8 100 100 0	346,4 14 0	246,5 4 5 0	267,2 2,5 1 0	0		
Y 6,4 3 871	410,2 100 100 530	414,3 50 67 0					
Zn 9,4 1 180	213,9 87 100 0	307,6 100 0,01 0					
Zr 6,8 4 650	360,1 100 100 1 241	354,8 50 570	301,2 43 570	298,5 38 0	303,0 38 1 241	362,4 38 570	408,8 65 12 1 241

E_i: Ionisierungsenergie; K_p: Siedepunkt

3 Instrumentation

In der ersten Abbildung 1 werden die zu einem AA-Spektrometer gehörenden Baugruppen schematisch dargestellt (vgl. a. [5, 6]).

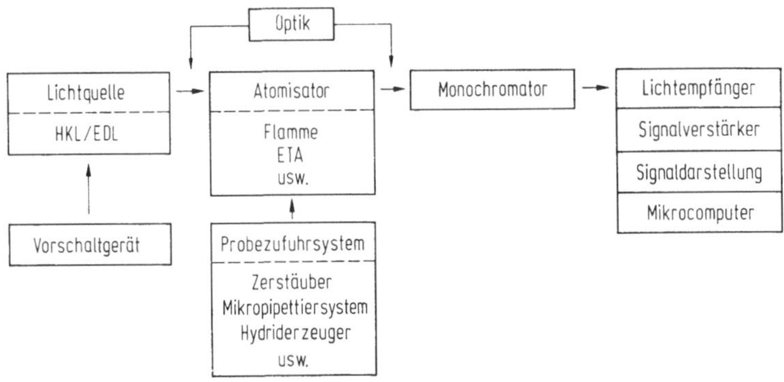

Abb. 1. Schematische Darstellung der Baugruppen eines Atomabsorptionsspektrometers

3.1 Lichtquellen

Das Grundprinzip der AAS setzt spektrale Lichtquellen, mit denen man bei möglichst geringer Linienbreite bei niedrigem Gasdruck und niedriger Temperatur hohe Lichtintensität erzielt, voraus. Es haben sich 2 Lichtquellen durchgesetzt — die Hohlkathodenlampen (HKL) und die elektrodenlosen Entladungslampen (EDL, electrodeless discharge lamps). Die relativen Lichtstärken der emittierten Spektrallinien dieser Lichtquellen wurden zur Orientierung in der Tabelle 2 aufgeführt.

3.1.1 Hohlkathodenlampen (HKL)

Der Gasraum der HKL (vgl. Abb. 2) ist mit Argon oder Neon (4—6 Torr) gefüllt. Eine Zündspannung von etwa 600 V bewirkt den Start einer Glimmlampenentladung zwischen dem Innenraum der Topf- oder „hoh-

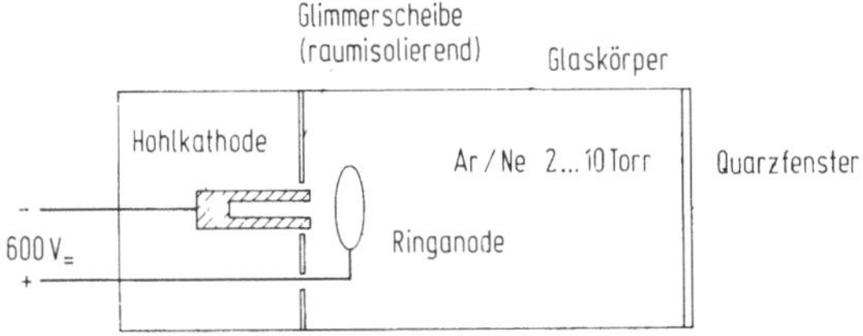

Abb. 2. Schematische Darstellung einer Hohlkathodenlampe (HKL)

len" Kathode und der Ringanode. Die Betriebsspannung sinkt nach der Zündung auf etwa 300 V ab. Durch die Entladung werden Ar^+- bzw. Ne^+-Ionen erzeugt und im elektrischen Feld in Richtung der Kathode beschleunigt. Infolge des Sputtereffektes schlagen diese Ionen aus der Innenoberfläche der Kathode Atome heraus, die im Gasraum durch Elektronenstöße zur Strahlung angeregt werden. Bei dieser Entladung herrscht kein thermisches Gleichgewicht, so daß, bezogen auf die niedrige Gastemperatur der angeregten Atome, durch hohe Elektronentemperatur eine höhere Lichtintensität erzielt wird. Im einzelnen ergeben sich für eine HKL folgende Charakteristika:

1. Die Kathode, zumindest aber die Innenwand der Kathode, muß aus dem Element bestehen, von dem die Strahlung gewünscht wird, d. h., die Lichtquellen sind elementspezifisch. Mehrelementlampen können unter Verwendung entsprechender Legierungen erhalten werden, sie haben sich aber nicht durchgesetzt, da die Lichtintensitäten der einzelnen Elemente unterschiedlich sind und sich während des Betriebes auch verändern.
2. Zur Vermeidung eines schnellen diffusionsbedingten Abbaus der Innenwand ist eine spezielle Geometrie der Kathode günstig (enge Ausgangsöffnung).
3. Da die Lichtintensität *und* die Linienbreite von der Stromstärke, die im mA-Bereich liegt, abhängen, muß eine Optimierung der Stromstärke vorgenommen werden. Das Ziel dieser Optimierung ist es: Erzeugung einer ausreichenden, d. h. eine stabile Messung ermöglichenden Lichtintensität bei minimaler Stromstärke. Eine weitere Erhöhung der Stromstärke würde zur Erhöhung der Gastemperatur der Atome und damit zur Linienverbreiterung führen und kann eine Verschlechterung der analytischen Empfindlichkeit ergeben.
4. Da die Entladungsstabilisierung eingebrannter Lampen im Mikrosekundenbereich erfolgt, ist auch ein elektronisch gesteuerter Pulsbetrieb bei einigen 100 Hz möglich (vgl. Abschnitt 8.1 zur Wechsellichtmethode).

3.1.2 Elektrodenlose Entladungslampen (EDL)

Für leicht verdampfbare Elemente ($K_p < 1000\,°C$) sind HKL nicht günstig, da schnell Materialverluste im Innenraum der HKL auftreten können. Besonders macht sich dies bei schwer anregbaren Elementen wie z. B. As, Se u. a., die eine höhere Stromstärke zur Anregung erfordern, bemerkbar. Für derartige Elemente wurden die elektrodenlosen Entladungslampen (EDL) entwickelt. Das Schema einer EDL wird in Abbildung 3 dargestellt.

Der Innenraum des in der Anregungsspule befindlichen Quarzkörpers enthält Edelgas (4−6 Torr) und < 1 mg des anzuregenden Elementes. Über die Spule wird HF-Energie (z. B. 27,13 MHz) mit Leistungen zwischen 5 und 25 Watt in den Innenraum übertragen. Die erfolgende Erwärmung bewirkt Materialverdampfung. Elektronen, die durch teilweise Ionisation des Edelgases erzeugt werden, werden im HF-Feld trägheitslos auf hohe Temperaturen beschleunigt. Über Elektronenstöße erfolgt die Anregung der freien Atome.

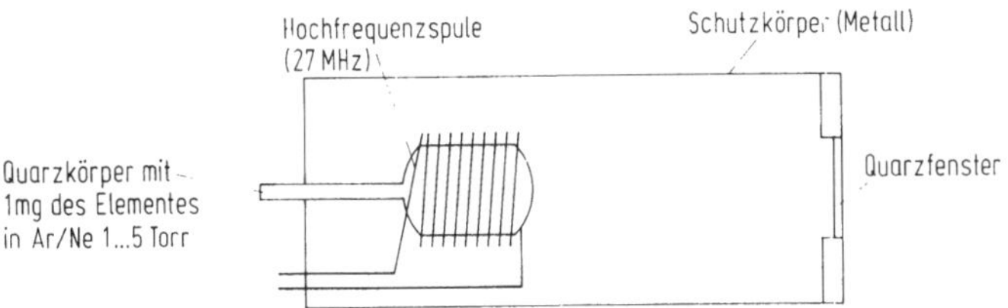

Abb. 3. Schematische Darstellung einer elektrodenlosen Entladungslampe (electrodeless discharge lamp: EDL)

Die spektrale Qualität (Linienbreite) des Lichtes der EDL entspricht der der HKL, da auch bei den EDL die Gastemperatur der Atome niedrig ist. Die Lichtintensität der EDL ist jedoch um 1—3 Größenordnungen höher als die der HKL. Daraus folgte, daß EDL nicht nur für die leicht verdampfbaren *und* schwer anregbaren Elemente wie As, Se, Sb, Te, sondern nahezu für alle leicht verdampfbaren Elemente, z. B. Na, K, Pb u. a. entwickelt wurden.

3.2 Optisches System

Das Licht der HKL/EDL wird durch Quarzlinsen oder Oberflächenspiegel in den Atomisator fokussiert und von dort auf den Eingangsspalt des Monochromators abgebildet. Die Monochromatoren können Ein- und Zweistrahlsysteme sein. Letztere haben den Vorteil, daß sich schwankende Lichtintensitäten der Lampen nicht auf das Meßergebnis auswirken können und somit z. B. längere Einbrennzeiten der Lichtquellen entfallen. Im optischen System sind meistens auch mechanische Modulatoren (Chopper) angebracht, die wie die elektronischen Modulatoren (s. Abschnitt 3.1.1) Wechsellicht produzieren (vgl. auch Abschnitt 8.1).

Weiterhin wird die Gestaltung des optischen Systems durch die eingesetzte Untergrundkompensationsmethode beeinflußt (vgl. hierzu Abschnitt 8.2).

3.3 Atomisatoren

Zur Erzeugung von freien Atomen aus der Analysenprobe werden sogenannte Atomisatoren benötigt. Folgende Atomisierungsprinzipien werden praktiziert:

1. Atomisierung von Lösungs- (Probe-) Gas-Aerosolen in Flammen (vorwiegend C_2H_2/Luft- und C_2H_2/N_2O-Flammen) — *Flammen-AAS*.
2. Elektrothermische Atomisierung von Lösungen und Feststoffen in vorwiegend Graphitrohratomisatoren — *ETA-AAS*.
3. Chemische Erzeugung leichtflüchtiger Hydride mit nachfolgender elektrothermischer Zerstörung derselben in vorwiegend elektrisch beheizten Quarzrohrküvetten — *Hydrid-AAS*.

4. Kaltdampftechnik der AAS für Quecksilber-Bestimmungen.
5. Laser-Ablation von Feststoffen in Kombination mit der ETA-AAS —
   Laser-ETA-AAS.
6. Sputtertechnik in Verbindung mit der AAS.

Die Prinzipien 2—6 werden unter dem Begriff flammenlose AAS zusammengefaßt. Unter diesen besitzen die ETA-AAS und bereits eingeschränkt die Hydrid-AAS die größte Bedeutung für die praktische Analytik. Für die Prinzipien 1—4 stehen kommerziell gebaute Geräte zur Verfügung.

Laser-ETA-AAS und Sputtertechnik werden für die direkte Feststoff-AAS eingesetzt. Es müssen entsprechende Geräte dafür kombiniert werden. Die Kaltdampftechnik hat eine große Bedeutung für die Quecksilberanalytik.

3.4 Monochromatoren

Es werden für die AAS Gittermonochromatoren mittlerer Güte benötigt. Wie bereits dargelegt wurde (s. Kapitel 2), besteht die Aufgabe des Monochromators in der AAS darin, aus dem linienreichen Spektrum der HKL/EDL nur die für die Absorption interessierende Linie, die für sich genommen bereits monochromatisch ist ($\Delta\lambda \approx 10^{-3}$ nm), abzutrennen.

Monochromatoren mit reziproken Lineardispersionen von 0,5 bis 2 nm/mm erfüllen diesen Zweck, weil mit diesen spektrale Bandbreiten von 0,05 bis 0,2 nm problemlos erreichbar sind. Da die Resonanzlinien der Elemente zwischen 852,1 nm (Cs) und 71,1 nm (F) liegen, wäre eigentlich ein Monochromator für diesen Spektralbereich erforderlich. Die Strahlungsabsorption unterhalb von 190 nm durch die Luft stellt jedoch eine praktische Grenze für die AAS dar. Fast ausschließlich sind AA-Monochromatoren deshalb mit Quarzoptik ausgerüstet und zwischen 850 und 190 nm einsetzbar, so daß die Resonanzlinie des Arsens (193,7 nm) noch gemessen werden kann.

Zur Erhöhung der Analysengeschwindigkeit wurden auch Zweikanalspektrometer mit 2 gleichartigen Monochromatoren gebaut, mit denen 2 Elemente simultan bestimmt werden können. Der Trend zur Mehrelementanalytik wurde auch in jüngster Zeit fortgesetzt. Neben Mehrkanal-Spektrometern gewöhnlicher Art gibt es Entwicklungen zur Kontinuum-Lichtquellen-AAS. Zur Erzielung der für die AAS erforderlichen spektralen Linienbreiten werden hochauflösende Echelle-Spektrometer eingesetzt [7].

3.5 Lichtmessung, -verstärkung und Signalverarbeitung

Die Messung der Lichtintensität in der AAS erfolgt ausschließlich mit Sekundärelektronenvervielfachern (SEV = PM (photomultiplier)). Alle modernen Geräte werden durch Mikrocomputer gesteuert.

Die folgenden Funktionen der Geräte werden i. a. von den Mikrocomputern übernommen:

1. Modulation des Lichtes, phasenempfindliche Messung des Lichtes und Verstärkung des elektrischen Signals.

2. Signal- und Meßwertbildung (Extinktionsermittlung), Maximalwert-
   bestimmung (Peakhöhenauswertung) und Signalintegration (Flächen-
   auswertung) über die Zeit.
3. Untergrundkompensation und Signalkorrektur (vgl. Kapitel 8).
4. Numerische Signaldarstellung, Signal-Zeitverläufe über Drucker,
   Plotter und Displays.

Weiterhin ist darauf hinzuweisen, daß in Abhängigkeit von der Atomisie-
rungsvariante eine Vielzahl weiterer Funktionen, wie Temperatursteue-
rung und -messung bei der ETA-AAS, Zeitabläufe bei der Hydrid-AAS
und auch die Steuerung von Probezufuhrtechniken vom Computer übernommen werden. Auch die Signalauswertung, Kalibrierungsmethoden
usw. werden vom Computer realisiert.

Mit dem Einsatz von Mikrocomputern in der AAS wurde ein gewaltiger
Schritt zur Automatisierung der Methode für die Serienanalytik getan.
Eine Zusammenfassung über die Instrumentierung der AAS wurde in [8]
gegeben (vgl. auch [9]).

4 Flammenlose AAS durch elektrothermische Atomisierung der Analysenprobe — ETA-AAS [10, 11]

4.1 Entwicklung und Grundprinzip der Methode

Die ETA-AAS wurde von Lwow [12, 13] bereits 1959/61 entwickelt, als
sich die AAS als Analysenmethode noch nicht durchgesetzt hatte. Diese
Tatsache und die schlechte Handhabbarkeit dieser ersten Variante führten
zum Vergessen der Methode bis zum Jahre 1968, in dem Maßmann [14]
eine leicht handhabbare Variante der ETA-AAS vorschlug, die bis heute
letztlich die ETA-AAS bestimmt. Abbildung 4 stellt das Schema eines
solchen Atomisators dar. Diese Variante besitzt jedoch eine Reihe von
Nachteilen, die Gegenstand intensiver Untersuchungen wurden. Trotz
entscheidender Verbesserungen können diese Untersuchungen noch nicht
als vollständig abgeschlossen gelten.
Das Prinzip der Methode läßt sich folgendermaßen darstellen:

1. Dosierung eines Mikrovolumens (i. a. 5—50 µL) des Analyten in ein
   Graphitrohr (vgl. Abb. 4).
2. Trocknungsphase: Die langsame, gesteuerte Aufheizung des Graphitrohres durch direkte elektrische Widerstandsheizung auf Temperaturen
   zwischen 50 und 200°C führt zur Verdampfung des Lösungsmittels,
   welches durch strömendes Argon (Schutzgas) entfernt wird, Dauer:
   15—60 s.
3. Veraschungsphase: Die gesteuerte Aufheizung des Graphitrohres auf
   200 bis ca. 2000°C dient vorwiegend der Abtrennung störender Matrix-
   überschüsse und der Stabilisierung/Isoformierung der zu bestimmenden
   Spuren (Matrix-Spur-Trennungen). Maximale Temperaturen, die noch
   keinen Analyt-Verlust verursachen, werden angestrebt. Dauer: 5—60 s.

4. Atomisierungsphase: Die gesteuerte, i. a. mit maximaler Geschwindigkeit erfolgende Aufheizung soll die vollständige Verdampfung und Dissoziation bzw. chemische Reduktion, d. h. Atomisierung, des gesamten trockenen Rückstandes bewirken. Die dafür erforderlichen Temperaturen liegen in Abhängigkeit von den Substanzen zwischen 1000 und 3000°C. Zur Vermeidung einer unnötigen Belastung des Graphitrohres ist in dieser Phase die minimal erforderliche Temperatur anzustreben. In dieser Phase erfolgt die Messung der Absorption in Abhängigkeit von der Zeit und die Ermittlung des Maximalwertes der Extinktion (Peakhöhenauswertung) bzw. des Integrals der Extinktion über die Zeit (Peakflächenauswertung) des transienten Signals. Beide Meßgrößen sind der Teilchenzahl N und damit der Konzentration c (vgl. Kapitel 2) proportional. Die Peakflächenauswertung ist weniger störanfällig und deshalb zu empfehlen (s. u.). Über Eichkurven erfolgt die analytische Auswertung, d. h., die praktische ETA-AAS ist eine Relativmethode. Dauer: 1—10 s.

5. Reinigungsphase: Durch kurzzeitige Anwendung der für das Graphitrohr möglichen Maximaltemperatur werden schwer verdampfbare Rückstände aus dem Rohr entfernt. Dauer: 1—3 s. Die Phasen 2 und 3 können mehrere Zeit- und Temperaturschritte enthalten. Die optimale Gestaltung der Abläufe ist jeweils experimentell zu ermitteln. Es gibt eine Reihe von Entwicklungen, die die grundsätzlichen Vorteile (hohes Nachweisvermögen) und Probleme (Matrixinterferenzen) verbessern. Es ist darüber eine umfangreiche Literatur erschienen [10—63].

4.2 Vorteile und Probleme der ETA-AAS

Der Hauptvorteil der ETA-AAS besteht in ihrem ausgezeichneten Nachweisvermögen (vgl. Tabelle 4). Dieses hohe Nachweisvermögen gründet sich auf die anzustrebende und in gewissen Grenzen verwirklichbare Tatsache, daß alle Atome, die ursprünglich im dosierten Lösungsvolumen vorhanden waren, „gleichzeitig" im Rohr des Atomisators als freie Atome im Grundzustand vorliegen. Nach Lwow [15, 16] eröffnet dies den Weg zur Schaffung einer Absolutmethode in der AAS. Obwohl dieser Gesichtspunkt hauptsächlich theoretische Bedeutung besitzt, zeigten Slavin et al. [17, 18], daß experimentell erreichte Werte die Berechnungen von Lwow bestätigen und diese Werte eine gute Kontrolle der richtigen Funktion des AA-Spektrometers für die praktische Analytik bieten (s. Tabelle 4).

Die „absolute AAS", die die absolute Richtigkeit und Berechenbarkeit der Analysenwerte bedeuten würde, ist für reale analytische Systeme nicht erreichbar, denn alle im Punkt 4.1 genannten Stufen werden durch die Analysenprobe selbst (Matrixeffekte) und viele Parameter der Apparatur beeinflußt. Folgende Matrixeffekte treten auf:

1. Die Nichtrealisierung der Überführung aller Analytatome (-ionen) der Lösung in freie Atome in der Gasphase führt zur Verfälschung der N-c-Beziehung. Dies ist bedingt durch:
   - *Verluste* an Analyt in der Trocknungs- und Veraschungsphase, z. B. durch Verdampfung des Analyten mit der Matrix oder Verflüchtigung als niedermolekulare Verbindung,

— *nicht vollständige oder verlangsamte Verdampfung* in der Atomisierungsphase, z. B. durch Bildung schwerflüchtiger Doppeloxide mit der Matrix oder entsprechender Carbide mit dem Kohlenstoff des Graphitrohres,

— infolge Matrixüberschuß nicht *vollständige Dissoziation* verdampfter Moleküle, z. B. durch MO- und MX-Bildung (X = Halogen) oder auch *Molekülbildung* in der Gasphase nach

$$M + X_{\text{Übersch.}} \leftrightarrow MX \tag{8}$$

Man kann davon ausgehen, daß bei gleichzeitiger Verdampfung von Spurenmetall (M) und Matrix ($X_{\text{Übersch.}}$) und der Möglichkeit der Molekülbildung (Dissoziationsenergie von $MX > 3$ eV) das Gasgleichgewicht mehr oder weniger stark auf die Seite der Moleküle verschoben ist [19].

2. Das Vorhandensein von Matrixbestandteilen im heißen Gas führt zur Veränderung des spektralen Untergrundes unter der für die Messung der AA ausgewählten Spektrallinie. Dies ergibt sich durch:

— spezifische und unspezifische Lichtemission der Matrixbestandteile,
— unspezifische Absorption durch
    — fremde Atome (Linienkoinzidenzen sind jedoch selten),
    — unvollständig dissoziierte Matrixmoleküle (Molekülabsorption),
    — unvollständig verdampfte, feste oder flüssige Partikel (Lichtstreuung).

Zur Erreichung einer hohen Zuverlässigkeit der AAS-Messungen (Verbesserung der Richtigkeit und der Reproduzierbarkeit des Verfahrens) ist es erforderlich, beide Matrixeinflüsse durch eine Reihe von Maßnahmen einzuschränken. Dies erfolgt durch:

— Optimierung der thermischen Parameter des Atomisators (elektrische Bedingungen in Kombination mit der Rohrgeometrie, der Leitfähigkeit des Rohrmaterials und dem Gasregime);
— Optimierung der chemischen Bedingungen des Atomisators (Auswahl des Rohrmaterials einschl. seiner Beschichtung und Imprägnierung, Gaszusammensetzung);
— Optimierung der chemischen Zusammensetzung der Analysenprobe (Matrix- und Analytmodifizierung);
— Optimierung der Kompensation des spektralen Untergrundes.

Diese Optimierungen dienen zum Teil auch der Erhöhung der Empfindlichkeit des Verfahrens. Hierfür sind außerdem noch die Rohrdimensionen wichtig. Eine große Rohrlänge erhöht die Schichtdicke des absorbierenden Mediums. Diese Länge wird begrenzt durch die erforderlichen optimalen thermischen Parameter und das Rohrmaterial. Sie liegt heute zwischen 20 und 40 mm. Ein möglichst geringer Durchmesser des Rohres würde die Teilchendichte des absorbierenden Mediums im Strahlengang erhöhen. Die Begrenzungen für diese Dimension sind: Stabile Lichtmessung und handhabbare Probezuführung. Der innere Durchmesser der Rohre liegt heute bei 3 — 6 mm.

Zur Vermeidung einer zusätzlichen Konvektion, die die Teilchendichte im Strahlengang erniedrigen würde, wird in der Atomisierungsphase mit „Gasstop" des Schutzgases gearbeitet. Dies bezieht sich bei modernen Atomisatoren nur auf den durch das Rohr strömenden sog. inneren Gasstrom.

4.3 Thermische Parameter der ETA-AAS

4.3.1 Allgemeines

Die „idealen thermischen Parameter" sind gegeben durch:

— räumlich (im Rohr) und zeitlich (Atomisierungsphase) konstante Temperatur (thermisches Gleichgewicht);
— extrem schnelle Aufheizung der Probe von der Temperatur der Veraschungsphase auf die Temperatur der Atomisierungsphase (µs-Bereich).

Diese „idealen Ziele" sind praktisch nicht erreichbar. Man ist jedoch bestrebt, durch die Optimierungen eine möglichst dichte Annäherung zu erzielen.

4.3.2 Atomisatortypen auf Graphitbasis

Aufgrund seiner guten thermischen Stabilität wird für die Probeträger der ETA-AAS hauptsächlich Graphit verwendet. Man unterscheidet zwischen offenen (carbon rod) und geschlossenen (carbon tube) Atomisatoren. Hinsichtlich der thermischen Homogenität sind die geschlossenen Atomisatoren infolge der aus 2 Dimensionen erfolgenden Gasraumaufheizung überlegen und haben sich für die praktische Analytik durchgesetzt (vgl. Abb. 4).

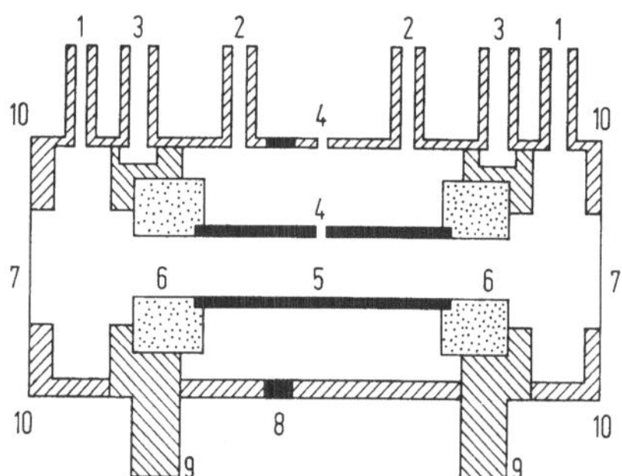

Abb. 4. Schematische Darstellung eines elektrothermisch arbeitenden Graphitrohratomisators (ETA). 1 Gaseinlaß für inneren Schutzgasstrom (meist Ar) (Auslaß über 5 und 4), 2 Gaseinlaß für äußeren Schutzgasstrom (meist Ar) (Auslaß über 4), 3 Wasserkühlung der Metallbacken (-kontakte) und des Metallschutzkörpers 10, 4 Dosieröffnung im Metallschutzkörper 10 und im Graphitrohr 5, 5 Graphitrohr, 6 Graphitbacken zur Halterung des Graphitrohres 5 selbst gehaltert in den Metallbacken des Metallschutzkörpers 10, 7 Quarzfenster, 8 elektrische Isolierung zwischen den beiden Kontakten zur Stromzuführung 9, 9 Kontakte für Stromzufuhr (meistens bis zu 10 V/400 A), 10 Metallschutzkörper

Hinsichtlich der Aufheizgeschwindigkeit ist jedoch der eine kleinere Masse besitzende offene Atomisator besser. Es wurden deshalb auch Kombinationen zwischen beiden Typen entwickelt (s. u.).

Die thermische Homogenität des „geschlossenen" Rohratomisators wird durch den Aufheizungsprozeß und durch die erforderliche Kühlung der Rohrhalterung, die sich auch auf das Rohr auswirkt, beeinflußt.

Zur Erzielung einer hohen Aufheizgeschwindigkeit müssen die Rohrdimensionen klein gehalten werden (z. B. $l = 28$ mm, $i\varnothing = 5-6$ mm, Wandstärke $= 1$ mm). Stromversorgungen von etwa 5 kW erlauben dann maximale Aufheizgeschwindigkeiten von $1-6$ K/ms. Die Aufheizung erfolgt unter Kontrolle der Temperatur (Temperaturmessung durch Photodioden mit entsprechender Rückkopplung zur Stromversorgung; programmierte Aufheizung auf der Basis der im Computer gespeicherten thermischen Parameter des Graphits, wie Wärmekapazität, Leitfähigkeit und die Temperaturfunktionen dieser Größen).

Eine Erhöhung der Aufheizgeschwindigkeit wurde durch kapazitiv erhöhte Strommengen erreicht [20, 21]. Dieses Verfahren hat sich kommerziell nicht durchgesetzt.

Eine zur besseren thermischen Homogenität führende Maßnahme ist die einfache, von Lwow [15] vorgeschlagene Plattformtechnik, deren Wirkungsweise durch Abbildung 5 verdeutlicht werden soll (s. a. [22]).

Eine Verzögerung der Aufheizung der probetragenden Plattform bewirkt, daß die Verdampfung des Materials relativ spät erfolgt. Der Vorteil dieses zunächst im Widerspruch zum bisher Gesagten stehenden Verfahrens ist es, daß die Teilchen dann in eine sehr heiße Gasatmosphäre verdampfen, wodurch eine weitere Dissoziation von Molekülen unterstützt und die Rekombination von Molekülen und Rekondensation eingeschränkt wird. Diese Maßnahme ist besonders günstig für die analytische Bestimmung leicht verdampfbarer oder flüchtige Moleküle bildender Atome. Für refraktäre (schwer verdampfbare) Elemente ist die Plattformtechnik nicht geeignet.

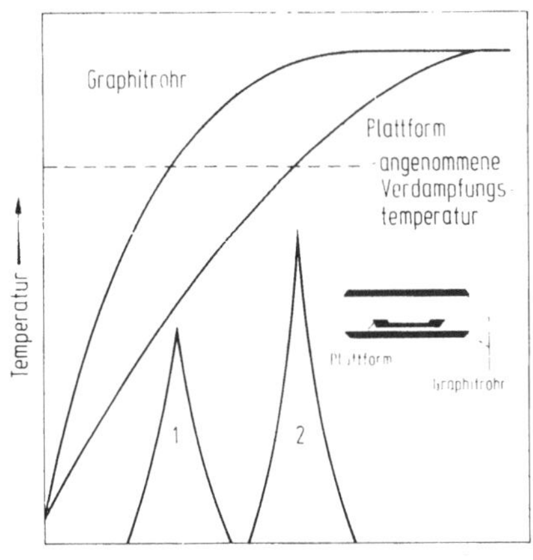

Abb. 5. Schematische Darstellung und Wirkung der Plattform (Plattformtechnik). 1 Absorptionssignal eines Elementes bei Rohrwandatomisierung, 2 verzögertes Absorptionssignal des gleichen Elementes bei Verdampfung von der Plattform

Aus dem Lwow'schen Vorschlag wurde von Slavin [23—25] das STPF-Konzept (stabilized temperature platform furnace) entwickelt. Infolge der Einfachheit und großen Nützlichkeit ist die Anwendung dieser Technik weit verbreitet [26]. Weitere Maßnahmen dienen der Homogenisierung der Wandtemperatur der Rohre:

1. Die Anwendung von Profilrohren (unterschiedliche Wandstärke der Rohre über die Rohrlänge) führt zu einem unterschiedlichen Leistungsumsatz des elektrischen Stroms über die Rohrlänge. Dickere Wandstärken haben ein geringeres I²R-Produkt infolge des geringeren Widerstandes. Sie befinden sich im inneren Teil des Rohres. Die äußeren Enden sind dünner. Damit wird der Temperaturgradient, der durch die Kühlung der Rohrenden hervorgerufen wird, eingeschränkt.
2. Rohre aus TPC (total pyrolytic carbon) haben in unterschiedlichen Orientierungsrichtungen unterschiedliche thermische und elektrische Leitfähigkeit [27].

Beide Varianten haben den Nachteil, daß sie sehr teuer sind.

Eine wichtige Entwicklung erfolgte durch Frech [28] mit dem Einsatz von transversal beheizten, kalt kontaktierten Rohren (vgl. dazu Abbildung 6). Dieser Rohrtyp bietet die Möglichkeit, über die Rohrlänge thermische Homogenität zu erzielen. Die zu erwartende radiale thermische Inhomogenität kann durch die optimale Gestaltung der Wärmestauzonen minimalisiert werden. Es ist anzunehmen, daß dieser Rohrtyp in der Zukunft eine wichtige Rolle spielen wird.

Neben diesen Verbesserungen des „Ein-Rohr-Systems", gibt es eine Reihe von Zwei-Stufen-Entwicklungen. Diese sind dadurch charakterisiert, daß zuerst das Rohr aufgeheizt wird und danach die Substanz von einem Probeträger direkt oder indirekt in das heiße Rohr verdampft wird. Auch diese Entwicklungsrichtung wurde bereits durch Lwow begonnen (vgl. [12, 13]). Die später von Woodriff entwickelten Atomisatoren besaßen ebenfalls den Nachteil der schlechten Handhabbarkeit (vgl. [29]). Eine neuere Variante ist der von Slavin et al. [20] und Ottaway et al. [31, 32] entwickelte „probe"-furnace. Auf eine seitlich durch ein Loch im Gra-

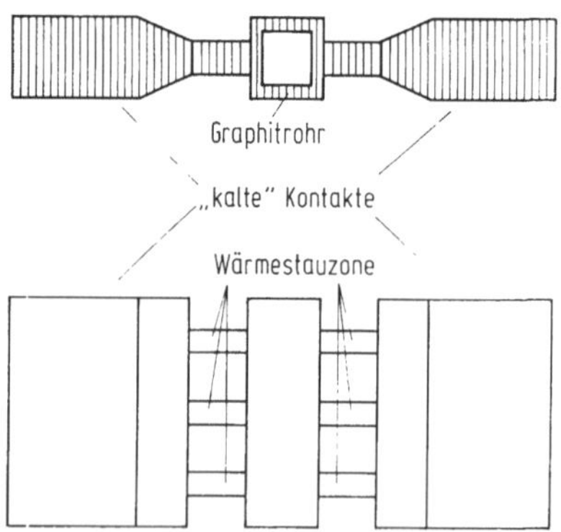

Abb. 6. Schematische Darstellung der Kaltkontaktküvetten (integrated contact cuvette ICC) nach Frech mit Querstrombeheizung

phitrohr einfahrbare Graphitplattform wird die Analysenlösung dosiert, getrocknet und verascht. Bei entfernter, d. h. herausgezogener Plattform wird das Graphitrohr auf die erforderliche Atomisierungstemperatur gebracht, erst dann wird die Plattform wieder in das Rohr eingeschoben, um die Atomisierung ablaufen zu lassen.

Frech et al. [33, 34] entwickelten ebenfalls einen Zwei-Stufen-Ofen. Neuerdings kombinierten sie das transversal beheizte Rohr mit diesem Typ. Diese zuletzt genannte Variante hat folgende Vorteile:

— Räumlich konstante Temperatur über die Rohrlänge;
— Zeitlich konstante Temperatur des Rohres in der Atomisierungsphase;
— Superschnelle Aufheizung des kleinen Probeträgers.

Damit kommt diese bis jetzt noch nicht kommerzialisierte Variante den eingangs dieses Abschnittes genannten „Ideal"-Vorstellungen ziemlich nahe.

Von den bisher kommerziell zur Verfügung stehenden Varianten sind die PFT-(Plattformtechnik) und die „probe"-Technik am erfolgreichsten.

4.3.3 Atomisatortypen auf Metallbasis

Neben dem Rohrmaterial Graphit, welches wegen seiner thermischen Stabilität und guten mechanischen Bearbeitbarkeit am häufigsten verwendet wird, wurden auch einige schwer schmelzbare Metalle (Mo, Ta, W) als Probeträgermaterialien eingesetzt [35, 36].

Diese Materialien haben gegenüber Graphit eine wesentlich höhere mechanische Stabilität. Daraus resultiert, daß die Probeträger bei ähnlichen Rohrdimensionen infolge geringerer Wandstärke eine viel geringere Masse haben. Die Aufheizgeschwindigkeit solcher Rohre kann auf 15 bis 30 K/ms gesteigert werden. Es wurden Drähte, Bänder, Boote und Rohre aus den genannten Metallen hergestellt. Von diesen besitzen die Rohre wiederum die beste thermische Homogenität. Sychra [36] führte für die aus 2 Profilblechen hergestellten Wolframrohre die transversale Beheizung ein und erzielte Temperaturkonstanz über die Rohrlänge (vgl. Abb. 7). Probleme der Metallatomisatoren ergeben sich aus der schlechten Bearbeitbarkeit der thermisch stabilen Metalle und aus ihrer Reinheit.

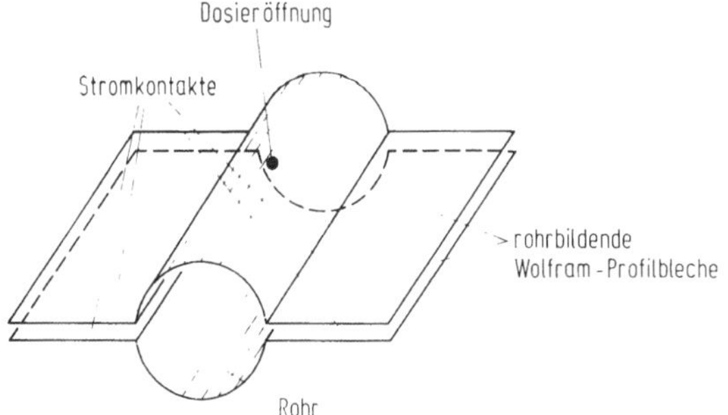

Abb. 7. Schematische Darstellung eines Wolfram-Rohr-Atomisators (WETA nach Sychra)

4.3.4 Gasregime

In den thermischen Phasen 2, 3 und 5 wird im allgemeinen strömendes Argon sowohl im Innern als auch zur Umhüllung des Rohres als Schutzgas eingesetzt. In der Atomisierungsphase ist man an einer langen Verweilzeit der freien Atome im Rohrinnern, d. h. im Strahlengang interessiert. Dies kann man durch das Regime „Gasstop" im Rohrinnern unterstützen. Diese Formulierung ist jedoch insofern etwas irreführend, weil mit dem starken Temperaturanstieg in der Atomisierungsphase eine starke thermische Ausdehnung des Gases verbunden ist. Daraus resultieren „Strömungsgeschwindigkeiten" des inneren Gasstromes in der Atomisierungsphase (besonders zu Beginn) bis zu 0,5 L/min.

4.4 Chemische Bedingungen der ETA-AAS

4.4.1 Allgemeines

Die „idealen chemischen Bedingungen" der ETA-AAS wären gegeben, wenn das zu bestimmende Element in Form freier Atome vorliegen würde und keine Möglichkeit für die chemische Reaktion dieser freien Atome mit anderen Materialien bestünde. Chemische Reaktionen des Analyten mit dem Probeträgermaterial, den Gaskomponenten, den Matrixbestandteilen der Probe und auch chemische Reaktionen der Matrixbestandteile untereinander sind jedoch möglich und verhindern „ideale chemische Bedingungen" [37]. Sie werden jedoch angestrebt.

4.4.2 Probeträgermaterialien

4.4.2.1 Graphit

Für die Graphitrohre der ETA-AAS wird normalerweise Elektrographit verwendet, seltener reiner Pyrographit (TPC-Rohre, siehe vorn) und Glaskohlenstoff. Mit steigenden Temperaturen dieser Materialien wächst ihre chemische Reaktivität, wobei diese auch vom Pyro- über den Elektrographit zum Glaskohlenstoff hin wächst.

Wichtig in diesem Zusammenhang ist auch die Kristallstruktur (im Idealfall hexagonale Schichtstruktur nach dem ABAB-Typ) des Graphits und die durch die Herstellung bedingte Makrostruktur (Elektrographit ist porös, Pyrographit ist dicht, Glaskohlenstoff ist dicht und amorph). Folgende Reaktionen zwischen dem Graphit und der Analysensubstanz sind möglich:

a) Reduktion des Analyten zum Metall (Formierung freier Atome ist begünstigt);

b) Reduktion des Analyten zum Carbid (i. a. schwer verdampfbar, Formierung freier Atome ist behindert);

c) Bildung von Einlagerungsverbindungen (Intercallationsverbindungen in den Zwischenschichten im Graphit, Formierung freier Atome ist behindert, (vgl. auch [38—40])).

Verwendet man Rohre aus reinem Elektrographit, so können die Reaktionen b) und c) sich besonders negativ auf die Bildung freier Atome des Analyten auswirken, weil die Analytlösung beim Trocknen in den porösen Graphit hineindiffundiert und somit über längere Zeit einen sehr direkten Kontakt zum Graphit hat. Bei hohen Temperaturen muß der Analyt erst aus dem Rohrmaterial herausdiffundieren. Für refraktäre und carbidbildende Elemente sind deshalb Rohre aus Elektrographit nicht zu empfehlen.

Durch Beschichtung des Elektrographits mit Pyrographit (pyrolytische Abscheidung von Kohlenstoff aus Methan bei Temperaturen $> 2300\,°C$) [41] erhält man dünne, gasdichte Schichten. Damit sind die Diffusion der Lösungen, die Carbidbildung und auch die Bildung von Einschlußverbindungen vermindert. Für Plattformen kann man ebenfalls pyrobeschichtete Elektrographitmaterialien, auch reinen Pyrographit und für leicht verdampfbare Materialien auch Glaskohlenstoff einsetzen.

Sind leicht verdampfbare Elemente zu bestimmen, so kann sich die bessere Makrostruktur der Oberfläche des Pyrographits auch negativ auswirken, da die Elemente sich noch während des Aufheizvorganges leicht in Form undissoziierter Moleküle, d. h. nicht vollständig dissoziiert oder reduziert, verflüchtigen können. In diesen Fällen muß die Plattformtechnik (s. o.) angewendet werden. Intercallationsverbindungen bilden sich mit einer Reihe von Metallen aber auch Nichtmetallen und ihren Verbindungen, z. B. O_2-C_2O, F_2-CF, $Cl-CCl$, Schwefelsäure$-C_xHSO_4$ usw. Die CF-Bindung wird erst oberhalb $2000\,K$ zerstört. Liegt ein Fluorid im Analyten vor, wird somit erst in der Atomisierungsphase des Analyten die Intercallationsverbindung CF zersetzt und eine hohe F-Atomkonzentration erzeugt. Diese führt nach

$$M + F_{\text{Übersch.}} \rightarrow MF \tag{9}$$

zur Molekülbildung und Verminderung der gewünschten freien Atome M.

Eine weitere Möglichkeit für die Einschränkung der Reaktionsfähigkeit des Elektrographits ist durch den Einsatz carbidbildender Elemente gegeben, z. B. Hf [42], La, Mo, Nb, Ta und W [43—45]. Die Imprägnierung der Rohre mit Lösungen dieser Elemente und die nachfolgende thermische Behandlung führt zu mehr oder weniger stabilen dünnen Carbidschichten auf der Elektrographitoberfläche.

Durch Einsatz von Wolfram-Plattformen können diese Stabilitätsprobleme der Carbidschichten vermindert werden, weil bei jedem Atomisierungsvorgang infolge der geringen, verdampfenden Wolframmengen eine ständige Erneuerung der Carbidschicht erfolgt. Derartig beschichtete Graphitrohre sind für die analytische Bestimmung carbidbildender Elemente nützlich (s. a. [46]).

4.4.2.2 Metalle

Die vollständige Verhinderung der Carbidbildung ist nur durch den Einsatz kohlenstofffreier Probeträger möglich. Dies war der primäre Hauptgrund für die Entwicklung von Metallatomisatoren (vgl. [35]).

Metalle, wie W und Ta haben eine dem Kohlenstoff vergleichbare thermische Stabilität, so daß ebenfalls Temperaturen um $3000\,°C$ in der Atomisierungsphase erzielt werden können. Zur Verminderung des Metallabbaus und zur Erreichung einer reduzierenden Atmosphäre wird dem Schutzgas Argon Wasserstoff (2—30%) zugemischt. Für Seltene Erden, Calcium, Zirkon u. a. können mit solchen Atomisatoren im Vergleich zu Graphitrohratomisatoren bessere Nachweisgrenzen erzielt werden (vgl. Tabelle 4). Es ist allerdings auch zu berücksichtigen, daß einige der refraktären Metalle mit den Probeträgermetallen thermisch stabile Legierungen bilden (z. B. Ta/W, Re/W) und somit auch keine Verbesserung der Verdampfbarkeit dieser Elemente erzielt werden kann (vgl. a. Abschnitt 4.3.3).

4.4.3 Gase

Normalerweise wird Argon als Schutzgas verwendet. Argon-Methan-Gemische [41] können ebenfalls eingesetzt werden und auch Wasserstoffzusätze sind möglich (s. o.).

In einigen Fällen wird dem Argon in der Veraschungsphase Sauerstoff (wenige %) [47] zugesetzt. Durch diesen Sauerstoff können organische Matrices in der Veraschungsphase beseitigt werden. Elektrographit und Pyrographit werden von geringen Mengen Sauerstoff bis zu Temperaturen von 600 °C nicht angegriffen.

4.4.4 Analyt- und Matrixmodifizierung

Unter Analyt- und Matrixmodifizierung (meistens nur Matrixmodifizierung genannt) versteht man die thermisch-chemische Umwandlung der Probe nach der Addition von Zusatzstoffen. Durch diese Zusatzstoffe werden folgende Zielstellungen verfolgt:

a) Umwandlung störender Matrices in leicht flüchtige Verbindungen, die während der Veraschungsphase entweichen, z. B. Entfernung von Chlorid durch Zusatz von Ammoniumnitrat [48] nach

$$NH_4NO_3 + Cl^- \rightarrow NH_4Cl + NO_3^- \tag{10}$$

b) Thermische Stabilisierung von Spuren durch die Bildung thermisch stabiler Salze (vgl. Tabelle 3). Dadurch wird die vorzeitige Verflüchtigung des Analyten vermieden. Außerdem ergibt sich ähnlich wie bei der Plattformtechnik eine verzögerte Verdampfung in der Atomisierungsphase, wodurch die Substanzen letztlich wie bei der PFT in eine heiße Gasatmosphäre verdampfen. Solche Effekte liegen vor bei:

$$Se^{2-} + Ni^{2+} \rightarrow NiSe \qquad [49] \tag{11}$$

$$PO_4^{3-} + La^{3+} \rightarrow LaPO_4 \qquad [50, 51] \tag{12}$$

In letzter Zeit wird $Pd(NO_3)_2$ [52—55] als Matrixmodifier empfohlen. Obwohl die Wirkung des Palladiumnitrats noch nicht vollständig aufgeklärt wurde, kann man annehmen, daß sich in der Veraschungsphase metallisches Palladium bildet, welches entsprechend der Veraschungstemperatur fest oder flüssig vorliegen kann (F_p (Pd): 1552°C). Andere Metalle können in dieser Substanz als Legierungsbestandteile stabilisiert werden. In der Atomisierungsphase erfolgt dann wie gewöhnlich die Verdampfung und Dissoziation. Erstere kann man als fraktionierte Destil-

Tabelle 3. Analyt- und Matrixmodifier in der ETA-AAS

Analyt	verw. Matrixmodifier	Wirkung Verbindungsbildung	Einschränkung von Vorgängen	Empfehlungen für Rohrmaterial und Technik
Ag	$NH_4H_2PO_4$	Ag_3PO_4 NH_4Cl	vorz. Verfl. vermindert	PYC, PFT
Al	$Mg(NO_3)_2$	$MgAl_2O_4$	Einschr. d. Carbidbildg.	PYC
As	$Ni(NO_3)_2$, $Pd(NO_3)_2$, $Ba(OH)_2$	Ni_3As_2, $Ba_3(AsO_4)_2$	vorz. Verfl. vermindert	PYC, PFT
Au	$Ni(NO_3)_2$		vorz. Verfl. vermindert	PYC, PFT
B	$Ca(NO_3)_2$, $Ba(OH)_2$	Ba/B-Oxid	Einschr. d. Carbidbildg.	PYC
Be	$Mg(NO_3)_2$	$MgBeO_2$	Einschr. d. Carbidbildg.	PYC
Bi	$Ni(NO_3)_2$, NaH_2PO_4, $Pd(NO_3)_2$	$BiPO_4$, Bi/Pd-Leg.	vorz. Verfl. vermindert	PYC, PFT
Ba				Ta-imprägn. Metalle
Ca				wie Ba
Cd	NaH_2PO_4, $Mg(NO_3)_2$, $NH_4H_2PO_4$	$Cd_3(PO_4)_2$	vorz. Verfl. vermindert	PYC, PFT
Co	$Mg(NO_3)_2$	Mg/Co-Oxid		PYC
Cr	$Mg(NO_3)_2$, $NH_4H_2PO_4$	$CrPO_4$, Mg/Cr-Oxid	vorz. Verfl. vermindert	PYC
Cu	HNO_3			PYC, PFT
Cs				EC, PYC
Dy				PYC, Metall
Er				PYC, Metall
Fe	$Mg(NO_3)_2$	Mg/Fe-Oxid	Einschr. d. Carbidbildg. vorz. Verfl. vermindert	PYC, PFT
Ga	$NH_4H_2PO_4$	$GaPO_4$ NH_4Cl	vorz. Verfl. vermindert Mol.bildg. (GaX) vermindert	PYC, PFT
Gd				PYC, Metall
Ge	($Mg(NO_3)_2$, $Ba(NO_3)_2$, $Ni(NO_3)_2$	$BaGeO_3$, $NiGeO_3$	vorz. Verfl. vermindert	PYC, PFT
Hg	$K_2Cr_2C_7$, $Pd(NO_3)_2$	Hg-chromat, Hg/Pd-Leg.	vorz. Verfl. vermindert	PYC, PFT
Ho				PYC, Metall

Tabelle 3. (Fortsetzung)

Analyt	verw. Matrixmodifier	Wirkung Verbindungsbildung	Einschränkung von Vorgängen	Empfehlungen für Rohrmaterial und Technik
In	$NH_4H_2PO_4$, $Pd(NO_3)_2$	$InPO_4$ In/Pd-Leg.	vorz. Verfl. Mol.bildg. vermindert	PYC, PFT
Ir				PYC
K				EC, PYC
La				PYC, Metall
Li				EC, PYC
Lu				PYC, Metall
Mg	$NH_4H_2PO_4$	$Mg_3(PO_4)_2$		PYC
Mn	$Mg(NO_3)_2$	Mn/Mg-Oxid		PYC
Mo	$Mg(NO_3)_2$	$MgMoO_4$	Einschr. d. Carbidbildg.	PYC
Na				EC, PYC
Nd				PYC, Metall
Ni	$Mg(NO_3)_2$, $NH_4H_2PO_4$	$Ni_3(PO_4)_2$ Ni/Mg-Oxid	Einschr. d. Carbidbildg.	PYC
Os				PYC
P	$La(NO_3)_3$, $Pd(NO_3)_2$	$LaPO_4$, $Pd_3(PO_4)_2$-Leg.	vermindert vorz. Verfl.	PYC
Pb	$NH_4H_2PO_4/Mg(NO_3)_2$, $Pd(NO_3)_2$	Pb-phosphat Pb/Pd-Leg.	vorz. Verfl. vermindert	PYC, PFT
Pd				PYC
Pr				PYC, Metall
Pt				PYC
Rb				Ec, PYC
Rh				PYC
Ru				PYC
Sb	$Ni(NO_3)_2/Mg(NO_3)_2$, $Pd(NO_3)_2$	SbNi-Oxide Sb/Pd-Leg.	vorz. Verfl. vermindert	PYC, PFT
Sc				PYC, Metall
Se	$Pd(NO_3)_2$, $Ni(NO_3)_2$	NiSe PdSe	vorz. Verfl. vermindert	PYC, PFT
Si				PYC, Metall
Sm				PYC, Metall
Sn	$NH_4H_2PO_4/Mg(NO_3)_2$	Sn-phosphat Sn/Mg-Oxid	vorz. Verfl. Mol.bildg. vermindert	PYC, Metall

Tabelle 3. (Fortsetzung)

Analyt	verw. Matrixmodifier	Wirkung Verbindungsbildung	Einschränkung von Vorgängen	Empfehlungen für Rohrmaterial und Technik
Sr				PYC, Metall
Tb				PYC, Metall
Tc	$Ni(NO_3)_2$	$Ni(TcO_4)_2$	vorz. Verfl. vermindert $(Tc-O-X)$	PYC
Te	$Ni(NO_3)_2$, $Pd(NO_3)_2$	NiTe, PdTe	vorz. Verfl. vermindert	PYC, PFT
Ti				PYC, Metall
Tm				PYC, Metall
Tl	H_2SO_4, $Pd(NO_3)_2$	Tl_2SO_4 Tl/Pd-Leg.	vorz. Verfl. Mol.bildg. vermindert	PYC, PFT
V	HNO_3	V-Oxid	Einschr. d. Carbidbildg.	PYC
Y				PYC, Metall
Yb				PYC, Metall
Zn	$Mg(NO_3)_2$, $NH_4H_2PO_4$	$Zn_3(PO_4)_2$ Zn/Mg-Oxid	vorz. Verfl. vermindert	PYC, PFT
Zr				Metall

vorz. Verfl. vermindert: vorzeitige Verflüchtigung wird vermindert;
Einschr. d. Carbidbildg.: Carbidbildung des Analyten wird eingeschränkt;
Mol.bildg. vermind.: Molekülbildung wird vermindert;
PYC: mit Pyrographit beschichtete Elektrographitrohre;
EC: Elektrographit;
PFT: Plattformtechnik;
Metall: Metallatomisator

lation aus dem hochsiedenden Palladium auffassen (K_p (Pd): 3980°C). Bei Anwendung der Matrixmodifizierung muß unbedingt beachtet werden, daß eine Kontamination des Analyten auftreten kann.

In der Tabelle 3 wird eine Übersicht über den bisherigen Einsatz von Matrixmodifiern gegeben. Es werden in der Tabelle 3 keine Konzentrationen oder Mengen angegeben, da diese vom jeweiligen analytischen Problem abhängen. Zur Orientierung sei vermerkt, daß die angewendeten Mengen der Matrixmodifier im Mikrogrammbereich liegen. In den Säulen 3 und 4 werden über die mögliche Wirkung des Matrix- bzw. Analytmodifiers (Verbindungsbildung und Veränderung) Angaben gemacht. In der Säule 5 der Tabelle 3 werden Empfehlungen über Rohrmaterial und Atomisierungstechnik gegeben.

Tabelle 4. Orientierungsangaben zum Nachweisvermögen der ETA-AAS

Element	Reziproke Empfindlichkeiten angegeben als charakteristische Massen in pg/1% Absorption (0,0043 Ext.)		
	Graphitrohr-atomisatoren	Metallrohr-atomisatoren	theoretisch berechnete Werte
Ag	1,4 — 10	1,8	1,1
Al	10 — 50	10	8,1
As	16 — 100	18	13
Au	13 — 50		6,4
B	700 — 2000		—
Ba	6,5 — 500	2,5	0,6
Be	0,5 — 10	0,6	0,3
Bi	25 — 100	14	23
Ca	0,5 — 10	0,5	0,25
Cd	0,4 — 2		0,5
Co	6 — 50	4,4	6,6
Cr	2 — 10	1,9	1,8
Cs	5 — 30		2,5
Dy	40 — 200	100	
Er	30 — 3000	20	2,7
Eu	16 — 100	1,4	2,2
Fe	10 — 100		2,7
Ga	40 — 200		9,1
Gd	> 10000		
Ge	30 — 400		
Hg	50 — 1000		50
Ho	3 — 100	30	
In	10 — 100		7,3
Ir	> 300		
K	1 — 50		0,7
La	> 30000		
Li	1 — 50	0,8	0,5
Lu	> 4000	75	
Mg	0,5 — 10		0,32
Mn	2 — 20	0,7	1,6
Mo	9 — 50		3,0
Na	1 — 50		0,5
Nd	> 12000		
Ni	20 — 100	3,5	3
Os	> 1500		
P	5000 — 30000		1300
Pb	10 — 50	8,5	13
Pd	25 — 100	1,4	
Pr	> 5000		
Pt	100 — 500		
Rb	2,5 — 50		1,7
Rh	10 — 100	30	
Ru	40 — 200		
Sb	40 — 100		35
Sc	40 — 20	28	
Se	30 — 200		16
Si	50 — 200		13

Tabelle 4. (Fortsetzung)

Element	Reziproke Empfindlichkeiten angegeben als charakteristische Massen in pg/1% Absorption (0,0043 Ext.)		
	Graphitrohr-atomisatoren	Metallrohr-atomisatoren	theoretisch berechnete Werte
Sm	> 1 000	34	
Sn	20 − 100		13
Sr	10 − 20		0,3
Tb	> 20 000		
Tc	100 − 1 000		
Te	20 − 200		115
Ti	50 − 300	48	10
Tl	10 − 50		8
Tm	20 − 100	25	
V	30 − 500	52	17
Y	13 000	90	
Yb	5 − 50	1,2	
Zn	0,4 − 10		1,1
Zr		> 1 000	

4.5 Nachweisvermögen der ETA-AAS

Die Tabellen 4 und 5 geben einige Hinweise und Orientierungen über das Nachweisvermögen der ETA-AAS.

Alle Zahlen entsprechen den sogenannten charakteristischen Massen. Diese charakteristischen Massen sind reziproke Empfindlichkeiten. Sie sind diejenigen Substanzmengen, die 1% Absorption (0,0043 Extinktion) hervorrufen würden. In einfachen Fällen kann man diese Werte tatsächlich messen. In Gegenwart komplizierter Matrices ist dies jedoch nicht der Fall. Die tatsächlich erreichbaren Nachweisvermögen sind dann meistens schlechter.

In Säule 2 der Tabelle 4 sind Toleranzgebiete der charakteristischen Massen angegeben, die mit kommerziellen Geräten erreicht wurden. In Säule 3 wurden entsprechende Angaben für Metallrohratomisatoren gemacht. Säule 4 enthält die von Lwow [14] berechneten theoretischen Werte für die charakteristischen Massen. Vergleicht man die Säulen 4 und 2, so findet man eine recht gute Übereinstimmung zwischen den theoretisch berechneten und den praktisch erreichten charakteristischen Massen.

Die Tabelle 5 enthält einige Angaben über die mit der ETA-AAS nicht einfach zu bestimmenden Nichtmetalle (vgl. auch Abschnitt 9.2). Halogene und ihre Ionen und auch S-haltige Ionen lassen sich unter Verwendung molekularer Species direkt bestimmen. Zu diesem Zweck wird dem Analyten ein Zusatzstoff im Überschuß hinzugefügt, mit dessen Komponenten das zu bestimmende Nichtmetall ein thermisch beständiges zweiatomiges Molekül bilden kann. Beim Verdampfungsvorgang bilden sich diese Moleküle. Ihre Lichtabsorption wird unter Verwendung einer

Tabelle 5. Orientierungsangabe zum Nachweisvermögen der ETV-MAS

Element	Molekül	Wellenlänge nm	reziproke Empfindlichkeit ng/1% A	Zusatzstoff	Atomisator
Br	AlBr		6	$Al^{3+}/Ba(OH)_2$	PYC, EC
	InBr	284,5	50	In^{3+}	PYC, EC
	TlBr	342,9	20	Tl^+	EC
Cl	AlCl	261,4	0,4	$Al^{3+}/Ba(OH)_2$	PYC, EC
	InCl	267,2	2	In^{3+}	PYC, EC
F	AlF	227,6	0,1	$Al^{3+}/Ba(OH)_2$	PYC, EC
	InF	233,9	0,3	In^{3+}	PYC, EC
	MgF	358,2	15	Mg^{2+}	EC, PYC
S	GeS	215,2	50	GeO_4^{2-}	PYC
	CS	257,8	20	ohne	EC

PYC: Rohre aus Elektrographit mit Pyro-Kohlenstoffbeschichtung,
EC: Rohre aus Elektrographit
ETV-MAS (Molekülabsorptionsspektrometrie mit elektrothermischer Verdampfung)

Deuterium-HKL (Kontinuum-Lichtquelle) vermessen. Eine Untergrundkompensation ist nur nach der Zweilinienmethode möglich (vgl. Abschnitt 8.2.2.2). Die Methode wird in Analogie zur ETA-AAS mit der Abkürzung ETV-MAS (Molekülabsorptionsspektrometrie mit elektrothermischer Verdampfung) beschrieben.

4.6 Analysenstrategien

Ausgehend von den Darlegungen in diesem Kapitel kann man folgende allgemeinen Hinweise für die Durchführung von Analysen mit der Methode der ETA-AAS zusammenfassen:

1. *Thermische Parameter* sind experimentell zu ermitteln.

   — langsame Trocknung, Verspritzen und Verluste sind zu vermeiden,
   — maximal mögliche Veraschungstemperaturen, Verluste sind zu vermeiden,
   — minimal notwendige Atomisierungs-/Verdampfungs-Temperaturen, bei maximaler Aufheizrate (in einigen Fällen auch darunter),
   — Ermittlung von Verdampfungs-/Atomisierungskurven, Bestimmung der „Appearence"-Temperatur,
   — Überprüfung der Vorteile der Plattformtechnik für das analytische Problem.

2. *Chemische Bedingungen* sind experimentell zu ermitteln.

   — Überprüfung des Rohrmaterials (EC, PYC, Glaskohlenstoff)

- Ermittlung der Vorteile von Gaszusätzen zum Schutzgas
  Argon: — organische Matrices: O_2-Zusatz,
  — Metallrohratomisatoren: H_2-Zusatz,
  — Graphitrohratomisatoren: CH_4-Zusatz zur Erhaltung der Beschichtung.
- Ermittlung optimaler Matrixmodifier mit dem Ziel, eine möglichst vollständige Matrix-Spur-Trennung in der Veraschungsphase und eine hohe thermische Stabilisierung der Spur in der Atomisierungsphase zu erreichen.
- Salpetersaures Medium wird empfohlen, da die Tendenzen zur Bildung stabiler zweiatomiger Moleküle hier am geringsten sind.

3. *Spektrale Bedingungen*

- Der Einsatz der vorteilhaftesten Untergrundkompensationsmethode ist in Abhängigkeit von der Matrix zu prüfen (vgl. Kapitel 8).
- Überprüfung der Richtigkeit der Untergrundkompensation.
- Einsatz der HKL/EDL bei Anwendung möglichst geringer Stromstärken/Leistungen zur Vermeidung hoher Gastemperaturen (Einschränkung der Linienbreite).

4. *Meßbedingungen*

- Gasstop in der Atomisierungsphase.
- Nützlichkeit der Peakhöhen- und Peakflächenauswertung ist zu überprüfen (in den meisten Fällen ist die Peakflächenauswertung zu bevorzugen).

Diese Hinweise sind als Empfehlungen zu betrachten, die zu hohen Empfindlichkeiten in der ETA-AAS führen sollen. Bei optimaler Gestaltung lassen sich auch die systematischen Fehler auf ein Mindestmaß einschränken, denn alle Hinweise dienen auch der Reduzierung der Matrixeffekte. Wenn es jedoch nicht gelingt, durch Optimierung der thermischen und chemischen Bedingungen eine fraktionierte Verdampfung von Analyt und Matrix zu erhalten, muß mit Molekülbildung oder unvollständiger Dissoziation zweiatomiger Moleküle gerechnet werden (vgl. dazu Abschnitt 4.2). In diesen Fällen muß der Bestimmung des Analyten durch ETA-AAS eine chemische Trennung vorausgehen [19]. Solche Verbundverfahren erlauben neben der Verbesserung der Richtigkeit der Ergebnisse durch entsprechende Anreicherungen auch noch die Erhöhung der Empfindlichkeit.

5 Flammenlose AAS nach Hybridbildung des Analyten — Hydrid-AAS [64]

5.1 Entwicklung und Grundprinzip der Methode

Das Prinzip dieser Methode beruht auf der Erzeugung bei Zimmertemperatur gasförmiger Hydride, die aus der Analytlösung abgetrennt und in einem Atomisator bei hoher Temperatur zersetzt, d. h. in freie Atome

Tabelle 6. Charakterisierung der durch Hydrid-AAS bestimmbaren Elemente

Element	Hydrid	Siedepunkt des Hydrids in °C
As	AsH_3	$-62,5$
Bi	BiH_3	-22
Ge	GeH_4	$-88,5$
Pb	PbH_4	-13
Sb	SbH_3	$-18,4$
Se	SeH_2	$-41,3$
Sn	SnH_4	$-51,8$
Te	TeH_2	$-2,3$

überführt werden. In dem verwendeten Atomisator wird die Lichtabsorption dieser freien Atome gemessen. Dieses seit langem als Marsh'sche Probe (As-Nachweis) bekannte Grundprinzip wurde von Erdey et al. [65] in die Atomspektroskopie (Atomemission mit Bogenanregung) eingeführt. Holak [66] praktizierte diese Technik zum ersten Mal in Kombination mit der AAS.

In der Tabelle 6 werden die durch die Hydrid-AAS bestimmbaren Elemente angegeben.

Ausgehend vom beschriebenen Prinzip kann man die Hydrid-AAS in folgende 3 Teilschritte unterteilen: Hydriderzeugung, Hydridtransport, Hydridatomisierung.

5.2 Möglichkeiten und Probleme der Hydriderzeugung

In der ersten Entwicklungsphase der Hydrid-AAS wurde die Reduktion des Analyten zum Hydrid durch unedle Metalle im sauren Medium (z. B. Zn/HCl) über die Erzeugung von nascierendem Wasserstoff erreicht. Diese heterogene Reaktion verläuft jedoch langsam und wenig reproduzierbar. Erst durch die Einführung des Reduktionsmittels Natriumboranat ($NaBH_4$) [67], welches in 1%-iger Natronlauge stabil gelöst werden kann, in saurem Medium jedoch unter Zersetzung nascierenden Wasserstoff entwickelt, konnte man die Reduktion in homogener Phase durchführen und reproduzierbar und schnell gestalten. Es wird normalerweise zum $0,1-5$ M salzsauren Analyten eine bestimmte Menge des Reduktionsmittels schnell hinzugefügt. Dieses zersetzt sich dann nach

$$BH_4^- + 3\,H_2O + H^+ \rightarrow H_3BO_4 + 8\,H_{nasc} \tag{13}$$

und reduziert entsprechende Ionen zu Hydriden

$$8\,H_{nasc} + SeO_4^{2-} + 2\,H^+ \rightarrow H_2Se + 4\,H_2O \tag{14}$$

Es können außer Salzsäure auch andere Säuren verwendet werden. Mit Hilfe durch die Lösung strömenden Argons werden die Hydride aus der Lösung ausgetrieben.

Analytvolumen, Säurekonzentration, Reduktionsmittelmenge und Reduktionsmittelkonzentration (meistens $1-3\%$ig) und Mischgeschwindigkeit sind in Abhängigkeit vom zu bestimmenden Element und dem analytischen Problem zu optimieren.

Für die effiziente Erzeugung des PbH_4 ist es erforderlich, daß der Lösung vor Hinzufügen des Natriumboranates ein Oxidationsmittel (z. B. $K_2Cr_2O_7$, $(NH_4)_2S_2O_8$, $KMnO_4$) zugegeben wird. Dieses bewirkt die Überführung des Blei in den 4wertigen Zustand.

Es gibt eine Reihe kommerzieller Geräte für die Hydrid-AAS. Sie arbeiten teils kontinuierlich, teils diskontinuierlich. Automatisierte Varianten wurden ebenfalls entwickelt. Der besondere Vorteil der Hydrid-AAS besteht darin, daß der Analyt von vielen Matrices abgetrennt werden kann, wodurch sich die spektralen Störungen im Vergleich zur ETA-AAS erheblich vermindern. Das besondere Problem dieser Technik ergibt sich dadurch, daß die gebildeten Hydride mit bestimmten Matrices chemisch reagieren können und daß Matrices ebenfalls mit dem Natriumboranat reagieren und dadurch stören können. Folgende Störungen treten in der Stufe Hydriderzeugung der Hydrid-AAS auf:

a) Reaktion des Hydrids mit anderen Substanzen, z. B.

$$H_2Se + Cu^{2+} \rightarrow CuSe \text{ (Ausfällung)} \tag{15}$$

$$3\,H_2Se + 2\,As^{3+} \rightarrow As_2Se_3 + 6\,H^+ \tag{16}$$

b) Adsorption von Hydriden an metallischen Niederschlägen, z. B.

$$AsH_3 + 4\,Cd^{2+} + BH_4^- \xrightarrow{3\,H_2O} Cd/AsH_{3\,ads.} + H_3BO_3 + 7\,H^+$$

$$\tag{17}$$

Viele dieser Reaktionen sind im Einzelnen noch nicht aufgeklärt worden. Durch Modifizierung des Mediums (Säurekonzentration, Komplexbildner, Metallionenzusätze) kann man im Sinne der im Abschnitt 4.4.4 der ETA-AAS beschriebenen Matrixmodifizierung solche Störungen einschränken (vgl. [69, 70]).

Da unterschiedlich wertige Anionen der Hydridbildner unterschiedlich schnell mit Boranat reagieren, ergeben sich einige Möglichkeiten für „chemical speciation"-Techniken (z. B. As^{3+} neben $As5^+$ nach [71]).

5.3 Prinzipien und Probleme des Hydridtransportes

Die Hydride werden im Argonstrom zum Atomisator transportiert. Dies kann direkt oder nach Hydridsammlung/-anreicherung erfolgen. Die erste Technik hat sich seit der Einführung des schnellen Reduktionsmittels Natriumboranat durchgesetzt. Die zweite Technik kann z. B. durch Ausfrieren der Hydride in einer Kühlfalle (flüssiger Stickstoff) verwirklicht werden. In diesem Fall muß man Helium als Trägergas verwenden und die Gasmischung vor dem Ausfrieren durch Magnesiumperchlorat oder Calciumchlorid trocknen. Es ist durch diesen bedeutenden Aufwand möglich, höhere Empfindlichkeiten zu erzielen.

Probleme können beim Hydridtransport auftreten, wenn sich die gebildeten Hydride auf dem Transportweg zersetzen (Bildung von Metallspiegeln). Dies geschieht besonders in Gegenwart hydridbildender Matrices. Solche Zersetzungsreaktionen bzw. Hydridadsorptionen kann man auch für die Anreicherung der Hydride z. B. an Graphit [72] ausnutzen.

5.4 Prinzipien und Probleme der Hydridatomisierung

Zunächst wurden für die Atomisierung der Hydride Flammen eingesetzt. Diese waren jedoch wenig geeignet, weil die Resonanzlinien der hydridbildenden Elemente meistens im fernen UV liegen und Flammen in diesem Gebiet eine starke Eigenabsorption besitzen. Zum jetzigen Zeitpunkt haben sich die von Chu [73] eingeführten elektrisch beheizten Quarzrohrküvetten durchgesetzt. Die Quarzrohre haben im allgemeinen eine Länge von $100-150$ mm und Durchmesser zwischen 10 und 15 mm. Es können in solchen Atomisatoren Temperaturen bis zu 1200 K erreicht werden.

Die analytischen Erfolge dieser Technik waren zunächst beeindruckend. Doch bald erkannte man, daß auch in der Atomisierungsphase Störungen auftreten können [74—78].

Aus thermodynamischen Gründen sind bei Temperaturen bis zu 1200 K freie Atome der Hydridbildner nicht stabil. Es bilden sich Dämpfe mit molekularen Species, wie z. B.

$$2\,As \rightarrow As_2 \text{ (oder auch } As_4) \tag{18}$$

Daß trotzdem freie Atome gebildet werden, ist auf den Zersetzungsmechanismus, der radikalisch erfolgt [71], kinetische Effekte, Einflüsse von Wasserstoff und Sauerstoffresten im Transportgas und auch auf die Atomisatoroberfläche zurückzuführen.

Es wurde auch festgestellt, daß z. B. bei der Bestimmung von Arsen in Antimon sich im Überschuß des gebildeten SbH_3 und seiner im Atomisator gebildeten Zersetzungsprodukte (Sb, Sb_2, Sb_4) gemischte Moleküle des Typs AsSb bilden [76]. Dadurch wird die freie Atomkonzentration des Arsens erniedrigt und analytische Bestimmungen sind nicht mehr möglich.

Dies führte zur Wiedereinführung des bereits durch Christian und Knudson [79] 1973 vorgeschlagenen Graphitrohratomisators. Infolge der verhältnismäßig geringen Schichtdicke solcher Atomisatoren waren sie dem Quarzrohratomisator hinsichtlich des Nachweisvermögens unterlegen. Für die thermische Dissoziation der oben erwähnten Moleküle sind jedoch die hohen Temperaturen von Graphitrohratomisatoren (bis 3000K) nützlich [76—78] (zur entsprechenden Se-Bestimmung vgl. [80—83]).

5.5 Nachweisvermögen der Hydrid-AAS

In der Tabelle 7 werden Angaben über das Nachweisvermögen der Hydrid-AAS gemacht, die zur Orientierung für entsprechende analytische Bestimmungen dienen können.

Es kann eingeschätzt werden, daß die Hydrid-AAS für die Elemente As, Sb, Bi, Se und Te gegenüber der ETA-AAS hinsichtlich des Nachweisvermögens Vorteile ergeben kann. Für die anderen Hydridbildner ist im all-

Tabelle 7. Nachweisvermögen in der Hydrid-AAS

Element	Nachweisgrenzen in ng/mL nach [64]	charakteristische Mengen in pg/0,2 mL nach [76]
As	0,8	170
Sb	0,5	110
Bi	0,2	400
Se	1,8	200
Te	1,5	190
Ge	3,8	—
Sn	0,5	—
Pb	0,6	—

gemeinen die ETA-AAS nachweisstärker. Der wichtigste Vorteil der Hydrid-AAS gegenüber der ETA-AAS besteht darin, daß Probevolumina bis zu 50 mL direkt analysiert werden können. Trotz der Tatsache, daß das absolute Nachweisvermögen mit größerem Probevolumen schlechter wird (die charakteristischen Mengen werden größer), ergeben sich sehr gute relative Nachweisgrenzen für die stark verdünnten Lösungen.

6 Kaltdampftechnik zur Quecksilber-Bestimmung in der AAS

6.1 Entwicklung und Grundprinzip der Methode

Das Element Quecksilber besitzt bereits bei Zimmertemperatur einen erheblichen Dampfdruck (10—20 ng Hg/mL Luft). Diese hohe Konzentration reicht für AA-Messungen aus. Eine weitere besondere Eigenschaft des Quecksilbers besteht darin, daß es aus seinen Verbindungen leicht reduziert werden kann. Führt man die Reduktion in Lösung durch, so kann man das erzeugte elementare Quecksilber mit einem Argonstrom schnell aus der Lösung austreiben. Diese beiden besonderen Eigenschaften führten zur Entwicklung der Kaltdampftechnik für Quecksilber in der AAS [84—87].

In neuerer Zeit werden die Apparaturen der Hydrid-AAS auch für die Kaltdampftechnik genutzt. Darüber hinaus wurden jedoch auch einige spezielle Quecksilberanalysatoren gebaut, mit denen Bestimmungen des toxischen Elements Quecksilber in Gasen, Lösungen und Feststoffen mit und ohne Anreicherungstechnik durchgeführt werden können.

6.2 Bestimmung von Quecksilberspuren in Gasen

Sind die Quecksilberkonzentrationen der Gase hoch, so können die Gase direkt durch Absorptionsrohre, die zur Vermeidung von Streulicht an Wassertröpfchen auf $> 100\,°C$ erhitzt werden, geführt werden.

Liegen die Quecksilberkonzentrationen unterhalb des direkten Nachweisvermögens, so sind entsprechende Anreicherungen erforderlich. Zwei Anreicherungsprinzipien werden praktiziert:

a) Quecksilberadsorption unter Amalgambildung an fein verteilten Metallen (am vorteilhaftesten ist Gold) und nachfolgende thermische Desorption des Quecksilbers bei 500 °C [88].
b) Quecksilberabsorption in oxidierenden Lösungen, z. B. MnO_4^-/H_2SO_4 oder Br_2/H_2O (vgl. [89]) mit nachfolgender Lösungsanalytik (s. u.).

6.3 Bestimmung von Quecksilberspuren in Lösungen

Für die Reduktion von Hg^{2+} oder Hg_2^{2+}-Ionen werden in der Kaltdampftechnik vorwiegend zwei Reduktionsmittel eingesetzt:

a) Reduktion mit Natriumboranat. Die Bedingungen entsprechen denen der Hydrid-AAS (s. o.; Kapitel 5).
b) Reduktion mit Sn^{2+} nach

$$Hg^{2+} + Sn^{2+} \rightarrow Hg^0 + Sn^{4+} \tag{19}$$

Das in beiden Fällen freigesetzte elementare Quecksilber kann mit Argon aus der Lösung ausgetrieben und entweder direkt oder nach Anreicherung an fein verteiltem Gold (s. o.) bestimmt werden.

6.4 Bestimmung von Quecksilberspuren in Feststoffen

Infolge des hohen Dampfdruckes und der leichten Zersetzbarkeit von Quecksilbersalzen kann man Quecksilber aus allen Feststoffen bei etwa 700 K austreiben. Für diese direkte Feststoffanalytik ist zur Verbesserung der Reproduzierbarkeit in jedem Fall eine Zwischenadsorption an Gold zu empfehlen.

6.5 Nachweisvermögen und Probleme der Kaltdampftechnik

Im allgemeinen wird die Bestimmung des Quecksilbers unter Verwendung der „verbotenen" Linie (Übergang zwischen dem Triplett- und Singulett-Termsystem bei 253,7 nm) durchgeführt. Der Resonanzübergang bei 184,9 nm ist etwa 30mal empfindlicher, jedoch stört die Absorption der Luft in diesem Spektralgebiet so stark, daß nur mit Ar-gespülten oder evakuierten Systemen gut gearbeitet werden kann.

Die charakteristischen Mengen liegen zwischen 10 und 100 pg für die Linie bei 253,7 nm.

Die mit der Kaltdampftechnik verbundenen Probleme sind auf die bereits genannten besonderen Eigenschaften des Quecksilbers zurückzuführen:

a) Quecksilbergehalte von Lösungen und Feststoffen bleiben nicht stabil. Besonders unter reduzierten Bedingungen (Staub oder dgl.) verflüchtigt sich elementares Quecksilber.
b) Quecksilber lagert sich aus der Luft durch Chemi- und Physisorption an Oberflächen an, wenn diese oxidierenden Charakter besitzen [90].

Im ersten Fall treten Verluste, im zweiten Kontaminationen auf. Sowohl die Verluste als auch die Kontaminationen beeinträchtigen die Zuverlässigkeit der Quecksilberanalytik stark. Es ist deshalb auf größte Sorgfalt bei der Durchführung der Analysen zu achten.

7 Probevorbereitung und spezielle Techniken der Probezufuhr

7.1 Allgemeine Darlegungen

In der ETA-AAS und Hydrid-AAS erfolgt die Probezufuhr normalerweise in Form von diskreten Mengen wäßriger (meistens saurer) Lösungen der Probe. Liegt die Probe nicht im flüssigen bzw. gelösten Zustand vor, so wird durch entsprechende Probevorbereitung (Auflösung oder Aufschluß) die Probe in diesen Zustand überführt. Dabei ist wegen der Kontaminationsgefahr in dem zu untersuchenden Spurenbereich auf höchste Sauberkeit der Chemikalien, der Gefäße und der gesamten manuellen Technik zu achten. Verluste können bei leichtflüchtigen Elementen auftreten. Aus beiden Gründen sind Verbundverfahren zu bevorzugen. Der große Vorteil dieser Lösungstechniken besteht darin, daß die Kalibrierung der Analysenverfahren und die Handhabbarkeit von Lösungsmikrovolumina (z. B. Dosierbarkeit) am einfachsten sind.

Wenn chemische Matrix-Spur-Trennungen oder chemische Anreicherungen erforderlich sind, so können alle bekannten chemischen Trennprinzipien (Extraktion, Ionenaustausch usw.) eingesetzt werden. Liegt der Analyt nach der Trennoperation in einem organischen Medium vor, so ist eine Reextraktion zu empfehlen. Dadurch können viele Probleme, die bei direkter Dosierung organischer Extrakte in Graphitrohrküvetten auftreten können, vermieden werden (vgl. dazu [92—94]). Solche Probleme sind die gegenüber wäßrigen Lösungen veränderte Verdampfbarkeit, Viskosität und Oberflächenspannung (Benetzung der Oberfläche) und des Diffusionsverhaltens organischer Lösungsmittel.

7.2 Feststoff-AAS

Ein Nachteil der AAS besteht darin, daß Feststoffanalysen nur mit Einschränkungen möglich sind. Trotz dieser allgemeinen Einschätzung werden einige Techniken mit Erfolg angewendet.

7.2.1 Feststoffanalysen durch ETA-AAS

Es ist möglich, Feststoffe direkt im Graphitrohr zu verdampfen. Die Probeeingabe kann in kompakter Form [95] oder auch in Form gemahlener Pulver [96—99] erfolgen. Es werden Mengen von 1—10 mg Probe eingesetzt. Im Vergleich zur Lösungsdosierung bereitet die Handhabbarkeit solcher Feststoffmikromengen größere Schwierigkeiten. Gleiches gilt für die Verdampfung des festen Materials und für die Kalibrierung entsprechender analytischer Verfahren.

Aus den Problemen, die bei der Verdampfung auftreten, ergibt sich, daß die direkte Feststoff-AAS bisher im allgemeinen nur für leicht verdampfbare Elemente, wie z. B. Zn, Cd, Ag, Cu, Hg, Tl, Pb, Se, Te u. a., angewendet worden ist. Da diese Elemente jedoch für biologische Systeme und umweltrelevante Fragestellungen oftmals von großer Bedeutung sind und außerdem biologische und Umweltproben sich durch eine leichte thermische Verdampf- und Zerstörbarkeit auszeichnen, hat sich diese Art der direkten Feststoff-AAS einen festen Platz in der Routineanalytik erworben. Kommerzielle Systeme, mit effektiven Verfahren der Untergrundkompensation werden angeboten. Der besondere Vorteil besteht in dem relativ geringen Aufwand für die Probevorbereitung.

Eine weitere Möglichkeit der direkten Feststoffanalyse ist die Erzeugung und direkte Dosierung von Suspensionen [100, 101]. Gegenüber der direkten Einwaage ist die Dosierung erheblich erleichtert. Das besondere Problem dieser Technik besteht in der Heterogenität der Feststoffe, weil durch die direkte Dosierung von Suspensionen im allgemeinen nicht mehr als 1 mg Festsubstanz in den elektrothermischen Atomisator eingeführt werden kann. Diese Mikromenge ist nur in seltenen Fällen repräsentativ für eine Durchschnittsanalyse. Ein bedeutender Vorteil ergibt sich oftmals dadurch, daß Kalibrierungen mit echten Lösungen vorgenommen werden können.

7.2.2 Kathodisches Sputtern

Diese Methode ist geeignet für Metalle und Legierungen. Die Proben werden als Hohlkathode geformt und in einem evakuierten Raum einer Glimmentladung ausgesetzt [102]. Diese Methode wird neuerdings kommerziell angeboten. Die Proben werden in diesem Fall als ebene Metallstücke auf den Atomisator aufgesetzt.

7.2.3 Feststoffanalyse durch Laserablation in Kombination mit der ETA-AAS

Durch Impulslaser können Feststoffe direkt verdampft werden. Der besondere Vorteil dieser Technik besteht darin, daß sowohl Metalle als auch Nichtmetalle, wie Gesteine, Erze usw. verdampft werden können. Weiterhin ist es möglich, Lokal-, Mikro-, und im 0,1 mm-Bereich auch Verteilungsanalysen an Feststoffen durchzuführen. Diese Verfahren sind möglich, weil durch einen Laserimpuls i. a. Substanzmengen zwischen 0,1 und 20 µg verdampft werden, wodurch im Festkörper Krater mit Dimensionen (Tiefe und Durchmesser) von 0,01—0,2 mm in Abhängigkeit von der Laserenergie entstehen.

Dittrich und Wennrich kombinierten die Laserablation in einem Zweistufenverfahren mit der ETA-AAS [103—105]. Das Verfahren besteht darin, daß der nach der Laserverdampfung gebildete Dampf durch einen Argon-Gasstrom in eine heiße Graphitrohrküvette überführt wird. Es ist davon auszugehen, daß der Transport des Materials als Fest-Gas-Aerosol in sehr feiner Dispersion erfolgt. In der heißen Graphitrohrküvette wird das Material ein zweites Mal verdampft und atomisiert. Die absoluten Nachweisgrenzen dieses Verfahrens entsprechen denen der normalen ETA-AAS. Problematisch ist die Anwendung der Methode zur Ermittlung

von Durchschnittsanalysen von heterogenen Feststoffen, da die geringe
Analytmenge, meistens nicht repräsentativ für den Durchschnitt der
Probe ist.

7.3 Methodenkombinationen

Gaschromatographie und Flüssigchromatographie wurden mit der ETA-
AAS gekoppelt. Ein Problem dieser Kombination ist darin zu sehen, daß
die ersteren Verfahren mehr oder weniger kontinuierlich, das letztere jedoch diskontinuierlich arbeiten. Für spezielle Fälle wurden jedoch sehr
gute analytische Ergebnisse erhalten (vgl. dazu [106]).

8 Spektrale Störungen und deren Kompensation in der AAS

Wie bereits im Abschnitt 4.2 kurz dargelegt wurde, treten in der AAS
spektrale Störungen auf, die kompensiert werden müssen. Besonders
wichtig ist die effektive Kompensation für eine richtige Messung in der
ETA-AAS.

8.1 Spezifische und unspezifische Emission in der AAS

Spezifische Emissionen werden verursacht durch die thermische Emission
leicht anregbarer Elemente, wie Alkalien und Erdalkalien und durch die
Atomfluoreszenz. Letztere ist i. a. vernachlässigbar.

Unspezifische Emission wird durch das glühende Probeträgermaterial,
das erhitzte Gas und darin enthaltene, nicht vollständig verdampfte
Probematerialien verursacht. Infolge der relativ niedrigen Rohrtempera-
turen der ETA-AAS liegt das Intensitätsmaximum dieser Strahlung im
IR-Gebiet und nicht im UV, dem Hauptgebiet der AAS. Trotzdem kann
es durch diese Strahlung zur Erhöhung der Intensität des eingestrahlten
HKL/EDL-Lichtes kommen. Da die spektrale Qualität der Störstrahlung
durch den Monochromator bestimmt wird, wird sie durch schmallinige
Atomabsorption kaum vermindert, wodurch die Empfindlichkeit der AA-
Messungen sinkt. Die Störstrahlung wird dadurch ausgeschaltet, daß das
HKL/EDL-Licht elektronisch oder mechanisch zeitlich moduliert, d. h. in
Wechsellicht überführt wird. Phasen- und frequenzempfindliche Verstär-
kung dieses Wechsellichtes erlaubt die Unterscheidung vom Kontinuum-
licht des Atomisators.

8.2 Unspezifische Absorption in der AAS

8.2.1 Allgemeines

Linienkoinzidenzen treten in Absorption infolge der Linienarmut der AA-
Spektren relativ selten auf (vgl. [107]). Im Einzelfall kann man dieser
Erscheinung nur mit der Auswahl einer anderen, i. a. unempfindlicheren
Linie begegnen.

Unspezifische Absorptionen werden vor allem durch zwei Effekte bewirkt:

1. Lichtabsorption durch freie Moleküle nichtdissoziierter Matrixbestandteile — Molekülabsorption (MA).
2. Lichtstreuung durch nicht vollständig verdampfte feste oder flüssige Teilchen der Matrixsubstanzen (LS).

Die erste Erscheinung führt zu strukturierten Bandenspektren (Rotationslinien), die zweite zu Absorptionskontinua, deren Intensität nach dem Rayleigh'schen Streulichtgesetz mit $1/\lambda^4$ zunimmt, d. h. im UV sehr stark sein kann. In Graphitrohrküvetten können diese unspezifischen Absorptionen sehr groß sein, weil die Matrixkonzentration in der Atomisierungsphase im Graphitrohr meistens sehr hoch ist.

Eine effektive und *richtige* Untergrundkompensation ist daher eine der wichtigsten Voraussetzungen für *richtige* Ergebnisse in der ETA-AAS. Im geringeren Umfang trifft dies auch auf die Hydrid-AAS und die anderen Techniken zu.

8.2.2 Verfahren der Untergrundkompensation [108]

8.2.2.1 Grundprinzip der Untergrundkompensation

Das Grundprinzip der Verfahren der Untergrundkompensation besteht darin, daß zwei Messungen entweder gleichzeitig oder kurz nacheinander durchgeführt werden. Mit der einen Messung wird die Gesamtabsorption (AA, MA, LS) erfaßt und mit der zweiten Messung wird nur die unspezifische Absorption (MA, LS) erfaßt. Durch elektronische Verarbeitung dieser beiden Signale wird die Differenz ermittelt — die spezifische AA. Voraussetzungen für eine richtige Untergrundkompensation sind:

a) Ermittlung beider Meßwerte zum gleichen Zeitpunkt des Atomisierungsvorganges, denn besonders während schneller Aufheizvorgänge in der Graphitrohrküvette treten Untergrundänderungen bis zu 10—20 Extinktionseinheiten pro Sekunde auf [109].
b) Ermittlung beider Meßwerte am gleichen Ort im Atomisator, da keine homogene Verteilung der Atome, Moleküle und Partikel im Graphitrohr vorliegt.
c) Ermittlung der Meßwerte an der gleichen Wellenlänge, d. h. an der Wellenlänge der spezifischen AA ($\Delta_\lambda = 10^{-2}$ nm), weil strukturierter Untergrund zu Fehlern führen kann.

Diese Voraussetzungen lassen sich mit den einzelnen Verfahren nur bedingt oder auch gar nicht verwirklichen, so daß jede Untergrundkompensationsmethode nur ein Hilfsmittel darstellt, welches auf seine Anwendbarkeit im konkreten Analysenfall überprüft werden müßte. Da es nur Geräte mit einem Kompensationsverfahren gibt, ist diese Überprüfung nicht möglich. Es muß jedoch in jedem Fall die Anwendbarkeit der Methode experimentell getestet werden.

8.2.2.2 Untergrundkompensation nach der Zweilinienmethode [110]

Dieses Verfahren wurde von Slavin [110] eingeführt. Es erfordert ein Zweikanal-Spektrometer. Es wird die Gesamtabsorption auf dem Kanal A mit der spezifischen Linie des zu bestimmenden Elementes und die unspezifische Absorption auf Kanal B mit einer möglichst eng benachbarten Linie ($\Delta\lambda$: $0{,}2-2$ nm) gemessen. Nach Differenzbildung der Extinktionen $E_{\text{Kanal A}} - E_{\text{Kanal B}}$ ergibt sich die spezifische Extinktion: E_{AA}. Die Vorteile dieser Technik sind:

— Voraussetzung a) ist ideal erfüllt (gleichzeitige Messung).
— Voraussetzung b) (Messung am gleichen Ort) ist nur dann ideal erfüllt, wenn aus einer Lichtquelle (HKL/EDL) beide benötigte Spektrallinien entnommen werden können. Andernfalls müssen 2 Lichtquellen eingesetzt werden, deren Justierung sehr sorgfältig erfolgen muß (vgl. dazu Tabelle 8).

Der Nachteil dieser Technik ist, daß

— die Voraussetzung c) nicht erfüllt werden kann.

Wenn nur Lichtstreuung vorliegt, ergeben sich mit dieser Methode keine Probleme, überwiegt jedoch strukturierte Molekülabsorption, so können durch die Untergrundkompensation zusätzliche systematische Fehler auftreten, weil die Untergrundkompensation falsch durchgeführt wird.

8.2.2.3 Untergrundkompensation mit einer Kontinuumlichtquelle [111]

Diese Untergrundkompensationsmethode ist am gebräuchlichsten. Sie wurde von Koirtyohann [111] eingeführt. Die Messung der Gesamtabsorption erfolgt durch das Licht der spezifischen HKL/EDL (spezifische Linie). Alternierend mit einer Frequenz mit $50-100$ Hz wird das Licht einer Kontinuumlichtquelle (Halogenlampe für das sichtbare Gebiet, Deuteriumlampe für das ultraviolette Gebiet) durch den Atomisator geschickt. Die spektrale Güte dieses Lichtes wird durch den Monochromator bestimmt, d. h., die spektrale Bandbreite liegt bei 0,2 bis 1 nm, so daß sich die spezifische Absorption nicht, die breitbandige MA und LS jedoch bemerkbar machen. Durch die Differenzbildung von $E_{\text{HKL/EDL}} - E_{\text{D}_2/\text{Hal}}$ ergibt sich die spezifische Atomabsorption.
Mit diesem Verfahren kann die Voraussetzung a) nicht realisiert werden. Eine genügend hohe Wechsel-Modulationsfrequenz ist für die Annäherung erforderlich. Voraussetzung b) erfordert eine sehr sorgfältige Justierung der Lichtquellen. Voraussetzung c) ist zwar zum Teil erfüllt, weil auf der Atomabsorptionswellenlänge gemessen wird. Das bedeutet, daß Lichtstreuung ideal kompensiert wird. Liegt strukturierte Molekülabsorption vor, so muß mit starken systematischen Fehlern gerechnet werden.

8.2.2.4 Untergrundkompensation nach dem Smith-Hieftje-Verfahren [113]

In diesem Fall wird eine Lichtquelle mit aufeinanderfolgenden, unterschiedlichen Stromimpulsen (16 Hz) betrieben: Der erste Stromimpuls besitzt niedrige Stromstärke ($4-20$ mA). Die emittierte Linie besitzt die „normale" HKL-Breite (10^{-3} nm). In diesem Zeitraum wird die Gesamtabsorption gemessen. Der zweite Stromimpuls erfolgt mit hoher Stromstärke (200 mA). Bei hoher Stromstärke kommt es zur Linienverbreiterung. In diesem Moment wird hauptsächlich die LS und MA ge-

Tabelle 8. Linienkombination für die Anwendung der Untergrundkompensation nach der Zweilinienmethode

Element	spezifische Wellenlänge in nm	unspezifische Wellenlänge in nm	Lichtquelle für die unspezifische Linie
Ag	328,1	332,4	Ne-Linie
		326,2	Sn-HKL
Al	309,3	307,0	Al-HKL
		307,3	Hf-HKL
As	193,7	192,0	As-HKL/EDL
		199,0	As-HKL/EDL
Au	242,8	242,1	Sn-HKL
B	249,8	247,6	Pd-HKL
Ba	533,6	551,4	Ba-HKL
		540,0	Ne-Linie
		553,3	Mo-HKL
		557,6	Y-HKL
Be	234,9	235,4	Sn-HKL
		235,4	Co-HKL
Bi	223,1	226,5	Cd-HKL
		225,9	Te-HKL/EDL
	306,8	307,0	Al-HKL
Ca	422,7	421,9	Fe-HKL
		420,5	Eu-HKL
		423,6	Fe-HKL
Cd	228,8	231,1	Sb-HKL/EDL
		226,5	Cd-HKL
Co	240,7	239,3	Co-HKL
		238,9	Co-HKL
		242,1	Sn-HKL
Cr	357,9	352,0	Ne-Linie
		352,0	Cr-HKL
		358,1	Fe-HKL
Cu	324,8	323,1	Cu-HKL
		324,2	Pd-HKL
Cs	852,1	854,5	Ne-Linie
Dy	421,2	421,6	Fe-HKL
		421,1	Ag-HKL
		420,3	Dy-HKL
Er	400,8	394,4	Er-HKL
Eu	459,4	460,1	Cr-HKL
Fe	248,3	249,2	Cu-HKL
		247,3	Fe-HKL
Ga	287,4	283,7	Cd-HKL
		283,9	Sn-HKL
	294,4	292,2	Pd-HKL
Gd	368,4	362,5	Ni-HKL
Ge	265,2	267,6	Au-HKL
Hg	253,7	249,2	Cu-HKL
		251,6	Si-HKL
Ho	410,4	412,8	Ho-HKL
In	303,9	307,0	Al-HKL
		304,4	Co-HKL

Tabelle 8. (Fortsetzung)

Element	spezifische Wellenlänge in nm	unspezifische Wellenlänge in nm	Lichtquelle für die unspezifische Linie
Ir	264,0	265,1	Ge-HKL
K	766,5	767,2	Ba-HKL
		769,6	K-HKL
La	550,1	550,6	Mo-HKL
		548,4	Co-HKL
		553,6	Ba-HKL
Li	670,8	671,7	Ne-Linie
Lu	336,0	338,3	Lu-HKL
Mg	285,2	280,2	Mg-HKL
		283,7	Cd-HKL
		283,9	Sn-HKL
Mn	279,5	280,1	Pb-HKL
		282,4	Cu-HKL
		282,3	Pb-HKL
Mo	313,3	311,2	Mo-HKL
		316,2	Mo-HKL
Na	589,0	588,3	Mo-HKL
Nd	492,5	489,2	Ne-Linie
		495,7	Ne-Linie
Ni	232,0	231,4	Ni-HKL
		230,2	Ni-HKL
Os	290,9	294,4	Ga-HKL
P	231,5/213,6	212,5	Zn-HKL
Pb	217,0	220,4	Pb-HKL
	283,3	280,1	Pb-HKL
		282,3	Pb-HKL
		283,7	Cd-HKL
Pd	247,6	249,2	Cu-HKL
	244,8	242,8	Au-HKL
Pr	495,1	495,7	Ne-Linie
Pt	265,9	267,6	Au-HKL
Rb	780,0	778,0	Ba-HKL
Rh	343,5	350,7	Rh-HKL
		346,0	Re-HKL
		352,0	Ne-Linie
Ru	349,9	352,0	Ne-Linie
		346,0	Re-HKL
Sb	217,6	217,9	Sb-HKL/EDL
		291,1	Sb-HKL/EDL
	231,2	231,4	Ni-HKL
Sc	391,6	392,6	Sc-HKL
Se	196,0	198,1	Se-HKL/EDL
		199,3	Se-HKL/EDL
Si	251,6	249,2	Cu-HKL
		254,4	Ir-HKL
Sm	429,7	431,3	Sm-HKL
Sn	224,6	226,5	Cd-HKL
		226,9	Sn-HKL
	286,3	283,9	Sn-HKL

Tabelle 8. (Fortsetzung)

Element	spezifische Wellenlänge in nm	unspezifische Wellenlänge in nm	Lichtquelle für die unspezifische Linie
Sr	460,7	460,6	Ni-HKL
		459,4	Eu-HKL
Tb	432,6	432,6	De-HKL
Tc	261,4	265,1	Ge-HKL
		267,6	Au-HKL
Te	214,3	212,5	Zn-HKL
		212,7	Yb-HKL
		217,9	Sb-HKL/EDL
Ti	364,3	362,5	Ni-HKL
	365,4	362,5	Ni-HKL
		356,7	Lu-HKL
Tl	276,8	280,1	Pb-HKL
		277,9	Ga-HKL
Tm	371,8	372,7	Tm-HKL
V	318,4	323,1	Cu-HKL
		320,5	V-HKL
Y	410,2	407,4	W-HKL
Yb	398,8	397,7	Co-HKL
Zn	213,9	212,5	Zn-HKL
		210,0	Zn-HKL
	307,6	309,4	Zn-HKL
Zr	360,1	356,8	Lu-HKL

messen. Differenzbildung zwischen dem Extinktionswert — ermittelt bei niedriger Stromstärke der HKL und dem Extinktionswert — ermittelt bei hoher Stromstärke der HKL — ergibt den Extinktionswert für die spezifische AA. Mit diesem Verfahren wird die Voraussetzung a) nicht realisiert, denn die Messungen erfolgen alternierend. Voraussetzung b) wird gut realisiert, denn das Licht entstammt einer Lichtquelle für beide Messungen. Voraussetzung c) wird ebenfalls gut realisiert, da mit der Linienverbreiterung keine Linienverschiebung erfolgt.

Die Hauptprobleme dieser Technik sind darin zu sehen, daß normale HKL diesen Impulsbetrieb nur bedingt erlauben und daß Empfindlichkeitsverluste bis zu 50% auftreten können, da bei der zweiten Messung die spezifische AA doch einen nennenswerten Beitrag liefert.

8.2.2.5 Untergrundkompensation unter Verwendung des Zeeman-Effektes

Energieniveaus von Atomen werden in Gegenwart starker äußerer Magnetfelder in $2J + 1$ Zustände aufgespalten (J = Gesamtdrehimpulsquantenzahl). Diese Zustände werden durch Magnetquantenzahlen M (M-Werte ergeben sich zu $-J$, $-J + 1$, ..., 0, 1, ..., $+J$) charakterisiert. Unter Berücksichtigung der für das Entstehen von Spektrallinien gültigen Auswahlregel ($\Delta M = 0$; ± 1) ergeben sich beim normalen Zeeman-Effekt aus einer Spektrallinie drei Spektrallinien, das sog. Zeeman-Triplett. Die π-Komponente ($\Delta M = 0$) ist in erster Näherung gegenüber der Original-wellenlänge nicht verschoben, die beiden σ-Komponenten ($\Delta M = +1; -1$) sind nach niederen bzw. höheren Wellenlängen gegenüber der Original-wellenlänge verschoben. π- und σ-Komponenten sind bei Anwendung eines transversalen Magnetfeldes linear polarisiert und zwar senkrecht zuein-ander. Es gibt eine Reihe von unterschiedlichen Meßmöglichkeiten für die Anwendung des beschriebenen Zeeman-Effektes für die Untergrund-kompensation in der AAS: a) Magnetfeldeinwirkung auf die Lichtquelle, b) Magnetfeldeinwirkung auf den Atomisatorraum, c) konstantes oder moduliertes Magnetfeld, d) Einsatz rotierender oder feststehender Pola-risatoren. Für weitere Details wird auf die Spezialliteratur verwiesen [114—118].

Das Grundprinzip besteht darin, daß mit Hilfe der π-Komponente die Gesamtabsorption (AA, MA, LS) und mit den σ-Komponenten die unspe-zifische Absorption (MA, LS) vermessen wird. Durch entsprechende Diffe-renzbildung erhält man die spezifische AA. Die Voraussetzung a) ist nur bedingt erfolgt, da die beiden Messungen alternierend erfolgen und die Frequenz sowohl bei Anwendung veränderlicher Polarisatoren als auch bei Anwendung eines Wechselmagnetfeldes 100 Hz i. a. nicht übersteigt. Voraussetzung b) ist erfüllt, denn es wird nur eine Lichtquelle verwendet. Voraussetzung c) kann sehr gut erfüllt werden, da die Wellenlängenver-schiebung durch die Stärke des Magnetfeldes beeinflußt wird und somit für das jeweilige analytische Problem und den dabei auftretenden spek-tralen Untergrund optimiert werden kann. Das bedeutet, daß strukturier-ter Untergrund sehr gut kompensiert werden kann. Allerdings gibt es auch einen Zeeman-Effekt für Moleküle, der zwar geringer als für Atome ist, im Einzelfall jedoch auch zu systematischen Fehlern führen kann [118].

Als günstig hat sich erwiesen, wenn die Messung der Gesamtabsorption (die spezifische AA ist eingeschlossen) im magnetfeldfreien Zustand er-folgt. Andernfalls kann die Empfindlichkeit der AA-Messung reduziert sein. Ein weiteres Problem besteht darin, daß die Kalibrationskurven oftmals einen relativ geringen Linearitätsbereich besitzen.

8.2.3 Bewertung der Verfahren der Untergrundkompensation

Eine „ideale" Methode, d. h. für alle Fälle geeignete Untergrundkompen-sation, gibt es bis jetzt nicht. Von den beschriebenen Methoden werden die Untergrundkompensation mit einer Kontinuumlichtquelle und die Untergrundkompensation mit Hilfe des Zeeman-Effektes (Wechselmagnet-feld am Atomisator, Messung der Gesamtabsorption im magnetfeldfreien Zustand) am häufigsten verwendet. Die letztere Methode erlaubt die Kompensation sehr hoher Untergrundabsorptionen. Zur Instrumentation vgl. [119—121].

9 Spezielle Techniken der AAS und verwandte Methoden

9.1 Multielement-AAS

Ein wesentlicher Nachteil der ETA-AAS ist ihr — zumindest bei den meisten Routinegeräten — praktizierter Einzelelementcharakter. Es wurden einige Versuche unternommen, diesen Nachteil zu beseitigen oder einzuschränken.

Folgende Varianten wurden entwickelt:

a) Einsatz von Mehrelement-HKL in Kombination mit Mehrkanalspektrometern [122].
b) Einsatz von mehreren HKL, deren Licht mittels Quarzfaser-Optik in den Absorptionsraum geführt wird. Die Auswertung erfolgt ebenfalls mit Mehrkanalspektrometern [123].
c) Einsatz einer intensiven Kontinuumlichtquelle (z. B. Xenon-Hochdruckbogenlampe ca. 500 W) in Kombination mit einem sehr hoch auflösenden Echelle-Spektrometer [124, 125].

Mit einem derartigen Gerät ist im optimalen Fall eine simultane Multielementanalytik möglich. Wenn das Echelle-Spektrometer nicht für eine simultane Messung an mehreren Wellenlängen geeignet ist, kann man diese Technik auch zur sequentiellen Multielement-AAS (z. B. mit Flammenatomisierung) benutzen.

9.2 Nichtmetallanalytik durch ETA-AAS und ETV-MAS

Die schlechte Bestimmbarkeit der Nichtmetalle beruht darauf, daß die Resonanzlinien dieser Elemente im meßtechnisch schlecht zugänglichen Vakuum-UV liegen. Im Falle des Phosphors kann man mit Erfolg auf die Nichtresonanzlinie bei 213,6 nm ausweichen [126—128]. Der untere, nicht angeregte Zustand für diesen Übergang besitzt eine Anregungsenergie von 11 362 cm^{-1} gegenüber dem Grundzustand des Phosphors. Daraus folgt, daß dieser Zustand bei 3 000 K nur etwa von 1% der freien Phosphoratome eingenommen wird. Die erreichbare Nachweisgrenze (vgl. Tabelle 4) ist deshalb im Verhältnis zu vielen Nachweisgrenzen für metallische Komponenten um 1—2 Größenordnungen schlechter. Für die Bestimmung der Halogene, des Schwefels, des Sauerstoffs, Stickstoffs und Kohlenstoffs ist dieser Ausweg nicht möglich. Für die Bestimmung der Halogene und des Schwefels wurden molekulare Species verwendet (vgl. Tabelle 5 und [19]).
Durch Hinzufügen eines Metallüberschusses zum Analyten werden nach

$$X + M_{\text{Übersch.}} \rightarrow MX \tag{20}$$

zweiatomige Moleküle in der Verdampfungsphase der ETA-AAS (im Normalfall Atomisierungsphase genannt) erzeugt. Die Lichtabsorption dieser Moleküle kann vermessen und zur Bestimmung der X-Komponente benutzt werden. Infolge der gegenüber Metallatomen geringeren Absorptionskoeffizienten solcher Moleküle sind die Empfindlichkeiten für die Bestimmung der Nichtmetalle nach dieser Methode der ETV-MAS (Molekülabsorptionsspektrometrie mit elektrothermischer Verdampfung) schlechter als die der ETA-AAS.

9.3 Verwandte Methoden

9.3.1 Laser-angeregte Atomfluoreszenz mit elektrothermischer Atomisierung — ETA-LEAFS

Das Nachweisvermögen der ETA-AAS läßt sich nicht in den FEMTO-GRAMM-Bereich ausdehnen, weil der für die Extinktionsermittlung notwendige Vergleich des eingestrahlten und durchgelassenen Lichtes wegen nahezu gleicher Intensität dieser beiden Werte für solche niedrigen Konzentrationen meßtechnisch nicht mehr möglich ist. Die ETA-LEAFS ist eine Alternativ-Methode zur ETA-AAS. Bei genügend intensiver Laserstrahlung und effektiver Atomisierung kann man absolute Nachweisgrenzen im Femtogramm-Bereich erreichen (vgl. dazu [129—131]. Kommerzielle Geräte werden für diese Methode noch nicht angeboten. Die künftige Entwicklung billiger Laserdioden wird diesen Verfahren starken Auftrieb geben.

9.3.2 Furnace Atomic Nonthermal Excitation Spectrometry — FANES

Im Abschnitt 9.1 wurden die Probleme genannt, die hinsichtlich der Anwendung der AAS zur simultanen Multielementanalytik bestehen. In den letzten Jahren wurde versucht, diesen Nachteil mit Emissionsmethoden unter Beibehaltung des Graphitrohres als Atomisator einzuschränken. Zwei Techniken wurden entwickelt:

a) Carbon rod emission (CRE) [132] und
b) Furnace atomic nonthermal excitation spectrometry (FANES [133, 134] und Molecular nonthermal excitation spectrometry (MONES) [135].

Bei der ersten Methode wird zur Anregung der Atome die thermische Energie des aufgeheizten Graphitrohres benutzt. Leicht und mittel anregbare Elemente lassen sich empfindlich bestimmen. Liegen die Resonanzlinien der Elemente unterhalb 250 nm, so werden die Nachweisgrenzen viel schlechter als die der ETA-AAS.

Bei der zweiten Methode werden die Atome oder Moleküle durch elektrothermische Atomisierung/Verdampfung erzeugt. Ihre Anregung zur Strahlung erfolgt in einer Glimmentladung. In diesem Fall können sowohl leicht als auch schwer anregbare Elemente ähnlich nachweisstark wie in der ETA-AAS bestimmt werden. Für die Ausnutzung der gegebenen Möglichkeit zur empfindlichen simultanen Multielementanalyse sind simultan arbeitende Mehrkanalspektrometer erforderlich.

10 Analytische Charakterisierung und Anwendung der flammenlosen AAS

10.1 Nachweisvermögen und Anwendungsbreite

Die flammenlose AAS kann für die Bestimmung der meisten Metalle erfolgreich eingesetzt werden (s. Tabellen 4, 5, 7). Sie liefert absolute Nachweisgrenzen im Picogramm-Bereich. Da nur Mikroprobe-Mengen ($5-50\,\mu L$) benötigt werden, ist der typische Einsatzbereich die Spurenanalyse in Mikroproben (Makroproben sind nicht ausgeschlossen). Die sich ergebenden relativen Nachweisgrenzen liegen bezogen auf die Lösungsmittel im ng/g (ppb) —, bezogen auf gelöste Feststoffe im μg/g (ppm)-Bereich.

Sowohl die Probezusammensetzung als auch die chemischen und thermischen Bedingungen sind von Einfluß auf das Nachweisvermögen. Insofern sind die in den Tabellen 4, 5 und 7 angegebenen Werte nur Richtgrößen. Exakte Bestimmungen der Nachweisgrenzen sind für jedes konkret ausgearbeitete Analysenverfahren nach dem 3 s Kriterium durchzuführen.

Für die richtige Bestimmung sehr empfindlicher und allgegenwärtiger Elemente, z. B. Zn und Mg, werden Reinraum-Bedingungen benötigt.

Aus unterschiedlichen Gründen ist eine Reihe von Elementen nur schlecht oder gar nicht bestimmbar (vgl. Tabelle 9).

Tabelle 9. Elemente, die mit der flammenlosen AAS schlecht bestimmbar sind

Elementgruppe	Hauptgrund für die schlechte Bestimmbarkeit
Halogene	Resonanzlinien liegen im Vakuum-UV
Sauerstoff, Schwefel	Resonanzlinien liegen im Vakuum-UV
Stickstoff, Phosphor	Resonanzlinien liegen im Vakuum-UV, Probleme bei der Atomisierung
Kohlenstoff	Resonanzlinien liegen im Vakuum-UV, hauptsächlich verwendete Atomisatormaterial ist Kohlenstoff
B, Ce, Hf, Nb, Pr, Nd, Re, Ta, U, W, Tb, Zr	Bildung thermisch stabiler Carbide und Oxide

10.2 Standards und Kalibrierung in der flammenlosen AAS

Als stabile Standards werden salpetersaure Lösungen (Konzentration 0,1 molar) mit Metallionenkonzentrationen von 1 mg M/mL empfohlen. Durch Verdünnung mit Säuren oder Wasser erhält man die für die Kalibrierung benötigten Lösungen.

Derartig verdünnte Lösungen sind infolge von Adsorptionen an Gefäßwänden u. ä. nicht lange stabil und müssen jeweils frisch bereitet werden.

Dieser Gesichtspunkt ist auch für die Analysenprobe selbst zu berücksichtigen.

Da — wie bereits beschrieben — eine Reihe von systematischen Fehlern durch die Matrix hervorgerufen werden können, sind matrixangepaßte Standards für die Kalibrierung zu empfehlen. Die Additionstechnik kann neben der Kalibrierkurventechnik ebenfalls eingesetzt werden. Infolge des spektralen Untergrundes können nicht erkannte systematische Fehler zur Einschränkung der Zuverlässigkeit der Methode führen. Moderne Geräte verfügen über automatische Probegeber, die sowohl zur direkten Kalibrierung als auch für die Additionstechnik anwendbar sind.

10.3 Anwendungsgebiete der flammenlosen AAS

Die Verfahren der flammenlosen AAS haben in allen Gebieten der anorganischen Elementspurenanalyse ihren Stammplatz gefunden. Es ist an dieser Stelle nicht möglich, daß diese sehr unterschiedlichen Gebiete im Detail behandelt und beurteilt werden. Deshalb wird auf die entsprechende zusammenfassende Literatur verwiesen (s. Tabelle 10).

Tabelle 10. Analytische Anwendung der flammenlosen AAS — Literaturübersicht

Gebiet	Literatur
Klinische und biologische Materialien	
Lebensmittel	136, 141 — 144, 147
Chemikalien, Metalle	140, 145, 148
Gesteine und refraktäre Materialien	139, 145, 146
Umweltanalyse	138, 144

Literatur

1. Kirchhoff, G.: Phil. Mag. (4), 20:1 (1860)
2. Kirchhoff, G., Bunsen, R.: Phil. Mag. (4), 20:89 (1860)
3. Kirchhoff, G., Bunsen, R.: Phil. Mag. (4), 22:329 (1861)
4. Walsh, A.: Spectrochim. Acta, 7:108 (1955)
5. Dittrich, K.: Atomabsorptionsspektrometrie, WTB No. 276, Berlin: Akademieverlag (1982)
6. Welz, B.: Atom-Absorptions-Spektrometrie, 3. Aufl., Weinheim: Verlag Chemie (1983)
7. O'Haver, T. C., Messmann, J. D.: Progr. Anal. Atom. Spectrosc., 9:483 (1986)
8. Marshall, J., Haswell, S. J., Hill, S. J.: J. Anal. Atom. Spectrosc., 2:79R (1987)
9. Holcombe, J. A., Rettberg, Th. M.: Anal. Chem. 58:124R (1986)
10. Slavin, W., Ed.: Special issue Graphite Furnace Technology and Atomic Absorption Spectroscopy, Spectrochim. Acta. 39B:213 (1984)

11. Slavin. W.: Graphite Furnace AAS — a source book, Norwalk: The Perkin-Elmer Corp. (1984)
12. Lwow, B. V.: Ing. Fiz. Zh., 2: 44 (1959)
13. Lwow, B. V.: Spectrochim. Acta, 17: 761 (1961)
14. Massmann, H.: Spectrochim. Acta, 23B: 215 (1968)
15. Lwow, B. V.: Spectrochim. Acta, 33B:153 (1978)
16. Lwow, B. V., Nikolaew, V. G., Norman, R. A., Polnik, L. R., Mojica, M.: Spectrochim. Acta, 41B: 1043 (1986)
17. Slavin, W., Manning, D. C., Carnrick, C. R.: Graphite Furnace Post CSI-XXV Symposium, 28. 6.—2. 7. 87, Huntsville, Paper No. 1, 5 (1987)
18. Slavin, W., Manning, D. C.: Progr. Anal. Atom. Spectrosc., 5: 243 (1982)
19. Dittrich, K.: CRC Rev. Anal. Chem. 16: 3, 223 (1986)
20. Chakrabarti, C. L., Hamed, H. A., Wan, C. C., Li, W. C., Bertels, P. C., Gregoire, D. C., Lee, S.: Anal. Chem., 52:167 (1986)
21. Chakrabarti, C. L., Wan, C. C., Teskey, R. J., Chang, S. B., Hamed, H. A., Bertels, P. C.: Spectrochim. Acta, 36B: 427 (1987)
22. Wu, S., Chakrabarti, C. L., Rogers, J. T.: Progr. Anal. Spectrosc., 10: 111 (1987)
23. Slavin, W., Carnrick, C. R., Manning, D. C., Pruszkowska, E.: Atom. Spectrosc., 4:1969 (1983)
24. Slavin, W., Manning, D. C.: Spectrochim. Acta, 35B:701 (1980)
25. Slavin, W., Manning, D. C., Carnrick, C. R.: At. Spectrosc., 2:137 (1981)
26. Koirtyohann, S. R., Giddings, R. C., Taylor, H. C.: Spectrochim. Acta, 39B: 407 (1984)
27. de Loos-Vollebregt, M. T. C.: XXV Coll. Spectrosc. Internat., Abstr. A 11, 31 (1987)
28. Frech, W., Baxter, D. C., Hütsch, B.: Anal. Chem. 58:1973 (1986)
29. Lawson, S. R., Dewalt, F. G., Woodriff, R.: Progr. Anal. Atom. Spectrosc., 6: 1 (1983)
30. Slavin, W., Manning, D. C.: Spectrochim. Acta, 37B:955 (1982)
31. Ottaway, J. M., Carroll, J., Cook, S., Corr, S. P., Littlejohn, D., Marshall, J.: Fres. Z. Anal. Chem., 323, 742 (1986)
Carroll, J., Marshall, J., Durie, D., Littlejohn, D., Ottaway, J. M.: Spectrochim. Acta, 41B:751 (1986)
32. Giri, S. K., Littlejohn, D., Ottaway, J. M.: Analyst, 107:1035 (1982)
33. Frech, W., Jonsson, S.: Spectrochim. Acta, 37B:1021 (1982)
34. Frech, W., Cedergren, A., Lundberg, E., Siemer, D. D.: Spectrochim. Acta, 38B:1435 (1983)
35. Suzuki, M., Ohta, K.: Progr. Anal. Atom. Spectrosc., 6:49 (1983)
36. Sychra, V., Kolihova, D., Vyscochilova, O., Hlavac, R.: Anal. Chim. Acta, 105:263 (1979)
37. Sharp, B. L., Barnett, N. W., Burridge, J. C., Ottaway, J. M.: J. Anal. Atom. Spectrosc., 1:121R (1986)
38. Walker, Ph. Ed.: Chemistry and Physics of Carbon, New York: Marcel Dekker (1973)
39. Huettner, W., Dusche, C.: Fres. Z. Anal. Chem., 323:67A (1986)
40. Ortner, H. M., Birzer, W., Welz, B., Schlemmer, G., Curtius, J. A., Wegschneider, W., Sychra, V.: Fres. Z. Anal. Chem., 323: 681 (1986)
41. Clyburn, S. A., Kantor, T., Veillon, C.: Anal. Chem., 46:2213 (1974)
42. Benzo, H., Fraile, H.: At. Spectrosc., 5:202 (1984)
43. Wahab, H. S., Chakrabarti, C. L.: Spectrochim. Acta, 36B: 463 (1981)
44. Podolski, J. E.: Anal. Chim. Acta, 6:1147 (1980)
45. Schmidt, W., Dietl, F.: Fres. Z. Anal. Chem., 303: 385 (1980)

46. Dittrich, K., Fuchs, H., Eismann, G., Glaubauf, M.: J. Anal. Atom. Spectrom., im Druck
47. Delves, H. T., Woodward, J.: At. Spectrosc., 2:65 (1981)
48. Ediger, R. D., Peterson, G. E., Kerber, J. D.: At. Absorpt. Newslett., 13:61 (1974)
49. Ediger, R. D.: At· Absorpt. Newslett., 14:127 (1975)
50. Ediger, R. D.: At. Absorpt. Newslett., 15:145 (1976)
51. Dittrich, K., Fuchs, H.: J. Anal. Atom. Spectrom., im Druck
52. Schlemmer, G., Welz, B.: Spectrochim. Acta, 41B:1157 (1986)
53. Chan Xiao Quan, Ni Shening, Yvan Zhi Neng: Anal. Chim. Acta, 171:269 (1985)
54. Jiu Long Zhu, Ni Sheming: Can. J. Spectrosc., 26:219 (1981)
55. Ni Sheming, Shan Xiao Quan: Spectrochim. Acta, 42B:937 (1987)
56. Koirtyohann, S. R., Kaiser, M. C.: Anal. Chem., 54:1515A (1982)
57. Slavin, W.: Anal. Chem., 54:685A (1982)
58. Matousek, S. P.: Progr. Anal. Atom. Spectros., 4:247 (1981)
59. Frech, W., Lundberg, E., Cedergren, A.: Progr. Anal. Atom. Spectrosc., 8:257 (1985)
60. Chang, S. B., Chakrabarti, C. L.: Progr. Anal. Atom. Spectrosc., 8:83 (1985)
61. Rademeyer, C. J., Human, H. G. C.: Progr. Anal. Spectrosc., 9:167 (1986)
62. Holcombe, J. A., Rayson, G. D.: Progr. Anal. Atom. Spectrosc., 6:225 (1983)
63. Matsusaki, K.: Anal. Chim. Acta, 141:233 (1982)
64. Nakahara, T.: Progr. Anal. Atom. Spectrosc., 6:163 (1983)
65. Erdey, L., Gegus, E., Koscis, E.: Acta Chim. Hung., 7:343 (1955)
66. Holak, W.: Anal. Chem., 41:1712 (1969)
67. Braman, R. S., Justin, L. L., Foreback, C. C.: Anal. Chem., 44:2195 (1972)
68. Schmidt, F. J., Royer, J. L.: Anal. Lett., 6:17 (1973)
69. Welz, B., Melcher, M.: Analyst, 109:569 (1984)
70. Welz, B., Melcher, M.: Analyst, 109:577 (1984)
71. Aggett, J., Aspell, A. C.: Analyst, 101:341 (1976)
72. Sturgeon, R. E.: J. Anal. Atom. Spectrom., 2:719 (1987)
73. Chu, R. C., Barrow, G. P., Baumgarner, P. A. W.: Anal. Chem., 44:1476 (1972)
74. Welz, B., Melcher, M.: Analyst, 108:213 (1983)
75. Dedina, J., Rubeska, I.: Spectrochim. Acta, 35B:119 (1980)
76. Dittrich, K., Mandry, R.: Analyst, 111:269 (1986)
77. Dittrich, K., Mandry, R.: Analyst, 111:277 (1986)
78. Dittrich, K., Mandry, R., Udelnow, Ch., Udelnow, A.: Fres. Z. Anal. Chem., 323:793 (1986)
79. Knudson, E. J., Christian, G. D.: Anal. Lett., 6:1039 (1975)
80. Agterdenbos, J., Noort, J. P. M., Bax, D.: Spectrochim. Acta, 40B:501 (1985)
81. Bax, D., Noort, J. P. M., Agterdenbos, J.: Spectrochim. Acta, 41B:275 (1986)
82. Agterdenbos, J., Noort, J. P. M., Bax, D.: Spectrochim. Acta, 41B:283 (1986)
83. Agterdenbos, J., van Elterne, J. T.: Spectrochim. Acta, 41B:303 (1986)
84. Brandenberger, H., Bader, H.: At. Absorpt. Newslett., 6:101 (1967)
85. Hatch, W., Ott, W. L.: Anal. Chem., 40:2085 (1968)
86. Poluektow, N. S., Vitkun, R. A.: Zhurn. Analit. Khim., 18:37 (1963)
87. Vitkun, R. A., Poluektow, N. S., Seljukowa, T. V.: 25:474 (1970)
88. Dittrich, K., Wennrich, R., Werner, B.: Chem. Analit. (Warschau), 23:71 (1978)

 89. Dittrich, K., Müller, H.: Chem. Analit. (Warschau), 23:81 (1978)
 90. Tölg, G.: Fres. Z. Anal. Chem., 283:257 (1977)
 91. Komarek, J., Sommer, L.: Talanta, 29:159 (1982)
 92. Magnusson, B., Westerlund, S.: Anal. Chim. Acta, 131:63 (1981)
 93. Clark, J. R.: J. Anal. Atom. Spectrom., 1:301 (1986)
 94. Frech, W., Lundberg, E., Barbooti, M. M.: Anal. Chim. Acta, 131:45 (1981)
 95. Langmyhr, F. J.: Talanta, 24:277 (1977)
 96. Kurfürst, U.: Fres. Z. Anal. Chem., 314:1 (1985)
 97. Headridge, J. D.: Spectrochim. Acta, 35B:785 (1985)
 98. Colloquium: Present status and properties of analysis of solid samples by AAS, Fres. Z. Anal. Chem., 322:7 (2983)
 99. Langmyhr, P. J., Wibetoe, G.: Progr. Anal. Atom. Spectrosc., 8:193 (1985)
100. Fuller, C. W., Hutton, R. C., Preston, B.: Analyst, 106:913 (1981)
101. Jackson, K. W., Newman, A. P.: Analyst, 108:261 (1983)
102. Walsh, A.: Appl. Spectrosc., 27:331 (1973)
103. Wennrich, R., Dittrich, K.: Spectrochim. Acta, 37B:913 (1982)
104. Wennrich, R., Dittrich, K., Bonitz, U.: Spectrochim. Acta, 39B:657 (1984)
105. Dittrich, K., Wennrich, R.: Progr. Anal. Atom. Spectrosc.
106. Chakrabarti, D., Hillmann, D. C. J., Isgolic, K., Cingaro, R. A : J. Chromatogr., 249:81 (1982)
107. Knapp, G., Wegscheider, W.: Analytiker-Taschenbuch, Band 1, Berlin: Akademie-Verlag (1980), S. 149 – 165
108. Newstead, R. A., Price, W. J., Whiteside, P. J.: Progr. Anal. Atom. Spectrosc., 1:267 (1978)
109. Harnly, J. M., Holcombe, J. A.: Anal. Chem., 57:1983 (1985)
110. Slavin, W.: At. Absorpt. Newslett., 3:93 (1964)
111. Koirtyohann, S. R., Pickett, E. E.: Anal. Chem., 28:585 (1966)
112. Liddell, P., Athanasoupoulous, N., Grey, R., Maasen, J. R.: Labor-Praxis, (1/2), 34 (1987)
113. Smith, S. B. jr., Hieftje, G. M.: Appl. Spectrosc., 37:419 (1983)
114. Yasuda, K., Koizumi, H., Ohishi, K., Noda, T.: Progr. Anal. Atom. Spectrosc., 3:299 (1980)
115. de Galan, L.: Trends in Anal. Chem., 1:203 (1980)
116. Loos-Vollebregt, M. T. C., de Galan, L.: Spectrochim. Acta, 41B:597 (1986)
117. Kurfürst, U.: Fres. Z. Anal. Chem., 316:1 (1983)
118. Massmann, H.: Talanta, 29:1051 (1982)
119. Broekaert, J. A. C.: Spectrochim. Acta, 37B:65 (1982)
120. Loos-Vollebregt, M. T. C., de Galan, L.: Spectrochim. Acta, 41B:597 (1986)
121. Carnrick, G. R., Barnett, W., Slavin, W.: Spectrochim. Acta, 41B:991 (1986)
122. Silvester, M. D., Koop. D. J., Barringer, A. R.: 4. ICAS, Toronto, (1973)
123. Rawson, R. A. G.: 4. CAS, Toronto, (1973)
124. Harnly, J. M., O'Haver, T. C.: Anal. Chem., 53:1291 (1981)
125. Harnly, J. M., Miller-Ihli, N. J., O'Haver, T. C.: Spectrochim. Acta, 39B:305 (1984)
126. Curtius, A. J., Schlemmer, G., Welz, B.: J. Anal. Atom. Spectrom., 1:421 (1986)
127. Curtius, A. J., Schlemmer, G., Welz, B.: J. Anal. Atom. Spectrom., 2:115 (1987)
128. Curtius, A. J., Schlemmer, G., Welz, B.: J. Anal. Atom. Spectrom., 2:311 (1987)

129. Bolschow, M. A.: in „Laser Analytical Spectrochemistry", Ed.: Letochow, V. S.: Bristol, Hilger (1986)
130. Dittrich, K., Stärk, H. J.: J. Anal. Atom. Spectrom., 2:63 (1987)
131. Niemax, K.: Naturwissensch., 74:474 (1987)
132. Littlejohn, D., Ottaway, J. M.: Analyst, 104:1138 (1979)
133. Falk, H., Hoffmann, E., Lüdke, Ch.: Fres. Z. Anal. Chem., 307:362 (1981)
134. Falk, H., Hoffmann, E., Lüdke, Ch.: Spectrochim. Acta, 36B:767 (1981)
135. Dittrich, K., Hanisch, D., Stärk, H. J.: Fres. Z. Anal. Chem., 324:497 (1986)
136. Brown, A. A., Halls, D. J., Taylor, A.: J. Anal. Atom. Spectrom., 2:43R, (1987)
137. Ebdon, L., Cresser, M. S., Mc Leod, C. W.: J. Anal. Atom. Spectrom., 2:1R (1987)
138. Cresser, M. S., Ebdon, L. C., Mc Leod, C. W.: J. Anal. Atom. Spectrom., 1:1R (1986)
139. Hickman, D. A., Rooke, J. M., Thompson, T.: J. Anal. Atom. Spectrom., 1:169R (1986)
140. Littlejohn, D., Ellis, H. J., Hughes, H.: J. Anal. Atom. Spectrom., 1:87R (1986)
141. Brown, A. A., Halls, D. J., Taylor, A.: J. Anal. Atom. Spectrom., 1: 29R (1986)
142. Morrison, G. H., CRC Crit. Rev. in Anal. Chem., 8:287 (1979)
143. Delves, H. T.: Progr. Anal. Atom. Spectrosc., 4:1 (1981)
144. Stoeppler, M.: Spectrochim. Acta, 38B:1559 (1983)
145. Doolan, K. J., Belcher, C. B.: Progr. Anal. Atom. Spectrosc., 2:125 (1980)
146. Wise, W. M., Burdo, R. A., Stirlach, J. S.: Progr. Anal. Atom. Spectrosc. 1:201 (1978)
147. Subramanian, K.: Progr. Anal. Spectrosc., 9:167 (1986)
148. Subramanian, K., Chakrabarti, C. L.: 2:287 (1979)

Radioimmunoassay

E. Knoll

Abteilung für klinische Chemie
Robert-Bosch-Krankenhaus
Auerbachstr. 110, D - 7000 Stuttgart 50

1 Einleitung und Terminologie

Die Entwicklung des Radioimmunoassays (RIA) geht auf Untersuchungen von Yalow und Berson [1, 2] in den fünfziger Jahren zurück. Ihnen gelang die Bestimmung von Insulin im Serum unter Verwendung von Antikörpern gegen Insulin und ^{131}J-Insulin, das mit dem nicht markierten Insulin um die Bindungsplätze am Antikörper konkurrierte.

Tabelle 1. Auswahl von Radioimmunoassays, geordnet nach Substanzklassen

Bezeichnung der Substanz	Molekulargewicht
1. Peptidhormone	
Vasopressin	1 084
Gastrin	2 096
Calcitonin	3 420
Glucagon	3 483
Adrenocorticotropin, ACTH	4 576
Insulin	5 734
Parathormon	10 000
Prolactin	20 000
Humanes Wachstumshormon HGH (Somatotropin STH)	21 500
Humanes Placenta-Lactogen, HPL	22 000
Thyreotropin, TSH	25 000
Lutropin, LH	26 000
Follitropin, FSH	30 000
2. Steroidhormone und andere Nicht-Peptidhormone	
Serotonin	176
Östradiol	272
Östriol	288
Testosteron	288
Progesteron	314
Prostaglandine	~ 300
Triiodthyronin, T3	651
Thyroxin, T4	776
3. Proteine	
β2-Mikroglobulin	1 200
Myoglobin	17 000
Trypsin	24 000
Pepsinogen	42 000
Thyroxin-bindendes-Globulin (TBG)	60 000
Albumin	69 000
Transferrin	80 000
Immunglobuline: IgG, IgA, IgM, IgE	150 000 − 900 000
Ferritin	440 000
Thyreoglobulin	600 000
4. Tumor-assoziierte Antigene	
Humanes Choriongonadotropin, HCG	30 000
α-Fetoprotein	65 000
Prostataspezifische saure Phosphatase, PAP	102 000
Carcinoembryonales Antigen, CEA	200 000
Tissue polypeptide antigen, TPA	
CA 125, CA 19-9; CA 15-3	
5. Andere biologisch aktive Substanzen	
Cyclisches Adenosinmonophosphat, c-AMP	329
Folsäure	441
Vitamin B_{12}	1 355

Tabelle 1. (Fortsetzung)

Bezeichnung der Substanz	Molekulargewicht
Hepatitis A-Antigen und Anti-HAV Hepatitis Bs-Antigen und Anti-HBs Hepatitis Be-Antigen und Anti-HBe Anti-HBc	$150\,000 - > 1\,000\,000$
6. Arzneimittel, Drogen, Antibiotika	
Barbiturate	100 – 250
Amphetamin	135
Theophyllin	180
Phenytoin (Diphenylhydantoin)	258
Morphin	285
Lysergsäurediethylamid, LSD	323
Penicillin G	334
Methotrexat	454
Aminoglycoside	500
Digoxin/Digitoxin	781/764

Fast gleichzeitig wurde von Ekins [3] nach einem ganz ähnlichen Prinzip die Bestimmung des Schilddrüsenhormons Thyroxin (T4) beschrieben. Er benutzte als Bindungsreagenz keinen Antikörper, sondern das natürlich im Serum vorkommende Transportprotein Thyroxin-bindendes Globulin (TBG). In den folgenden Jahren konnte sich diese Technik nur sehr langsam durchsetzen. Mangel an geeigneten radioaktiv markierten Verbindungen (Tracer) und an Antikörpern waren hierfür wohl die Hauptgründe. Erst ab etwa 1970, als es der Industrie gelang, einfach zu handhabende kommerzielle Reagenzienpackungen (sog. Kits) zur Verfügung zu stellen, fand der Radioimmunoassay eine breite Anwendung, vor allem in der medizinischen und biochemischen Forschung sowie in der medizinischen Routinediagnostik, aber auch in zahlreichen außermedizinischen Bereichen, in denen die Bestimmung von organischen Bestandteilen in niedrigen Konzentrationen erforderlich war. Im Jahr 1975 wurden weltweit etwa 52 Millionen radioimmunologische Bestimmungen durchgeführt, im Jahre 1985 über 400 Millionen [4]. Tabelle 1 gibt einen Überblick über die gebräuchlichsten Radioimmunoassays.

Der Radioimmunoassay gehört zu den Ligandenbindungsassays. Häufig wird auch die Bezeichnung „Sättigungsanalyse" statt „Ligandenbindungsassay" als Oberbegriff verwendet. In Tabelle 2 ist ein Überblick über die verschiedenen Varianten des Ligandenbindungsassays — je nach Art des Bindungsproteins (Antikörper, Transportprotein des Serums, Rezeptorprotein) oder der Markierung des Liganden (Radioisotop, Enzym, Fluorogen/Luminogen) — gegeben.

Ist das Bindungsprotein ein Antikörper und ist der Ligand mit einem Radioisotop markiert, so spricht man von einem Radioimmunoassay (RIA). Beim Radioimmunoassay unterscheidet man nochmals je nach den kinetischen Abläufen während der Reaktion den kompetitiven RIA (Reagenzunterschußassay, „klassische" Form des RIA) und den nicht kom-

Tabelle 2. Ligandenbindungsassays [5]

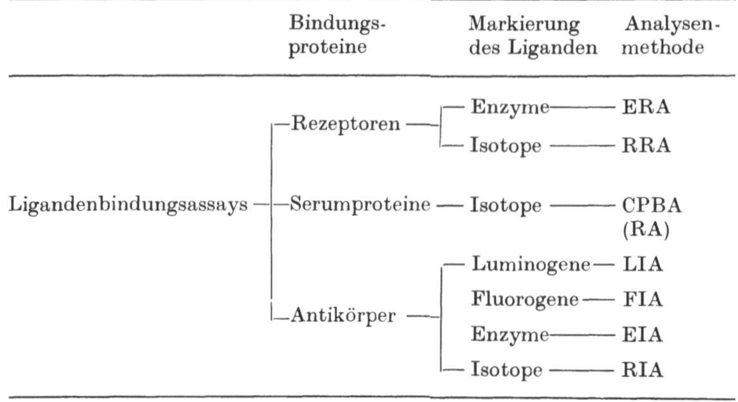

RIA Radioimmunoassay;   EIA Enzymimmunoassay;   FIA Fluoreszenz-
immunoassay;   LIA Lumineszenzimmunoassay;   CPBA Kompetitive Proteinbindungsanalyse;   RA Radioassay;   RRA Radiorezeptorassay;   ERA
Enzymrezeptorassay.

petitiven Assay (Reagenzüberschußassay, Immunradiometrischer Assay
= IRMA, Sandwich-Assay).

Zunehmende Bedeutung haben in den letzten Jahren die Enzymimmunoassays und in allerletzter Zeit die Fluoreszenz- und Lumineszenzimmu-
noassays gewonnen.

Verwendet man statt des Antikörpers ein natürlich vorkommendes
Bindungsprotein (z. B. Thyroxinbindendes Globulin TBG oder Cortisol-
bindendes Globulin CBG), so spricht man von einem Radioassay (RA)
oder auch von einer kompetitiven Proteinbindungsanalyse (CPBA).

Ist das Bindungsprotein ein membrangebundener Rezeptor, so spricht
man von einem Radiorezeptorassay (RRA) oder Enzymrezeptorassay
(ERA) je nach Art des „labels".

2 Prinzip

Der Radioimmunoassay kombiniert die Spezifität einer Antigen-Antikörper-Reaktion mit der Empfindlichkeit der Messung eines Radioisotops.
Durch diese Kombination von Immunreaktion und Radioaktivitätsmessung
erhält man eine einfache, präzise und vor allem spezifische und empfindliche Bestimmungsmethode. Es gelingt damit, Substanzkonzentrationen
bis zu wenigen pg/ml zu messen. Damit ist der Radioimmunoassay eines
der empfindlichsten Bestimmungsverfahren bei gleichzeitig hoher Spezifität, da Fremdstoffe selbst in hohem Überschuß die Immunreaktion
nicht stören.

2.1 Reagenzunterschußassay

In Abb. 1 ist das Prinzip des „klassischen" Radioimmunoassays, des Reagenzunterschußassays skizziert. Eine variable Menge einer Substanz (Ag) und eine konstante Menge derselben radioaktiv markierten Substanz (Ag*) konkurrieren um eine konstante und begrenzte Anzahl von Bindungsplätzen des Antikörpers (Ak). Folgende Voraussetzungen müssen hierbei erfüllt sein:

1. Innerhalb einer Testreihe werden die Konzentrationen des Tracers (Ag*) und des Antikörpers (Ak) in allen Röhrchen konstant gehalten. Die Konzentration an unmarkiertem Antigen (Ag) ist also die einzige variable Größe.
2. Die Zahl der radioaktiv markierten Moleküle muß größer sein als die Zahl der Bindungsplätze am Antikörper. In der Praxis stellt man die Antiserumverdünnung so ein, daß bei Abwesenheit von unmarkiertem Antigen etwa 50% des zugesetzten Tracers gebunden wird.
3. Standard und unbekannte (zu bestimmende) Probe müssen in ihrer Fähigkeit, den Tracer vom Antikörper zu verdrängen, identisch sein. Es ist jedoch nicht erforderlich — und auch nicht realisierbar —, daß die Assoziationskonstanten von Tracer und unmarkiertem Antigen mit dem Antikörper gleich sind.

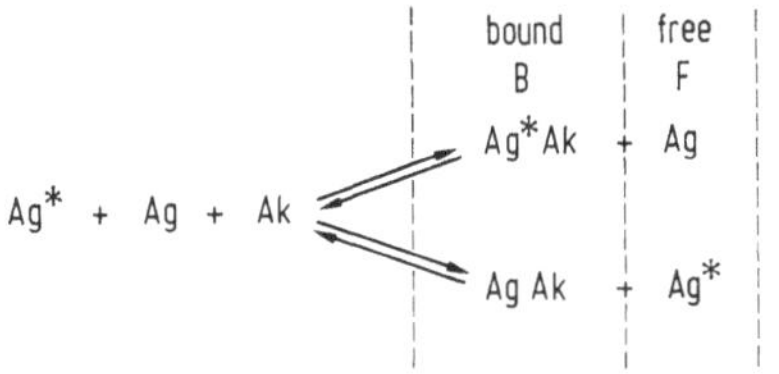

Abb. 1. Prinzip des Reagenzunterschußassays, des „klassischen" Radioimmunoassays

Ag*	radioaktiv markiertes Antigen
Ag	nicht markiertes Antigen (Stand. oder zu bestimm. Verbind.)
Ak	Antikörper gegen Ag und Ag*
Ag*Ak	Komplex aus markiertem Antigen und Antikörper
AgAk	Komplex aus nicht markiertem Antigen und Antikörper

Entsprechend der Abb. 1 werden vom Antikörper um so mehr radioaktive Moleküle (Ag*) gebunden (B), je weniger unmarkierte Moleküle (Ag) vorhanden sind. Der Anteil des am Antikörper gebundenen Tracers ist also ein Maß für die Konzentration der zu bestimmenden Probe. Um eine quantitative Messung des am Antikörper gebundenen (B) und/oder des freien (F) Anteils des Tracers durchführen zu können, müssen aus dem Inkubationsgemisch die Antigen-Antikörper-Komplexe (Ag*Ak, AgAk) vom freien Antigen (Ag*, Ag) abgetrennt werden (s. Kap. 5.4). Um eine quantitative Auswertung zu ermöglichen, wird aus einer Konzentrationsreihe der Standardsubstanz eine Eichkurve (Standardkurve, dose-response curve) erstellt, aus der man dann umgekehrt aus dem Ak-ge-

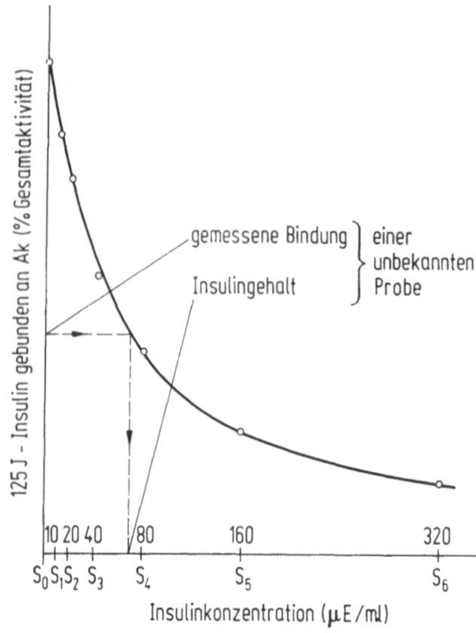

Abb. 2. Standardkurve am Beispiel der Bestimmung von Insulin [6]

bundenen Anteil des Tracers direkt die Konzentration einer unbekannten Probe ablesen kann (Abb. 2).

Die gleiche hyperbole Form der dose-response curve wurde bereits von Ekins und Mitarb. [7] theoretisch abgeleitet. Die Antigen-Antikörper-Reaktion der Abb. 1 erreicht während der Inkubationsphase ein Gleichgewicht gemäß der Formel:

$$Ag + Ab \underset{k_1}{\overset{k}{\rightleftharpoons}} AgAb$$

wobei k die Geschwindigkeitskonstante der Assoziation und k_1 der Dissoziation ist. Nach dem Massenwirkungsgesetz und unter Einführung der Gleichgewichts- bzw. Affinitätskonstanten K ($= k/k_1$) ergibt sich

$$K[Ag][Ab] = [AgAb] \tag{1}$$

Weiterhin ist im Gleichgewicht das Verhältnis von gebundenem (B) zu freiem (F) Antigen

$$B/F = [AgAb]/[Ag] \tag{2}$$

Der Einfachheit halber ist hier angenommen, daß die Gleichgewichtskonstanten für das markierte Antigen, den Standard und die unbekannte, zu bestimmende Substanz gleich sind. In der Praxis ist dies jedoch meist nicht der Fall, insbesondere der Tracer zeigt je nach Art der Markierung Abweichungen vom unmarkierten Antigen.

Unter Einführung der Anfangskonzentration Ag_0 und Ab_0 von Antigen und Antikörper kann man für die momentanen Konzentrationen [Ag] und [Ab] die 2 folgenden Beziehungen formulieren:

$$[Ag] = [Ag_0 - AgAb] \tag{3}$$

und

$$[Ab] = [Ab_0 - AgAb] \tag{4}$$

Für den Quotienten von gebundenem und freiem Antigen ergibt sich daraus:

$$B/F = [AgAb]/[Ag_0 - AgAb]$$

Diese Gleichung läßt sich umformen zu:

$$[AgAb] = [Ag_0]\, B/F/(B/F + 1) \tag{5}$$

Nach Zusammenfassung der Gleichungen 1, 3, 4 und 5 und Umformung erhält man

$$(B/F)^2 + B/F[1 + KAg_0 - KAb_0] - KAb_0 = 0 \tag{6}$$

Dies ist die Gleichung einer Hyperbel (Abb. 3).

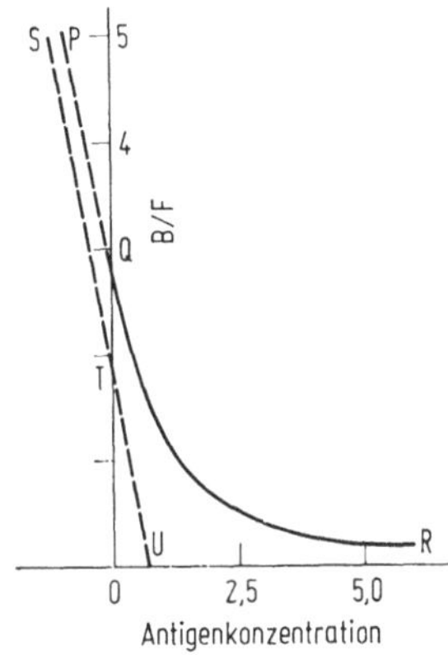

Abb. 3. Hyperbolische Standardkurve bei Verwendung von B/F als Ordinate und der Antigenkonzentration als Abszisse [8]

Die Beziehung zwischen dem Quotienten B/F und der Antigenkonzentration (Ag_0) wird durch die Hyperbel PQR beschrieben, die sich in ihrem oberen Teil der Asymptoten STU mit der Steigung $-K$ annähert [7, 8].

Die Affinitätskonstante K des Antikörpers hat entscheidenden Einfluß auf die Empfindlichkeit eines radioimmunologischen Tests. Abbildung 4 zeigt 4 Kurven von 4 Antiseren, deren Affinitätskonstanten sich jeweils um den Faktor 10 unterscheiden.

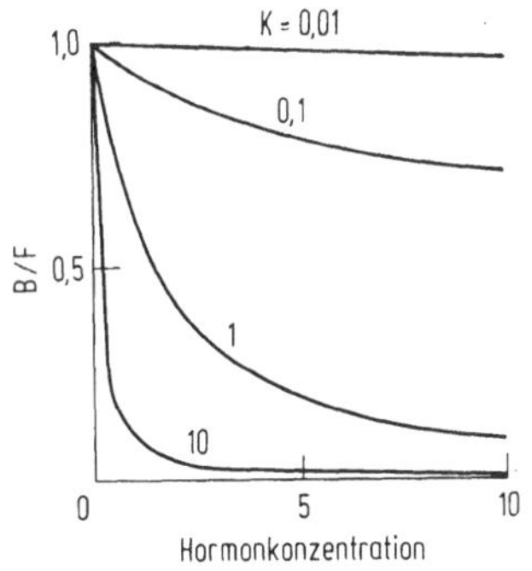

Abb. 4. Einfluß der Affinitätskonstanten K auf die Empfindlichkeit des Radioimmunoassays. Es handelt sich um theoretische Kurven mit willkürlich angenommenen Konstanten [8]

Bereits 1949 konnte von Scatchard [9] gezeigt werden, wie mit Hilfe einer graphischen Darstellung — des sog. Scatchard Plots — Affinität und Kapazität eines Bindungsproteins zu einem spezifischen Liganden berechnet werden können. Durch Kombination der obigen Gleichungen 1, 2 und 4 erhält man die Beziehung:

$$[B]/[F] = K_a([Ab_0] - [B]) \tag{7}$$

Die graphische Darstellung von [B]/[F] gegen [B] ergibt eine Gerade mit der Steigung $-K_a$ und dem Ordinatenschnittpunkt $K_a[Ab_0]$ (Abb. 5).

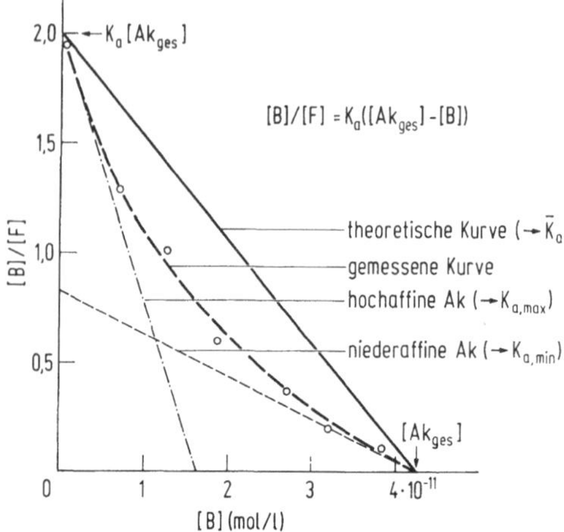

Abb. 5. Scatchard Plot eines Insulin-Antiserums [6]

In der Praxis erhält man jedoch Kurven, die mehr oder weniger von der Geraden abweichen. Der Grund dafür ist, daß zur Ableitung von Gleichung 7 einige Annahmen gemacht wurden, die beim Radioimmunoassay nicht erfüllt sind:

1. Die Einstellung des Gleichgewichts muß abgewartet werden.
2. Die Affinität des Antikörpers zu Tracer und Antigen ist gleich.
3. Es handelt sich um einen einheitlichen Antikörper und es reagiert jeweils nur ein Antikörpermolekül mit einem Ligandenmolekül.

Insbesondere Punkt 3 ist nicht erfüllt. Ein polyklonales Antiserum besteht aus einem Gemisch vieler Antikörperpopulationen mit hohen und niedrigen Affinitätskonstanten. Aus der theoretischen Geraden erhält man eine mittlere Affinitätskonstante. Aus der Steigung im oberen Teil der gemessenen Kurve erhält man die maximale, aus der Steigung im unteren Teil der Kurve die minimale Affinitätskonstante. Der Scatchard Plot ist ein Schätzungsverfahren, um von neu entwickelten Antiseren die Bindungsaffinität und -kapazität zu bestimmen. Die Affinitätskonstanten von Serumbindungsproteinen liegen bei etwa $10^6 - 10^8$ l/mol, während hochspezifische Antikörper Affinitätskonstanten von $10^{10} - 10^{13}$ l/mol erreichen.

2.1.1 Nichtgleichgewichtsassay

Prinzipiell ist es möglich, einen Radioimmunoassay zu beenden, bevor sich das Gleichgewicht vollständig eingestellt hat. Durch die ständig wachsende Zahl von radioimmunologischen Tests, besonders in den klinischen Routinelaboratorien, ergibt sich eine gewisse Notwendigkeit, die Inkubationszeiten zu verkürzen, damit man die Analysen in einer vertretbaren Zeit durchführen kann. Die Empfindlichkeit, verglichen mit den entsprechenden Gleichgewichtsassays, ist geringer. Wichtig ist bei dieser Modifikation die zeitlich genaue Einhaltung der Inkubationszeiten, insbesondere bei der Analyse von großen Serien.

2.1.2 Sequentieller Assay (kalte Vorinkubation)

Wenn die Gleichgewichtskonstante der Rückreaktion (der Dissoziation des Antigen-Antikörper-Komplexes) klein ist gegenüber der Assoziationskonstanten, kann die Empfindlichkeit eines Assays verbessert werden, indem zunächst der Antikörper mit dem unmarkierten Antigen bis zur Gleichgewichtseinstellung inkubiert wird (kalte Vorinkubation) und erst danach in einer 2. (kürzeren) Inkubation die Reaktion mit dem Tracer erfolgt. Diese Technik wurde zum erstenmal 1963 von Hales und Randle [10] beschrieben und von Zettner und Duly [11] ausführlich dargestellt.

Viele Radioimmunoassays sind keine echten Verdrängungsreaktionen. Vielmehr binden die Antikörper mit hohen Assoziationskonstanten das zuerst mit ihnen in Berührung kommende Antigen praktisch irreversibel und vollständig. Der vor der 2. Inkubationsphase zugegebene Tracer kann nur noch mit den unbesetzten Antikörperbindungsstellen reagieren.

Aus Abb. 6 ist ersichtlich, daß die Standardkurve des sequentiellen

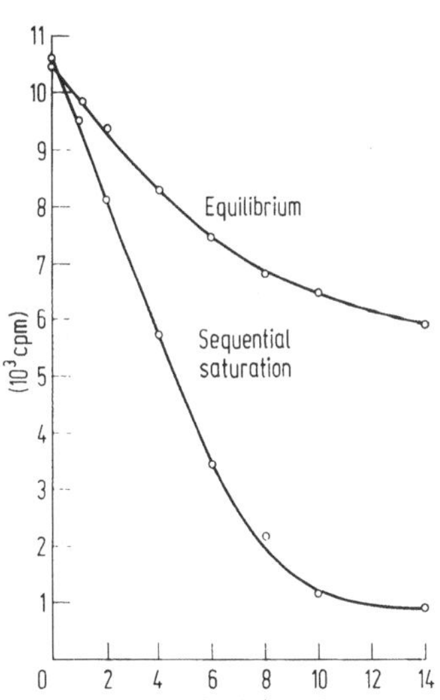

Abb. 6. Digoxin-Standardkurven mit und ohne kalte Vorinkubation [11]

Assays — bei gleicher Konzentration aller Reaktanden — wesentlich steiler ist als die des Gleichgewichtsassays. Der sequentielle Assay wird dann benutzt, wenn man beim Gleichgewichtsassay keine ausreichende Empfindlichkeit erreicht, um im unteren Normalbereich noch messen zu können (z. B. Thyreotropin, Parathormon oder Calcitonin).

2.2 Reagenzüberschußassay

Beim immunradiometrischen Assay (IRMA) wird im Gegensatz zum klassischen Radioimmunoassay nicht das Antigen, sondern der Antikörper markiert. Außerdem kommt hier eine besondere Art der Trennung von freiem und gebundenem Antigen zur Anwendung, die sog. „solid phase sandwich"-Technik. In Abb. 7 ist das Prinzip des IRMA dargestellt.

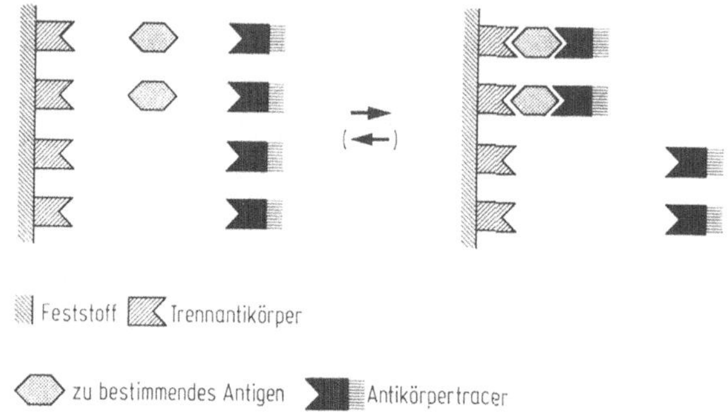

Abb. 7. Prinzip des Immunradiometrischen Assays („solid phase sandwich"-Technik) [6]

Die Technik des immunradiometrischen Assays wurde von Miles und Hales [12] entwickelt. Ein Überschuß an 1. Antikörper ist an der Oberfläche einer festen Phase („solid phase") gebunden. Nach Zugabe der zu analysierenden Probe reagiert das Antigen während der ersten Inkubation mit dem festkörpergebundenen Antikörper, wobei alle Antigenmoleküle vom Antikörper gebunden werden. Danach wird die Reaktionslösung abgesaugt und die Festphase mit einer Pufferlösung nachgewaschen. Anschließend wird im Überschuß der zweite, radioaktiv markierte Antikörper zugegeben, der nun während einer 2. Inkubationszeit mit den noch freien Valenzen des am ersten Antikörper gebundenen Antigens reagiert. Das zu bestimmende Antigen wird zwischen den beiden Antikörpern „sandwichartig" gebunden. Voraussetzung für einen IRMA ist damit, daß das Antigen mindestens 2 Bindungsstellen (antigene Determinanten, Epitope) für das Antikörpermolekül besitzt. Dadurch ist die Anwendung dieser Bestimmungsmethode auf höhermolekulare Antigene begrenzt. Nach der 2. Inkubation wird abgesaugt, gewaschen und die zurückbleibende, an der festen Phase gebundene Aktivität gemessen. Beim immunradiometrischen Assay steigt — im Gegensatz zum Radioimmunoassay — mit zunehmender Antigenkonzentration in der Probe der Anteil des gebundenen markierten Antikörpers. Es entstehen Eichkurven wie in Abb. 8 am Beispiel der immunradiometrischen Bestimmung des Ferritins gezeigt wird.

Aus Abb. 8 läßt sich auch ein Nachteil der immunradiometrischen Methode ersehen, der sogenannte „high dose hook"-Effekt. Man bezeichnet damit das Phänomen, daß bei sehr hohem Antigenüberschuß die gemessene Radioaktivität wieder abnimmt. Wenn alle 1. Antikörperbindungsstellen durch Antigenmoleküle blockiert sind, führt die dadurch bewirkte sterische Hinderung dazu, daß nicht alle Antigenmoleküle die Möglichkeit haben, ungehindert mit der maximalen Zahl von markierten Antikörpermolekülen zu einem Sandwich-Komplex zu reagieren. In der Probe wird dadurch fälschlicherweise eine zu geringe Antigenkonzentration bestimmt.

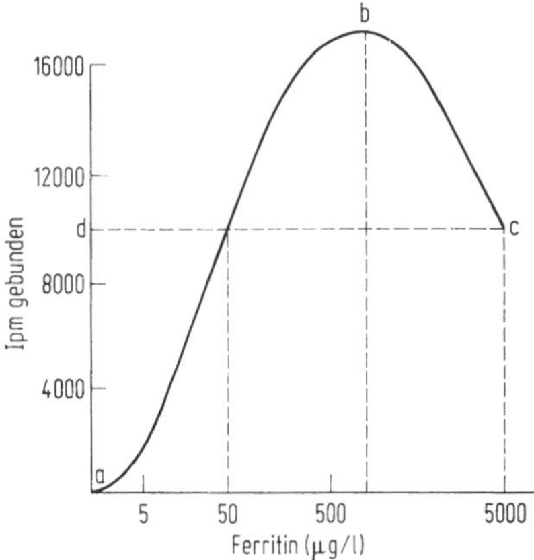

Abb. 8. Standardkurve beim Immunradiometrischen Assay (am Beispiel des Ferritins) mit Demonstration des „high dose hook"-Effekts [5]

In Abb. 8 ist gezeigt, daß — würde man nur den ansteigenden Teil der Eichkurve von a bis b betrachten — man bei einem Patientenserum mit einer Ferritinkonzentration von 5000 µg/l einen falschen Wert von nur 50 µg/l ablesen würde. Durch Verdünnen der Serumprobe kann man in zweifelhaften Fällen entscheiden, in welchem Teil der Standardkurve man sich befindet und kann dann die gesuchte Antigenkonzentration ermitteln. In der Praxis muß für jeden neu entwickelten immunradiometrischen Assay geprüft werden, ab welcher Antigenkonzentration man in den Bereich der abfallenden Standardkurve kommt.

Nichtsdestoweniger hat der radioimmunometrische Assay gegenüber dem Radioimmunoassay erhebliche Vorteile, die in den letzten Jahren zu einer zunehmenden Verdrängung der RIAs durch IRMAs geführt haben:

1. Der immunradiometrische Assay ist empfindlicher als der klassische Radioimmunoassay und hat meistens gleichzeitig einen größeren Meßbereich.
2. Die „solid phase sandwich"-Technik ist sehr einfach in der Durchführung.

3. Der IRMA ist vor allem dann vorteilhaft, wenn das Antigen sich nur schwer markieren läßt oder zu instabil ist für eine Markierung.
4. Der IRMA ist weniger anfällig für Matrixeffekte, da nach der 1. Inkubationsphase im Serum eventuell vorhandene Störfaktoren, wie z. B. proteolytische Enzyme aus dem Reaktionsgemisch entfernt werden.
5. Durch Verwendung zweier unterschiedlicher Antikörper, die gegen verschiedene antigene Determinanten des Antigens gerichtet sind, erhält man eine Steigerung der Spezifität. Es werden dann nur solche Liganden gemessen, die beide Determinanten besitzen. Dies kann am Beispiel der Bestimmung des Humanen Choriongonadotropins (HCG), das aus einer α-Kette und β-Kette aufgebaut ist, erläutert werden. Wenn der 1. und 2. Antikörper gegen Determinanten der β-Kette gerichtet sind, wird nur freies β-HCG bestimmt werden, ist jedoch der 1. Antikörper gegen eine Determinante der β-Kette, der 2. Antikörper gegen eine Determinante der α-Kette gerichtet, dann wird man nur das intakte HCG bestimmen.

Nachteilig für den immunoradiometrischen Assay war früher, daß man relativ große Mengen wertvoller Antikörper benötigte. Doch seit der Verfügbarkeit der monoklonalen Antikörper besteht dieser Einwand nicht mehr.

Der Sandwich-Assay kann statt in der bisher besprochenen Form (festphasengebundener 1. Antikörper — Antigen — radioaktiv markierter 2. Antikörper) auch in der Modifikation „festphasengebundenes Antigen — Antikörper — radioaktiv markiertes Antigen" verwendet werden. Ein Beispiel hierfür ist die Bestimmung von Anti-HBs, des Antikörpers gegen das Oberflächen-(surface)antigen des Hepatitis B-Virus.

3 Auswerteverfahren

Nach Beendigung der Inkubationsphase(n) eines RIA (IRMA) werden die beiden Fraktionen — am Antikörper gebundener Anteil (B) und freier Anteil (F) des Antigens — mit geeigneten Methoden (s. Kap. 5.4) getrennt und die Radioaktivität einer, meistens von B, oder auch beider Fraktionen gemessen.

Wie aus Abb. 9a zu ersehen ist, erhält man als Standardkurve eine Hyperbel bei linearer Auftragung der Impulsrate B gegen die Standardkonzentration. Häufiger ist eine mathematische Umformung — wie in Abb. 9b gezeigt — wobei die Impulsrate B der Standards auf die Impulsrate B_0 des Nullstandards bezogen wird. Meistens wird von beiden Gliedern noch die unspezifische Bindung N (oft auch als NSB bezeichnet von „non specific binding") subtrahiert, so daß auf der Ordinate $(B - N / B_0 - N) \times 100$ gegen den Logarithmus der Konzentration auf der Abszisse aufgetragen wird. Man erhält durch diese Umformung eine Spreizung der Ordinate und sigmoide Kurvenverläufe. Zu ähnlichen Kurven kommt man, wenn auf der Ordinate B/T (T = Totalaktivität) oder B/F aufgetragen wird.

Alle mathematischen Versuche, den Radioimmunoassay — ausgehend

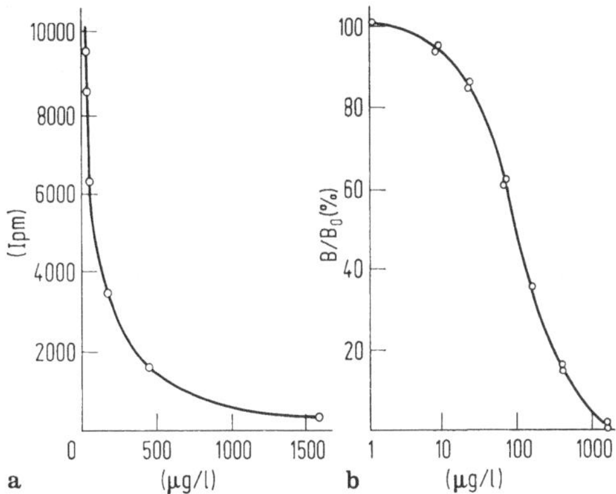

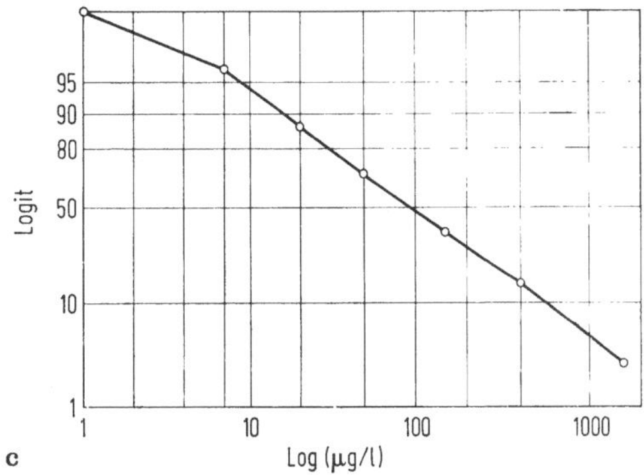

Abb. 9. Verschiedene Möglichkeiten der graphischen Auswertung von Radio-immunoassays. a lin-lin-Auftragung der gemessenen Impulse gegen die Standardkonzentration. b log-lin-Auftragung von $B/B_0 \times 100$ gegen den Logarithmus der Standardkonzentration. c) logit-log-Transformation

von den Grundbetrachtungen des Massenwirkungsgesetzes — zu beschreiben, stellen grobe Vereinfachungen dar und können deshalb nicht befriedigen. Vogt et al. [13] geben eine Literaturübersicht über die bisher angewendeten mathematischen Verfahren zur Auswertung von Radioimmunoassays. Die heute noch am häufigsten benutzten Verfahren sind die logit/log-Transformation und die Spline-Approximation.

Die logit/log-Transformation wurde von Rodbard [14, 15] erstmals zur Auswertung von RIAs verwendet. Durch die Transformation erreicht man eine Streckung der sigmoiden Kurve (Abb. 9b) an beiden Enden und eine Linearisierung (Abb. 9c). Nicht in allen Fällen resultiert jedoch eine Gerade, oft verbleibt eine leicht sigmoide Gestalt der Standardkurve oder aber es kommt in den extremen Konzentrationsbereichen ($> 90\%$ B oder $< 10\%$ B) zu Abweichungen. Die logit-Transformation der Ordinate erfolgt nach folgender Formel:

$$\text{logit } y = \ln \frac{y}{1 - y}$$

für $y = B/B_0$ ergibt sich: $\text{logit } (B/B_0) = \ln \dfrac{(B/B_0)}{1 - (B/B_0)}$.

Auf der Abszisse wird der Logarithmus der Antigenkonzentration aufgetragen. Die logit/log-Transformation verbunden mit der linearen Regression läßt sich graphisch oder mit kleineren Laborrechnern durchführen.

Steht ein größerer Rechner zur Verfügung, dann läßt sich die RIA-Auswertung nach der Spline-Approximation durchführen [16, 17]. Dieses Verfahren ist völlig unabhängig von der Theorie des Radioimmunoassays und wurde von Marschner et al. [16] erstmals für die Auswertung von RIAs eingesetzt. Es wird hierbei eine sigmoide Kurve (wie in Abb. 9 b) berechnet, wobei alle Standardpunkte durch eine Kurve 3. Ordnung verbunden werden unter Berücksichtigung einiger Randbedingungen (z. B. keine Maxima oder Minima) bei statistischer Wichtung („Glättung") der einzelnen Meßergebnisse.

4 Zuverlässigkeitskriterien

4.1 Präzision

Die Präzision eines Radioimmunoassays ist im Gegensatz zu anderen Analysenverfahren infolge der Nichtlinearität der Eichkurve abhängig von dem Konzentrationsbereich des Antigens. Aus Abb. 10 kann man ersehen, daß bei gleicher Varianz Δy_1 und Δy_2 der B/B_0-Werte doch sehr

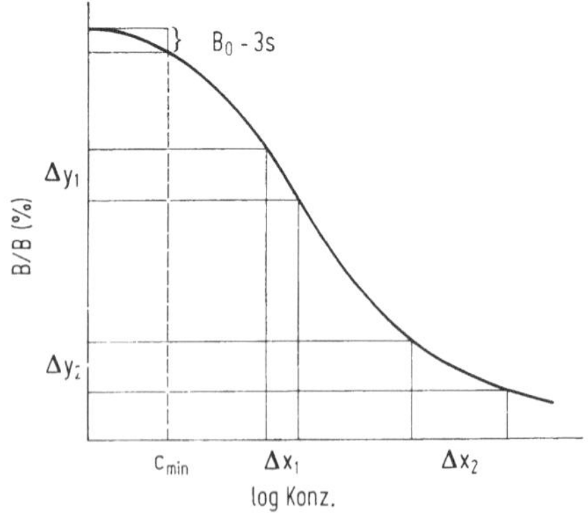

Abb. 10. Empfindlichkeit und Präzision eines Radioimmunoassays

verschiedene Streuungen Δx_1 und Δx_2 der Meßwerte resultieren in Abhängigkeit von der Steilheit der Eichkurve. Man spricht in diesem Zusammenhang von der „Heteroskedastizität" der Standardkurve.

4.2 Empfindlichkeit

Die Definition des Begriffs „Empfindlichkeit" war Gegenstand heftiger Kontroversen (7, 18). Die beiden am häufigsten benutzten Definitionen sind:

a) Die maximale Steigung der Standardkurve.
b) Die kleinste Menge Antigen, die statistisch signifikant von Null verschieden ist.

Die Definition b — im Sinne von Nachweisgrenze eines Testsystems — hat sich heute generell durchgesetzt [7]. Man bestimmt die Nachweisgrenze durch Mehrfachanalyse des Nullstandards B_0, indem man vom Mittelwert von B_0 die dreifache Standardabweichung subtrahiert und mit dem so erhaltenen Wert aus der Standardkurve die Nachweisgrenze C_{min} abliest (Abb. 10). Die Empfindlichkeit eines Radioimmunoassays ist also sowohl von der Präzision der Nullstandardmessung als auch von der Steilheit der Standardkurve abhängig.

Wenn alle Assay-Variablen optimiert sind, bleibt als entscheidende Größe für die Empfindlichkeit eines Assays die Affinitätskonstante K_a, die ein Maß für die Bindungsenergie der Antigen-Antikörper-Reaktion ist. Je größer K_a ist, desto weiter liegt das Gleichgewicht auf der Seite des Antigen-Antikörper-Komplexes AgAb. Betrachten wir nochmals Gleichung 1 in Kap. 2.1. Bei 50%iger Sättigung der verfügbaren Antikörperbindungsstellen ([AgAb] = [Ab]) ergibt sich:

$$[Ag] = \frac{1}{K_a} \tag{8}$$

d. h., daß bei 50%iger Sättigung (B/F = 1) eines hochaffinen Antikörpers ($K_a \sim 10^{13}$ l/mol) die Konzentration des freien Antigens bei etwa 10^{-13} mol/l liegt. Nach Walker [19] müßte man mit einem optimierten Radioimmunoassay eine Nachweisgrenze von etwa $0{,}1 \times K_a^{-1}$ erreichen können.

4.3 Spezifität (Kreuzreaktion)

Unter Spezifität versteht man das Ausmaß an Freiheit vor Störeinflüssen durch Substanzen, die nicht identisch sind mit der zu messenden Substanz. Ein Antikörper ist spezifisch, wenn er ausschließlich mit dem zu bestimmenden Antigen reagiert. Ein quantitatives Maß für die Spezifität ist die „Kreuzreaktion". Man versteht darunter die Reaktion eines Antikörpers mit Substanzen, die dem zu messenden Antigen chemisch ähnlich sind. So bestehen z. B. beträchtliche Kreuzreaktionen zwischen den Glykoproteinen FSH, LH, HCG und TSH, die alle eine identische α-Kette besitzen und sich nur in der β-Kette unterscheiden. Zur Bestimmung der

Kreuzreaktion werden mit den zu testenden kreuzreagierenden Substanzen Verdrängungskurven (in Analogie zur Standardkurve) aufgenommen und jeweils die Masse, die 50% des Tracers verdrängt, ermittelt. Die Kreuzreaktion errechnet sich dann folgendermaßen:

$$\text{Kreuzreaktion in } \% = \frac{\text{Masse des zu bestimm. Antigens}}{\text{Masse der kreuzreag. Substanz}} \times 100$$

Bei Peptidhormonen kann es sein, daß ein Antikörper gar keine oder nur eine schwache Kreuzreaktion zum gleichen Hormon aus einer anderen Tierspezies hat. Dieser Mangel an Kreuzreaktion läßt sich durch Unterschiede in der Primärstruktur (Aminosäuresequenz) beim gleichen Hormon in verschiedenen Tierspezies erklären. Dieser Effekt wird als „Speziesspezifität" bezeichnet. Man sollte deshalb bestrebt sein, sogenannte „homologe Assays" zu entwickeln bei denen Tracer, Standard und die Substanz, aus der der Antikörper gewonnen wird, identisch sind oder zumindest aus derselben Tierspezies stammen, insbesondere bei Peptidhormonen. Ist dies nicht möglich, so muß man mit Assay-Komponenten aus unterschiedlichen Tierspezies arbeiten, man spricht dann von „heterologen Assays". Humaninsulin hat z. B. eine fast 100%ige Kreuzreaktion mit Anti-Schweineinsulin und ^{125}J-Schweineinsulin als Tracer.

Es gibt auch eine „nichtantigene Kreuzreaktion". Man versteht darunter die Beeinflussung der Geschwindigkeit der Antigen-Antikörper-Reaktion durch Umgebungsfaktoren — wie Ionenstärke, pH, Zusammensetzung des Puffergemisches, Heparin, Harnstoff, exzessive Bilirubin- oder Triglyceridkonzentration — in biologischen Flüssigkeiten.

4.4 Richtigkeit

Die Richtigkeit von radioimmunologischen Bestimmungen ist oft schwierig zu beurteilen, da in vielen Fällen der „wahre Wert" nicht zu ermitteln ist. Nur für die Messung einiger niedermolekularer Substanzen existieren sogenannte „definitive Methoden", mit denen die Richtigkeit überprüft werden kann, z. B. für Steroidhormone die Kombination Gaschromatographie/Massenspektrometrie. Für viele andere Antigene — insbesondere für Peptid- und Proteohormone — kann nur der Bioassay als Referenzmethode herangezogen werden. Allerdings muß bei diesem Vergleich beachtet werden, daß mit dem RIA eine immunologische Aktivität, mit dem Bioassay eine biologische Aktivität gemessen wird. Weiterhin kann man durch Aufstockversuche und Messung der Recovery oder durch Verdünnen von Proben mit hoher Aktivität (Konzentration) Rückschlüsse auf die Richtigkeit der Methode ziehen. Im letzteren Fall sollte sich eine zur Standardkurve parallele Kurve ergeben, wenn Standard und zu messende Substanz identisch sind.

Eine besondere Rolle kommt in diesem Zusammenhang den Standardpräparationen zu. Von einigen Hormonen ist die genaue chemische Struktur nicht bekannt oder eine chemische Synthese ist nicht möglich. Die Standards müssen aus biologischem Material extrahiert und gereinigt werden und sind deshalb je nach Herkunft und Aufarbeitungsverfahren unterschiedlich stark verunreinigt. Es gibt jedoch heute für viele Hormone internationale Standards oder internationale Referenzpräparationen mit deren Hilfe eine gewisse Vergleichbarkeit der Ergebnisse von radioimmunologischen Messungen erzielt werden kann.

5 Radioimmunologische Techniken

Radioimmunologische Verfahren beruhen im wesentlichen auf der Herstellung und Reinigung von radioaktiv markiertem Antigen (Tracer), auf der Gewinnung eines Antikörpers hoher Affinität und Spezifität, sowie auf der Entwicklung einer geeigneten Trennmethode für freies und gebundenes Antigen.

5.1 Verfahren zur radioaktiven Markierung

Bei der Markierung eines Antigens mit einem Radionuklid bzw. bei der Auswahl des Radioisotops müssen einige Punkte beachtet werden:

a) Durch die Markierung sollte die Immunreaktivität des Antigens nicht verändert werden.
b) Der Tracer sollte in genügend hoher spezifischer Radioaktivität synthetisiert werden, da diese für die Empfindlichkeit des Assays mitentscheidend ist.
c) Der Tracer sollte eine lange Haltbarkeit (große Halbwertszeit) und eine geringe strahlenchemische Zersetzung (Radiolyse) aufweisen.
d) Der Aufwand zur Markierung sollte möglichst gering sein und das Isotop sollte sich leicht und mit hoher Zählausbeute messen lassen.

5.1.1 Auswahl des Radioisotops

Bei der Auswahl eines geeigneten Radioisotops wäre — im Hinblick auf Punkt a — die Markierung mit ^{14}C oder ^{3}H am besten. Wie aus Tabelle 3 ersichtlich ist, ist jedoch insbesondere für ^{14}C die spezifische Radioaktivität

Tabelle 3. Isotope, die zur in vitro Diagnostik benutzt werden und ihre — bei Einbau eines Atoms des Isotops pro Molekül — maximal erreichbare spezifische Radioaktivität [20]

Isotop	Halbwertszeit	Max. spez. Radioaktivität		Strahlung
		[Ci/mmol]	[Bq/mmol]	
^{14}C	5736 a	0,062	$2,29 \times 10^{9}$	β-
^{3}H	12,3 a	30	$1,11 \times 10^{12}$	β-
^{57}Co	270 d	484	$17,9 \times 10^{12}$	γ
^{75}Se	120,4 d	1 080	40×10^{12}	γ
^{35}S	87 d	1 500	56×10^{12}	β-
^{125}J	60 d	2 200	81×10^{12}	γ
^{131}J	8 d	16 000	592×10^{12}	β-, γ

so niedrig, daß es nicht in Frage kommt. Nachteilig für die Verwendung von Tritium (^{3}H) ist — neben der ebenfalls relativ niedrigen spez. Radioaktivität — der Aufwand der Messung der β-Strahlung. Tritium wird lediglich bei Radioimmunoassays von niedermolekularen Verbindungen eingesetzt, z. B. bei Steroiden, um die Molekülstruktur durch die Einführung eines größeren Isotops wie ^{125}J nicht zu verändern. Sehr selten ist auch die Markierung mit ^{75}Se und ^{57}Co.

Das am häufigsten benutzte Isotop ist ^{125}J. Dieses Isotop hat das früher benutzte ^{131}J ganz verdrängt. Dies hat folgende Gründe: ^{125}J ist kommerziell in ca. 100% Nuklidreinheit erhältlich; die Zählgeräte haben für ^{125}J eine höhere Zählausbeute (über 75%); ^{125}J ist ein reiner γ-Strahler, während ^{131}J zusätzlich eine störende β-Strahlung aufweist, die zu einer verstärkten Radiolyse führt; längere Halbwertszeit von ^{125}J (60 Tage) im Vergleich zu ^{131}J (8 Tage), dadurch auch längere Haltbarkeit des Tracers; durch die niedrigere Strahlenenergie bei ^{125}J ergeben sich auch weniger Probleme mit dem Strahlenschutz.

5.1.2 Markierung mit ^{125}J

a) *Isotopenaustausch*

Diese Art der Markierung — der Austausch eines bereits im Antigen vorhandenen Jodatoms durch ^{125}J — stellt eine ideale Markierung dar, da der Tracer chemisch nicht verändert wird. Sie ist allerdings beschränkt auf einige wenige Antigene, bei denen bereits Jod im Molekül enthalten ist (z. B. Thyroxin und Trijodthyronin).

b) *Markierungen von Tyrosyl- bzw. Histidylresten*

Die meisten Peptidhormone enthalten die Aminosäuren Tyrosin oder Histidin, in die sich leicht durch eine elektrophile Substitution ein oder zwei Jodatome einführen lassen. Zur Oxidation des Na^{125}J wird meistens Chloramin T (Abb. 11) benutzt, das erstmals von Hunter und Greenwood [21] 1962 als mildes Jodierungshilfsmittel beschrieben wurde. In Abbildung 12 wird die Jodierungsreaktion am Beispiel eines Tyrosylrestes gezeigt.

Die Substitution erfolgt in ortho-Stellung zur phenolischen OH-Gruppe. Die Reaktion wird im Mikromaßstab durchgeführt und nach relativ kurzer Zeit (10—120 s) durch Zugabe eines Reduktionsmittels (Natriummetabisulfit) abgestoppt. Dies soll verhindern, daß durch Oxidation von Sulfhydrylgruppen Konformationsänderungen eintreten.

Um die oxidativen Nebenwirkungen der Chloramin T-Methode zu umgehen, wird die Oxidation des Na^{125}J häufig mit dem Enzym Lactoperoxidase (EC 1.11.1.7) und H_2O_2 durchgeführt. Das H_2O_2 wird ent-

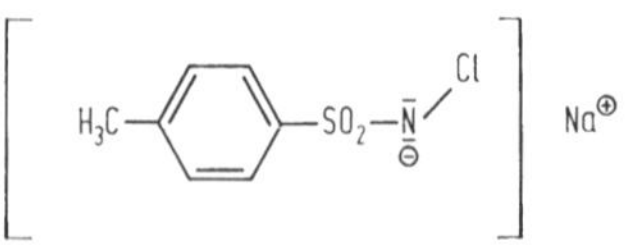

Abb. 11. Strukturformel von Chloramin T

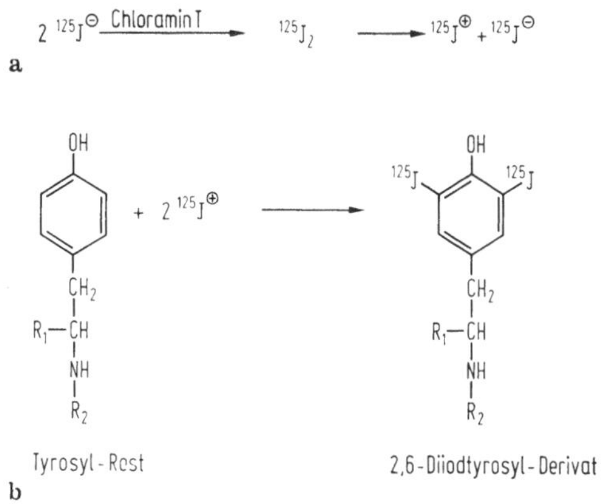

$$2\ {}^{125}J^{\ominus} \xrightarrow{\text{Chloramin T}} {}^{125}J_2 \longrightarrow {}^{125}J^{\oplus} + {}^{125}J^{\ominus}$$

a

b

Tyrosyl-Rest   2,6-Diiodtyrosyl-Derivat

Abb. 12. Jodierung eines Tyrosylrestes mit der Chloramin T-Methode

weder direkt zum Reaktionsansatz zugegeben oder aber erst während der Reaktion durch Einwirkung des Enzyms Glucoseoxidase auf das Substrat β-D-Glucose gebildet.

$$\text{Glucose} \xrightarrow{\text{Glucoseoxidase}} H_2O_2$$

$$\xrightarrow{\text{Lactoperoxidase, }^{125}\text{Jodid}} {}^{125}J+$$

Insbesondere letztere Variante stellt eine schonende Jodierungsmöglichkeit dar, da das während der Reaktion entstehende H_2O_2 sofort zur Oxidation des Jodids verbraucht wird.

c) *Einführung eines ^{125}J-markierten Molekülrestes*

Bei Antigenen, die weder ein austauschbares Jodatom noch einen jodierbaren Tyrosyl- bzw. Histidylrest besitzen, kann man einen ^{125}J-markierten Molekülrest einfügen. Als radioaktiv markierte Jodträger kommen meist Tyrosyl- und p-Hydroxyphenylpropionyl-Reste zur Anwendung.

In Abb. 13 ist die Jodierung mit dem Bolton-Hunter-Reagenz 3-(p-Hydroxyphenyl) propionsäure-N-succinimidester [22] dargestellt. In einer Vorreaktion wird das Bolton-Hunter-Reagenz mit Chloramin T jodiert, danach folgt erst die Konjugatbildung des aktiven Esters mit der Aminogruppe des Proteins. Auf diese Weise ist das Antigen chemisch stärker verändert als mit den unter a und b besprochenen Verfahren. Deshalb ist hier eine sorgfältige Prüfung der Immunreaktivität des Tracers angezeigt.

Statt des p-Hydroxyphenyl-propionyl-Restes, der mit dem Bolton-Hunter-Reagenz eingeführt wird, hat sich bei Steroiden und anderen niedermolekularen Verbindungen die Einführung des Tyrosyl-Restes bewährt. Dazu wird Tyrosinmethylester (TME) benutzt, der vor oder nach Konjugation an das Antigen jodiert werden kann.

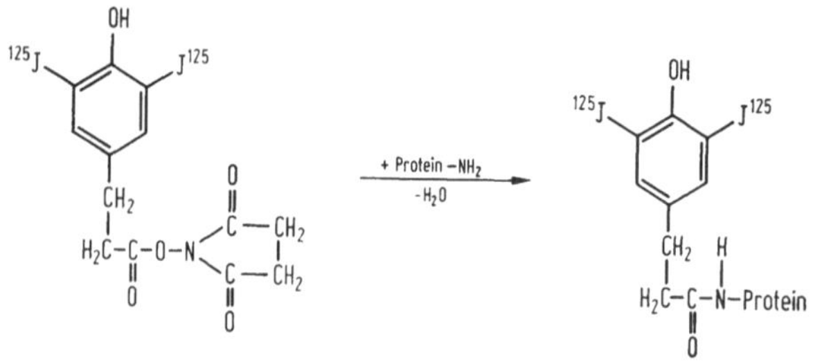

Abb. 13. Jodierung mit dem Bolton-Hunter-Reagenz
(N-Succinimidyl 3-(4-hydroxy,5-[^{125}J]-iodphenyl) propionat)

Nach der Markierung mit ^{125}J muß der Tracer möglichst schnell aus dem Reaktionsgemisch entfernt werden. Die gebräuchlichsten Methoden, die zur Abtrennung des Tracers verwendet werden, sind: Säulenchromatographie (Molekularsieb-, Ionenaustauscher- oder Affinitätschromatographie), Dünnschichtchromatographie oder HPLC.

5.2 Gewinnung und Eigenschaften von Antikörpern

Empfindlichkeit und Spezifität eines Radioimmunoassays hängen in erster Linie von der Avidität und Spezifität des verwendeten Antiserums ab. Der Begriff „Avidität'' charakterisiert hierbei die Bindungsenergie eines Antikörpers zu einem Antigen, wogegen „Affinität'' die Bindungsenergie eines Antigens zu einem Antikörper symbolisiert [23]. Gelangt ein körperfremdes Antigen mit einem Molekulargewicht über 1000 in den Organismus, so bilden die Lymphozyten Antikörper mit dem Ziel, den eingedrungenen Fremdstoff über einen Antigen-Antikörper-Komplex zu eliminieren. Diesen Mechanismus macht man sich bei der Gewinnung von Antikörpern für radioimmunologische Zwecke zunutze. Ein Antigen, das in der Lage ist, eine solche Immunreaktion auszulösen, nennt man „Immunogen''.

Antikörper gehören zu den γ-Globulinen, für radioimmunologische Bestimmungen verwendete Antikörper gehören vor allem der IgG-Klasse an und haben ein Molekulargewicht von 160000. Ein IgG-Molekül besteht aus 2 schweren Polypeptidketten-(H-Ketten, *heavy* chains) und 2 leichten Ketten (L-Ketten, *light* chains) von je 415 bzw. 215 Aminosäuren (Abb. 14). Diese 4 Polypeptidketten werden durch mehrere intra- und intermolekulare Disulfidbrücken verknüpft, so daß das Molekül eine Y-förmige Gestalt bekommt.

Die Bindung an das Antigen erfolgt am N-terminalen Ende des Moleküls. In diesem Bereich ist die Aminosäuresequenz beider Kettenpaare variabel, woraus sich die Vielzahl von hochspezifischen Antikörpern gegen die verschiedensten Antigene erklärt. Die antigenbindenden Stellen des Antikörpers, die sogenannten „antigenen Determinanten'', (2 pro Molekül) bestehen aus nur wenigen Aminosäuren und binden die immundeterminanten Gruppen des Antigens in der Art einer „Schlüssel-Schloß''-

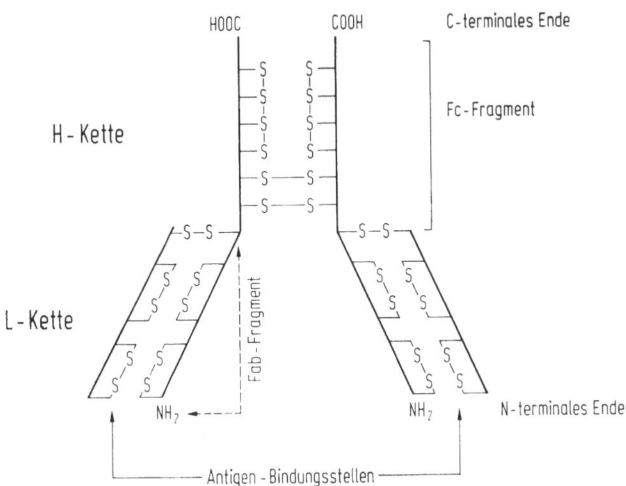

Abb. 14. Schematische Darstellung eines Antikörpers (IgG-Molekül)

Reaktion. Die Bindung von Antigen und Antikörper beruht nicht auf
kovalenten chemischen Bindungen, sie beruht vielmehr auf Wasserstoff-
brücken-Bindungen, Ionenbindungen, van der Waals'schen Kräften und
hydrophoben Wechselwirkungen.

Zur Bildung von Antikörpern werden Versuchstieren Immunogene
appliziert. Nicht alle Antigene haben jedoch auch immunogene Eigen-
schaften. Hochmolekulare Substanzen wie Proteine, Glykoproteine,
Peptide mit einem Molekulargewicht über 3000 sind immunogen und
können unverändert den Versuchstieren verabreicht werden. Niedermole-
kulare Substanzen (Haptene) wie Steroide oder Peptide (z. B. Angiotensin,
Oxytocin, Vasopressin) haben aber keine immunogenen Eigenschaften.
Durch eine kovalente Bindung (Kopplung bzw. Konjugation) dieser
Haptene an hochmolekulare Trägerproteine gelingt es, auch gegen diese
Substanzgruppe Antikörper zu gewinnen.

5.2.1 Synthese von Immunogenen

Die chemischen Reaktionen, die zur Synthese eines Immunogens verwendet werden, hängen von der Anzahl und Art der im Hapten vorhandenen reaktiven Gruppen ab. Darunter versteht man Aminogruppen
(z. B. die ε-Aminogruppe des Lysins) und Carboxylgruppen (z. B. in den
Aminosäuren Asparagin- und Glutaminsäure), die durch eine Peptidbindung direkt an ein Trägerprotein gekoppelt werden können. Als Trägerproteine werden meist Human- oder Rinderalbumin, Rinder-γ-globulin
oder -thyreoglobulin verwendet. Niedermolekulare Polypeptide und Peptide
können so direkt mit einem Protein gekoppelt werden. Enthält ein Hapten
keine reaktiven Gruppen bzw. solche Gruppen, mit denen man keine einfache Kopplungsreaktion durchführen kann, so muß zunächst eine reaktive

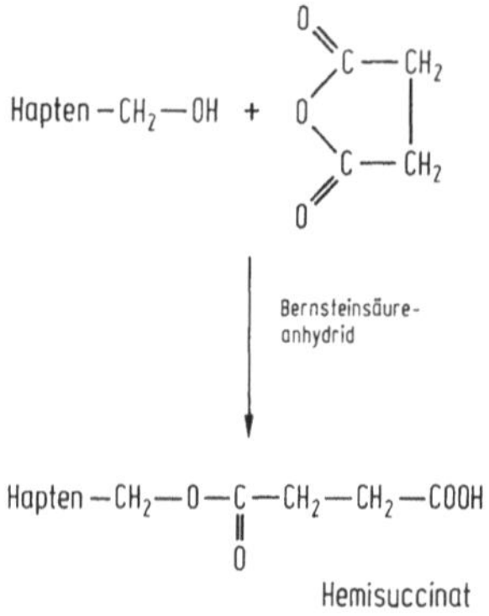

Hapten $-CH_2-OH$ + Bernsteinsäureanhydrid

$\downarrow$ Bernsteinsäureanhydrid

Hapten $-CH_2-O-\underset{\underset{O}{\|}}{C}-CH_2-CH_2-COOH$

Hemisuccinat

Abb. 15. Bildung von Hemisuccinaten aus Haptenen mit Hydroxylgruppen durch Umsetzung mit Bernsteinsäureanhydrid

Gruppe in das Hapten eingeführt werden. Haptene mit Hydroxylgruppen setzt man zweckmäßigerweise mit Bernsteinsäureanhydrid oder N-Bromsuccinimid um, wobei Hemisuccinate gebildet werden [Abb. 15], Haptene mit Ketogruppen überführt man durch Umsetzung mit O-(carboxymethyl)-hydroxylamin in Oximderivate [Abb. 16].

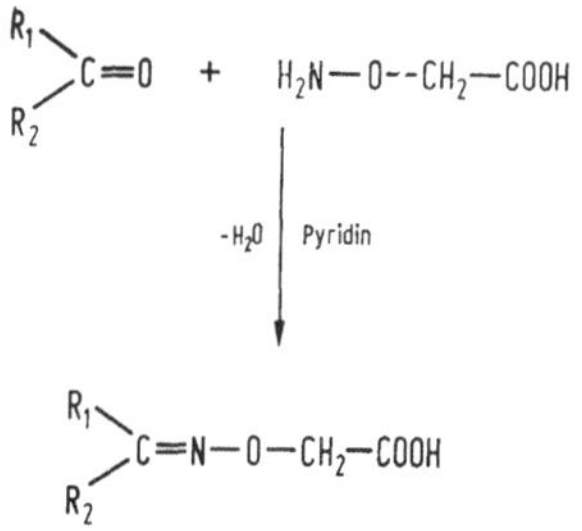

$\underset{R_2}{\overset{R_1}{>}}C=O$ + $H_2N-O--CH_2-COOH$

$\downarrow$ $-H_2O$ | Pyridin

$\underset{R_2}{\overset{R_1}{>}}C=N-O-CH_2-COOH$

Abb. 16. Einführung einer reaktiven Carboxylgruppe in Haptene mit einer Ketogruppe durch Reaktion mit O-(Carboxymethyl)-hydroxylamin

Die nach einem dieser Verfahren modifizierten Haptene bzw. die bereits reaktive Gruppen enthaltenden Haptene werden nun an ein geeignetes Trägerprotein gekoppelt. Die gebräuchlichsten Kopplungsreaktionen sind:

a) die Carbodiimid-Methode [Abb. 17]
b) die gemischte Anhydrid-Reaktion [Abb. 18]
c) die Glutaraldehyd-Reaktion [Abb. 19]

Nach der Kopplungsreaktion werden die niedermolekularen Reaktionsbestandteile durch Dialyse entfernt und zur weiteren Reinigung evtl. eine Gelchromatographie angeschlossen. Danach muß der Kopplungsgrad bestimmt werden, d. h. die Anzahl der Haptenmoleküle, die pro Trägerproteinmolekül gebunden wurden. Dies läßt sich entweder spektrophotometrisch oder radiochemisch durch Markierung des Haptens durchführen.

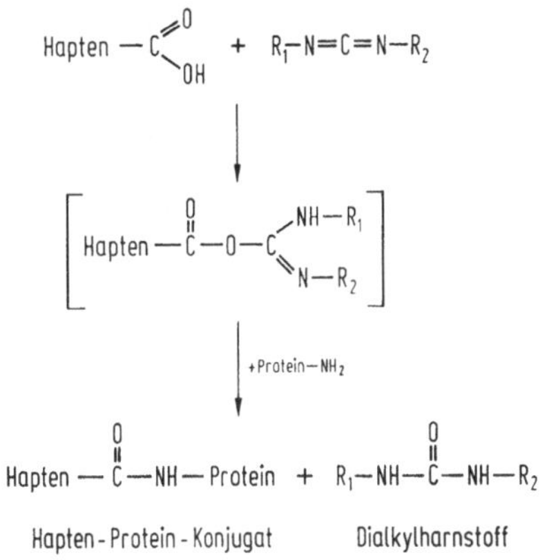

Abb. 17. Kopplung eines aktivierten Haptens mit der Carbodiimid-Methode; meistens wird das wasserlösliche 1-Äthyl-3-dimethylaminopropyl-carbodiimid verwendet

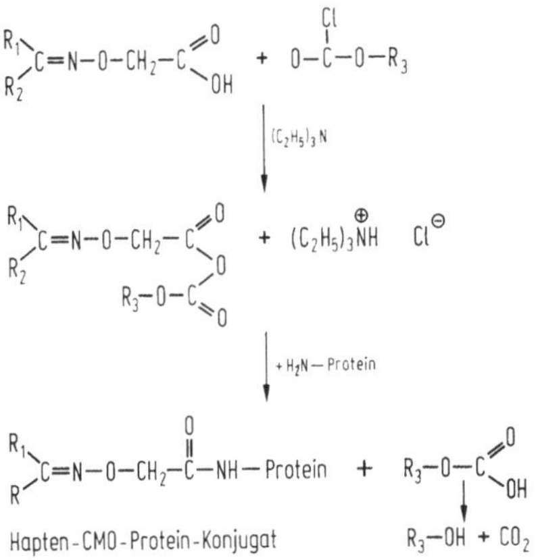

Abb. 18. Kopplung eines aktivierten Haptens an ein Trägerprotein mit der gemischten Anhydrid-Reaktion; z. B. kann auf diese Weise das Cortisol-3-(0-carboxymethyl)-oxim (Cortisol-3-CMO) mit Hilfe von Chlorameisensäureisobutylester an ein Trägerprotein gebunden werden

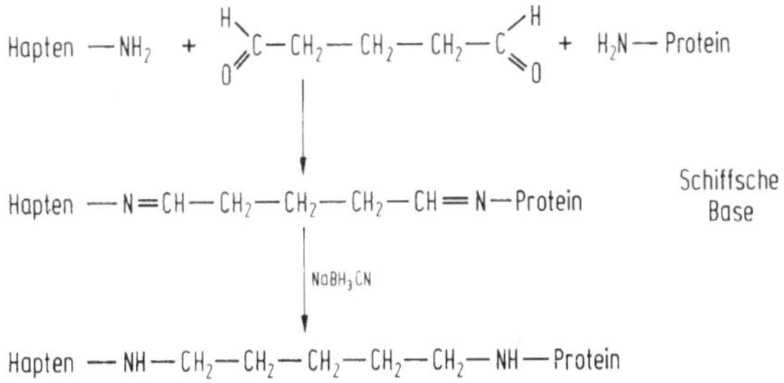

Abb. 19. Kopplung eines Haptens an ein Trägerprotein mit der Glutaraldehyd-Reaktion. Die Aminogruppe eines Haptens und die Aminogruppe des Proteins bilden mit dem bifunktionellen Glutaraldehyd eine Schiff'sche Base, die durch eine Reduktion stabilisiert wird. Außer den Hapten-Protein-Konjugaten entstehen jedoch auch Hapten-Hapten- und Protein-Protein-Konjugate

Von großer Bedeutung für die Spezifität eines Antikörpers ist die Position, in die die reaktive Gruppe zur Kopplung an das Trägerprotein eingeführt wird. Die determinanten Gruppen des Haptens sollten möglichst durch die Kopplungsreaktion nicht verändert werden, weil der hieraus entwickelte Antikörper kein Diskriminationsvermögen mehr für strukturelle Unterschiede in der Nachbarschaft der Kopplungsstelle besitzt. In Abb. 20 sind verschiedene Kopplungsmöglichkeiten für die Östrogene skizziert.

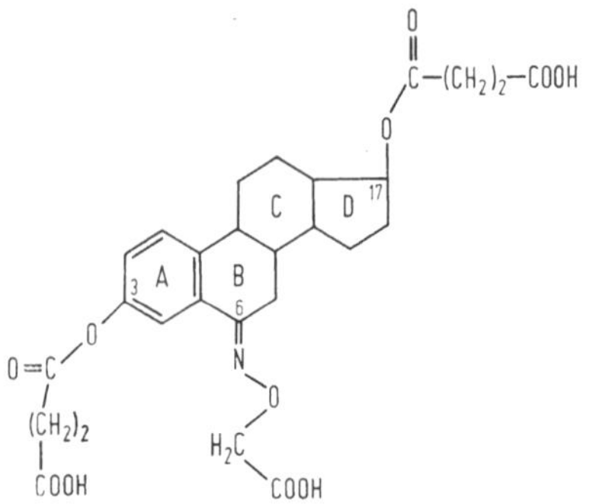

Abb. 20. Verschiedene Möglichkeiten der Einführung von reaktiven Gruppen zur anschließenden Kopplung an ein Trägerprotein, am Beispiel des Östradiols dargestellt

Verestert man die alkoholische Hydroxylgruppe in Position 17 mit Bernsteinsäureanhydrid und koppelt hierüber an ein Trägerprotein, dann hat der daraus resultierende Antikörper wenig Diskriminationsvermögen, d. h. eine hohe Kreuzreaktion mit Steroiden, die sich nur im Ring D unterscheiden, das sind Östron und Östriol. Koppelt man über die phenolische Hydroxylgruppe in Position 3, dann hat der aus dem betreffenden Immunogen gewonnene Antikörper zwar eine hohe Spezifität für Ring D, aber wenig Spezifität für Steroide, die sich nur im Ring A vom Östradiol unterscheiden. Antikörper hoher Spezifität für beide Ringstrukturen erhält man aus Immunogenen, die durch Oxidation des Ringes B in 6-Oxo-östrogenen mittels CrO_3 und die daraus abgeleiteten 6-Carboxymethoxime gewonnen werden [24, 25].

5.2.2 Immunisierung

Zur Antikörpergewinnung wird das Immunogen zusammen mit Immunisierungshilfsstoffen, sogenannten „Adjuvantien", einem Versuchstier appliziert. Das Adjuvans enthält Mineralöl, ein Detergenz und z. T. abgetötete Mycobakterien und wird mit der Immunogenlösung zu einer dickflüssigen Emulsion vermischt. Durch das Adjuvans wird die Resorption des Immunogens verzögert und das lymphatische System des Versuchstiers sensibilisiert.

Es gibt kein sicheres Verfahren für die Gewinnung eines hochspezifischen Antiserums. Die Wahl der Tierspezies (Kaninchen, Meerschweinchen, Schaf, Ziege), die Herstellung eines geeigneten Immunogens, das Immunisierungsschema (Art der Primär- und Sekundärimmunisierung — intradermal, subcutan, intramuskulär, intravenös —, Konzentration des

Immunogens, zeitliche Abfolge der Immunisierungen) sind reine Empirie. Auf die Primärimmunisierung folgen in mehrwöchigen Abständen weitere Immunisierungen (Boosterungen), nach denen die Antikörperkonzentration (Antikörpertiter) meist sprunghaft ansteigt. Jeweils 10—14 Tage nach einer Boosterung wird dem Versuchstier Blut entnommen (aus einer Ohrvene oder durch Herzpunktion) und die Eigenschaften des Antiserums (Titer, Spezifität, Affinität) ausgetestet. Unter dem Begriff „Titer" versteht man die Endverdünnung eines Antiserums in einem genau definierten Testsystem (Temperatur, Inkubationszeit, Puffer, Testvolumen, Trenntechnik) bei der 50% des Tracers bei Abwesenheit von inaktivem Antigen gebunden wird. Der Titer eines Antiserums wird bestimmt, indem steigende Verdünnungen des Antiserums unter konstanten definierten Bedingungen mit Tracer inkubiert und danach die prozentuale Bindung des Tracers ermittelt wird. Man erhält so sogenannte „Antiserumtitrationskurven" wie sie in Abb. 21 gezeigt sind, aus denen der Titer entnommen werden kann.

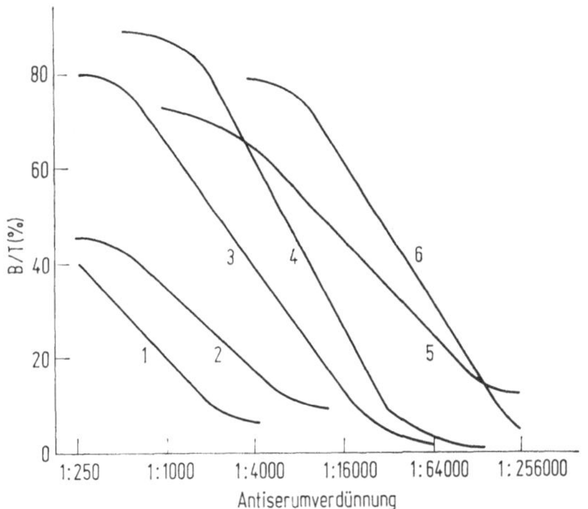

Abb. 21. Antiserumverdünnungskurven von 6 Antiseren gegen ACTH [23]

Weiterhin empfiehlt sich die Bestimmung der Kreuzreaktion des Antiserums mit chemisch dem Antigen verwandten Verbindungen (s. Kap. 4.3), um Aussagen über die Spezifität machen zu können, sowie der Affinitätskonstanten Ka (s. Kap. 2.1. und 4.2.), um die Empfindlichkeit eines damit entwickelten Radioimmunoassays abschätzen zu können.

Ein auf diese Weise gewonnenes Antiserum besteht aus verschiedenen Populationen von Antikörpern, die gegen verschiedene Immundeterminanten (Epitope) des gleichen Antigens gerichtet sind und die unterschiedliche Affinitätskonstanten haben. Man nennt ein solches Antiserum „polyklonal". Seit den entscheidenden Arbeiten von Köhler und Milstein [26] werden in zunehmendem Maße „monoklonale" Antikörper für immunologische Bestimmungen eingesetzt. Antikörperproduzierende B-Lymphozyten immunisierter Tiere haben unter in vitro-Bindungen nur eine kurze Lebenszeit, Myelomzellen dagegen wachsen in in vitro-Zellkulturen permanent. Durch Fusion der B-Lymphozyten mit Myelomzellen (Hybridisierung) kann die antikörperproduzierende Eigenschaft der B-Lymphozyten in den Hybrid-Zellen immortalisiert werden. Die durch diese Verschmelzung erhaltenen Hybridzellen werden in speziellen Nährmedien weitergezüchtet und kloniert. Dadurch wird erreicht, daß die spezifische Antikörperaktivität letzten Endes aus nur einer vermehrten Hybridzelle ausgeht [27, 28]. Monoklonale Antikörper können in fast beliebigen Mengen produziert werden. Sie sind vollkommen einheitlich bezüglich ihrer Antigen- und sogar Epitopspezifität, der Immunglobulinklasse und ihrer Affinität.

5.3 Inkubation

Während der Inkubationszeit konkurrieren radioaktiv markiertes Antigen und inaktives Antigen um die Bindungsplätze am Antikörper. Die Inkubationszeit variiert zwischen wenigen Minuten bis zu wenigen Tagen. Die vollständige Einstellung des Gleichgewichtes kann nicht immer abgewartet werden (s. Kap. 2.1.1). Generell kann man jedoch sagen, daß eine Verkürzung der Inkubationszeit zu Lasten von Empfindlichkeit und Präzision des Assays gehen. Bei sehr langen Inkubationszeiten kann aber auch das Antigen durch die lange Exposition mit hohen Konzentrationen von Plasmaproteinen, die u. a. proteolytische Enzyme enthalten, zerstört werden. Besonders ACTH und Glucagon sind davon betroffen. Durch Zugabe von Proteinaseinhibitoren wie z. B. Mercaptoethanol, ε-Aminocapronsäure oder Trasyolol kann dieser Effekt zurückgedrängt werden. Weiterhin sind bei langen Inkubationszeiten Antigenzerstörungen durch freie Radikale, Oxidantien oder Radiolyse bei hoher spezifischer Radioaktivität des Tracers zu beachten.

5.4 Trennmethoden

Nach der Inkubation müssen freies und am Antikörper gebundenes Antigen getrennt werden, so daß die Radioaktivität in einer oder in beiden Phasen gemessen werden kann. Eine saubere Trennung zwischen freiem und gebundenem Antigen ist von entscheidender Bedeutung für die Qualität eines Radioimmunoassays. Folgende Forderungen sind an eine gute Trennmethode zu stellen:

a) die Trennung von gebundenem und freiem Antigen sollte möglichst vollständig sein
b) das Gleichgewicht soll durch die Trennung nicht gestört werden
c) die Trennung soll technisch einfach und schnell durchführbar und möglichst auch automatisierbar sein.

Zur Trennung nutzt man die unterschiedlichen physikalisch-chemischen (Größe, Ladung, Beweglichkeit, Löslichkeit) und immunologischen Eigen-

Tabelle 4. Methoden zur Trennung von freiem und antikörpergebundenem Antigen [5, 6]

Trenneffekt	Methode/Material
Verteilung aufgrund unterschiedlicher Beweglichkeit und Molekülgröße	— Chromatographie — Elektrophorese (Polyacrylamid, Stärkegel, Celluloseacetatfolie) — Gelfiltration (Sephadex, Biogel, Ultragel) — Ultrazentrifugation
Adsorption des Antigens	— Aktivkohle (Dextran-beschichtet) — Silikate: Talkum, Florisil, Fullererde, Bentonit — Ionenaustauscherharze: Amberlite, Dowex
Fällung des Antigen-Antikörper-Komplexes	— Anorgan. Salze: Ammoniumsulfat, Natrium-sulfat, Zirkonylphosphat — Organische Lösungsmittel: Ethanol, Methanol, Dioxan, Polyethylenglykol (PEG)
Gebundene Antikörper	— Antikörper an Wand des Reaktionsröhrchens gebunden („coated tubes") — Antikörper an Glas- bzw. Polymerkügelchen gebunden („solid phase")
Immunologische Reaktion (2. Antikörper)	— 2. Antikörper gegen 1. Antikörper (Doppelantikörpermethode) — 2. Antikörper an Partikel gebunden (Doppelantikörper-„solid phase"-Technik) — 2. Antikörper an Oberfläche des Reaktionsröhrchens gebunden (Doppelantikörper-„coated tube"-Technik) — Sandwich-Technik beim immunradiometrischen Assay

schaften von freiem und gebundenem Antigen. Tabelle 4 gibt einen Überblick über die gebräuchlichsten Trennverfahren.

Die Trennmethoden, die auf der unterschiedlichen Beweglichkeit und Molekülgröße beruhen (Chromatographie, Elektrophorese, Gelfiltration, Ultrazentrifugation) kommen nur noch in seltenen Assays mit kurzen Serienlängen zur Anwendung. Sie sind zwar zuverlässig und gut reproduzierbar, doch wegen ihres relativ großen Arbeitsaufwandes werden sie für Routineuntersuchungen nicht mehr verwendet.

Insbesondere bei niedermolekularen Antigenen (Steroide, Schilddrüsenhormone) und Peptidhormonen kann die Trennung leicht durch Adsorption an Materialien wie Aktivkohle, Silikaten (Talkum, Florisil, Fullererde, Bentonit) oder Ionenaustauscherharzen (Amberlite, Dowex) durchgeführt werden. Die Trennung des adsorbierten Antigens von dem in der Lösung verbleibenden Antigen-Antikörperkomplex erfolgt durch Zentrifugation. Die Radioaktivität des Überstandes, in dem sich im Gegensatz zu den Fällungsmethoden der antikörpergebundene Anteil des Antigens befindet, wird gemessen. Dieses Trennverfahren ist einfach und schnell durchführbar, jedoch besteht insbesondere bei der Aktivkohle die Gefahr eines „stripping-effects", d. h., daß bereits am Antikörper gebundenes Antigen aus der Bindung gelöst und von der Aktivkohle gebunden wird. Um diesen Effekt zu verhindern setzt man dextranbeschichtete Aktivkohle zur Trennung ein, um einen Teil der aktiven Zentren der Aktivkohle zu blockieren.

Eine häufig durchgeführte Trenntechnik ist das Ausfällen des Antigen-Antikörper-Komplexes mit Salzlösungen wie Ammoniumsulfat, Natriumsulfat, Zirkonylphosphat oder mit organischen Lösungsmitteln wie Ethanol, Methanol, Aceton, Dioxan, Polyethylenglykol (PEG). Nach Zentrifugation der Probe wird meist der Überstand verworfen und die Radioaktivität im Niederschlag gemessen. Von den aufgeführten Fällungsreagenzien hat sich besonders das Polyethylenglykol bewährt. Man benutzt eine 15—20%ige (w/v) PEG-Lösung, um die γ-Globuline auszufällen. Dabei ist zu beachten, daß die Menge an Antigen-Antikörper-Komplex nicht ausreicht für eine quantitative Ausfällung und Zentrifugation. Meist reicht das γ-Globulin aus dem Serum, um als Carrier zu fungieren. Es kann jedoch bei Seren mit Dysproteinämien zu Fehlern kommen. Man setzt deshalb meist dem Inkubationsgemisch γ-Globulin zu, vor allem, wenn in proteinarmen Materialien wie Urin gemessen werden soll. Für Antigene mit kleinem Molekulargewicht wird ein Teil des Antigens unspezifisch mitgefällt, was zu Falschmessungen führt.

Diese unspezifische Bindung kann stark zurückgedrängt werden, wenn zur Trennung ein 2. Antikörper, der gegen den 1. Antikörper gerichtet ist, verwendet wird (Doppelantikörpermethode). Der 2. Antikörper (Trenn- oder Reagenzantikörper) ist dabei gegen die γ-Globuline der Tierspezies gerichtet, aus der der 1. Antikörper gewonnen wurde.

Der 1. Antikörper stellt in diesem Fall das Antigen für den 2. Antikörper dar. Man gewinnt den 2. Antikörper durch Immunisieren von größeren Tieren (Esel, Ziege, Schaf) mit γ-Globulin von Kaninchen oder Meerschweinchen, da vom 2. Antikörper größere Mengen benötigt werden. Wichtig ist, daß sich bei der Reaktion des Komplexes Antigen/1. Antikörper mit dem 2. Antikörper ein Niederschlag bildet, der sich leicht abzentrifugieren läßt. Nach dem Abziehen des Überstandes wird meistens die Radioaktivität des Rückstandes gemessen. Der 2. Antikörper kann auch an Sepharose- oder Cellulosekügelchen gebunden sein (Doppelantikörper-„solid-phase"-Technik). Häufig wird hierbei schon vor der Inkubation mit dem Antigen der festphasengebundene 2. Antikörper mit definierten Mengen des 1. Antikörpers zusammengegeben und diese Suspension dann später zu dem Inkubationsgemisch gegeben (Präpräzipitationsmethode). Dabei wird ein Pipettierschritt gespart.

Eine weitere Variante der Doppelantikörpertrennung besteht im Zusatz von 4—8%iger Polyethylenglykollösung, die zwar selbst keine Ausfällung bewirkt, aber die Inkubationszeit mit dem 2. Antikörper verringert.

Aus den gleichen Gründen wie bei der Polyethylenglykolfällung ist es auch bei der Doppelantikörpermethode notwendig, vor der Trennung γ-Globulin als Carrierprotein zuzusetzen. Die optimale Konzentration des Carrierproteins im Verhältnis zum 2. Antikörper muß jedoch sorgfältig ausgetestet werden, um eine vollständige Präzipitation zu erhalten.

Die einfachste Form der Trennung von freiem und antikörpergebundenem

Antigen stellt die ,,coated-tube''-Technik dar. Hierbei ist der Antikörper an der Innenseite der Polypropylen- bzw. Polystyrolreaktionsröhrchen gebunden. Die Bindung des Antikörpers beruht entweder auf ionischen und hydrophoben Wechselwirkungen oder auf kovalenten Bindungen vermittelt durch Glutardialdehyd. Bei der ,,coated-tube''-Technik entfällt die Zentrifugation. Nach der Inkubation wird der Inhalt der Röhrchen abgekippt und die Radioaktivität der Röhrchen gemessen. Der Antikörper kann auch auf Glas- oder Polymerkügelchen aufgezogen sein, die nach der Inkubation abzentrifugiert werden. Sind in den Kunststoffpartikeln Eisenkerne eingebaut, kann mit deren Hilfe die Trennung sehr leicht und schnell mit einer magnetischen Platte erfolgen.

6 Radioimmunologische Bestimmung der freien Schilddrüsenhormone

Infolge der weiten Verbreitung von Schilddrüsenerkrankungen in der Bevölkerung — 4% im Norden, ansteigend bis über 30% im Süden der Bundesrepublik Deutschland — zählt die Bestimmung der Schilddrüsenhormone zu den häufigst durchgeführten radioimmunologischen Routineanalysen. Die Schilddrüsenhormone Thyroxin (T4) und Trijodthyronin (T3) sind im Blut an drei Serumproteine gebunden, an das thyroxinbindende Globulin (TBG), Thyroxinbindende Präalbumin (TBPA) und an Albumin. Nur etwa 0,03% des Thyroxins zirkulieren in freier Form, als freies T4 (FT4). Nicht ganz so stark ausgeprägt ist die Serumeiweißbindung beim T3, jedoch kommen auch hier nur 0,3% als freies T3 (FT3) vor. Biologisch aktiv sind aber nur die freien Schilddrüsenhormone. Die Konzentration der Bindungsproteine und damit auch der Gesamthormone T4 und T3 können z. B. durch Krankheiten, Schwangerschaften oder durch Medikamente beeinflußt werden, der Anteil der freien Hormone wird dadurch verändert. Die Bestimmung von Gesamt-T4 und -T3 allein läßt deshalb keine endgültige Aussage über die Stoffwechsellage zu. Bevor man die freien Hormone bestimmen konnte mußte man zusätzliche Tests durchführen, die zusammen mit der Gesamthormonbestimmung Aussagen über die Konzentration der freien Hormone zuließen. Diese waren T3-uptake-Test und T4/TBG- bzw. T3/TBG-Quotient.

In den letzten Jahren sind aber eine ganze Reihe von Methoden zur Bestimmung der freien Schilddrüsenhormone im Serum entwickelt worden [29]. Die ältesten Verfahren beruhten auf der Dialyse, Gelfiltration oder Ultrafiltration. Die klassische Methode der FT4-Bestimmung ist die Gleichgewichtsdialyse. Dabei werden bekannte Volumina Serum in Dialysezellen gegen bekannte Volumina Puffer dialysiert. Nur das niedermolekulare FT4 kann in den Puffer wandern, wogegen das proteingebundene T4 in der Dialysezelle zurückbleibt. Im Gleichgewicht ist die Konzentration des FT4 in beiden Zellen gleich. Durch Bestimmung des FT4 im Puffer kann die Konzentration im Serum bestimmt werden. Das Verfahren ist jedoch methodisch sehr aufwendig und mit einigen Störmöglichkeiten behaftet. In der verbesserten Form der symmetrischen Dialyse hat es heute vor allem als Referenzmethode für alle anderen FT4-Bestimmungen

Bedeutung erlangt. Hierbei wird eine mit radioaktivem T4-Tracer versetzte Serumprobe gegen eine identische inaktive Serumprobe dialysiert.

Die Dialyse zur Trennung von freiem und proteingebundenem T4 nutzt ebenfalls das „Liquisol"-Verfahren der Fa. Damon Diagnostics [30]. In diesem Assay werden Nylon-Mikrokapseln verwendet, die mit einem T4-Antikörper beschichtet sind, der seinerseits bereits mit T4-Tracer vorgesättigt ist. Nur das FT4 kann durch die Poren der Kapseln eindringen und den T4-Tracer vom Antikörper verdrängen.

Das „LisoPhase"-Verfahren der Fa. Lepetit beruht auf der chromatographischen Adsorption der freien Schilddrüsenhormone an eine Sephadex-LH20-Säule [31]. Die Proteine werden durch Waschen mit Tris-Puffer entfernt, danach werden die freien Hormone eluiert und mit einem Doppelantikörper-RIA bestimmt. Dies war die erste kommerzielle Methode, die die gleichzeitige Bestimmung von FT4 und FT3 erlaubte.

Nach Ekins [32] lassen sich alle Verfahren der FT4- und FT3-Messung drei Gruppen zuordnen:

a) Die Methode der „Antikörperbindung eines Tracer-Hormons". Sie besteht aus 2 Teilschritten: der Messung des Gesamt-T4 und der Messung der antikörpergebundenen Tracer-Fraktion. Der erste Vertreter in dieser Gruppe war das „ImmoPhase"-Verfahren der Fa. Corning, eine neuere Version dieses Assays ist der „Magic"-FT4-Assay. Ein weiterer Vertreter dieser Gruppe ist der „SPAC ET-FT4"-Assay der Firma Mallinckrodt, der eine sehr gute Übereinstimmung mit der Referenzmethode — der symmetrischen Dialyse — zeigt.

b) Die Methode der „Rücktitration des Tracer-Hormons". Auch dieses Verfahren besteht aus zwei Teilschritten. Zunächst wird das Serum mit einem Festphasenantikörper inkubiert und nach einem Waschschritt erfolgt eine weitere Inkubation mit Tracer-Hormon. Während der 2. Inkubation werden die bei der 1. Inkubation unbesetzt gebliebenen Antikörperbindungsstellen mit Tracer besetzt. Je mehr freies Hormon zugegen ist, desto weniger freie Antikörperbindungsstellen verbleiben nach der 1. Inkubation und desto weniger Tracer kann während der 2. Inkubation gebunden werden. Diese Methodik ist kommerziell realisiert in dem „Gamma-Coat two-step RIA" der Fa. Clinical Assays. Nachteilig an dem Verfahren ist, daß die Zeiten sehr exakt eingehalten werden müssen. Der Vorteil des Verfahrens ist, daß es nicht gestört wird durch Bindungskompetitoren wie Anti-T4 oder Bindungsinhibitoren wie sie bei nichtthryreoidalen Erkrankungen (NTI = nonthyroidal illness) vorkommen können.

c) Die Methode des „Hormon-Analog-Tracers" (single-step RIA). Bei diesem Verfahren wird kein ^{125}J-T4 (bzw. -T3) verwendet, sondern ein T4 (bzw. T3)-Analog, dessen genaue chemische Struktur nur den Herstellerfirmen der Reagenzien-Testbestecke bekannt ist. In einem Einstufen-Assay konkurriert das Hormon-Analog mit dem freien Hormon um die Bindungsplätze an einem Antikörper hoher Affinität. Das Verfahren ist technisch einfacher und schneller in großen Serien durchführbar als die unter a) und b) aufgeführten Verfahren. Dies ist der Grund, warum eine ganze Reihe von Firmen solche Assays auf der Basis von Hormon-Analog-Tracern kommerziell anbietet: Amersham (Amer-

lex-M), Clinical Assays (Gamma-Coat one-step), Henning Berlin
(RIA sol), Corning (single step), Diagnostic Products (Coat A Count)
und Becton Dickinson.
Die Analog-Methoden sind jedoch sehr umstritten und werden von
einigen Autoren sogar total abgelehnt [29, 32]. Der Grund dafür ist,
daß das Hormon-Analog nicht nur mit dem Antikörper reagiert, sondern auch mit den Bindungsproteinen des Serums, insbesondere mit
dem Albumin. Es ist über eine ganze Reihe von Störungen der Analog-
Verfahren berichtet worden, die das Ergebnis der FT4- und FT3-
Bestimmung total verfälschen und zu einer falschen Diagnose führen
können. Solche Störungen kommen vor bei Dysproteinämien, insbesondere Dysalbuminämien, bei Vorliegen von Autoantikörpern gegen
T4 oder T3, bei Anwesenheit von Bindungsinhibitoren (bei nichtthyreo-
idalen Erkrankungen), bei heparinisiertem Blut und bei erhöhten
freien Fettsäurekonzentrationen.

7 Radiorezeptorassay

Beim Radiorezeptorassay wird anstelle eines Antikörpers ein membrangebundener Rezeptor als Bindungsprotein verwendet. Korenman und
Mitarb. [33] haben sich insbesondere um die Extraktion und Reinigung
von Gewebsrezeptoren bemüht und eine Reihe von Radiorezeptorassays
beschrieben. Die Bindung von Hormonen durch Rezeptoren beruht auf
ähnlichen Mechanismen wie die der Antigen-Antikörper-Reaktion. Durch
die Verwendung von Gewebsrezeptoren erhält man ähnlich empfindliche
und spezifische Assays wie bei Verwendung von Antikörpern. Es besteht
jedoch ein prinzipieller Unterschied zum Radioimmunoassay: Im Radioimmunoassay wird eine immunologische Aktivität, im Radiorezeptorassay
dagegen wird eine biologische Aktivität gemessen. Diese beiden Aktivitäten
stimmen nicht immer überein, insbesondere bei Enzymmessungen können
große Differenzen auftreten. Die aufwendige Reinigung und die relativ
geringe Stabilität der Rezeptoren hat aber bisher eine breitere Anwendung
verhindert.

Literatur

1. Yalow, R. S., Berson, S. A.: Quantitative aspects of the reaction between
   insulin and insulin-binding antibody. J. Clin. Invest. 38:1996 (1959)
2. Yalow, R. S., Berson, S. A.: Immunoassay of endogenous plasma insulin in man. ibid. 39:1157 (1960)
3. Ekins, R. P.: The estimation of thyroxine in human plasma by an
   electrophoretic technique. Clin. Chim. Acta 5: 453 (1960)
4. Dwenger, A.: Radioimmunoassay: An overview. J. Clin. Chem. Clin.
   Biochem. 22:883 (1984)
5. Sokolowski, G., Wood, W. G.: Radioimmunoassay in Theorie und
   Praxis. Konstanz, Schnetztor-Verlag (1981)
6. Strecker, H., Hachmann, H., Seidel, L.: Der Radioimmunoassay (RIA),

eine hochspezifische, extrem empfindliche quantitative Analysemethode. Chemikerzeitung 103:53 (1979)

7. Ekins, R. P., Newmann, G. B., O'Riordan, J. L. H.: Theoretical aspects of "saturation" and radioimmunoassay, In: Radioisotopes in Medicine: In Vitro Studies, Hayes, R. L., Goswitz, R. A., Murphy, B. E. P. (eds) U.S. AEC, Oak Ridge, Tenn., S. 59 (1968)

8. Skelley, D. S., Brown, L. P., Besch, P. K.: Radioimmunoassay. Clin. Chem. 19:146 (1973)

9. Scatchard, G.: The attraction of proteins for small molecules and ions. Ann. N.Y. Acad. Sci. 51:660 (1949)

10. Hales, C. N., Randle, P. J.: Immunoassay of insulin with insulin-antibody precipitate. Biochem. J. 88:137 (1963)

11. Zettner, A., Duly, P. E.: Principles of competitive binding assays (saturation analyses). II. Sequential saturation. Clin. Chem. 20: 5 (1974)

12. Miles, L. E. M., Hales, C. N.: Labeled antibodies and immunological assay systems. Nature 219:186 (1968)

13. Vogt, W., Popp, B., Knedel, M.: Ein modular aufgebautes Computerprogramm zur Ergebniswertberechnung von Radioimmunoassays und Proteinbindungstests. Z. Klin. Chem. Klin. Biochem. 11:438 (1974)

14. Rodbard, D., Bridson, W., Rayford, P. L.: Rapid calculation of radioimmunoassay results. J. Lab. Clin. Med. 74: 770 (1969)

15. Feldman, H., Rodbard, D.: Mathematical theory of radioimmunoassay, In: Principles of competitive protein-binding assays. Odell, W. D., Daughaday, W. H. (eds) J. B. Lippincott Company, Philadelphia, and Toronto, S. 158 (1971)

16. Marschner, I., Dobry, H., Erhardt, F., Landersdorfer, T., Popp, B., Ringel, C., Scriba, P. C.: Berechnung radioimmunologischer Meßwerte mittels Spline-Funktionen. Ärztl. Lab. 20:184 (1974)

17. Nolte, H., v. z. Mühlen, A., Hesch, R. D.: Auswertung radiochemischer Bestimmungsmethoden durch „Spline-Approximation". J. Clin. Chem. Clin. Biochem. 14:253 (1976)

18. Yalow, R. S., Berson, S. A.: General principles of radioimmunoassay, In: Radioisotopes in Medicine: In Vitro Studies, Hayes, R. L., Goswitz, R. A., Murphy, B. E. P. (eds) U.S. AEC, Oak Ridge, Tenn., S. 7 (1968)

19. Walker, W. H. C.: An approach to immunoassay. Clin. Chem. 23: 384 (1977)

20. Eckert, H. G.: Die Technik des Radioimmunoassays. Angew. Chem. 88:565 (1976)

21. Hunter, W. M., Greenwood, F. C.: Preparation of iodine-131 labelled human growth hormone of high specific activity. Nature 194:495 (1962)

22. Bolton, A. E., Hunter, W. M.: The labelling of proteins to high specific radioactivities by conjugation to a ^{125}J-containing acylating agent. Application to the radioimmunoassay. Biochem. J. 133:529 (1973)

23. Hurn, B. A. L., Landon, J.: Antisera for radioimmunoassay. In: Radioimmunoassay Methods, Kirkham, K. E., Hunter W. M. (eds) Churchill Livingstone, Edinburgh and London, S. 121 (1970)

24. Kuss, E., Göbel, R.: Determination of estrogens by radioimmunoassay with antibodies to estrogen-C6-conjugates. Steroids 19:509 (1972)

25. Lindner, H. R., Perel, E., Friedlander, A., Zeitlin, A.: Specificity of antibodies to ovarian hormones in relation to the site of attachment of the steroid hapten to the peptide carrier. ibid 19:357 (1972)

26. Köhler, G., Milstein, C.: Continuous cultures of fused cells secreting antibody of predefined specificity. Nature 256:495 (1975)

27. Ax, W.: Monoklonale Antikörper durch Lymphozyten-Hybridisierung. Laboratoriumsblätter 30:89 (1980)

28. Franze, R.: Monoklonale Antikörper in der Virologie. ibid. 34:1 (1984)

29. Wenzel, K.-W. (ed): Clinical significance and reliability of free thyroid hormone estimation; proceedings of an international symposium Berlin 1985. NUC Compact 16:301 (1985)
30. Ashhar, F. S., Buchler, J. Chan, T., Hourain, M.: Radioimmunoassay of free thyroxin with prebound anti T4 microcapsules. J. nucl. Med. 20:956 (1979)
31. Reiners, C., Hoffmann, R., Moll, E., Börner, W.: Direkte und indirekte Parameter für das freie Thyroxin. Nucl. Med. 22:263 (1983)
32. Ekins, R. P.: Principles of measuring free thyroid hormone concentrations in serum NUC-Compact. 16:305 (1985)
33. Korenman, S. G., Sanborn, B. A.: Hormonal assay employing tissue receptors, In: Principles of competitive protein-binding assays, Odell, W. D., Daughaday, W. H., (eds) J. B. Lippincott Company, Philadelphia, and Toronto, S. 89 (1971)

Nicht-isotopische Immunoassays
— Ein Überblick —

R. Linke und R. Küppers

R. Linke und R. Küppers
Fa. Boehringer Mannheim
Sandhofer Str. 116, D-6800 Mannheim 13

1 Einleitung

Wie RIAs quantifizieren nicht-isotopische Immunoassays [1, 2, 3, 4, 5, 6, 7])
Antigen in Patientenproben durch Bestimmung der Zahl der Antigen-/
Antikörper-Komplexe in einem den Antikörper enthaltenden Reaktions-
ansatz.

In Analogie zum RIA ist in der Gruppe der *nicht-isotopischen Separations-
Immunoassays* das Antigen oder der Antikörper mit einem Signal-Gene-
rator („label": Enzym, Fluoreszenzfarbstoff, lumineszierende Moleküle;
Abb. 1) markiert, der die Messung der Anzahl der Antigen-/Antikörper-
Komplexe via Photometrie, Lumineszenz- oder Fluoreszenzmessung quan-
tifizierbar macht.

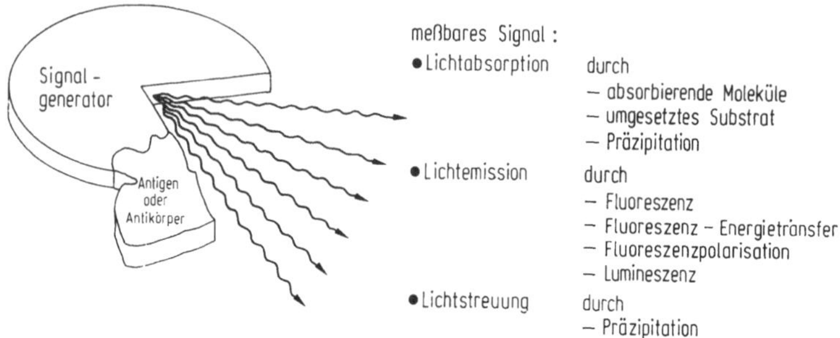

Abb. 1. Signal-Generatoren in nicht-isotopischen Immunoassays

Tabelle 1. Gebräuchliche Signalgeneratoren

Label	Signalgeneration	Signalerfassung
Enzym, Apoenzym, Enzyminhibitor, Substrat, Cofaktor	Enzymatische Reaktion → Entstehung von lichtabsorbierenden, fluoreszierenden oder lumineszierenden Molekülen	Absorptions- oder Emissionsmessung, Remissions-photometrie
Label-gefüllte Liposomen	Liposomen-Zerstörung → Freisetzung v. lichtabsorb. od. fluoresz. Subst. resp. v. Enzymen mit anschl. Entstehung v. lichtabsorb. Substanzen	
Fluoreszenzfarbstoff Metallchelat	Anregung oder Anregung/Polarisation oder Anregung/ Fluoreszenzenergietransfer	Emissionsmessung
Lumineszierende Moleküle	Lumineszenz-Reaktion → Entstehung von Licht	
Latex-Partikel	Aggregation von Antigen/Antikörper-Komplexen → Entstehung von lichtabsorbierenden resp. lichtstreuenden resp. zählbaren Partikeln	Absorptions- oder Emissionsmessung Partikelzählung Nephelometrie

Die Generation des Meß-Signals erfolgt *unbeeinflußt* von der Immunreaktion.

Völlig anders als beim RIA oder seinen nicht-isotopischen Verwandten erfolgt in der Gruppe der *separationsfreien Immunoassays* [8] die Zählung der Anzahl der Antigen-/Antikörper-Komplexe: hier *beeinflußt* die Antigen-/Antikörper-Reaktion die Reaktion des angekoppelten Signalgenerators (Tabelle 1) (z. B. die Enzym-Substrat-Reaktion, die Fluoreszenzpolarisation) und verändert so die Höhe des Meßsignals.

Je größer die Anzahl Antigen-/Antikörper-Komplexe, desto stärker ist diese Beeinflussung der Signalgeneration.

In beiden Gruppen ist die Höhe des Meßsignals — abhängig vom Reaktionstyp — direkt oder umgekehrt proportional zur Menge des Antigen-/Antikörper-Komplexes.

In folgenden Kapiteln werden die wichtigsten Kenngrößen für Vertreter der in Literatur am häufigsten beschriebenen und in den Routinelabors üblichsten beiden Gruppen der Separations-Immunoassays und der separationsfreien Immunoassays dargestellt (Tabelle 2).

Tabelle 2. Bekannte nicht isotopische Immunoassays

Separations-Immunoassays

Testtyp (Label/Signalgeneration)	Kommerzielle Diagnostica-Systeme
Enzymimmunoassay (Photometrie, Lumineszenz, Fluoreszenz)	Enzymun-Test mit ES 22/ES 600, Amerlite, Stratus, Kodak-Reagenzträger, Hybritech Elite, DuPont Eclipse
Metalloimmunoassay	DELFIA
Lumineszenzimmunoassays	Magic-lite

Separationsfreie Immunoassays

Testtyp (Label/Signalgeneration)	Kommerzielle Diagnostica-Systeme
Enzymimmunoassays (Photometrie, Fluoreszenz)	EMIT, SLFIA, ACCULEVEL, ARIS, CEDIA, Liposomen, Ser-Streifen, VISION,
Fluoreszenzimmunoassays	TDX, FETI
(Latex)-Präzipitationstest (Photometrie, Streuung, Zählung)	Tina-quant, PETINIA, ICS-Beckmann Behring-Nephelometrie, PACIA, Impact

2 Nomenklatur der Immunassays

Gemäß dem IFCC-Nomenklaturvorschlag [9] und der von Kricka praktizierten Anwendung [4] kann man die nicht-isotopischen Immunoassays unterteilen

— in Separations-Immunoassays und separationsfreie Immunoassays [10] und anschließend

Tabelle 3. Systematik der nicht-isotopischen Immunoassays

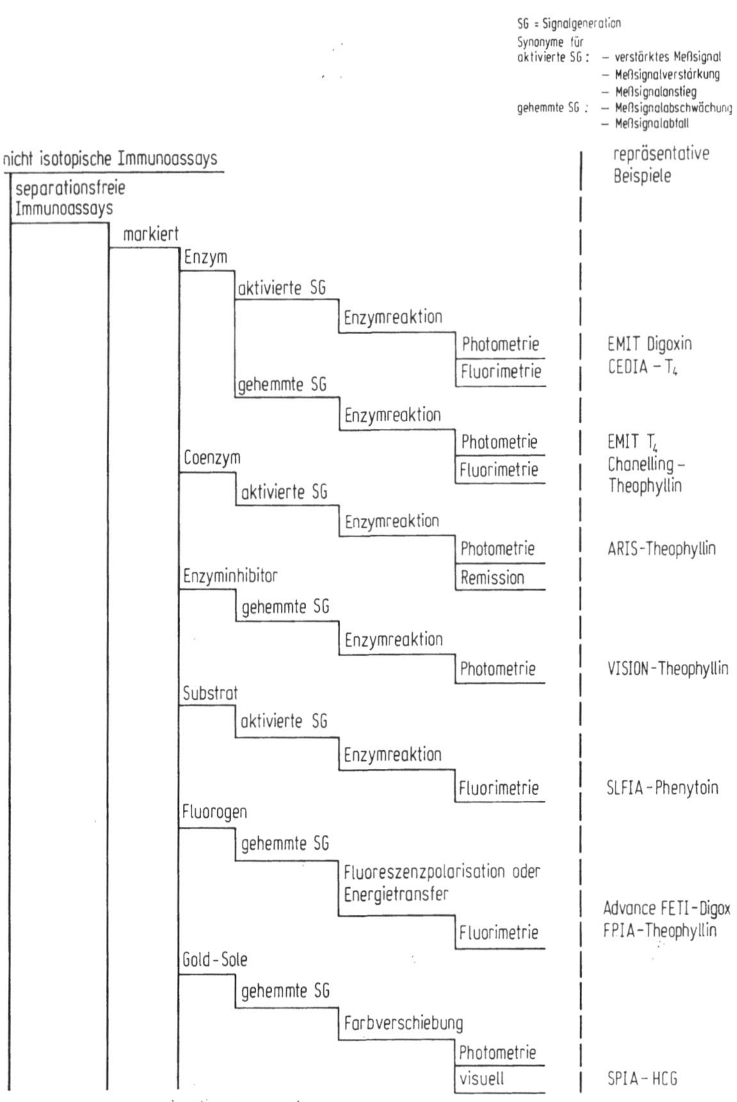

Tabelle 3. (Fortsetzung)

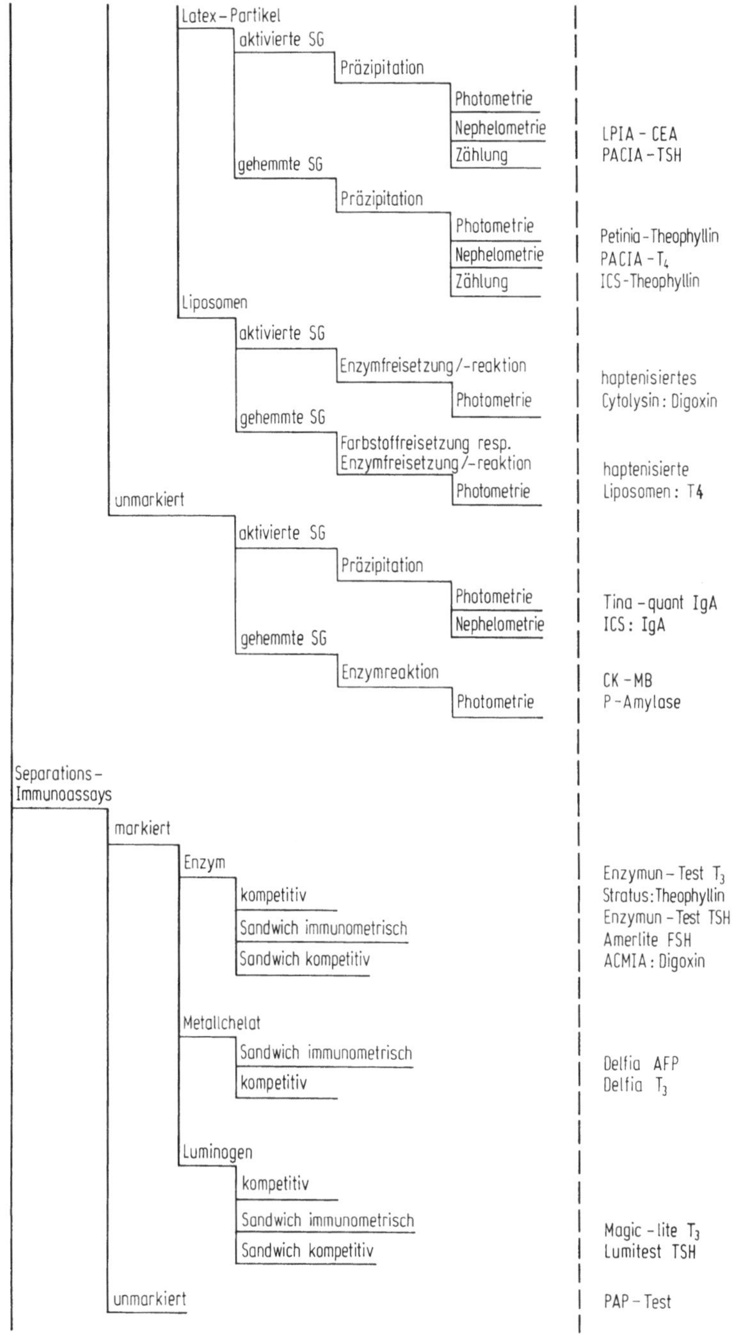
Latex–Partikel
aktivierte SG
Präzipitation
Photometrie
Nephelometrie
Zählung
gehemmte SG
Präzipitation
Photometrie
Nephelometrie
Zählung
LPIA – CEA
PACIA –TSH
Petinia–Theophyllin
PACIA –T₄
ICS-Theophyllin
Liposomen
aktivierte SG
Enzymfreisetzung/-reaktion
Photometrie
gehemmte SG
Farbstoffreisetzung resp.
Enzymfreisetzung/-reaktion
Photometrie
haptenisiertes
Cytolysin : Digoxin
haptenisierte
Liposomen : T4
unmarkiert
aktivierte SG
Präzipitation
Photometrie
Nephelometrie
gehemmte SG
Enzymreaktion
Photometrie
Tina –quant IgA
ICS : IgA
CK –MB
P –Amylase
Separations–
Immunoassays
markiert
Enzym
kompetitiv
Sandwich immunometrisch
Sandwich kompetitiv
Enzymun – Test T₃
Stratus:Theophyllin
Enzymun – Test TSH
Amerlite FSH
ACMIA : Digoxin
Metallchelat
Sandwich immunometrisch
kompetitiv
Delfia AFP
Delfia T₃
Luminogen
kompetitiv
Sandwich immunometrisch
Sandwich kompetitiv
Magic – lite T₃
Lumitest TSH
unmarkiert
PAP – Test

Tabelle 4. Klassifizierung der separationsfreien, nicht isotopen Immuno

Label	Markiertes Ag markierter Ak	ASSAY-Typ (= Reaktionsweise des Signalgenerators nach AK- und Ag-Zusatz)	Signalgeneration	Detektionsprinzip
Enzym	Antigen	Enzym*hemmung*	Produktion eines lichtabsorbierenden oder fluoreszierenden Moleküls durch Enzym-Substrat-Reaktion	Photometrie Fluorimetrie
Enzym	Antigen	Enzym-*hemmung*		Photometrie Fluorimetrie
inaktives Enzymspaltprod.	Antigen	Enzym-*aktivierung*		Photometrie
zwei Enzyme	Antigen und Antikörper oder Antigen allein	Enzym-*hemmung*		Photometrie visuell
Coenzym	Antigen	Enzym-*aktivierung*		Photometrie Remission
Enzym-Inhibitor	Antigen	Enzym-*hemmung*		Photometrie
(Enzym-) Substrat	Antigen	Enzym-*aktivierung*		Fluoreszenz
Fluorogen	Antigen	Fluoreszenz-polarisations-*hemmung*	Intensivierung von polarisiert. Licht durch Arretierung d. Fluorogens in sein. Molek. beweg.	Fluoreszenz
2 Fluorogene	Antigen und Antikörper	*Hemmung* des Energietransfers	Entstehung von fluoreszierendem Licht mittels Fluorogen A durch Anreg. von Fluorog. D	Fluoreszenz
Gold-sol	Antikörper	agglutinations-bedingte Farb*hemmung*	Auslöschung von Farbe des Goldsols (Farbverschiebung) durch Aggregation	Photometrie visuell

assays in Anlehnung an IFCC-Nomenklatur-Vorschlag

Systematische Bezeichnung (deutsch)	Verkürzte systematische Bezeichnung (englisch)	Kurzbezeichnung	Handelsprodukte
enzymmarkierter Enzymaktivations-Immunoassay	enzyme activation immunoassay	EMIT	Syva: EMIT Drug-tests
enzymmarkierter Enzyminhibitions-Immunoassay	enzyme inhibition immunoassay	EMIT	Syva: EMIT T$_4$
mit inaktivem Enzymspaltprodukt markierter Enzymaktivations-Immunoassay	enzyme activation immunoassay	CEDIA	Microgenics T4, Digoxin
enzymmarkierter Enzyminhibitions-Immunoassay	enzyme inactivation immunoassay	enzyme chanelling	Syva: Acculevel
apoenzymmarkierter Enzymaktivations-Immunoassay	apoenzyme activation immunoassay	ARIS PGLIA	Ames: ARIS Theophyllin Seralyzerdrugs
inhibitormarkierter Enzyminhibitions-Immunoassay	inhibitor labeled inhibition immunoassay	EMMIA	Abbott: VP-Reagenz T4, TBK VISION-drugs
substratmarkierter Enzymaktivations-Immunoassay	substrate labeled activation immunoassay	substrate labeled fluorescence immunoassay/ SLFIA	Ames: Drugs
fluoreszenzmarkierter Fluoreszenzpolarisationsinhibitions-Immunoassay	fluorescencepolarisation inactivation immunoassay	fluorescence polarisation immunoassay/ FPIA	Abbott TDX für drugs
fluoreszenzmarkierter Energietransferin-Inhibitions-Immunoassay	fluorescence energy transfer: immunoassay	FETI	Syva-Advance: T4 Proteine Arzneimittel
goldmarkierter Farbinaktivierungs-Immunoassay	gold-sole colour-inactivation immunoassay	SPIA = solparticle immunoassay	Organon: Pregno-SPIA

Tabelle 4. (Fortsetzung)

Label	Markiertes Ag markierter Ak	ASSAY-Typ (= Reaktionsweise des Signalgenerators nach AK- und Ag-Zusatz)	Signalgeneration	Detektionsprinzip
Latex-partikel	Antikörper	Präzipitations-*zunahme*	Produktion von lichtabsorbieren-den resp. licht-streuenden resp. zählbaren Präzi-pitaten durch Ag-gregation von (z.T. latexmarkiertem) Antigen u./o. AK	Photometrie Photometrie bei hoher Wellen-länge Partikelzählng.
Latex-partikel	Ag und/ oder Antikörper	Präzipitations-*hemmung*		Photometrie Nephelometrie Partikelzählng.
Cytolysin	Antigen	Enzym-*aktivierung*	Freisetzung von Enzym oder Farb-stoffmolekülen aus Liposomen, Entsteh. lichtab-sorb. Produkte der Enzymsub-stratreaktion	Photometrie
Liposomen	Antigen	Enzym-/Farb-stoff-„*hemmung*"		Photometrie
unmarkiert	—	Präzipitations-*zunahme*	Produktion von lichtabsorbieren-den resp. licht-streuenden resp. zählbaren Präzi-pitaten durch Ag-gregation	Photometrie Nephelometrie visuell
unmarkiert	—	Enzym-*hemmung*		Photometrie

— in beiden Gruppen aufgrund des verwendeten Labeltyps (Fluorogen, Enzym, Substrat, Latex) weiter differenzieren, unabhängig, ob das Meßsignal via Photometrie, Lumineszenzmessung, Fluorimetrie, Amperometrie etc. aufgezeichnet wird.

— Eine weitere Unterteilungsmöglichkeit in der dritten Stufe bietet
  — die Unterscheidung nach aktivierter oder gehemmter Signalgenera-tion bei Reaktion des Probenantigens — wiederum unabhängig von der Art der Signalerfassung bei separationsfreien Immunoassays (Tabelle 3),
  — die Art der Reaktionsführung bei den Separations-Immunoassays (kompetitiv, Sandwich immunometrisch, kompetitiv immuno-metrisch).

Systematische Bezeichnung (deutsch)	Verkürzte systematische Bezeichnung (englisch)	Kurzbezeichnung	Handelsprodukte
latexpartikelmarkierter Präzipitations-Immunoassay	latexparticle immunoassay	LPIA Petia PACIA IMPACT	IATRON/Mitsubishi: AFP/CEA Dupont: Ferritin(?) Technicon: Proteohormone Acade: TSH, Proteohormone
¹atexpartikelmarkierter Präzipitations-inhibitions-Immunoassay	latexparticle inhibition immunoassay	PETINIA ICS PACIA/Impact	Dupont: Theophyllin Beckmann: Theophyllin Technicon: Haptene Acade: Haptene
liposomenmarkierter Enzymaktivations-Immun.	liposome immunoass.		Dupont: Digoxin mit haptenisiertem Cytolysin
liposomenmarkierter Enzyminhibitions-Immunoassay	liposome immunoassay		Corning: T4 mit haptenisierten Liposomen
Präzipitations-Immunoassay	precipitation immunoassay		Tina-quant Behring: Nephelometrie Partigen
Enzyminhibitions-Immunoassay	enzyme inhibition immunoassay		CK-MB-Inhibitionstest P-Amylase-Inhibitionstest

Die auf diese Weise erzielbare Systematisierung aller nicht-isotopischen Immunoassays wird aus Tabelle 4 ersichtlich.

— Eine letzte Unterteilungsmöglichkeit in der vierten Stufe schließlich bietet eine Klassifizierung nach der Art der Signalerfassung (photometrisch, fluorimetrisch, luminometrisch, reflektometrisch, Streulicht, particle-counting).

Die darüber hinausgehende Unterteilung gemäß IFCC-Vorschlag in die Gruppe der „antigen-labelled" (= limited reagent) Tests und in die Gruppe der „antibody labelled" (= reagent excess) Tests erscheint uns schwer realisierbar, da es einerseits Methoden mit markiertem Antigen *und*

markiertem Antikörper gibt, andererseits Methoden mit markierten Antikörpern existieren, in denen der Antikörper nicht im Überschuß vorliegt.

Beide Reaktionstypen könnten bei strikter Anwendung dieses Teiles
des IFCC-Nomenklaturvorschlags nicht klassifiziert werden.

3 Separationsfreie Immunoassays

3.1 Separationsfreie Immunoassays mit label

3.1.1 Enzyme als label [3, 8, 10, 11, 12, 13]

Drei wichtige Vertreter von Immunoassays mit Enzymen als label sind
die EMIT-, die Enzymechanelling- und die CEDIA-Technologie.

Während im EMIT-Verfahren das Enzym MDH, β-Galactosidase oder
G6PDH mit dem Hapten oder Antigen konjugiert vorliegt, verwendet das
CEDIA-Prinzip als label ein inaktives Polypeptid-Spaltprodukt des
Enzyms β-Galactosidase. Enzymatische Aktivität ist erst meßbar, wenn
sich das zweite inaktive Spaltprodukt der β-Galactosidase mit dem hapte-
nisierten Polypeptid vereinigt.

Bei der Chromatographie-Variante Acculevel [14, 15] des Enzyme-
chanellings werden zwei „kooperierende" Enzyme (wie POD und GOD)
verwendet. Eines der beiden Enzyme (POD) liegt gekoppelt an ein Hapten
(Theophyllin) oder Antigen (IgG) [15] in haptenisierter Form (z. B. als
Theophyllin-POD-Konjugat) vor; das zweite Enzym (GOD) wird dem
Reaktionsansatz in freier Form angeboten.

Aktivierte Signalgeneration

EMIT [5, 12, 16, 17, 18, 19, 20, 21, 22, 23, 24, 25, 26, 27, 28]

Zutritt von z. B. Digoxin-Antikörper zum Digoxin-Enzymkonjugat
inaktiviert das Enzym (Abb. 2). Zugabe von Hapten aus der Probe fängt
den inaktivierenden Antikörper ab (Abb. 3) und führt zu einer Aktivierung
des Signalgenerators und damit zu einem Anstieg des Meßsignals (Abb. 3).

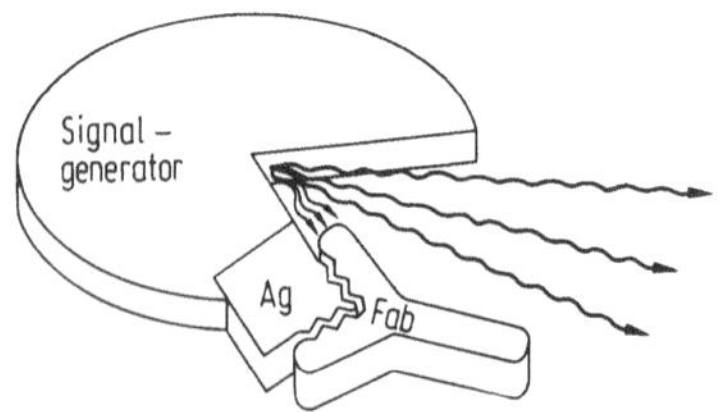

Abb. 2. Separationsfreier Immunoassay mit *aktivierter* Signalgeneration

Applikationen dieses Reaktionstyps von EMIT sind Serumbestimmungen von

— Digoxin
— Medikamente, wie Theophyllin, Gentamicin, Tobramycin, trizyklische Antidepressiva [29]
— Proteine wie CRP [30]

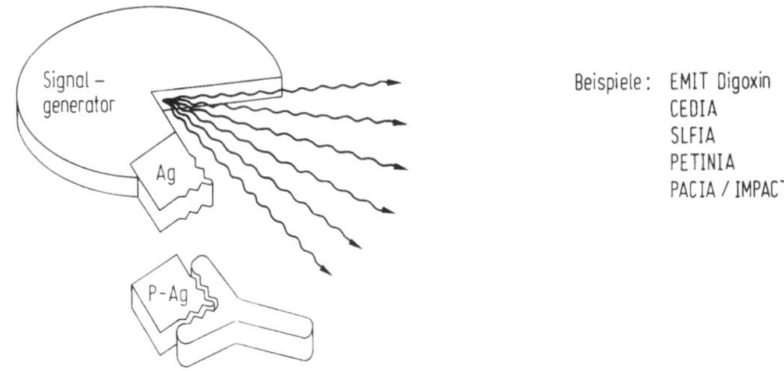

Abb. 3. Separationsfreier Immunoassay mit *aktivierter* Signalgeneration

CEDIA [31]

Zutritt von z. B. Digoxin-Antikörper zum Digoxin-Polypeptid-Konjugat verhindert eine Reaktivierung der β-Galactosidase (Abb. 2). Zugabe von Hapten aus der Probe neutralisiert den störenden Antikörper und erlaubt eine Reaktivierung der β-Galactosidase und damit einen Anstieg des Meßsingals.

Applikationen von CEDIA sind Serumbestimmungen von

— Digoxin
— T_4

Gehemmte Signalgeneration

Enzymechanelling mit Chromatographie

Bindung des Hapten-POD-Konjugates mittels des Solid-phase Antikörpers an Papier in Gegenwart von GOD „aktiviert" das POD/GOD-Paar (Abb. 4). Zugabe von Probenantigen verdrängt das Hapten POD-Konjugat aus seiner Antikörperfixierung. Die Verdrängung des POD-Konjugats inaktiviert das POD/GOD-Paar in der betrachteten Position des Papierstreifens (Abb. 5). Das Meßsignal wird an dieser Stelle des Papierstreifens schwächer. Applikation für das Enzymechanelling ist die Vollblutbestimmung mittels des Hersteller-kalibrierten Systems Accu-level von

— Phenobarbital
— Theophyllin
— Phenytoin

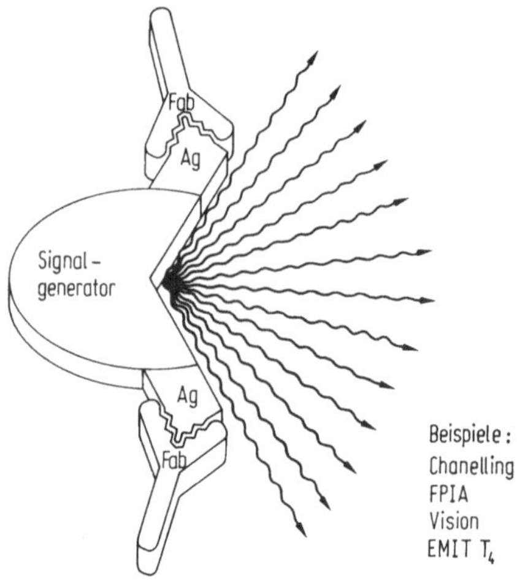

Abb. 4. Separationsfreier Immunoassay mit *gehemmter* Signalgeneration

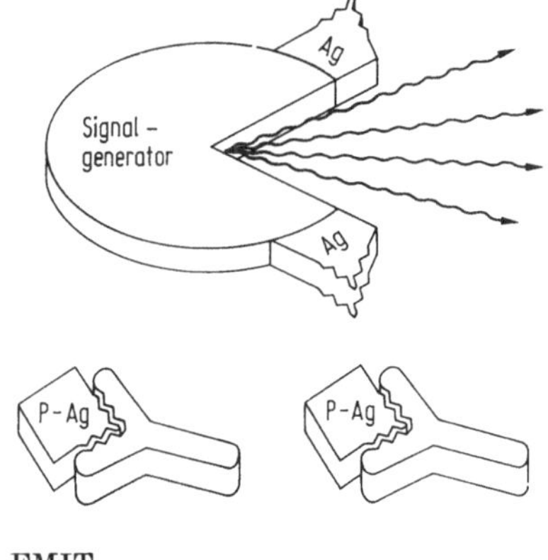

Abb. 5. Separationsfreier Immunoassay mit *gehemmter* Signalgeneration

EMIT

In einer weniger verbreiteten Variante des EMIT führt Zutritt von T_4-Antikörper zum T_4-MDH-Enzym-Konjugat zu einer Aktivierung des Signalgenerators (Abb. 4). Hapten aus der Probe fängt den „aktivierenden" Antikörper ab und führt zu einer Hemmung der Signalgeneration: das Meßsignal fällt ab.

3.1.2 Coenzym als label [13, 32, 33, 34, 35, 36]

ARIS (Apoenzyme-Reactivation-Immunoassay) verwendet als label für das Hapten das Coenzym FAD. Vereinigung von haptenisiertem Coenzym FAD mit seinem Apoenzym GOD führt zu einer Signalgeneration via Farbreaktion.

Aktivierte Signalgeneration

Zusatz von Hapten-Antikörper zum Hapten-FAD-Konjugat/Apoenzym-Gemisch verhindert die Ausbildung des aktiven Enzymkomplexes der GOD. Zugabe von Serumhapten entfernt den hemmenden Antikörper. Glucoseoxidase-Apoenzym vereinigt sich mit dem haptenisierten FAD und wird enzymatisch aktiv. Das Hapten „aktiviert" das Enzym.

Applikationen von ARIS sind „naßchemische" Bestimmungen einer großen Anzahl von Arzneimitteln, wie Theophyllin, Phenytoin und Digoxin mit Optimate, IgG und TBG [36, 37] sowie Seralyzer-Teststreifen ebenfalls für Arzneimittel, wie Theophyllin und Phenytoin [38].

3.1.3 Enzyminhibitor als label

Der Inhibitor-labeled Enzym-Immunoassay verwendet den Inhibitor einer Enzym/Substratreaktion als label für das Hapten. Assay-geeignete Inhibitoren sind Methotrexat für die Dihydrofolat-Reduktase und ein Phosphonat-Inhibitor der Acetylcholinesterase [39, 40, 41, 42, 43].

Gehemmte Signalgeneration

Zusatz von Haptenantikörper zu einem haptenisierten Inhibitor blockiert die Hemmwirkung des Inhibitors. Enzym und Substrat reagieren ungehemmt (Abb. 4). Zugabe von Proben-Hapten neutralisiert den inhibitionsblockierenden Antikörper: das Enzym wird gehemmt, die Signalgeneration erfolgt schwächer (Abb. 5).

Applikationen des Inhibitor-labeled Enzym-Immunoassays sind Serumbestimmungen für

$- T_4$
— Arzneimittel wie Theophyllin, Phenobarbital

mittels eines Abbott-Analysenautomaten oder des Abbott-Vision-Systems [44].

3.1.4 Substrat als label

SLFIAs (Substrate-labeled Fluoreszenz-Immunoassays) setzen das fluorogene Substrat des Enzyms β-Galactosidase als label für Haptene ein [45, 46].

Aktivierte Signalgeneration

Zugabe von Hapten-Antikörper zu haptenisiertem Substrat und dem Enzym reduziert den Substratumsatz. Zusatz von Probenhapten zu diesem Gemisch neutralisiert den Hapten-Antikörper, das haptenisierte Substrat wird frei, das System reagiert mit einer aktivierten Signalgeneration.

Applikationen der SLFIA-Technik sind Serumbestimmungen von höher konzentrierten Arzneimitteln wie Theophyllin sowie — zumindest in der Literatur beschrieben — Proteinbestimmungen, wie diejenige des IgG [47]. Auch trockenchemische Applikationen für Theophyllin, Carbamazepin, Tobramycin und Gentamicin wurden in Fachliteratur berichtet [48, 49].

3.1.5 Fluorogene als label

Der verbreitete homogene Fluoreszenzpolarisationsimmunoassay — FPIA — verwendet an das Hapten gekoppelte Fluorogene. Gemessen wir die Menge polarisierten Lichtes, die das Fluorogen-Hapten-Konjugat nach Anregung abgibt.

Der FETI (fluorescence excitation transfer immunoassay) setzt ein mit dem Donor-Fluorogen D markiertes Antigen (Ag-D) und einen mit dem Akzeptor Fluorogen A markierten Antikörper (Ak-A) ein. Im Ag-D/Ak-A-Komplex regt — in einem sogenannten Energietransfer — das emittierte Licht des Fluorogens D das Fluorogen A zur Lichtemission an.

Gehemmte Signalgeneration

FPIA [50, 51, 52]

Zutritt von Antikörper zum Hapten-Fluorogen-Konjugat des FPIA „arretiert" das fluoreszierende Konjugat und erhöht so die Menge des in einer Ebene emittierten (polarisierten) Lichtes (Abb. 4). Zusatz von Hapten zu diesem Reaktionsansatz fängt den Antikörper weg, befreit also das Hapten-Fluorogen-Konjugat aus seiner Arretierung durch den Antikörper und reduziert die Menge des in einer Ebene polarisierten Lichtes. Der Signalgenerator wird in der Emission polarisierten Lichtes gehemmt (Abb. 5).

FETI [53]

Zutritt von Antigen zum FETI-Antigen-/Antikörper-Komplex Ag-D/Ak-A trennt den Komplex durch Bindung des Ak-A-Konjugats und hemmt so den Energietransfer von D nach A: das System gibt bei Anregung mit der Exitationswellenlänge von D weniger Licht der Emissionswellenlänge von A ab.

Applikationen für diesen Reaktionstyp sind Serumbestimmungen

— von T_4, Albumin, IgG, IgA, IgM und CRP [54] mit dem FETI-Prinzip [55] und
— von einer breiten Palette von Arzneimitteln, wie Theophyllin, Digoxin und T_4 mit dem FPIA-Prinzip von Abbott.

3.1.6 Gold-Sol als label

Im SPIA (sol particle immunoassay) dienen Gold-Sol-Partikel als label für den Antikörper [56, 57].

Gehemmte Signalgeneration

Zugabe von Probenantigen zu den Antikörper-markierten Gold-Sol-Partikeln führt via Aggregationsreaktion zu einer Farbverschiebung und damit zur Abnahme der Extinktion bei der Beobachtungswellenlänge.

Eine der zahlreichen Applikationen der SPIA-Technik ist die HCG-Bestimmung im höheren Konzentrationsbereich, z. B. mit Pregno-SPIA mit einer Nachweisgrenze um 280 IU/ml [58].

3.1.7 Latexpartikel als label

Eine Antigen-/Antikörper-Aggregation bleibt bei niedriger Präzipitat-konzentration und bei Hapten-/Antikörper-Komplexen unsichtbar.

Die Kupplung eines Latexpartikels an Antikörper kann niedrig konzentrierte Antigen-/Antikörper-Präzipitate in sichtbare Präzipitate verwandeln. Auch die Kupplung eines Latexpartikels (oder Ficoll-Moleküls) an ein Polyhapten und Reaktion mit einem Hapten-Antikörper führt zu sichtbaren Präzipitaten [59]. Eine weitere Verstärkung des Meßsignals bringt die Kupplung von Latex an das Polyhapten *und* an den Antikörper.

Aktivierte Signalgeneration

Im LPIA, PETIA oder PACIA/IMPACT reagiert Serumantigen mit latexmarkiertem Poly-Antikörper zu sichtbaren, lichtabsorbierenden respektive zählbaren Präzipitaten.

Je mehr Antigen sich in der Probe befindet, desto höher ist die aus der Präzipitationszunahme resultierende

— photometrische Absorption des Reaktionsansatzes im Durchlicht,
— Anzahl aggregierter Teilchen gemessen im Particle-Counting.

Antigenzugabe führt somit zu einer Aktivierung der Signalgeneration. Applikationen dieses Reaktionstyps sind Serumbestimmungen

— von Ferritin, AFP oder CEA mit LPIA von Iatron/Mitsubishi durch Messung der Absorptionszunahme bei langwelligem Licht (Turbidimetrie) [60, 61, 62],
— von TSH, HPL, HCG, AFP oder Ferritin mit PACIA [63, 64, 65, 66, 67] von Technicon oder mit IMPACT von Acade [67] durch Zählen der aggregierten Teilchen respektive der noch nicht aggregierten Latexpartikel.

Gehemmte Signalgeneration

Zusatz von Probenantigen zu einem Reaktionsansatz z. B. vom PETINIA „single particle assay principle" (Antikörper aggregiert latexmarkiertes Polyhapten) [68] fängt den aggregierenden Antikörper und hemmt so die Ausbildung von signalgebendem Präzipitat.

Applikationen für diesen Reaktionstyp sind die Serumbestimmung

— von Gentamicin, Theophyllin oder Tobramycin für ACA von Dupont.

Zusatz von Probenantigen zu einem Reaktionstyp vom PETINIA „dual particle assay principle" (latexmarkierte Polyantikörper aggregiert latexmarkiertes — oder FICOLL-markiertes — Polyhapten) hemmt ebenfalls die Ausbildung von signalgebendem Präzipitat.

Applikationen für diesen Reaktionstyp sind die Serumbestimmungen [69]

— von T_4, T-uptake, Theophyllin mit Hitachi 704 [70]
— von Digoxin mit ACA von Dupont
— von Phenytoin, Gentamicin oder Theophyllin mit Multistatat von IL
— von T_4, Phenytoin, Theophyllin mit RA 1000 von Technicon [71, 72, 73]

3.1.8 Liposomen als label

Gehemmte Signalgeneration

Die Kupplung von Antigen an die Membran von Farbstoff- oder Enzym-gefüllten Liposomen und die Lysis derartiger Konjugate bei Antigen-/Antikörper-Reaktion durch Complement führt zur Gruppe der Liposomen-Immunoassays, z. B. dem EMIA für T_4 oder IgG. Derartige Tests haben noch keinen Eingang in die Laborroutine gefunden [74, 75, 76, 77, 13].

3.1.9 Cytolysin als label

Aktivierte Signalgeneration

Eine besondere Ausführungsform eines Liposomen-Immunoassays stellt die Lysis von Enzym-gefüllten Liposomen mittels haptenisiertem Cytoly-sin dar [78, 79]. Haptenisiertes Cytolysin zerstört die Liposomen. Zusatz von Hapten-Antikörper inhibiert die Lysis. Probenantigen hebt die Lysis-Inhibition auf, führt zu Enzymaustritt und damit zu aktivierter Signal-generation [13]. Auch diese Form der Liposomen-Immunoassays hat bisher noch keine praktische Bedeutung bekommen.

3.2 Separationsfreie Immunoassays ohne label

Zwei Sonderformen von isotopenfreien Immunoassays benötigen keinen externen label, da das nachzuweisende Antigen bereits selbst ein signal-generierendes System darstellt.
Dabei handelt es sich

— einmal um den immunologischen Nachweis hochmolekularer Antigene durch Vermessung des bei der Präzipitation durch den Antikörper entstehenden Meßsignals,
— zum anderen um den Nachweis von Isoenzymen in Körperflüssigkeiten durch immunologische Hemmung der den Nachweis verfälschende Begleit-Isoenzyme.

Aktivierte Signalgeneration

Hochmolekulare Antigene — wie Transferrin — werden durch Zusatz von Antikörper aggregiert und können in der anschließenden Präzipitations-reaktion sichtbar respektive meßbar gemacht werden [62, 80, 81].

Je mehr Antigen sich in der Probe befindet, desto stärker ist das aus der Aggregation resultierende Signal (wie Zahl der Aggregate, Streulicht oder Extinktion).

Applikationen sind die nephelometrischen [82, 83] oder turbidimetri-schen Bestimmungen der höher konzentrierten Serumproteine mit der Behring-Nephelometrie [84], den turbidimetrischen Tina-quant Reagen-zien auf Hitachi Analysegeräten oder dem Beckmann ICS-System für die Immunglobuline IgG, IgA, IgM, Transferrin, Albumin, Coeruloplasmin, Complement C3, Complement C4, um nur einige zu nennen.

Gehemmte Signalgeneration

Die Bestimmung des Isoenzyms CK-MB [85, 86, 87] oder der Pankreas-Amylase in Gegenwart ihrer die Messung überlagernden Begleit-Isoenzyme CK-MM respektive Speichelamylase [88] mit Hilfe eines immunologischen Hemmtests sind die bekanntesten Beispiele für die gehemmte Signalgeneration ohne externes label. Die Isoenzyme wirken selbst als label.

In beiden Fällen hemmen Antikörper gegen die die enzymatische Analyse überlagernden Begleit-Isoenzyme deren enzymatische Aktivität nahezu vollständig. Durch Hemmung der Signalgeneration der störenden Begleit-Isoenzyme wird die Messung des ungehemmten, diagnostisch interessanten Isoenzyms CK-MB respektive der Pankreas-Amylase möglich.

3.3 Limitierungen der Anwendungsmöglichkeiten separationsfreier Immunoassays

Zahlreiche kommerzielle nicht-isotopische Immunoassays erlauben heute dem klinischen Chemiker in zunehmendem Maße die quantitative Bestimmung von hochmolekularen Hormonen und Proteinen im Bereich von 10^{-7} mol/l bis hinunter zu 10^{-13} mol/l und von Haptenen niedrigen Molekulargewichts von 10^{-4} mol/l bis 10^{-11} mol/l (Abb. 6).

Generell erscheint die Aussage erlaubt, daß die Mehrheit der heute kommerziell erhältlichen separationsfreien Immunoassays bei manueller Durchführung oder in ihren Spezialausführungsformen auf Routine-Analyzern (Tabelle 5) ihre Stärke in der Bestimmung der Arzneimittel und der höher konzentrierten Proteine besitzen. Für Hormon-, Protein-

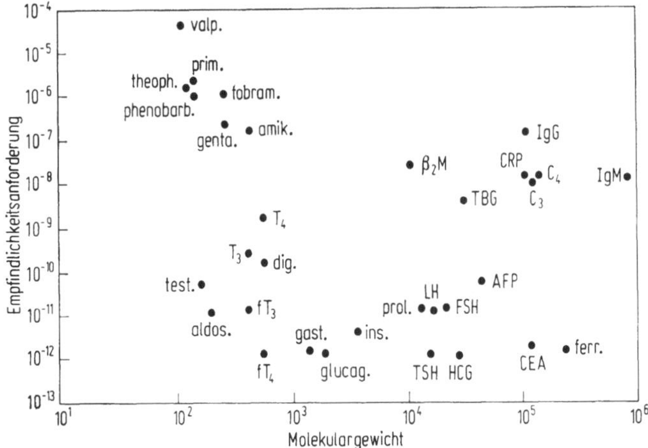

Abb. 6. Wichtige Hormone, Proteine und Arzneimittel für das klinisch-chemische Labor

Tabelle 5. Mechanisierung in der nicht-isotopischen Immunologie

System	Meßprinzip	Testpalette	Sep./ Sep.-Frei	Mech.-Grad	Batch/ Multitest	Durchsatz
Abbott TDX	Fluoreszenz-polarisation (FPIA) Radiative Energy Attenuation (REA)	> 30 drugtests T4/TU Digoxin für einige klin.-chem. Parameter keine niedrig konz. Hormone oder Proteine	sep.-frei	vollmechanisiert T4/TU/Dig benötigen manuelle Probenvorbehandlung	batch oder Multitest (optional)	50 – 120 Tests/h
Abbott Proquantum Quantumatic	Photometrie	Hepatitis, HIV Tumormaker CEA, AFP, PAP CA 125, TDT, ER STD: Go, CHLAM Inf. D: Rubella, CMV Rotav. IgE Toxo Reprod. HCG, Ferritin Andere: TSH	sep.	teilmech. Meßplatz separate Pipettier-/ Waschstation und Meß-/Auswerte-station	batch	60 – 120 Tests/h
Acade Impact	Particel counting	T3/T4/TBG/TSH HCG/Dig.	sep.-frei	vollmechanisiert	batch	60 Tests/h

Amersham Amerlite	Luminesznez	Schilddrüse: T3/T4/TU/TSH/ TBG Tumormarker: CEA, AFP Hepatitis HBsAg Ferritin/Dig.	sep.	teilmechanisierter Meßplatz mit separater — Waschstation — Inkubator — Meß-/Auswertestation	batch	60—120 Tests/h
Ames Seralyzer	Teststreifen reflektometrisch	klin.-chem. Parameter Immunologie: Theophylin Phenytoin	sep.-frei	teilmechanisiert (Proben müssen manuell vorverdünnt und pipettiert werden)	(batch)	ca. 30 Tests/h
Ames/Gilford Optimate	SLFIA	klin.-chem. Parameter Drug-Tests	sep.-frei	vollmechanisiert	batch	ca. 120 Tests/h
Beckman ICS	nephelometr.	höher konzentr. Serumproteine	sep.-frei	Modulbauweise teilmechanisiert — vollmechanisiert	Multitest (6 Tests max.)	ca. 60 Tests/h
Boehringer Mannheim ES 22	photometr.	Schilddrüse: T3/T4/TBG/TU/ TSH/FT4 Tumormarker: CEA, AFP, Infect. Dis. Toxo, Rub, Cyt., IgE STD: Chlamydia Reprod: HCG,Ferritin Andere: Insulin/Dig.	sep.	teilmechanisiert (Probe muß manuell pipettiert werden)	batch	ca. 120 Tests/h

Tabelle 5. (Fortsetzung)

System	Meßprinzip	Testpalette	Sep./Sep.-Frei	Mech.-Grad	Batch/Multitest	Durchsatz
Boehringer Mannheim ES 600	photometr.	Schilddrüse: T3/T4/TBG/TU/TSH/FT4 Tumormarker: CEA, AFP, Infect. Dis. Toxo, Rub Cyt., IgE STD: Chlamydia Reprod: HCG, Ferritin Andere: Insulin/Dig.	sep.	vollmechanisiert	Multitest	120—200 Tests/h
Dade (AHS) Stratus	Fluorimetrie	Drugs: ca. 15 Tests Schilddrüse: T4, TU Andere: HCG, Prolact.	sep.	weitgehend mechanisiert (manuelle Vorverdünnung dés meisten Proben)	batch	60 Tests/h
Dupont Eclipse	Fluorimetrie	Heatitis etc.	sep.	vollmechanisiert	Multitest max. 30 Tests	190 Tests/h
Hybritech Elite	Fluorimetrie	HCG/IgE/Prolactin TSH/Ferritin	sep.	vollmechanisiert	Multitest random access	120 Tests/h

LKB Delfia	Fluorimetrie	Schilddrüse: T3/T4/TSH Tumormarker: CEA, AFP, CA 50 Reprod.: LH, FSH, HCG Ferritin, Prolactin Andere: Dig., Cort, HBsAg, IgE	sep.	teilmechanisiert (manueller Meßplatz mit mech. Meß-/ Auswertestation)	batch	60 — 120 Tests/h
Olympus PK 300	Photometrie	Schilddrüse: T3/T4/TSH Tumormarker: CEA/AFP Infect. Diagn. HBsAg in Vorber. Andere: Ig, Insulin	sep.	vollmechanisiert	Multitest (max. 8 Tests)	60 Tests/h
Roche Cobas Resa	Photometrie	Hepatitis: HBsAg/a-HBs/ a-HBc CEA, AFP Andere: HCG	sep.	teilmechan. Meß- platz separate Wasch- station und Meß-/ Auswertestation	batch	60 — 120 Tests/h
Syva Advance	Fluorimetrie (FETI)	EMIT drugtests Andere: Dig, T4, TU, Cortisol IgGAM, CRP	sep.-frei	teilmechan. Meß- platz (manuelle Probendosierung)	batch	60 — 80 Tests/h

und Haptenbestimmungen unterhalb der 10^{-9} mol/l-Schwelle (wie Tumormarker CEA, wie Hormon TSH, wie Hapten FT4) jedoch stehen praktisch keine gelabelten, separationsfreien Immunoassays zur Verfügung [89, 90, 15, 47].

Eine Ausnahme von dieser Limitierung stellt die Gruppe der latexmarkierten Präzipitationstests dar. Durch Einsatz der Particle-Counting-Technik oder der Streulichtmessung im langwelligen Bereich sind praktische Nachweisgrenzen für Haptene und Proteine bis hinunter zu 10^{-12} mol/l beschrieben worden.

4 Separations-Immunoassays

4.1 Allgemeines

Wegen der relativ einfachen Handhabung und der Möglichkeit, bereits vorhandene mechanisierte Arbeitsplätze bzw. Analysenautomaten einsetzen zu können, wurden in der jüngeren Vergangenheit in zahlreichen Forschungsgruppen große Anstrengungen unternommen, das Testmenue der separationsfreien Immunoassays auch auf niedrig konzentrierte ($< 10^{-9}$ mol/l) und große Moleküle auszuweiten. Einzelne Erfolge in dieser Richtung können jedoch nicht suggerieren, daß bereits ein entscheidender Durchbruch erzielt sei [91].

Im Gegensatz dazu ist es gelungen, durch Verkürzung der Reaktions- und Inkubationszeiten, durch Fortschritte in der B/F-Trennung, durch Ein-Schritt-Assays und durch Mechanisierung/Automatisierung die Separation-Immunoassays für den Anwender im Routine-Labor so einfach in der Durchführung zu machen, daß das ursprüngliche Ziel, die Separations- durch separationsfreie Tests abzulösen, stark an Bedeutung verloren hat.

Die Entwicklung eines Separations-Immunoassays erfordert die sorgfältige Auswahl

— des Materials für die Festphase zur Immobilisierung der Antigene bzw. Antikörper
— der immunologischen Einsatzstoffe
— eines Testprinzips
— des signalerzeugenden Systems

In den folgenden Kapiteln sollen Vor- und Nachteile der verschiedenen Verfahren diskutiert, im Handel erhältliche Produkte beispielhaft beschrieben und mögliche Interferenzen aufgelistet werden.

4.2 Festphase und Immobilisierung von Antikörpern, Antigenen und Haptenen

Die Festphase zusammen mit dem gebundenen Antigen oder Antikörper dient dem Aufkonzentrieren bzw. „Herausfischen" des zu bestimmenden Analyten. Dieser Reaktionsschritt ist somit mitbestimmend für eine Reihe von Testeigenschaften wie Sensitivität, Präzision und Interferenzen.

An die Festphase werden folgende Anforderungen gestellt:

— der Einfluß auf die biochemische Reaktivität des immobilisierten
Moleküls soll vernachlässigbar klein sein,
— die Bindungskapazität für unterschiedliche Antikörper und Antigene
soll hoch sein,
— immobilisierte Antikörper sollen mit dem Fc-Teil an die Festphase
gebunden, mit dem Fab-Teil in die Lösung ausgerichtet sein.

Die gebräuchlichsten Materialien für die Festphase sind Kunststoffe
(Polystyrol, Polyacrylamid, Polyvinylchlorid, Polypropylen). Andere
Materialien wie Glas, Nitrocellulose, Agarose, Cellulose und Dextran sind
heute für den Routineeinsatz weniger gebräuchlich, obwohl sie teilweise
den Vorteil einer größeren Oberfläche und die Möglichkeit einer kovalenten Bindung bieten.

Bei der Festlegung auf einen bestimmten Kunststoff als Festphase sind
strenge Auswahlkriterien erforderlich: Kunststoffe zeigen in ihrem Bindungsverhalten mit Antikörpern starke Schwankungen zwischen den
verschiedenen Chargen, ja sogar innerhalb einer Charge. Bekannt und
in der Literatur beschrieben sind ebenfalls thermische Einflüsse beim
Spritzgußverfahren der Plastikmaterialien.

Bei der Bindung des Antikörpers an die Wand ist nach wie vor die
nicht-kovalente Adsorption die am häufigsten angewandte Methode, obwohl die hierfür entscheidenden Einflußgrößen wie Temperatur, Zeit und
Konzentration zwar empirisch bekannt aber im Detail noch weitgehend
ungeklärt sind.

Es konnte gezeigt werden, daß durch die Bindung an die Festphase die
Avidität des Antikörpers mit großen Molekülen um 1 bis 2 Zehnerpotenzen
erniedrigt ist, daß aufgrund der niedrigen Bindungskapazität von Plastik
nicht alle Antikörper geeignet sind und eine spezifische Auswahl ge-
troffen werden muß. In der Literatur sind Fälle beschrieben, wo bis zu
70% des nicht kovalent gebundenen Antikörpers während des Tests
desorbiert wurden. In einigen Fällen konnte das Bindungsverhalten und
damit die Sensitivität und Nachweisgrenze des Enzymimmunoassays
durch teilweise Denaturierung des Beschichtungsmaterials beträchtlich
verbessert werden: durch Einstellen des Antikörpers auf pH 2,5 [92] oder
durch Einflüsse anderer denaturierender Faktoren (Harnstoff, erhöhte
Temperatur) vor der Beschichtung [93]. Da das Fab-Fragment gegenüber
Denaturierung resistenter ist als Fc nimmt man an, daß in der Fc-Region
mehr hydrophobe Stellen freigelegt werden, die bevorzugt absorbiert
werden.

Bei Beschichtung mit Antiserum anstelle von gereinigtem IgG wird bei
einer bestimmten Verdünnung ein Optimum erreicht. Eine Änderung
dieses Verdünnungsoptimums kann die Sensitivität und Nachweisgrenze
des Tests in Extremfällen um den Faktor 30 verschlechtern, da die Steilheit der dose-response-Kurve extrem abhängig ist von der Menge des an
die Festphase gebundenen Antikörpers.

4.3 Auswahl der Antikörper: Monoklonale Antikörper versus polyklonale Antikörper; Fab-Fragmente versus Gesamt-IgG

Für die Auswahl der Antikörper gelten verschiedene Kriterien, die je nach Test aufeinander abgestimmt und optimiert werden müssen:

— Die Bindungskonstante zu dem dazugehörigen Antigen sollte hoch sein. Die Bindungskonstanten liegen üblicherweise zwischen 10^5 und 10^{11} l/mol. Hohe Bindungskonstanten ermöglichen kleine Probevolumen bzw. kürzere Inkubationszeiten.

— Die Spezifität und damit der Unterschied in der Affinität zu zwei ähnlichen Molekülen soll groß sein.

— Produktion in großem Maßstab muß möglich, die Qualität zur Vermeidung von Chargenunterschieden reproduzierbar sein.

Ein Teil der oben genannten Forderungen wird eher von polyklonalen, andere Kriterien eher von monoklonalen Antikörpern erfüllt:

a) Unterschiede in der Affinität und im Verhalten gegenüber Umfeldveränderungen:
Entsprechend Abb. 7 setzt sich ein polyklonaler Antikörper aus einer Vielzahl spezifischer Antikörper mit einem breiten Spektrum an Affinitäten und Spezifitäten zusammen. Bei der Bindung an ein Antigen können sich beim polyklonalen Antikörper die Affinitäten addieren, so daß die Avidität höher ist als bei monoklonalen Antikörpern. Die tendenziell erniedrigte Affinität ließe sich durch den Einsatz eines Gemisches monoklonaler Antikörper vermeiden. Monoklonale Antikörper sind außerdem sehr empfindlich gegenüber Änderungen des unmittelbaren Umfeldes (pH, Salzkonzentration).

b) Spezifität
Monoklonale Antikörper sind uniform und spezifisch gegen ein bestimmtes Epitop gerichtet. Sie haben daher eine höhere Spezifität als polyklonale Antikörper. Diese Spezifität kann in seltenen Fällen jedoch auch von Nachteil sein, so z. B. wenn sich das Antigen aufgrund eines genetischen Polymorphismus geringfügig verändert. Die erhöhte Spezifität der monoklonale Antikörper ist jedoch von Vorteil in

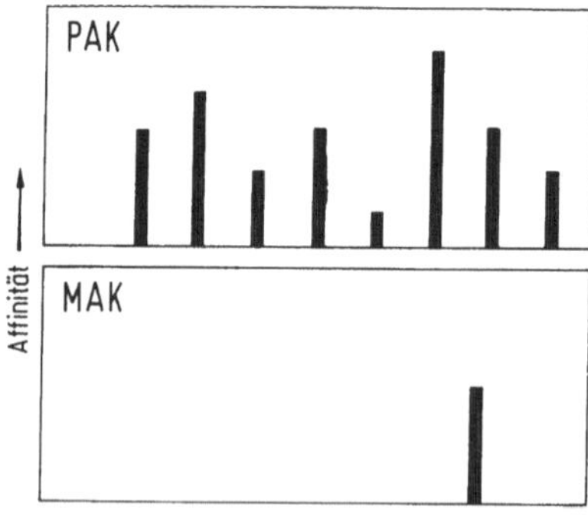

Abb. 7. Graphische Darstellung zur Erläuterung des Affinitäts- und Spezifitätsverhaltens polyklonaler und monoklonaler Antikörper

Immunoassays wie z. B. HCG (Vermeidung der Kreuzreaktivität mit den α-Ketten von LH, FSH oder TSH) oder CEA (Vermeidung der Kreuzreaktivität mit strukturell ähnlichen Antigenen wie NCA-1, NCA-2, etc.). In solchen Fällen ergeben Tests mit monoklonalen Antikörpern niedrigere Werte (vgl. Abbott CEA-Tests mit monoklonalen oder polyklonalen Antikörpern).

In der Literatur wird jedoch auch über eine multiple Reaktivität von monoklonalen Antikörpern berichtet [94], die auf eine partielle Identität der Epitope bzw. auf eine zusätzliche Bindekapazität des multivalenten Antikörpers zurückgeführt wird.

c) Herstellbarkeit

Da es unmöglich ist von unterschiedlichen Tieren gleicher Rasse oder selbst von demselben Tier bei aufeinanderfolgenden Abnahmen uniforme Antiseren zu erhalten, beinhalten Tests mit polyklonalen Antikörpern das Problem von Chargenunterschieden, wenn nicht jeweils mit aufwendigen Verfahren neu optimiert wird, oder ein großer Vorrat eines Antiserum-Pools bei Beginn der Testentwicklung vorliegt.

Mit Hilfe der Hybridoma-Technologie lassen sich jedoch uniforme monoklonale Antikörper in nahezu unbegrenzter Menge herstellen. Monoklonale Antikörper haben daher gegenüber polyklonalen Antikörpern den Vorteil der Homogenität und Verfügbarkeit.

In bestimmten Testverfahren ist es vorteilhaft, anstelle des kompletten Ig-Moleküls nur das Fab-Fragment einzusetzen, da sie bei Sandwich-Assays einen niedrigeren Leerwert ergeben und die nicht-spezifische Bindung von Rheumafaktoren vermindern: Reduzierung von Interferenzen durch Auto-Antikörper am Fc-Teil. Sie tragen damit zu einer Empfindlichkeitssteigerung im Testsystem bei.

Porstmann et al. [126] sind jedoch der Meinung, daß der Gewinn an Empfindlichkeit in keinem Verhältnis zur aufwendigen Präparation des Fab-Fragmentes steht [95]. Hinzu kommt, daß Fab-Fragmente im Vergleich zum Gesamt-Ig eine geringere Avidität und eine Tendenz zu schlechterer Bindung an die Kunststoffmatrix zeigen.

Aus den unter § 4.2 und § 4.3 nur stichpunktartig angeschnittenen Problemkreisen kann man unschwer erkennen, daß dieses Fachgebiet mit viel empirischem know-how und aufwendigen Herstell- und Qualitätskontrollverfahren verbunden ist. Von einer „Eigenentwicklung für den Herausgebrauch" sei daher eher abgeraten.

4.4 Reaktionsführungen von Separations-Immunoassays mit label

Alle Verfahren arbeiten entweder mit großem Überschuß der Immunkomponente (IEMA, IFMA) oder nach dem Kompetitionsprinzip (EIA, FIA, CELIA), wobei das gelabelte und ungelabelte Testmolekül um die Immunokomponente konkurrieren (Abb. 8 bis Abb. 13).

Bei den immunometrischen Sandwich-Verfahren mit überschüssigem Antikörper wird in Übereinstimmung mit dem Massenwirkungsgesetz selbst bei sehr niedrigen Konzentrationen des Analyten ein hoher Anteil mit dem Antikörper reagieren. Die Empfindlichkeit ist daher bei diesen

Verfahren potentiell deutlich höher als bei den kompetitiven Verfahren (Abb. 8 und 9).

Bei den kompetitiven Verfahren wird die Empfindlichkeit im wesentlichen bestimmt durch den Quotienten von experimentellen Fehlern

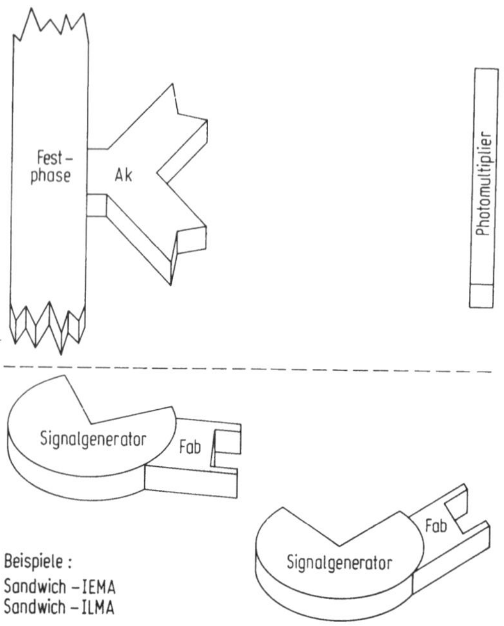

Abb. 8. Separations-Immunoassay — Sandwich-immuno-metrisches Prinzip

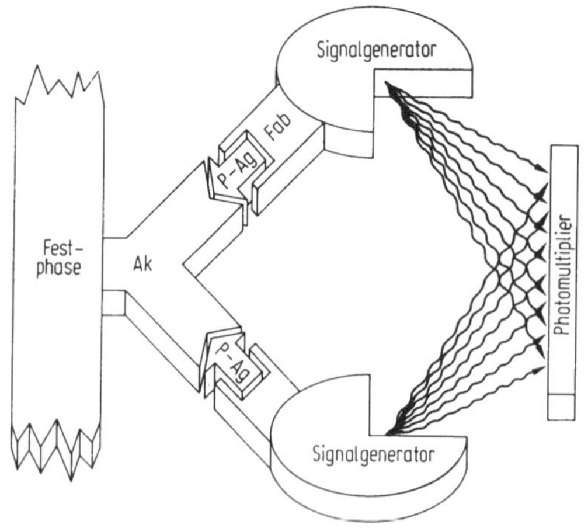

Abb. 9. Separations-Immunoassay — Sandwich-immuno-metrisches Prinzip

(VK %) und der Affinitätskonstanten. Dadurch erreichen diese Verfahren eine geringere Sensitivität als die Sandwich-Verfahren (Abb. 10 und 11).

Die Spezifität dagegen wird größtenteils von der Affinitätskonstanten bestimmt. Da kreuzreagierende Substanzen meist schwächer binden als das spezifische Antigen, sind kompetitive Verfahren mit polyklonalen Antikörpern häufig spezifischer als Verfahren mit überschüssigem Anti-

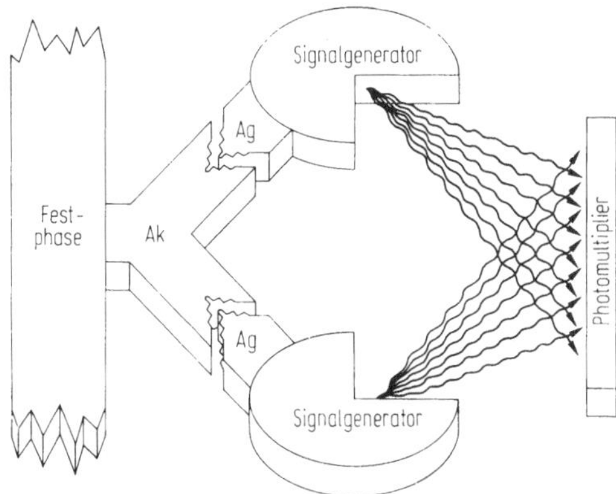

Abb. 10. Separations-Immunoassay mit kompetitiver Testführung

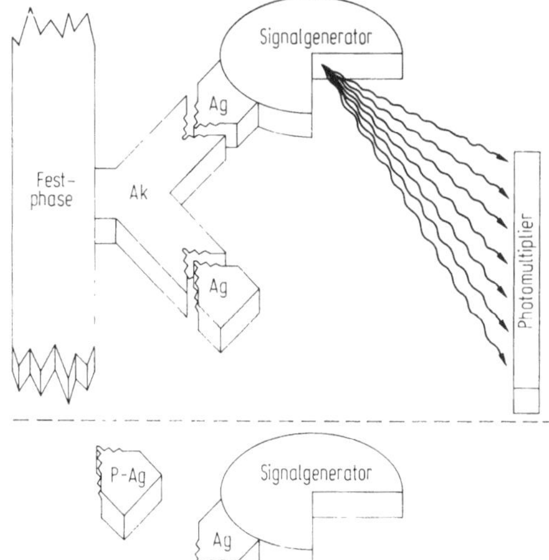

Abb. 11. Separations-Immunoassay mit kompetitiver Testführung

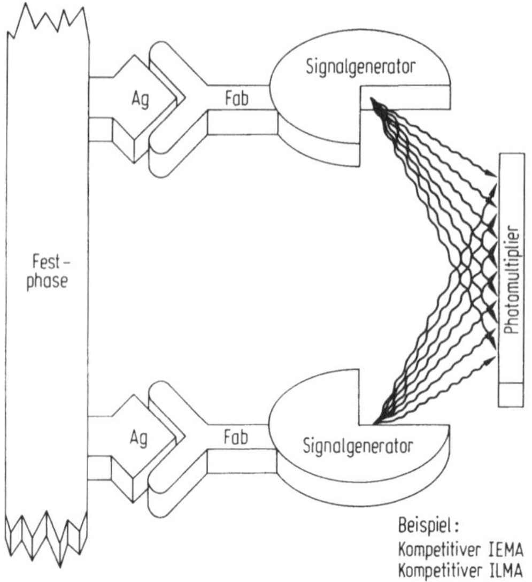

Abb. 12. Separations-Immunoassay kompetitives, immunometrisches Prinzip

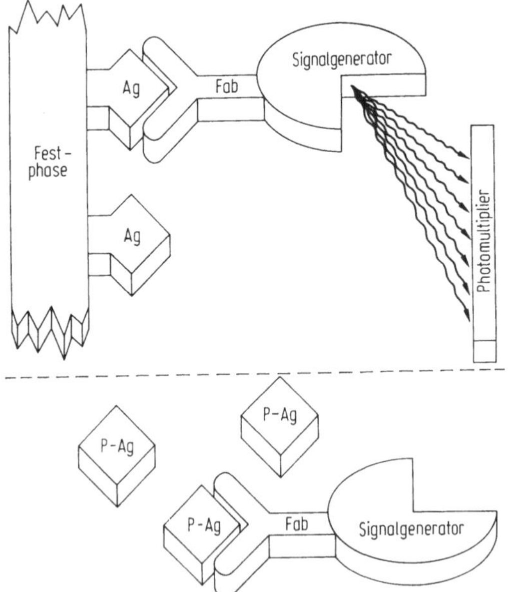

Abb. 13. Separations-Immunoassay kompetitives, immunometrisches Prinzip

körper. Heute läßt sich jedoch durch den Einsatz von monoklonalen Antikörpern mit unterschiedlicher Epitop-Spezifität auch im Sandwich-Verfahren die Spezifität erhöhen.

Als Variante der beiden oben genannten Testprinzipien ist noch der kompetitive immunometrische Test zu nennen, bei dem gelabelter Antikörper im Überschuß mit dem Analyten der Probe reagiert. Nicht umgesetzte Antikörper reagieren im 2. Schritt mit dem an die Festphase gebundenen Antigen (Abb. 12 und 13).

4.4.1 Enzym als label

Separations-Immunoassays mit Enzymen als label haben in der diagnostischen Medizin und biologischen Forschung viele herkömmliche Verfahren verdrängt (z. B. Blutkörperchen-Agglutination, Komplement Fixierung, Immunofluoreszenz und RIA) und neue Wege gewiesen. In Tabelle 6 sind die Vorteile der Enzymimmunoassays aufgelistet, die zu diesem Siegeszug geführt haben:

Tabelle 6. Vorteile der Enzym-Immunoassays

— Sensitivität

Ein einziges Enzym-label vermag viele Substratmoleküle umzusetzen. Die Tests stehen in bezug auf Sensitivität und Nachweisgrenze anderen Verfahren incl. RIA nicht nach.

— Geringe Kosten

Enzym-Aktivitäten lassen sich leicht messen. Die Verfahren sind in Routinelaboratorien bekannt. Vorhandene Geräte bzw. Automaten können zum Teil eingesetzt werden. Die Verfahren erfordern nicht notwendigerweise hohe Invest-Kosten bzw. Entsorgungskosten wie bei radioaktiven Materialien.

— Stabile Resultate

Enzyme sind relativ billig, in gereinigter Form leicht verfügbar und haben eine hohe Stabilität. Dies ermöglicht Lagerhaltung, größere Produktionschargen und damit bessere Konstanz der Reagentien.

— Ungefährliche Einsatzstoffe

Da es keine radioaktiven Abfälle gibt, können die Methoden praktisch in jedem Laboratorium eingesetzt werden (keine Spezial-Lizenz erforderlich). Zwar enthalten auch manche kommerziellen Produkte carcinogene bzw. mutagene Einsatzstoffe bzw. Indikatorsysteme, jedoch haben sich die Tests mit ABTS bzw. Tetramethylbenzidin als weitgehend ungefährlich erwiesen [4].

Als wesentliche Probleme bei Enzymimmunoassays sind die Konjugatherstellung, die ungenügende Qualitätskontrolle der Festphase (wie bei allen Separations-IA) und die unspezifische Bindung erkannt. Bei einem noch vor wenigen Jahren existierenden Problem — mangelnde Mechanisierung/Automatisierung — wurden inzwischen entscheidende Verbesserungen registriert (s. Kapitel 5).

4.4.1.1 Enzymimmunoassay mit lichtabsorbierendem Meßprinzip (Abbott, Boehringer Mannheim, Hybritech etc.)

Im Unterschied zu Radioimmunoassays muß bei Enzymimmunoassays der immunologischen Reaktion eine Indikatorreaktion folgen, um die im Antigen-Antikörper-Komplex gebundene Enzymaktivität photometrisch zu bestimmen.

In der Literatur sind zahlreiche Markierungsenzyme beschrieben. Die wichtigsten davon, die auch in kommerziellen Enzymimmunoassays auf dem Markt erhältlich sind, werden in Tabelle 7 beschrieben.

Bei weitem am häufigsten wird Peroxidase (POD) als Markierungsenzym eingesetzt.

POD erlaubt ein relativ einfaches Verfahren zur Konjugatherstellung

Tabelle 7. Kommerzielle Enzymimmunoassays und zugehörige Indikatorsysteme

Enzym	kommerzielles Produkt	Festphase	Substrat	Meßwellenlänge
Peroxidase	Enzymun-Test Diagn. (Boehringer Mannheim)	tube	ABTS	405 – 578
	EIA-Test (Abbott Laboratories)	beads	OPD	492
	Enzygnost (Hoechst/Behring)	tube	OPD	492
	SOPHEIA (Diagn. Prod. Corp.)	tube	ABTS	405 – 578
	Microelisa-Test (Organon)	Mikrotiter	TMB	450
	EIA-Test (Roche)	beads	OPD	492
	Epsilon-Test (Beckman)	beads	OPD	492
Alkalische Phosphatase	Tandem E (Hybritech)	beads	pNPP	405
	(Lab-System OY)	Mikrotiter	pNPP	405
	STRATUS (AHS)	Glasfasern Plakette	4-MUFP	450
Glucose-Oxidase	Ektachem	Polystyrol Plakette	Leukofarbst.	450

im Gegensatz zur Alkalischen Phosphatase (AP) (hoher Polymerisations-
grad). POD wie AP sind gleichermaßen serum-endogene Substanzen; die
POD-Konzentration ist jedoch nicht wie die AP-Konzentration von verschiedenen Krankheitsbildern stark beeinflußt und ergibt damit konstante
Resultate.

Ein Nachteil der POD ist die relativ hohe Empfindlichkeit gegenüber
Verunreinigungen: Polystyrol-Harze oder -Oberflächen in Abwesenheit
von Tween 20 desaktivieren die Peroxidase [96]. Peroxidase reagiert
ebenfalls empfindlich auf Bakterien, bakteriostatische Agentien (Azid),
Cyanid und Sulfid.

Die AP ist im Vergleich zur POD teuer und es sind keine Verfahren
beschrieben, um definierte Konjugate zu erhalten [97].

Die AP ist gegenüber generellen Verunreinigungen weniger empfindlich
als die POD, wird jedoch durch Phosphat gehemmt. Phosphat wiederum
ist häufig im Waschwasser enthalten (PBS); außerdem entsteht es durch
spontane Hydrolyse des Substrats (PNPP) besonders bei Temperaturen
oberhalb 30 °C.

Als Substrat für die POD wird bevorzugt ABTS eingesetzt, dessen
Oxidationsprodukt ein Absorptionsmaximum bei 414 mm besitzt, und das
sich bisher als ungefährlicher Einsatzstoff gezeigt hat.

o-Dianisidin wird zwar ebenfalls gelegentlich als Substrat verwendet,
wird aber wegen seiner geringen Löslichkeit und Empfindlichkeit gegenüber
Ammoniumsalzen nicht empfohlen [98].

o-Phenylendiamin hat je nach pH-Wert ein Maximum bei 445 nm bzw.
492 nm. Es ist ein sehr sensitiver Indikator, hat jedoch den Nachteil, daß
es lichtempfindlich ist und wahrscheinlich auch mutagen.

4.4.1.2 Enzymimmunoassay mit chemiluminometrischem Meßprinzip (Amerlite-System)

Die Testführung beim Amerlite-System ist weitgehend vergleichbar zu
den oben beschriebenen Enzymimmunoassays:

Das Antigen bei kompetitiven Assays bzw. der Antikörper bei Sand-
wich-Assays ist mit dem Enzym Peroxidase gelabelt. Zur Auslösung der
Indikatorreaktion wird jedoch keine Farblösung, sondern die „Enhancer-
Lösung" zugegeben.

Diese enthält Luminol, Wasserstoffperoxid und die „Enhancer-Sub-
stanz".

Das Luminol wird durch das Peroxid unter dem katalytischen Einfluß
der POD unter Emission von Licht oxidiert. Der Enhancer verstärkt und
stabilisiert die durch die POD modulierte Lumineszenz über einen Zeitraum von 20 min. Dies ermöglicht im Gegensatz zu den Chemilumineszenz-
Tests von anderen Firmen den Start der Reaktion außerhalb der Meß-
kammer.

Im Unterschied zu den bisher beschriebenen Enzymimmunoassays
benötigt dieses Verfahren ein spezielles Meßgerät.

In der Literatur wurde über Schwierigkeiten bei der Reindarstellung
von Luminol berichtet [99], was u. U. die Chargenhomogenität beeinflussen
könnte.

4.4.1.3 Enzymimmunoassay mit fluorimetrischem Meßprinzip (Stratus System/ELITE-System)

Bei den Enzymimmunoassays mit photometrischem Meßprinzip ist als entscheidende Einschränkung für die Empfindlichkeit die Menge an Substrat zu betrachten, die umgesetzt werden muß bevor eine zuverlässige Messung erfolgen kann. Mit fluorogenen Substraten kann die Nachweisgrenze beträchtlich gesenkt werden, vorausgesetzt andere Einflußfaktoren werden nicht limitierend (Untergrundfluoreszenz, Streulichteffekte etc.)

Beim *STRATUS System von DADE/AHS* ist das Antigen bzw. der Antikörper mit alkalischer Phosphatase konjugiert, als Substrat wird 4-Methylumbelliferylphosphat eingesetzt, das unter dem Einfluß des Enzyms in das fluoreszierende 4-Methylumbelliferon umgesetzt wird. Die Kinetik der Fluoreszenzemission wird nach Anregung bei 365 nm in einem 20 sec. Interval 100mal bei 450 nm in dem vollmechanisierten Stratus-Analyzer gemessen.

Als Festphase für die Antikörper dienen Glasfasern in einer Plastikplakette von 2,5 cm Durchmesser. Nach dem Pipettieren der Probe und des Konjugates auf die Plakette diffundieren die nicht bindenden Fraktionen der Probe, des Konjugates in die äußere Randzone (Radial Partition Assay). Die Menge an gebundenem Konjugat katalysiert die Entstehung des fluoreszierenden Tracers.

Das *Photon ELITE-System von Hybritech* verwendet ebenfalls AP-Konjugate und 4-Methylumbelliferylphosphat als Substrat.

Als Festphase dienen magnetische beads, die zusammen mit dem Konjugat in dem Tandem-M-PAK enthalten sind.

Die Reaktion in jedem Reaktionsgefäß startet nach automatischem Durchstoßen der Aluminium-Folie und Rekonstitution des Lyophilisates mit verdünnter Probe. Die Gesamtreaktionszeit inclusive Waschen und 10 min Substratreaktion beträgt 40 min bei 37 °C.

Die Messung in dem vollmechanisierten Analysengerät geschieht durch Einstrahlung des Anregungslichtes in das Reaktionsgefäß und Verfolgung der Kinetik der Fluoreszenzemission über 100 sec.

4.4.1.4 Enzymimmunoassay mit reflektometrischem Meßprinzip (Ektachem System von Kodak)

Die Immunoassays für das Ektachem-System sind in einer mehrschichtigen Filmplakette integriert. Die Indikatorschicht enthält Peroxidase und einen Leukofarbstoff in Gelatine. Die Verteiler-Schicht aus Styrolteilchen enthält immobilisierten Antikörper. Das Glukoseoxidase-Konjugat ist in separater Form lyophilisiert.

Die Probe und ein Diluent werden zu dem lyophilisierten Konjugat gegeben und danach wenige Mikroliter des Gemisches auf das Filmelement pipettiert. Beim Eindringen reagieren das Konjugat und der Analyt in einem kompetitiven Assay mit dem immobilisierten Antikörper. Die Menge des gebundenen Konjugats ist umgekehrt proportional der Analytkonzentration.

Diese Tests sind unseres Wissens bisher im Handel noch nicht erhältlich.

4.4.2 Metallchelat als Label

4.4.2.1 Metallimmonoassay mit fluorimetrischem Meßprinzip (Delfia)

DELFIA steht für „Dissociation enhanced lanthanide fluorescence immuno-assay". Nach der IFCC-Nomenklatur handelt es sich jedoch aufgrund der labels um einen Metallo-Immunoassay.

Die Fluoreszenz-Immunoassays haben zwar theoretisch ein dem RIA überlegenes Empfindlichkeitspotential, in der Praxis wird diese Empfindlichkeit jedoch stark limitiert durch eine hohe Untergrundsfluoreszenz (Serumbestandteile, Proteine, Kunststoffmaterialien) und Streulichteffekte.

Zur Ausschaltung dieser unerwünschten Untergrundfluoreszenz macht man sich bei der „time-resolved Fluorimetrie" zunutze, daß die Fluoreszenz-Lebensdauer von dem fluoreszierenden Material abhängt. Die Halbwertszeit liegt in der Regel in der Größenordnung von 10^{-8} bis 10^{-9} sec, bei bestimmten Metallchelaten ist sie jedoch beträchtlich größer und beträgt ca. 10^{-3} bis 10^{-6} sec. Bei der DELFIA Technologie wird daher das Fluoreszenzsignal erst gemessen, nachdem das Hintergrundsignal abgeklungen ist (Abb. 14).

Dabei wird gepulstes Licht von einer Xenon-Blitzlampe benutzt um das label anzuregen. Nach einer Verzögerung von 400 µsec wird die Emissionsfluoreszenz über einen Zeitraum von 400 µsec gemessen. Diese 1 msec dauernden Intervalle werden über eine Gesamtmeßzeit von 1 sec aufintegriert.

Als label der Antikörper wird hierbei aus Stabilitätsgründen ein nichtfluoreszierendes Europium EDTA-Chelat eingesetzt. Nach der Bindung des gelabelten Antikörpers an die Festphase und erfolgter B/F-Trennung muß das Europium als Tracer für den Analyten nachgewiesen werden.

Da der vorliegende EDTA-Chelat nicht oder nur ungenügend fluoresziert, wird umchelatiert durch Zugabe der „Enhancement-Lösung".

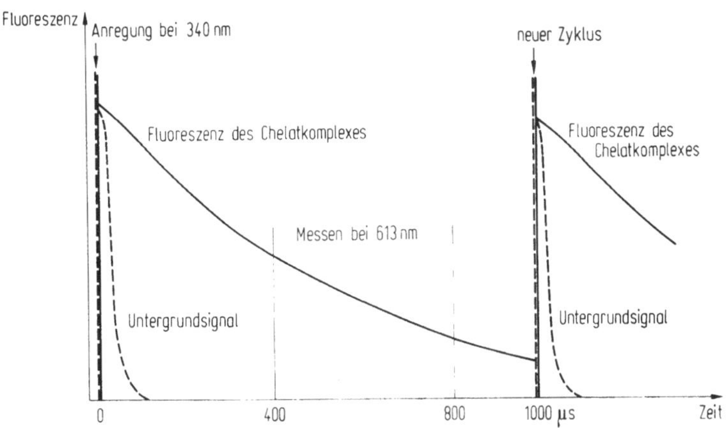

Abb. 14. Meßprinzip der DELFIA-Technologie

Diese Lösung besteht aus: Acetat/Phthalat-Puffer (pH 3,2), β-Naphtyl-trifluoraceton (NTA), Trioctylphosphinoxid (TOPO) und Triton X-100.

Der saure pH bewirkt die Ablösung des Eu^{3+}-Ions aus dem EDTA-Komplex. Das NTA chelatiert das Eu^{3+} in einen neuen Komplex, dessen Fluoreszenz durch TOPO um mehrere Zehnerpotenzen verstärkt wird. Triton X-100 dient einerseits zur Verbesserung der Löslichkeit des NTA bzw. TOPO, aber auch zur Schaffung einer hydrophoben Umgebung zur Messung des Fluoreszenz.

Die untere Nachweisgrenze wird mit 10^{-13} bis 10^{-14} mol/l berechnet. Mit modifizierten Chelaten ließe sich eventuell die untere Nachweisgrenze nochmals um 1 bis 3 Zehnerpotenzen steigern.

4.4.3 Luminogen als label

Bei chemiluminometrischen Reaktionen wird das chemisch definierte label (z. B. Luminol, Isoluminol-Derivate, Acridiniumverbindungen) oxidativ umgesetzt. Dabei entstehen Zwischenprodukte mit elektronisch angeregten Zuständen, die unter Abgabe von Energie in Form von Licht in den Grundzustand zurückkehren. Die Quantenausbeute liegt im allgemeinen zwischen 0,1 bis ca. 30%.

In der Natur gibt es dagegen viel effizientere Lumineszenz-Reaktionen, die mit NAD- bzw. ATP-Cofaktoren arbeiten und folgerichtig als Biolumineszenz bezeichnet werden. Die wohl bekannteste Reaktion dieser Art ist die ATP-abhängige Luciferase-/Luciferin Biolumineszenz der Leuchtkäfer.

Hervorragende Eigenschaften der Chemilumineszenz-Label sind ihre Stabilität (stabile Eichkurven), Geschwindigkeit der Umsetzung und die Nachweisempfindlichkeit.

Die Empfindlichkeit und Präzision kann beeinflußt werden durch Quench- und Streulichteffekte im biologischen Material und durch die Zugabe des Startreagenzes und unmittelbare Durchmischung im Reaktionsansatz.

4.4.3.1 Lumineszenz-Immunoassay mit Acridinium-Derivaten als label
(Magic-lite System der Firma Ciba Corning)

Das Magic-lite System der Firma Ciba Corning verwendet als Festphase paramagnetische Partikel, die kovalent an monoklonale Antikörper bzw. Antigene gekoppelt sind. Die B/F-Trennung erfolgt im magnetischen Feld mit anschließendem Dekantieren. Durch die weitgehend homogene Verteilung der gelabelten paramagnetischen Partikel und ihre große Oberfläche ist die Reaktionszeit für diesen Schritt relativ kurz. Das Testprogramm umfaßt derzeit T3, T4, TU, FT4, FT3, TSH. Weitere Tests sind geplant.

Das TSH wird in einem Einschritt-Sandwich-Assay bestimmt, wobei der zweite monoklonale Antikörper mit Acridiniumester gelabelt ist. Acridiniumester benötigen im Gegensatz zu den Luminol-Systemen kein Enzym zum Start der Licht-emittierenden Reaktion und bieten eine höhere Quantenausbeute.

Die Haptene werden nach dem kompetitiven Prinzip bestimmt. Dabei konkurriert im ersten Schritt das Antigen der Probe mit einem an die Festphase gebundenen Antigen um den gelabelten monoklonalen Antikörper. Nach der magnetischen B/F-Trennung werden die Proben in einem teilmechanisierten Luminometer der Firma BERTHOLD vermessen, wobei die Reaktion in dem manuell eingesetzten Meßröhrchen durch automatische Zugabe von Natronlauge und saurer Peroxid-Lösung initiiert wird. Der Start der Reaktion muß im Luminometer erfolgen, da die Lichtemission innerhalb von 1 bis 2 Sekunden abgeschlossen ist. Schnelle Zugabe und unmittelbares gründliches Mischen sind wegen der Geschwindigkeit der Reaktion Voraussetzung für gute Präzisionen.

Da das Label eine chemisch definierte Substanz ist (im Gegensatz z. B. zu einem Enzym wie POD) sind die Eichkurven stabil und können gespeichert werden: eine Rekalibrierung über eine 2-Punkt-Eichung ist möglich.

4.4.3.2 Lumineszenz-Immunoassay mit Luminol-Derivaten als Label (Lumitest System der Firma Henning)

Das Lumitest System der Firma Henning verwendet als Festphase Polystyrolkugeln, die mit Antikörpern oder Antigenen beschichtet sind. Entsprechend den RIA bzw. dem IRMA werden bei dem Chemilumineszenz-Verfahren von Henning das CELIA- (kompetitiver Chemilumineszenz-Immunoassay) bzw. das ILMA- (immunoluminometrischer Assay = Sandwich-Verfahren) und als besonders empfindliche Variante z. B. für FT4 das SPALT-Verfahren [113] eingesetzt.

Bei dem SPALT-Prinzip reagiert im ersten Schritt die Probe mit dem Luminogen-markierten Antikörper (Tracer). Nach Inkubation erfolgt Zugabe von Antigen, das an die Festphase gebunden ist. Nach der B/F-Trennung (Waschen) und überführen der Kugeln in das Meßröhrchen erfolgt die Lumineszenz-erzeugende Reaktion mit Katalase und alkalischer Peroxidlösung.

Als Luminogen-Label werden Derivate des Luminols eingesetzt, die zum Start der lichtemitierenden Reaktion einen Katalysator (z. B. Katalase) benötigen. Der Start der Reaktion muß im Luminometer erfolgen, da die Lichtemission innerhalb von wenigen Sekunden abgeschlossen ist. Schnelle Zugabe und unmittelbares gründliches Mischen sind für gute Präzisionen Voraussetzung.

4.5 Reaktionsführungen von Separations-Immunoassays ohne label

Eine Sondergruppe innerhalb der nicht-isotopischen Separations-Immunoassays stellt die immunchemische Bestimmung spezieller Isoenzyme (wie PAP, LDH 1 oder CK-MB) dar.

Die Separationstechnik mittels trägergebundener Antikörper dient hier dem selektiven Isolieren („Herausfischen") des zu bestimmenden Isoenzyms aus der Probe und so seiner Abtrennung von Serumkomponenten und anderen Isoenzymen.

Zur anschließenden Vermessung des an der Festphase haftenden Isoenzyms wird — anders als bei den Sandwichimmunoassays — kein mit
einem label versehenen Antikörper benötigt. Da das Isoenzym sein label
von Natur aus besitzt und enzymatische Aktivität auch nach Reaktion
mit dem Antikörper erhalten bleibt, kann die Menge des an die Festphase
gebundenen Isoenzyms direkt durch einfache enzymatische Analyse
erfolgen. Als Beispiel soll die PAP-Bestimmung dienen [114, 115]. Tube-
gebundene PAP-Antikörper trennen die PAP des Serums von den übrigen
sauren Phosphatasen und Serumkomponenten ab. Nach einem Waschschritt wird die PAP-Aktivität in der Festphase bestimmt. Je mehr PAP-
Isoenzym sich im Serum befindet, desto höher wird die Phosphatase-
Aktivität in der gewaschenen Tube-Wand, unabhängig wie hoch die
Aktivität anderer Serumphosphatasen, Aktivatoren oder Inhibitoren im
Serum war.

5 Möglichkeiten der Mechanisierung

Das Bemühen mehrerer Firmen immunologische Tests und Tests der klassischen klinischen Chemie auf *einem* Analysengerät zusammenzuführen
muß heute als weitgehend gescheitert betrachtet werden.

Anstrengungen hierzu gab es mehrfach:

a) SYVA adaptierte die EMIT Linie auf verschiedene Analysenautomaten
   der klassischen klinischen Chemie (Multistat, Hitachi usw.). Er-
   schwerend war hierbei, daß manche dieser Geräte nicht für die Kalibrierung mit mehreren Standards und den entsprechenden Auswertealgorithmen ausgelegt waren.

b) Das von AMES/GILFORD entwickelte Analysengerät OPTIMATE
   ist sowohl für klassische Parameter als auch die drug-Tests der SLFIA-
   Linie geeignet. Im Prinzip wurden hierbei jedoch zwei unterschiedliche
   Geräte zu einem Hybridgerät integriert mit zwei Meßköpfen (Photometrie, Fluorimetrie) und unterschiedlicher Probenbehandlung (automatisches Vorverdünnen für die Arzneimittel-Tests).

c) Das System Seralyzer von AMES, das überwiegend im Labor des
   niedergelassenen Arztes steht, ist vornehmlich für klassische Parameter
   ausgelegt und bietet (mit manueller Vorverdünnung der Proben) auch
   die Möglichkeit, Theophyllin und Phenytoin zu bestimmen.

d) ABBOTT, die das TDX ursprünglich speziell für ihre FPIA-drug-Tests
   entwickelt hatten, machten später den Versuch, mit dem speziell entwickelten REA-Verfahren klassische klinisch-chemische Parameter zu
   adaptieren und damit die Menue-Palette und den Kundenkreis zu
   erweitern.

Als weitere ähnliche Beispiele wären hier noch zu nennen: das FPIA-
Immunoassay-Programm für den COBAS BIO, die Adaption von Digoxin
(ACMIA) auf ACA von DuPont, die Adaption der Hybritech Tandem E
Assays auf den Baker ENCORE Zentrifugal-Analyzer.

Wegen der unterschiedlichen Anforderungen in bezug auf

— Probenvorbehandlung
— Kalibrierungsverfahren
— Auswertealgorithmen
— Meßprinzipien

werden von den meisten Firmen heute speziell entwickelte Immunologie-Systeme angeboten, die einen mehr oder weniger hohen Mechanisierungs-grad aufweisen.

Auf diese Systeme im Detail hier einzugehen würde den Rahmen dieses Kapitels bei weitem sprengen. Eine Übersicht, die keineswegs den An-spruch auf Vollständigkeit erhebt, ist in Tabelle 5 dargestellt.

Nicht aufgeführt in dieser Tabelle sind die von mehreren Firmen ange-botenen Mikrotiterplatten-Autoreader (z. B. der Firma DYNATECH), obwohl sie als teilmechanisierte Meßplätze eingesetzt werden können.

6 Performance-Daten

Bei den unten beschriebenen Daten handelt es sich um eine Zusammen-stellung bereits vorpublizierter Daten aus Ringversuchen oder anderen Quellen.

6.1 Präzision

Beispielhaft für die Präzision separationsfreier Immunoassays sind in Abb. 15 und 16 die Interlabor-Präzisionsprofile drei verschiedener Me-thoden am Beispiel des Gentamycins und Tobramycins dargestellt. Die Resultate stammen aus mehreren Ringversuchen [100—105]. Für die Beurteilung der beschriebenen bereichsabhängigen Impräzisionen ist es notwendig, die Zahl der beteiligten Laboratorien (n) zu kennen:

Tabelle 8. Zahl der beteiligten Laboratorien

	Gentamicin	Tobramycin
Abbott TDX	620—723	538—619
AMES (SLFIA)	26—41	22—41
SYVA (EMIT)	149—253	141—220

Das bedeutet, daß jeder Markierungspunkt der in Abb. 15 und Abb. 16 dargestellten Präzisionsprofile die in Tabelle 8 genannte Zahl von Labo-ratorien beinhaltet.

In Tabelle 9 sind die Konzentrationsbereiche der 3 Methoden aufge-führt, bei denen die Präzisionsprofilkurve bei CV < 10% liegt.

Am Abbott TDX werden demnach bei diesen beiden Tests über den gesamten Konzentrationsbereich die besten Präzisionen gefunden.

Tabelle 9. Konzentrationsbereiche mit CV $<$ 10%

	Abbott TDX	Ames SLFIA	SYVA EMIT
Gentamicin [µg/ml]	1 bis $>$ 16	ca. 4,5 — 16	ca. 2,1 — 13,5
Tobramycin [µg/ml]	ges. Bereich	ca. 4,5 — 14,5	ca. 2,8 — 10

Werte mit vergleichbaren Konzentrationsmittelwerten aus zeitlich unterschiedlichen Ringversuchen werden am TDX mit den geringsten Varianzen gut wiedergefunden.

Stark streuende Punkte im Präzisionsprofil (unterschiedliche Proben mit vergleichbaren Konzentrationsbereichen) könnten auf Matrixprobleme oder Chargeninhomogenitäten hinweisen.

In Tab. 10 und 11 sind die Präzisionsdaten verschiedener Enzym- und eines Metallo-Immunoassays am Beispiel des TSH-Tests zusammengefaßt [106—111].

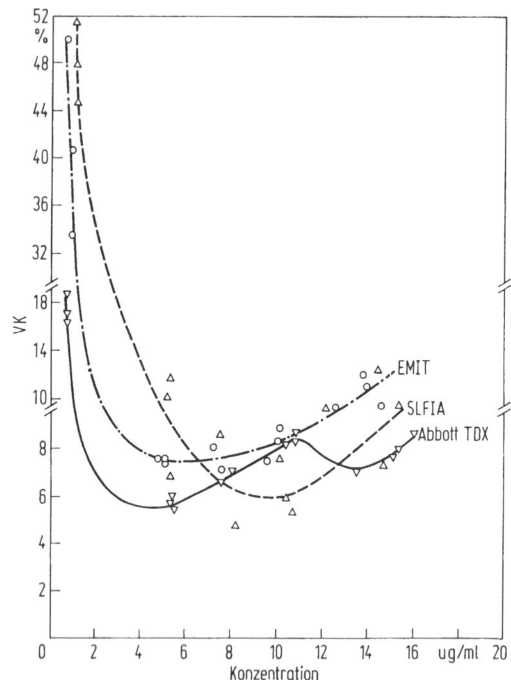

Abb. 15. Präzisionsprofil Gentamicin
Abbott TDX (. . .), SLFIA (— —), EMIT (---)

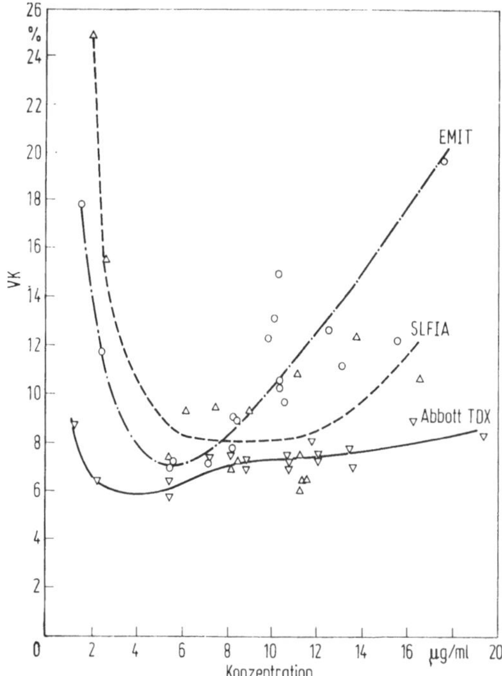

Abb. 16. Präzisionsprofil Tobramycin

Tabelle 10. Präzisionen intra-assay TSH

Konzentrations-bereich	Amerlite TSH	LKB Delfia TSH	Abbott EIA TSH	Boehringer Mannheim Enzymun-Test TSH
< 0,3 mU/l		8,5 − 11,3%		
1,0 − 10 mU/l	6,7 − 7,7%	4,7 − 8,0%	4,4 − 7,2%	5 − 8%
> 10 mU/l	7,8%	6,4%	3,9 − 4,0%	5,0%

Tabelle 11. Präzisionen inter-assay TSH

Konzentrations-bereich	Amerlite TSH	LKB Delfia TSH	Abbott EIA TSH	Boehringer Mannheim Enzymun-Test TSH
< 0,3 mU/l	24,2%			
1,0 − 10 mU/l	11,2%	8,1 − 10,9%	15,3 − 16,1%	10,0%
> 10 mU/l	6,5 − 8,0%	9,8%	13,1 − 14,8%	5,8%

Die Intraassay-Präzisionen der verschiedenen Verfahren sehen danach weitgehend vergleichbar aus, bei den Interassay-Präzisionen dagegen liegt Abbott EIA deutlich im gesamten Konzentrationsbereich $> 10\%$ VK. Dieses Ergebnis stimmt auch mit internen Ergebnissen anderer Laboratorien [112] überein, und deutet auf Chargeninhomogenitäten hin.

Generell erscheint die Aussage erlaubt, daß

- nicht-isotopische, separationsfreie Immunoassays im mg/l-Bereich Labor-zu-Labor-Präzisionen für *eine* Methode zwischen 6% und 12% (Variationskoeffizient) erreichen können,
- nicht-isotopische, Separations-Immunoassays im µg/l-Bereich für *eine* Methode folgende Präzisionen aufweisen
  - intra-assay: 5%−10% (Variationskoeffizient)
  - inter-assay: 6%−15% (Variationskoeffizient)
  - Labor-zu-Labor: 10%−20% (Variationskoeffizient,
                             z. B. für CEA, AFP [104])

Dieselben Präzisionen erreichen die State-of-the-art Radioimmunoassays.

Nicht-isotopische Immunoassays sind somit ihren isotopischen Verwandten hinsichtlich ihrer Präzision mindestens ebenbürtig.

6.2 Interferenzen

Allgemein gilt, daß Separations-Assays im Vergleich zu separationsfreien Assays störunanfälliger sind, da der Waschschritt nach jeder Inkubation alle heterologen Interferenzen beseitigt.

a) Multivalent bindende Substanzen

Boscato und Stuart [116] zeigten, daß in ungefähr 40% des untersuchten Probenmaterials multivalent bindende Substanzen vorkommen, die im Sandwich-Test den Festphasen-Antikörper und den gelabelten Antikörper binden und damit ein positives Signal verursachen, das von dem Analyt-Signal nicht zu unterscheiden ist.

Das falsch positive Signal ist am größten bei Einschrittassays, wo Probe, gelabelter Antikörper und Festphasen-Antikörper gleichzeitig im Reaktionsgemisch vorliegen.

Der Effekt kann reduziert werden durch Zugabe von überschüssigem, nichtspezifischem IgG, z. B. Rinder-, Pferde- und Maus-IgG, evtl. auch durch Pufferänderung [117] bzw. Kupfer-2-Ionen [118].

b) Rheumafaktoren

Rheumafaktoren sind häufig die Ursache falscher Ergebnisse bei Separations-Immunoassays. Die Rheumafaktoren kreuzreagieren mit dem Fc-Teil anderer IgG und erzeugen dadurch ein falsch positives Signal.

Die Störung durch Rheumafaktoren kann reduziert oder eliminiert werden, z. B. durch

- Einsatz von Fab-Fragmenten,
- Entfernen der Rheumafaktoren durch einen Überschuß des Fc-Teils des entsprechenden Antikörpers [119],
- Änderung der Zusammensetzung des Puffers [117].

c) Kreuzreaktionen

Ein Antikörper kann mit verschiedenen Antigenen reagieren. Dies ist möglich, da ein Antikörper strukturell unterschiedliche Determinanten mit unterschiedlichen Affinitäten zu binden vermag oder da auf unterschiedlichen Antigenen gleichartige Epitope existieren.

Im ersten Fall tritt eine deutliche Kreuzreaktion nur bei hohen Konzentrationen des Konkurrenzmoleküls auf wegen der niedrigeren Affinität.

Eine in der Literatur häufig beschriebene Kreuzreaktion ist die des Digoxins mit dem sogenannten DLS (digoxin like substances) [120].

d) High-dose-Hook-Effekt

Mit High-dose-Hook-Effekt wird häufig das Phänomen beschrieben, das insbesondere bei Einschritt-Sandwich-Verfahren mit Proben sehr hoher Antigen-Konzentration im Test unproportional niedrige Analysenwerte gefunden werden.

Dabei bindet bevorzugt das Antigen der Probe mit dem gelabelten Antikörper. Im nachfolgenden Waschschritt wird dieser Komplex entfernt, so daß für die Signalreaktion zu wenig gelabelter Antikörper zur Verfügung steht.

Der Effekt wird begünstigt durch zu niedrige Affinität des einen Antikörpers und durch niedrige Konjugat-Konzentrationen.

In der Literatur wird außer den oben genannten Interferenzen noch über zahlreiche Probenmaterial-abhängige Störungen berichtet:

So kann die katalytische Aktivität der POD durch Antikörper im Serum gegen das Enzym gehemmt werden und damit zu niedrigen Signalen führen [21].

Natriumazid, das häufig als Serum-Konservierungsmittel eingesetzt wird (z. B. in Kontrollseren) hemmt die Peroxidase. In einem Enzymimmunoassay mit POD-label ergeben derart stabilisierte Seren daher niedrigere Wiederfindungen als mit einem anderen Verfahren [122].

Hämolytische Proben bewirken bei separationsfreien Immunoassays aber auch bei Separations-Assays in Verbindung mit ungenügendem Waschen eine Signalerhöhung aufgrund der Pseudoperoxidase-Aktivität des Hämoglobins [122]. Dadurch werden z. B. bei kompetitiven Assays zu niedrigere, in Sandwich-Assays zu hohe Ergebnisse gefunden.

Immunoassays mit fluorimetrischem Meßprinzip zeigen teilweise Interferenzen in Abhängigkeit von der Serumalbumin-Konzentration: bindet das gelabelte Hapten an das Albumin, so kann das Fluoreszenzsignal gequencht, die Fluoreszenzpolarisation dagegen erhöht werden [123]. Ebenfalls nicht vernachlässigbar sind bei diesen Tests Störungen durch Ikterus, Hämolyse, Lipämie sowie bei Seren von chronischen Nierenkranken (Ikterus = Konzentrationserhöhung des Bilirubins; Hämolyse = Konzentrationserhöhung von freiem Hämoglobin; Lipämie = Konzentrationserhöhung der Neutralfette).

Bei Einsatz von silikonisierten Blutsammelgefäßen (z. B. Vacutainer etc.) wird gelegentlich von erhöhten Wiederfindungen für FT4 [124] und T3 berichtet.

Eine Übersicht über Interferenzen bei Immunoassays wurde von E. Nickoloff zusammengestellt [125].

6.3 Richtigkeit

Aussagen zur Richtigkeit eines isotopischen oder nicht-isotopischen, eines separationsfreien oder eines Separations-Immunoassays sind nur möglich, wenn definitive Methoden oder Referenzmethoden zur Verfügung stehen und wenn die zur Kalibration verwendeten Substanzen chemisch und physikalisch genau definierte Moleküle sind.

Praktisch alle Haptenmoleküle — wie T_4, Digoxin, Theophyllin sind chemisch und physikalisch klar definierte Substanzen.

Deshalb stellt die Kalibration von Haptentests im höheren Konzentrationsbereich — also für die meisten Arzneimittel — kein Problem dar. Ringversuche unter Einbeziehung isotopischer und nicht-isotopischer Immunoassays zeigen heute eine ausgezeichnete *Übereinstimmung der Wiederfindung* unterschiedlicher Methoden.

Die Variationsbreite der Wiederfindung von Methode zu Methode, z. B. für Gentamicin oder Tobramycin, liegt bei etwa 10% (Variationskoeffizient) und ist damit der Variationsbreite der Wiederfindung von Methode zu Methode in der Bestimmung von Substraten vergleichbar.

Eine ähnlich gute Übereinstimmung von Methode zu Methode zeigen Haptentests im tieferen Konzentrationsbereich für T_4, Digoxin oder Cortisol. Ringversuche — z. B. des College of American Pathologists — zeigen für diese Parameter eine Variationsbreite von Methode zu Methode von maximal 12% (Variationskoeffizient).

Aussagen zur Richtigkeit der Wiederfindung einer immunologischen Methode sind für Haptene mit Hilfe einer definitiven Methode oder einer Referenzmethode — wie der Massenspektrometrie — möglich.

Die Deutsche Gesellschaft für Klinische Chemie publiziert für ihre Hormonringversuchsproben den massenspektrometrisch ermittelten Wert für Steroid-Hormone und T_4 und gibt damit die Möglichkeit der Überprüfung der Richtigkeit einer immunologischen Methode, sofern sie dieselbe Ringversuchs-Probe vermißt.

Analysiert man die Richtigkeit von Immunoassays für T_4- und Cortisolbestimmungen im Rahmen solcher Ringversuche und unterstellt man den massenspektrometrischen Wert als wahren Wert, so ist eine signifikante Überschätzung beider Analyte durch die Immunoassays um ca. 10% zu beobachten (Ringversuch Hormonbestimmung 3/86 der Deutschen Gesellschaft für Klinische Chemie).

Die beiden Beispiele zeigen, daß trotz Vorliegen einer definitiven Methode und trotz klarer physikalisch-chemischer Charakterisierung der Kalibrationssubstanz (hier Cortisol und T_4) der Immunoassay falsch mißt. Fachleute führen diese Falschmessung auf die Beeinflussung der Immunreaktion durch Komponenten des Humanserums (Proteinmatrix, kreuzreagierende Strukturverwandte) zurück.

Trotz der bekannten Fehlmessungen haben sich immunologische Haptentests in niedrigen Konzentrationsbereichen für Steroide, Digoxin, T_3 und T_4 in der klinisch-chemischen Routine durchgesetzt. Die Methoden zeigen im allgemeinen gute Übereinstimmung zum „consensus value" einer Ringversuchsprobe, womit jedoch über die Richtigkeit oder Übereinstimmung in Patientenproben noch keine Aussage gemacht ist. Hier wird anstelle der Übereinstimmung in Humanproben eine Übereinstimmung in einer Kontrollprobe akzeptiert.

Keine definitiven Methoden oder Referenzmethoden und keine physikalisch-chemisch klar definierten Referenzsubstanzen gibt es für Bestimmung von Proteinen und Proteohormonen.

Dieser Mangel verhindert jegliche Aussage über die Richtigkeit eines Immunoassays.

Einziges Hilfsmittel zur Abschätzung der Richtigkeit eines beliebigen Immunoassays bietet der Methodenvergleich der zu prüfenden Methode mit einer im Labor etablierten Methode via großer Humanseren-Panel oder der Vergleich seiner Wiederfindung in Ringversuchsseren mit dem Median oder Mittelwert aller am Ringversuch beteiligten Methoden („consensus value").

6.4 Methodenvergleich über „consensus value"

Zahlreiche Organisationen führen Ringversuche für isotopische und nicht-isotopische Immunoassays durch, um dem Anwender Hinweise zur Abweichung der „Richtigkeit" seiner Methode von dem „consensus value" aller Methoden zu geben.

Aus allen neueren Ringversuchen wie des College of American Pathologist, der Deutschen Gesellschaft für Klinische Chemie, der Instand-Organisation, des Wellcome Immunoassay Quality Control Program, des britischen „external quality assessment of hormones" der University of Manchester oder des französischen centre lyonnais d'études pour la „promotion de la biologie et du contrôle de qualité" geht eindeutig hervor, daß nicht-isotopische Tests im niedrigen Konzentrationsbereich mit denselben Wiederfindungsproblemen behaftet sind wie die Isotopentests. Die im folgenden beschriebenen Ergebnisse von Ringversuchen gelten demnach gleichermaßen für Isotopentests und für nicht-isotopische Tests.

Herausragender Befund aller Ringversuche für Immunoassays im niedrig konzentrierten Bereich ist die beträchtliche Wiederfindungsabweichung der verschiedenen Methoden vom „consensus value".

Eine Kenngröße für die hohen Wiederfindungsabweichungen immunologischer Methoden ist die Bestimmung der Streuung (als Variationskoeffizient) der Ergebnisse aller Methoden für eine Ringversuchsprobe.

Für Proteine wie Ferritin, TSH oder CEA beträgt dieser Methode-zu-Methode-Variationskoeffizient — konzentrationsabhängig — 15% bis 20%.

Eine andere Kenngröße zur Charakterisierung der unterschiedlichen Wiederfindungen verschiedener Methoden ist die Ermittlung der Wiederfindungsabweichung einer Methode (Mittelwert aller Teilnehmer derselben Methode) vom consensus value (Bias %).

Analysiert man Ringversuche auf den Methoden-Bias, so erscheinen Abweichungen einer einzelnen Methode vom consensus value um $\pm 25\%$ die Regel, Abweichungen einzelner Methoden vom consensus value zwischen $\pm 30\%$ und $\pm 50\%$ (z. B. Ferritin oder CEA) erscheinen nicht ungewöhnlich.

Die starke Methodenstreuung isotopischer und nicht-isotopischer

Immunoassays wird reflektiert in den methodenspezifischen Sollwert-
angaben kommerzieller Immunoassay-Kontrollseren.

Stark eingeschränkt wird die Wertung einer Methoden-Richtigkeit/-
Wiederfindung aufgrund ihrer Lage zum consensus value in Ringversuchsproben durch die Tatsache, daß Ringversuchsproben in der Regel aus
prozessiertem Humanserum gewonnen werden. Ihr nativer Charakter wird
durch zahlreiche Reinigungs- und Aufstockoperationen sowie Stabilisator-
zusätze häufig so weit verändert, daß Ringversuchsproben in den verschiedensten Assays andere Reaktionskinetiken aufweisen als native
Humanseren.

Zahlreiche Arbeitsgruppen weltweit (wie IFCC, BCR, WHO) bemühen
sich, die Methodendifferenzen der Protein-Immunoassays zu verringern.
Ein erster Schritt dazu ist die Auffindung der Ursachen für methodenspezifische Wiederfindungen. Sie reichen von der unterschiedlichen Beeinflussung der Immunreaktion, der bound/free-Abtrennung und der Detek-
tions-Reaktionen durch die Serummatrix über die unterschiedliche Spezifität monoklonaler oder polyklonaler Antikörper bis hin zur unterschiedlichen Immunreaktivität von heterogenem WHO-Referenzmaterial
und Analyt im Patientenserum.

Aus gegenwärtiger Sicht kann nicht damit gerechnet werden, daß die
methodenspezifischen Wiederfindungsdifferenzen der kommerziellen Testkits in absehbarer Zeit geringer werden.

Immunoassays für den niedrigen Konzentrationsbereich mit ihren
stark differierenden immunologischen Spezifitäten, label-Techniken,
bound/free-Trennungen und Detektionsreaktionen scheinen sich wegen
ihres weitestgehend empirischen Aufbaus allen Standardisierungsver-
suchen in Richtung besserer Vergleichbarkeit von Methode zu Methode
„erfolgreich" zu widersetzen.

Abkürzungen

ABTS	Substrat der Peroxidase: 2,2'-Azino-di [3-äthybenz-thiazolin-sulfonsäure (6)]-diammoniumsalz
ACA	klinisch chemischer Analysen-Automat der Firma DuPont
ACADE	Hersteller des klinisch chemischen Analysen-Automaten IMPACT
Acculevel	Teststreifensystem der Firma Syntex Medical Diagnostics
ACMIA	affinity column mediated immuno enzymometric assay
Advance	Meßplatz der Firma Syva für FETI und EMIT
AFP	Alpha-1-Foetoprotein
Ag	Antigen
a-HBc	Antikörper gegen HBcAg
a-HBs	Antikörper gegen HBsAg
Ak	Antikörper
Amerlite	Enzymimmunoassay der Firma Amersham

AP	Alkalische Phosphatase
ARIS	apoenzyme reactivation immunoassay System
ATP	Adenosintriphosphat
B/F-Trennung	bound/free-Trennung eines Separations-Immunoassays
CA 50	Tumormarker-Test der Firma Centocor
CA 125	Tumormarker-Test der Firma Centocor
CEA	karzinoembryonales Antigen
CEDIA	cloned enzyme donor immunoassay
CELIA	kompetitiver Chemilumineszenz-Immunoassay
Chanelling	Ausführungsform eines separationsfreien Enzym-Immunoassays
Chlam	Chlamydia
CK-MB	Isoenzym MB der Kreatin-Kinase
CK-MM	Isoenzym MM der Kreatin-Kinase
CMV	Cytomegalie-Virus
Cobas Bio	klinisch chemischer Analysen-Automat der Firma Hoffmann LaRoche
Cobas RESA	photometrischer Meßplatz für Immunoassays der Firma Hoffman LaRoche
Cort.	Cortisol
CRP	C-reaktives Protein
CV	Variationskoeffizient
Cyt.	Cytomegalie-Virus
DELFIA	dissociation enhanced lanthanide fluorescence immunoassay der Firma LKB
Dig.	Digoxin
EDTA	Ethylendiamintetraacetat
EIA	Enzymimmunoassay nach dem Kompetitionsprinzip
EMIA	enzyme membrane immunoassay
EMIT	separationsfreier Enzymimmunoassay der Firma Syva
EMMIA	enzyme modulator mediated immunoassay
Enzymun-Test	Enzymimmunoassays der Firma Boehringer Mannheim GmbH
ES 22	Analysengerät für Enzymimmunoassays Enzymun-Test
ES 600	Analysengerät für Enzymimmunoassays Enzymun-Test
Fab	Fragment „antigen binding“ Fab der Immunglobuline
FAD	Flavinadenindinucleotid
Fc	Fragment „constant region“ Fc der Immunglobuline
FETI	fluorescence excitation transfer immunoassay oder fluorescence energy transfer immunoassay
FIA	Fluoreszenz-Immunoassay nach dem Kompetitionsprinzip
FPIA	fluorescence polarisation immunoassay
FSH	Follitropin, follikelstimulierendes Hormon
FT3	freies Trijodthyronin

FT4	freies Thyroxin
GO	Gonorrhoe
GOD	Glucose-Oxidase
G6PDH	Glucose-6-phosphat-Dehydrogenase
HBsAg	Hepatitis-B-surface-Antigen
HCG	humanes Choriongonadotropin
Hitachi 704	klinisch chemischer Analysen-Automat der Firma Boehringer Mannheim GmbH
HPL	humanes placentares Lactogen
IA	Immunoassay
ICS-System	klinisch chemischer Analysen-Automat der Firma Beckmann
IEMA	immune-enzymometric assay
IFCC	International Federation of Clinical Chemistry
IFMA	immune-fluorimetric assay
Ig	Immunglobulin
IgG, IgA, IgM, IgE	Immunglobulin G, A, M und E
ILMA	immune-luminometric assay
IMPACT	immunoassay by particle counting
LDH 1	Isoenzym 1 der Lactatdehydrogenase
LH	Lutropin, Luteinisierungshormon
LPIA	latex particle immunoassay
Lumitest	Lumineszenzimmunoassay der Firma Henning
Magic-lite	Lumineszenzimmunoassay der Firma Ciba-Corning
MAK	Monoklonaler Antikörper
MDH	Malat-Dehydrogenase
(4-)MUBFP	Substrat für Alkalische Phosphatase (4-Methylumbelliferrylphosphat)
Multistat	klinisch chemischer Analysen-Automat der Firma IL
NAD	Nicotinamid-adenindinucleotid
NTA	β-Naphthyltrifluoraceton
OPD	Substrat für Peroxidase (0-Phenylendiamin)
OPTIMATE	klinisch chemischer Analysen-Automat der Firma Ames/Gilford
PACIA	particle counting immunoassay
PAK	Polyklonaler Antikörper
p-Amylase	Pankreas-Amylase
PAP	prostataspezifische saure Phosphatase
PETIA	particle enhanced turbidimetric immunoassay
PETINIA	particle enhanced turbidimetric inhibition immunoassay
pNPP	Substrat der Alkalischen Phosphatase (p-Nitrophenylphosphat)
POD	Peroxidase
RA 1000	klinisch chemischer Analysen-Automat der Firma Technicon
REA	radioactive energy attenuation
RIA	Radioimmunoassay
Rub.	Rubella
sep.	Separations-Immunoassay

sep.-frei	separationsfreier Immunoassay
Seralyzer	klinisch chemisches Analysengerät der Firma Ames
SLFIA	substrate labelled fluorescence immunoassay
SPALT	solid phase antigen luminescence technique
SPIA	sol particle immunoassay
Stratus	Enzymimmunoassay-System der Firma Dade
TBG	Thyroxin-bindendes Globulin
TDX™	Analysensystem der Firma Abbott für FPIA
Tina-quant	turbidimetrische Immunoassays der Firma Boehringer Mannheim GmbH
TMB	Substrat der Peroxidase (Tetramethylbenzidin)
TOPO	Trioctylphosphinoxid
TOXO	Toxoplasmosis
TSH	Thyreotropin
TU	siehe T-uptake
T-uptake (TU)	Funktionstest zur Ermittlung der Bindekapazität des Serums für T_3 und T_4
T_3	Trijodthyronin
T_4	Thyroxin
Vision	klinisch chemisches Analysengerät der Firma Abbott
WHO	Wolrd Health Organization

Literatur

1. Schuurs, A. H. W. M., Van Weemen, B. K.: Clinica Chimica Acta 81:1 (1977)
2. Wisdom, G. B.: Clin. Chem. 22:1243 (1976)
3. Collins, W. P. (ed): Alternative immunoassays. Chichester, John Wiley and Sons Ltd. (1986)
4. Kricka, L. J.: Ligand Binder Assays, Schwartz (ed), New York, M. Decker (1985)
5. Vogt, W. (ed): Enzymimmunoassay — Grundlagen und praktische Anwendung. Stuttgart, Thieme (1981b)
6. Oellerich, M.: J. Clin. Chem. Clin. Biochem. 22:895 (1984)
7. Vogt, W.: Internist 22:308 (1981a)
8. Ngo, T. T., Lenhoff, H. M. (ed): Enzyme-mediated immunoassay. New York, London, Plenum Press (1985)
9. Landon, I.: Classification of in vitro protein-binding assays and glossary, IFCC document (1981), stage 1, draft 3
10. Ngo, T. T., Lenoff, H. M.: Molecular and Cellular Biochemistry 44:3 (1982)
11. Avrameas, S., Druet, P., Masseyeff, R., Feldmann, G. (eds): Immunoenzymatic techniques. Amsterdam, Elsevier Science Publishers (1983)
12. Malvano, R. (ed): Immunoenzymatic Assay Techniques. The Hague, Martinus Nijhoff Publishers (1980)
13. Hubbuch, A., Debus, E., Linke, R., Schrenk, I.: Enzyme-Immunoassay: A Review. In: Progress in Clinical Biochemistry and Medicine, p. 109, Berlin, Heidelberg, Springer-Verlag (1986)
14. Zuk, R. F., Ginsberg, V. K., Honts, T., Rabbie, J., Merrik, H., Ullman, E. F., Fisher, M. M., Sizto, C. C., Stiso, S. N., Litman, D. I.: Clinical Chemistry 31:1144 (1985)

15. Litman, D. J., Hanlon, T. M., Ullman, E. F.: Analytical Biochemistry 106: 223 (1980)
16. O'Sullivan, M. J., Bridges, J. W., Marks, W.: Ann. Clin. Biochem. 16: 221 (1979)
17. Oellerich, M.: Principles of Enzyme-immunoassays. In: Methods of Enzymatic Anylasis (ed) Bergmeyer, H. U., Bergmeyer, J., Graßl, M., Weinheim, Verlag Chemie, Vol. I, 233 (1983)
18. Bergmeyer, H. U., Bergmeyer, J., Graßl, M. (eds): Methods of Enzymatic Analysis, Volume IX, Proteins and Peptides, Weinheim, Verlag Chemie (1986)
19. Butt, W. R. (ed): Practical Immunoassay. New York, Marcel Dekker (1984)
20. Engvall, E.: Enzyme Immunoassay ELISA and EMIT. In: Methods in Enzymology, Vol. 70, p. 419, Vunakis, H. van, Langone, J. J. (ed). New York, Academic Press (1980)
21. Ishikawa, E., Kawai, T., Miyai, K. (eds): Enzyme Immunoassay. Tokyo, Igaku Shoin (1981)
22. Maggio, E. T. (ed): Enzyme immunoassay. Boca Raton, FL, CRC Press (1980)
23. Nakamura, R. M., Pito, W. R., Tucker III, E. S. (eds): Immunoassays in the Clinical Laboratory. New York, Alan R. Liss (1979)
24. Pal, S. B. (ed): Enzyme Labelled Immunoassay of Hormones and Drugs. Berlin, Walter de Gruyter (1978)
25. Talwar, G. P. (ed): Non Isotopic Immunoassys and Their Applications. New Delhi, Vikas Publishing House (1983)
26. Rubenstein, K. E., Schneider, R. S., Ullman, E. F.: Biochem. Biophys. Res. Communications 47: 876 (1972)
27. Voller, A., Bidwell, D. E., Bartlett, A.: The Enzyme-linked Immunosorbent Assay (ELISA), London, The Authors (1979)
28. Voller, A., Bartlett, A., Bidwell, D. (eds): Immunoassays for the 80s. Lancaster, UK, MTP Press (1981)
29. Pankey, S., Collins, C., Jaklitsch, A., Izutsu, A., Hu, M., Pirio, M., Singh, P.: Clinical Chemistry 32: 768 (1986)
30. Lente, van F., Castellani, W., Abbott, L. B.: ibid. 32: 633 (1986)
31. Henderson, D. R., Friedman, S. B., Harris, J. D., Manning, W. B., Zoccoli, M. A.: ibid. 32: 1637 (1986)
32. Schroeder, H. R., Johnson, P. K., Dean C. L., Morris, D. L., Smith, D., Refetoff, S.: ibid. 32: 826 (1986)
33. Sheeham, M., Caron, G., Muegler, P.: Clin. Chem. 31: 932 (1985)
34. Tynach, R. J., Rupchock, P. A., Pendergrass, S., Kjold, A. C., Smith, P. I. et al.: Clin. Chem. 27: 1499 (1981)
35. Lindberg, R., Ivaska, K., Irjola, K., Vanto, T.: ibid. 31: 613 (1985)
36. Morris, D. L., Ellis, P. B., Carrico, R. J. et al.: Anal. Chem. 53: 658 (1981)
37. Schroeder, H. R., Dean, C. L., Johnson, P. K., Morris, D. L., Hurtle, R. L.: Clin. Chem. 31: 1432 (1985)
38. Sommer, R., Nelson, Ch., Greenquist, A.: Clinical Chemistry 32: 1770 (1986)
39. Finley, P. R., Williams, R. I., Lichti, D. A.: Clin. Chem. 26: 1723 (1980)
40. Ngo, T. T.: Int. J. Biochem. 15: 583 (1983)
41. U.S. Patent 4.272.866
42. U.S. Patent 4.134.792 (1979)
43. Place, M. A., Carrico, R. J., Yeager, F. M., Albarella, J. P., Boguslaski, R. C.: Journal of Immunological Methods 61: 209 (1983)
44. Chan, K., Koenig, J., Walton, K. G., Francoeur, T. A., Lan, B. W. C., Ladenson, I. H.: Clinical Chemistry 33: 130 (1987)

45. Wong, R. C., Burd, I. F., Carrico, R. J., Buckler, R. T., Thoma, J., Boguslaski, R. C.: ibid. 25: 686 (1979)
46. Burd, I. F., Wang, R. C., Feeney, I. E., Carrico, R. I., Boguslaski, R. C.: Clin. Chem. 23:1402 (1977)
47. Ngo, T. T., Carrico, R. J., Boguslaski, R. C., Burd, I. F.: Journal of immunological methods 42:93 (1981)
48. Walter, B., Greenquist, A. C., Howard, W. E.: Analytical Chemistry 55:873 (1983)
49. Patentschrift Terumo (Japan) No. 58.150.861 (1983)
50. Soini, E., Hemmilä, I.: Clinical Chemistry 25:353 (1979)
51. Hicks, J. M.: Human Pathology 15:112 (1984)
52. Jolley, M. E.: Anal. Toxicol. 5:236 (1981)
53. Ullman, E. F., Schwarzberg, M., Rubenstein, K. E.: J. Biol. Chem. 251:4172 (1976)
54. Muratsugu, M., Makino, M.: J. Clin. Chem. Clin. Biochem. 20:567 (1982)
55. Lim, C. S., Miller, J. N., Bridges, I. W.: Analytica Chimica Acta 114:183 (1980)
56. Gribnau, T., Roeles, F., Biezen, J. v. d., Leuvering, I., Schuurs, A., In: Affinity Chromatography and related techniques. Amsterdam, Elsevier Scientific Publishing Company (1982)
57. Leuvering, I. H. W., Thal, P. J. H. M., Waart, M. v. d., Schuurs, A. H. W. M.: Fresenius Z. Anal. Chem. 301: 132 (1980)
58. Leuvering, I. H. W., Goverde, B. C., Thal, P. I. H. M., Schuurs, A. H. W. M.: J. Immunol. Methods 60:9 (1983)
59. Nishikawa, T., Saito, M., Kubo, H.: Chem. Pharm. Bull. 32:4951 (1984)
60. Deutsche Patentschrift, Sawai, M. (1976)
61. Produktinformation Mitsubishi „LPIA"
62. Craine, J.: Technilab p. 1 (1984)
63. Masson, P. L., Cambiaso, C. L., Collet-Cassart, D., Magnusson, C. G. M., Richard, C. B., Sindic, C. G. M.: Methods in Enzymology 74:106 (1981)
64. Collet-Cassart, D., Magnusson, C. G. M., Ratcliffe, J. G. et al.: Clinical Chemistry 27:64 (1981)
65. Masson, P. L., Collet-Cassart, D., Magnusson, C. G. M., Sindic, C. J. M., Cambiaso, C. L.: Proceedings of the 9th Technicon International Symposium, Paris (1979)
66. Bernard, A. M., Lauwerys, R. R.: Clinical Chemistry 29:1007 (1983)
67. Fagnart, O. C., Mareschal, I. C., Cambiaso, C. L., Masson, P. L.: ibid. 31:397 (1985)
68. Opheim, K. E., Glick, M. R., Ou, Ch.-N., Ryder, K. W., Hood, L. C., Ainardi, V., Collymore, L. A., De Armas, W., Frawley, V. L., Hutchinson, I., Jackson, S. A., Trent, I. L., Taylor, D. K., Baenziger, J. C., Oei, T. O.: ibid. 30:1870 (1984)
69. Liedke, R. J.: ibid. 30:1274 (1984)
70. Persönliche Mitteilung, Vandenberghen, Genf (1987)
71. Lin, Y., Bianca, C., Gluck, K., Meriadec, B., Craine, I.: Clinical Chemistry 31: 931 (1985)
72. Reichberg, S., Levy, S., Meriadem, B., Vaks, Y.: ibid. 31:938 (1985)
73. Ng, R. H., Altaffer, M., Statland, B. E.: ibid. 31:953 (1985a)
74. Haga, M., Itagaki, Sugawara, S., Okano, T.: Biochemical and Biophysical Research Communications 95: 187 (1980)
75. Canova-Davis, E., Redemann, C, T., Vollmer, Y. P., Kung, V. T.: Clinical Chemistry 32:1687 (1986)
76. Cole, F. X., MacDonnell, P., Myles, A., Law, S.-J., Bruman, J., Clough, K. M., Vovis, G. F.: Abstract, 2nd International Symposium on immunoenzymatic techniques, Cannes (1983)

77. Fan, S., Hedaya, E., Hwang, D., Mak, A., Malin, M., Oraivej, N., Schwarzenberg, M., Scott, M. E., Seman, K.: Clin. Chem. 31:909 (1985)
78. Litchfield, W. J., Freytag, I. W., Adamich, M.: Clinical Chemistry 30:1441 (1984)
79. Litchfield, W. I., Freytag, J. W.: Liposomo-Entrapped Enzyme Mediated Immunoassays, p. 145, in: Enzyme-mediated immunoassay. Ngo, T. T., Lenhoff, H. M. (eds). New York, London, Plenum Press (1985)
80. Ng, R. H., Altaffer, M., Statland, B. E.: Clinical Chemistry 31:1554 (1985b)
81. Biou, D., Thérond, P., Israel, A., Demelier, J. F.: ibid. 31:620 (1985)
82. De Grella, R. F., Combs, G. L., Coffee, E. E. et al.: ibid. 31:1474 (1985)
83. Sternberg, I. C.: ibid. 23:1456 (1977)
84. Marre, M., Claudel, I.-P., Ciret, P., Lonis, N., Suarez, L., Passa, P.: ibid. 33:209 (1987)
85. Würzburg, U., Heinrich, N., Lang, H., Prellwitz, W., Neumeier, D., Knedel, M.: Klin. Wschr. 54:357 (1976)
86. Jockers-Wretou, E., Pfleiderer, G.: Clin. Chem. Acta 58:223 (1975)
87. Bulcke, J. A., Sherwin, A. L.: Immunochemistry 7:681 (1969)
88. Gerber, M., Naujoks, K., Lenz, H., Gerhardt, W., Wulff, K.: Clinical Chemistry 31:1331 (1985)
89. Hoshino, N., Hama, M., Suzuki, R., Kataoka, Y., Sol, G.: J. Biochem. 97:113 (1985)
90. Kasahara, Y., Ashihara, Y., Nishizono, I.: Clin. Chem. 31:912 (1985)
91. Ashihara, Y., Nishizono, H., Tsuchiya, H., Tanimoto, T., Kasahara, Y.: ibid. 31:904 (1985)
92. Ishikawa, E., Hamaguchi, Y., Imagawa, M.: J. Immunoassay 1:385 (1980)
93. Conradie, J. D., Govender, M., Visser, L.: J. Immunol. Methods 59:289 (1983)
94. Fox, P. C., Siraganian, R. P.: Hybridoma 5:223 (1986)
95. Nagel, E., Porstmann, B., Porstmann, T., Schmechta, H.: Z. med. Lab. diagn. 27:248 (1986)
96. Berkowitz, D. B., Webert, D. W.: J. Immunol. Methods 47:121 (1981)
97. Kurstak, E.: Bulletin of the World Health Organisation 63 (4):793 (1985)
98. Fridovich, J.: J. Biol. Chem. 238:3921 (1963)
99. De Toledo, S. M., Haun, M., Bechara, E. J. H., Duran, N.: Anal. Biochem. 105:36 (1980)
100. College of American Pathologists: Ligand Assay — Series 1 (Set K-D) 1984 Survey
101. College of American Pathologists: Ligand Assay — Series 1 (Set K-A) 1985 Survey
102. College of American Pathologists: Ligand Assay — Series 1 (Set K-B) 1985 Survey
103. College of American Pathologists: Ligand Assay — Series 1 (Set K-D) 1985 Survey
104. College of American Pathologist: Ligand Assay — Series 1 (Set K-A) 1986 Survey
105. College of American Pathologists: Ligand Assay — Series 1 (Set K-B) 1986 Survey
106. Rhys, J., Henley, R., Chang, D., McGregor, A. M.: Clin. Chem. 32:2178 (1986)
107. Chan, D. W., Kinzler, J., Almaraz, B., Drew, H.: ibid. 32:1065 (1986)
108. Pekary, A. E., Turner, L. F., Hershmann, J. M.: ibid. 32:511 (1986)
109. Lawson, N., Mike, N., Wilson, R., Pandov, H.: ibid. 32:684 (1986)

110. Kaihola, H. L., Irjala, K., Viikari, J., Näntö, V.: ibid. 31:1706 (1985)
111. Watanabe, Y., Amino, N., Tamaki, H., Aozasa, M., Tachi, J., Endo, Y., Miyai, K.: ibid. 31: 634 (1985)
112. Barringhaus, H.: Diplomarbeit, Inst. Klin. Chemie am Klinikum Mannheim (1986)
113. Strasburger, C. J., Fricke, H., Gadow, A., Klingler, W., Wood, W. G.: Ärztl. Lab. 29:75 (1983)
114. Jockers-Wretou, E., Gericke, K., Pauly, H. E., Pfleiderer, G.: Fresenius Z. Analyt. Chemie 301: 154 (1980)
115. Gericke, K., Dissertation des Institutes für organische Chemie, Biochemie und Isotopenforschung der Universität Stuttgart (1982)
116. Boscato, L. M., Stuart, M. C.: Clin. Chem. 32:1491 (1986)
117. Kato, K., Umedo, Y., Suzuki, F., Kosaka, A.: Clin. Chem. Acta 102:261 (1980)
118. Essink, A. W. G., Arkestein, G. J. M. W., Notermans, S.: J. Immunol. Methods 80:91 (1985)
119. Winchester, R.: J. Infect. Dis. 142:793 (1980)
120. Pudek, M. R.: Clin. Chem. 32:2005 (1986)
121. Clark, S. K., Conroy, J. M., Harris, P. J.: Molecular Immunology 20:1379 (1983)
122. Schall, R. F., Fraser, A. S., Hansen, H. W., Kern, C. W., Tenoso, H. J.: Clin. Chem. 24:1801 (1978)
123. Smith, D. S., Hassan, M., Nargessi, R. D., Wehry, E. L. (ed): Modern Fluorescence Spectroscopy. Vol. 3. Plenum Press, New York (1981)
124. McKiel, R. R., Barron, N., Needham, C. J., Wilkins, T. A.: Clin. Chem. 28:2333 (1982)
125. Nickoloff, E. L.: CRC Crit. Rev. Clin. Lab. Sci. 21:255 (1984)
126. Porstmann et al., Z. med. Lab. Diagn. 27 (5):248 (1986)

Plasmaproteinbestimmungen

E. Metzmann

Forschungslaboratorien
der Behringwerke AG
Postfach 1140
D - 3550 Marburg/Lahn

1 Einleitung

1.1 Allgemeines

Die folgenden methodisch analytischen Betrachtungen gelten prinzipiell
für alle Proteine, die sich im Blutplasma befinden. Aufgrund des unterschiedlichen biochemischen Verhaltens und unterschiedlicher analytischer Fragestellungen wird die Thematik auf die eigentlichen Plasmaproteine beschränkt. Zu den Plasmaproteinen werden folgende Protein-
gruppen gezählt [1]:

— Immunglobuline
— Komplementproteine
— Transportproteine
— Gerinnungsproteine
— Lipoproteine
— Proteinaseinhibitoren
— Proteine unbekannter Funktion

Diesen Proteinen ist gemeinsam, daß sie durch aktive Sekretion ins Blutplasma gelangen, dort ihre Hauptfunktion ausüben und in ihrer höchsten Konzentration vorliegen. Nicht zu den Plasmaproteinen werden deshalb Hormone und Gewebsproteine wie z. B. β-HCG, Amylase oder Myoglobin gerechnet, obwohl diese auch im Blutplasma vorliegen und gemessen werden können.

Heute sind weit über 100 Plasmaproteine bekannt. Die meisten kommen im Konzentrationsbereich von weniger als 1 g/l Plasma vor.

Von den ca. 80 g Gesamtprotein pro 1 l Humanplasma bilden die folgenden Proteine den mengenmäßig größten Anteil (mittlere Normalkonzentration als g/l in Klammern): Albumin (45), Immunglobuline (20), Fibrinogen (3), Apolipoproteine (3), Transferrin (3), α_1-Antitrypsin (3), α_2-Makroglobulin (2,5), Haptoglobin (2).

1.2 Untersuchungsgut/Probenahme

Das Untersuchungsgut Plasma wird im allgemeinen durch Zentrifugation einer venösen Blutprobe gewonnen, die während oder gleich nach der Entnahme mit einer gerinnungshemmenden Substanz versetzt wurde. Die Zentrifugation muß 10—15 Minuten bei 1000—2000 g durchgeführt werden.

Bei der Bewertung von Proteinkonzentrationen im Hinblick auf pathologisch veränderte Werte ist zu berücksichtigen, daß durch die Art der Blutentnahme bereits Konzentrationsänderungen verursacht werden. Zum Beispiel tritt beim Übergang vom Stehen zum Liegen eine Erhöhung des Plasmavolumens von ca. 10% ein. (Einströmen interstitieller Flüssigkeit, Orthostase Effekt: [2]).

Bei der häufigsten Blutentnahme am Unterarm führt die Stauung der Kubitalvene zu einem Flüssigkeitsverlust ins Interstitium und somit zu einer Erhöhung der Konzentration hochmolekularer Stoffe [3]. Bei den gerinnungshemmenden Substanzen ist nachzuprüfen, ob sie als Lösung oder Feststoff eingesetzt wurden. Citrat wird meist als Lösung eingesetzt und führt damit zu einer Vorverdünnung von ca. 10%. Neben diesen Einflüssen sind insbesondere bei Patienten mit Dauerkatheter oder Infusionen weitere Veränderungen der Blutprobe zu berücksichtigen.

Häufig wird für Proteinbestimmungen Serum verwendet. Serum wird durch Zentrifugation von spontan geronnenem Blut erhalten. Die Gerinnungsdauer beträgt 30/45 min bei Raumtemperatur; zentrifugiert wird 10 min bei 3000 g. Die Proteinkonzentration in Serum-/Plasmaproben bleibt im allgemeinen mindestens 1 Woche bei 2—8°C Lagerung stabil. Bei Aktivitätsbestimmungen von Proteinen muß die jeweilige Stabilität des Einzelparameters berücksichtigt werden. Neben Gerinnungsproteinen sind es die Komplement- und die Lipoproteine, die relativ rasch Aktivitätsverluste und Strukturänderungen zeigen.

Generell sind bei Probenahme und -verwahrung die gleichen Einflußgrößen und Störfaktoren zu beachten, die bei der Bestimmung von klinisch-chemischen Parametern von Bedeutung sind [4].

2 Immunchemische Verfahren

2.1 Allgemeines

Aufgrund Ihrer Spezifität und Sensitivität besitzen immunchemische
Verfahren die größte Bedeutung für die Bestimmung von Plasmaproteinen.
Bei diesen Verfahren werden Antikörper als Reagenzien eingesetzt. Antikörper sind spezifische Bindeproteine, die im tierischen Körper nach einem
antigenen Reiz gebildet werden können. Die Antikörper oder Immunglobuline sind bei allen Wirbeltieren strukturell sehr ähnlich aufgebaut.
Sie bestehen stets aus mindestens zwei schweren und zwei leichten Protein-
ketten, die in typischer Weise miteinander verknüpft sind (s. Abb. 1)

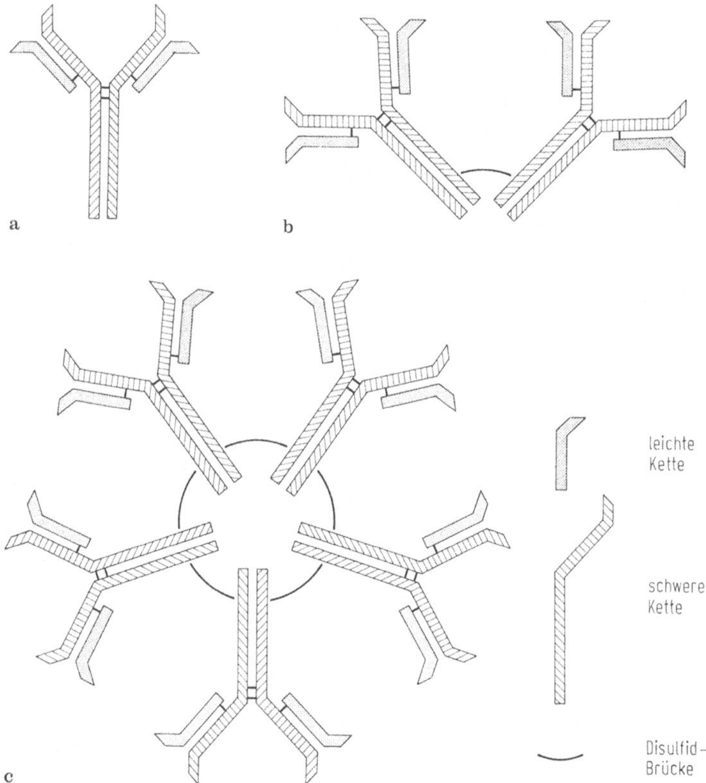

Abb. 1. Schematische Darstellung der Struktur der drei wichtigsten Immun-
globulin-Klassen. **a** Immunglobulin G (IgG), **b** Immunglobulin A (IgA),
c Immunglobulin M (IgM)

Die Antikörper besitzen 2 identische Bindungsstellen für das Antigen.
Jede Bindungsstelle wird gemeinsam von den variablen Teilen der schweren und leichten Proteinkette gebildet. Neben diesen häufigsten zweibin-
digen Immunglobulinen treten die gleichen Grundstrukturen auch als vier-
bindige Dimere (sekretorische IgA-Antikörper) bzw. zehnbindige Pentamere
(IgM-Antikörper) auf. Die Bindung des Antigens erfolgt nicht kovalent,
sondern ist die Summe verschiedener Wechselwirkungen. Die Spezifität
der Reaktion ergibt sich aus der strukturellen Komplementarität in einem
räumlich begrenzten Bereich [5]. Die Bindereaktion selbst läßt sich als
reversible Assoziations-Reaktion betrachten [6].

Die Bindungsstelle des Antikörpers richtet sich nicht gegen das gesamte Antigen (Fremdprotein), sondern gegen einen kleinen Bezirk von ca.
5—6 Aminosäuren (Epitop). Häufig läßt sich die Bindung eines Antikörpers durch eine freie Aminosäure oder ein Dipeptid vollständig hemmen, so daß man von einer spezifischen antigenen Determinante sprechen
kann.

Im Verlaufe einer Immunantwort bildet ein Organismus sowohl Antikörper unterschiedlicher Bindungskraft gegen die gleiche antigene Determinante als auch Antikörperpopulationen gegen unterschiedliche Epitope
des Fremdproteins.

Mischungen solcher Antikörper, wie man sie nach der Immunisierung
eines Organismus mit einem Fremdprotein erhält, werden deshalb als
spezifische *polyklonale Antikörper* bezeichnet. Häufig werden die Antikörper nicht isoliert, sondern im Verband der Serumproteine belassen
und als Antiserum eingesetzt.

Seit einigen Jahren gewinnen *monoklonale Antikörper* an Bedeutung.
Diese Antikörper sind die Produkte einer einzigen, in vivo- oder in vitro-
vermehrten, Antikörper produzierenden Zelle und somit protein-chemisch
einheitliche Produkte mit einheitlicher Bindekonstante und Mikrospezifität [7] (s. Schema Abb. 2).

Die *Reaktion* des Bindeproteins „Antikörper" mit dem Analyten Protein
führt in vielen aufeinanderfolgenden Reaktionsschritten zu komplex
zusammengesetzten Produkten. Die Reaktion läßt sich meßtechnisch auf
zweierlei Weise erfassen. Zum einen dienen die Reaktionsprodukte von
späteren Stadien der Reaktion als Indikatoren (markerfreie immunchemische Verfahren), zum anderen werden markierte Antikörper eingesetzt,
wodurch unterschiedliche Indikatorsysteme möglich werden. Diese Indikatorsysteme erlauben es auch, die Primärprodukte der Reaktion nach-
zuweisen. Bei allen immunchemischen Bestimmungsmethoden muß die
Signal-/Konzentrationsbeziehung empirisch ermittelt werden. An das zu
verwendende *Standardmaterial* werden dabei hohe und zum Teil wider-
sprüchliche Anforderungen gestellt. Zum einen soll das Protein im Hinblick
auf Epitopvielfalt und Reaktivität gegenüber dem gewählten Antiserum
möglichst genau dem Protein entsprechen, das in seiner Plasmamatrix
vorliegt und bestimmt werden soll, zum anderen soll das Standardmaterial
in möglichst reiner Form vorliegen, damit eine Massenbestimmung des
Analyten möglich wird. Als dritte Forderung ist die Stabilität des Eigen-
schaftsprofils zu nennen. Die kommerziell erhältlichen Proteinstandards
sind deshalb zumeist sogenannte „Sekundär- oder Tertiärstandards", die
mit einer bestimmten Antikörperpopulation in einer bestimmten Technik

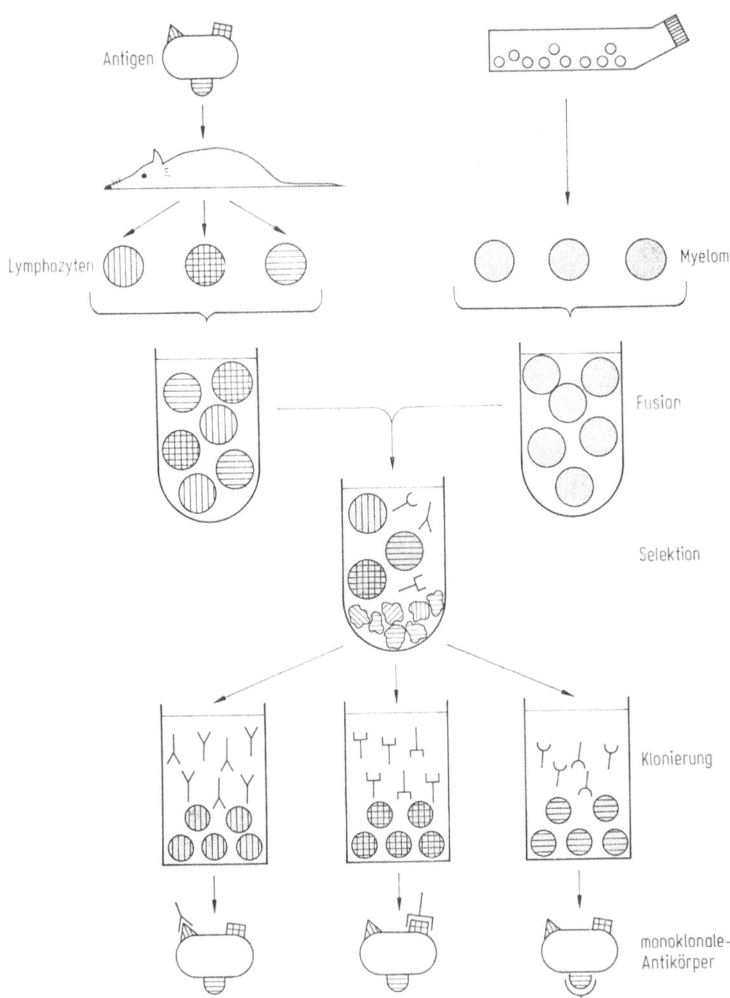

Abb. 2. Schematische Darstellung der Gewinnung von monoklonalen Antikörpern durch Fusionierung von antikörperproduzierenden Lymphozyten der Maus mit Myelomzellen und Selektion der Hybridomzellen. Jede klonierte Hybridomzelle produziert einen Antikörper definierter Spezifität und Bindekonstante

mit einem „Primärstandard" kalibriert wurden. Um die notwendige Stabilität zu garantieren, liegt das Protein in diesen Sekundärstandards meist in einer speziellen Matrix vor. Diese Matrix entspricht zwar oft weitgehend einer Serummatrix, enthält aber stabilisierende Zusätze und verzichtet auf instabile Serumproteine. Die Probleme bei der Kalibrierung mit Reinproteinen als Primärstandards führten dazu, daß die WHO ihre Referenzpräparation 67/86 für Immunoglobuline in Internationalen Einheiten (IU) deklarierte und in der Folgezeit verschiedene Umrechnungsfaktoren auf Masseneinheiten angegeben wurden [8a, b]. Um die Erstellung von Referenzpräparationen für Plasmaproteine bemühen sich neben der WHO auch das „Standardization Commitee of the International Union of Immunological Societies" (IUIS) und die „International Federation of Clinical Chemistry" (IFCC). Die Hersteller von kommerziell erhältlichen Standardpräparationen deklarieren neben den Angaben in Masseeinheiten Umrechnungsfaktoren, mit denen das Ergebnis in Internationalen Einheiten (IU) erhalten werden kann.

2.2 Präzipitations- und Agglutinationstechniken (markerfreie Immunoassays)

Die Bivalenz des Antikörpers und die Oligovalenz des Antigens führen zu einer hochmolekularen Vernetzung der beiden Reaktionspartner. Diese Vernetzungsschritte folgen der Primärreaktion zwischen Antikörper und antigener Determinante. Dabei können Proteine des Komplementsystems an der Vernetzung der Immunkomplexe teilnehmen. Die Reaktionsprodukte (Präzipitate) wachsen dabei rasch in einen Größenbereich von mehreren hundert Nanometern und können durch ihr geändertes Sedimentations-, Diffusions- oder Streulichtverhalten nachgewiesen werden. Zur Verstärkung der Reaktion beim Arbeiten in niedrigen Konzentrationsbereichen bindet man die Antikörper vorher an Polystyrolpartikel im Größenbereich von 80–1000 nm. Diese Partikelsuspension (Latex) wird durch die immunchemische Reaktion agglutiniert. Der Meßbereich der markerfreien Immunoassays kann damit in den Konzentrationsbereich erweitert werden (ng/ml), der bisher den Verfahren mit markierten Antikörpern vorbehalten war. Die Agglutinate können meist mit den gleichen Geräten quantifiziert werden, die zum Messen der Präzipitate dienen. Spezialgeräte zum Auswerten von Latex-Agglutinationen wurden entwickelt. Sehr große Bedeutung hat die Latex-Agglutination für halbquantitative Schnelldiagnostika, die mit unbewaffnetem Auge abgelesen werden können.

Zur quantitativen Bestimmung von Proteinen durch Immunpräzipitation oder -agglutination werden im wesentlichen zwei Verfahrenstechniken eingesetzt:

1. Präzipitation in Gelen und Messung von Diffusionsstrecken
2. Präzipitation oder Agglutination in flüssiger Phase und Messung der Änderung der optischen Eigenschaften.

Größe, Bildungsgeschwindigkeit und Zusammensetzung der Präzipitate hängen außer von den üblichen physikalisch-chemischen Parametern in besonderem Maße von dem Analyt/Reagenz-Verhältnis ab. Abb. 3 zeigt, wie sich die Präzipitatmenge ändert, wenn steigende Mengen Antigen zu einer konstanten Menge Antikörper gegeben werden. Dieses Phänomen der Doppeldeutigkeit der Signal/Konzentrations-Beziehung wurde zuerst von Heidelberger und Kendall beschrieben [9]. Kurven dieses Typs werden als Heidelberger-Kurven bezeichnet. Die Ursache für diese als Antigenüberschuß-Effekt bezeichnete Erscheinung liegt in der starken Verlängsamung der Vernetzung bei sinkendem Gehalt freier Antikörpervalenzen. Bei ganz extremen Verhältnissen von Antigen zu Antikörper treten nur noch lösliche Assoziate auf. Zu Theorie und Mechanismus der Präzipitatbildung siehe [6, 10, 11]. Die Problematik einer doppeldeutigen Signal-/ Konzentrationsbeziehung betrifft nicht so sehr die in-Gel-Präzipitation, bei welcher im Antigen-Überschuß sehr diffuse, weit vom Ursprungsort entfernte Präzipitate auftreten, sondern die nephelometrischen und turbidimetrischen Techniken. Üblicherweise benutzt man den ansteigenden Ast der Heidelberger-Kurve zur Erstellung einer Eichkurve und optimiert die Testkomponenten und -bedingungen so, daß eine Doppeldeutigkeit des Signals unwahrscheinlich wird [12]. Dies ist nicht realisierbar für Analyten, die in einem sehr breiten Konzentrationsbereich (Faktor 100) vorliegen können (Immunglobuline). Die richtige Zuordnung von Meßsignal zu Konzentration des Analyten erfordert weitere Verfahrensschritte.

Die klassische Methode, um zu erkennen, ob ein Signal dem ansteigenden oder absteigenden Ast der Heidelberger-Kurve zugeordnet werden kann, besteht in der Bestimmung des Analyten in zwei verschiedenen Probenverdünnungen. Wird bei der höheren Verdünnung ein höheres Signal als bei der niedrigen Verdünnung gefunden, so ist das Signal der niedrigeren Verdünnung der rechten Seite der Heidelberger Kurve zuzuordnen [13]. Die Prüfung auf das Vorliegen eines Antigenüberschusses kann auch durch Nachdosieren von Antigen zum Reaktionsansatz oder durch graphische Signalanalyse [14] erfolgen. Eine rechnerische Antigenüberschuß-Prüfung

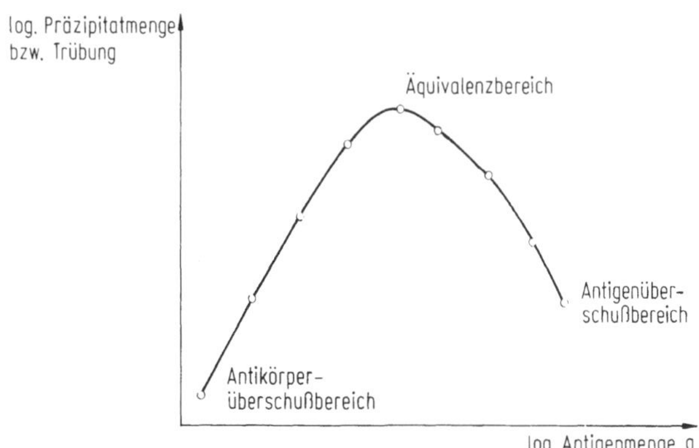

Abb. 3. Heidelberger Kurve: Präzipitationsmenge bzw. Trübung des Reaktionsansatzes als Funktion steigender Antigenmengen. Zahl der Antikörper für jeden Reaktionsansatz gleich

konnte für die kinetische Nephelometrie realisiert werden; bei der Continous-flow-Technik zeigt sich der Antigenüberschuß im Auftreten von Doppelpeaks [14]. Durch die Einführung von Polymeren als Reaktionsverstärker bei Immunpräzipitationen durch K. Hellsing konnte bei gleicher Antikörpermenge eine vorteilhafte Verschiebung des Scheitelpunktes der Heidelberger Kurve zu höheren Konzentrationen erreicht werden [15]. Unter bestimmten Bedingungen ist eine so starke Anhebung des rechten Teils der Heidelberger Kurve möglich, daß eine Doppeldeutigkeit im Meßbereich nicht zu befürchten ist [16]. Durch die gleichzeitige Erfassung von zwei Reaktionsparametern, Reaktionsgeschwindigkeit und -dauer, gelang die eindeutige Konzentrationsbestimmung über den gesamten Bereich und damit die Aufhebung der Doppeldeutigkeit der Heidelberger Kurve [17].

Die Signalerfassung der Präzipitationsreaktion kann bei allen Verfahrenstechniken nach der Endpunkt- oder fixed-time Methode (s. Abb. 4a) erfolgen. Bei nephelometrischen und turbidimetrischen Verfahren kann darüber hinaus die maximale Reaktionsgeschwindigkeit als konzentrationsabhängige Größe gewonnen werden (Abb. 4b). Die Signal-/Konzentrationsbeziehungen sind im allgemeinen nichtlinear und können mit Hilfe von Polynomen, der Spline-Funktion oder der logit-log-Funktion approximiert werden [18].

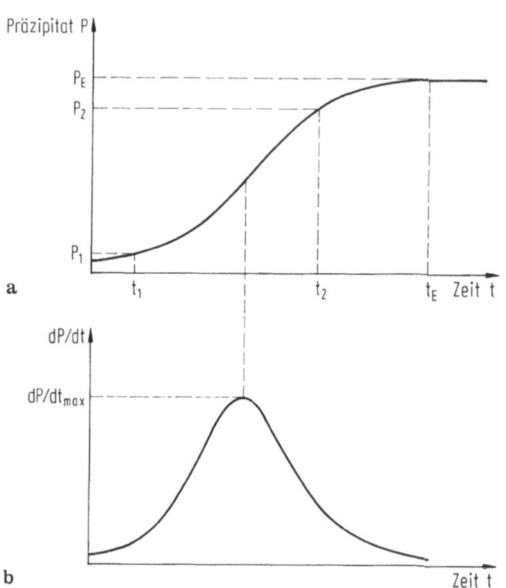

Abb. 4. Zeitlicher Verlauf der Immunpräzipitation bei einem beliebigen Antigen-/Antikörper-Verhältnis. Möglichkeiten zur Gewinnung konzentrationsabhängiger Signale. **a** Endpunktverfahren $P_E = f$ (conc.), fixed-time-Verfahren $P = P_2 - P_1 = f$ (conc.), **b** Peak-rate-Verfahren $(dPl\ dt)_{max} = V_{max} = f$ (conc.)

2.2.1 Reaktionen in Gelen

Die quantitativ anwendbaren in-Gel-Präzipitationstechniken beruhen auf der freien oder durch ein elektrisches Feld unterstützten Diffusion des Antigens in ein antikörperhaltiges Gel. Bei der Laurell- oder Raketen-elektrophorese (syn.: *Elektroimmunoassay* (EIA)), wandern die Proteine anodisch in ein Agarosegel, das ein monospezifisches Antiserum enthält. Die Fläche bzw. Höhe des Peaks ist proportional zur Konzentration des Antigens (s. Abb. 5). Obwohl sich die Methode empfindlicher als die radiale Immundiffusion gestalten läßt und auch zeitlich schneller verläuft, geht ihre Bedeutung wegen des höheren Apparate- und Arbeitsaufwandes in der Routine zurück [19]. Bei der radialen Immundiffusion wird das Antigen in eine kreisförmige Mulde eingetragen und diffundiert dann radial in das antikörperhaltige Agar- bzw. Agarosegel. Bei einem bestimmten Verhältnis von Antigen zu Antikörper (Äquivalenzbereich) bildet sich ein optimal vernetztes Präzipitat, das als weißer Ring sichtbar wird. So lange noch ungebundenes Antigen von der Auftragsstelle nachdiffundiert, löst sich Präzipitat an der Innenseite des Ringes auf, wandert in die Präzipitatzone und führt zu neuen Präzipitaten an der Außenzone des Ringes. Der Endpunkt wird je nach Antigen und Gelbeschaffenheit nach 24 bis 72 Std. erreicht. Die Fläche des Ringes ist direkt proportional zur Antigenkonzentration (Abb. 6). Die Auswertung kann während der Diffusion oder nach dem Endpunktverfahren erfolgen [20, 22]. Letzteres hat den Vorteil der linearen Konzentration/Signalbeziehung und erlaubt eine weitgehende Standardisierung und Normierung des Verfahrens [25].

Neben der quantitativen Kenngröße „Ringdurchmesser", kann die optische Beschaffenheit des Präzipitates, — diffus, dicht, scharf, Doppelringe usw. — zur qualitativen Beurteilung der Probe und zur Kontrolle des Meßverfahrens selbst herangezogen werden [21]. Diese integrale Bewertung des Reaktionsproduktes, die geringe Zahl an Reaktionsparametern und die einfache Signal/Konzentrationsbeziehung machen die Methode zu einer bevorzugten Referenzmethode. Außer zur Quantifizierung von definierten Plasmaproteinen wird die Methode auch zur Gehaltsbe-

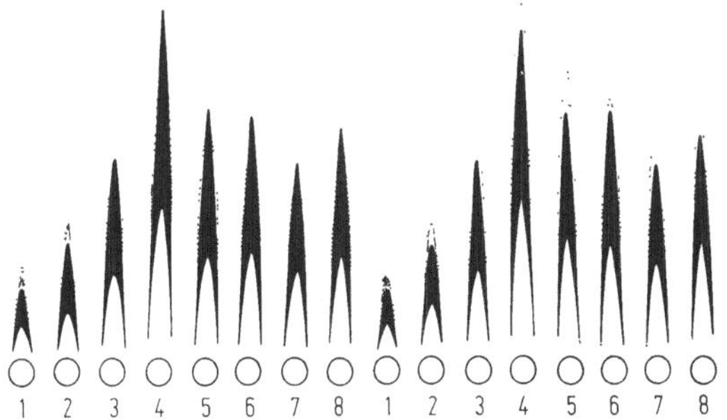

Abb. 5. Elektroimmunoassay von Albumin,
Auftragsstellen 1—4: Standardlösungen
Auftragsstellen 5—8: Analysenproben

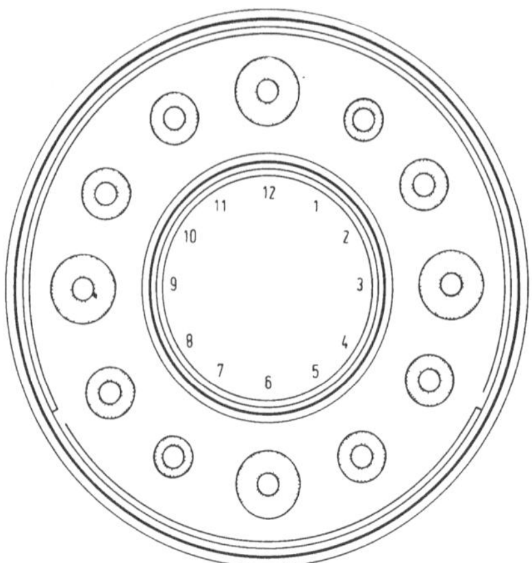

a

D mm	Prozent der Norm	IgG	IgA	IgM	C3c
4,0	20	250	42,0	32,0	16,4
4,1	23	291	48,8	37,2	19,0
4,2	27	332	55,8	42,5	21,8
4,3	30	375	62,9	47,9	24,6
4,4	33	418	70,2	53,5	27,4
4,5	37	463	77,7	59,2	30,3
4,6	41	508	85,3	65,0	33,3
4,7	44	555	93,2	71,0	36,4
4,8	48	602	101	77,1	39,5
4,9	52	651	109	83,3	42,7
5,0	56	700	118	89,6	45,9
5,1	60	751	126	96,1	49,2
5,2	64	802	135	103	52,6
5,3	68	855	144	109	56,0
5,4	73	908	153	116	59,5
5,5	77	963	162	123	63,1
5,6	81	1020	171	130	66,8
5,7	86	1070	181	138	70,5
5,8	91	1130	190	145	74,2
5,9	95	1190	200	152	78,1
6,0	100	1250	210	160	82,0
6,1	105	1310	220	168	85,9

b   Zur Umrechnung von mg/dl in g/l wird durch 100 dividiert.   100 % der Norm

Abb. 6. Radiale Immundiffusion, **a** Präzipitatringe, **b** Wertetabelle der normierten optimierten radialen Immundiffusion (Auszug Wertetabelle NOR-Partigen*, Konzentrationen in mg/dl

Tabelle 1. Präzipitations- und Agglutinationsverfahren zur Plasmaproteinbestimmung

Methode	Empfindlichkeit für Proteine (MG: 20 – 200 × 10³)	Nachweisgrenze in der Probe	Inter assay VK	Dynamischer Meßbereich, Faktor	Reaktionsdauer
Radiale Immundiffusion	ca. 100 ng	ca. 5 mg/l	5 – 10%	10	18 – 72 Std.
Elektroimmunoassay	ca. 150 ng	ca. 3 mg/l	5 – 10%	10	2 – 3 Std.
Trubidimetrie/ Nephelometrie					
Endpunkt-Verfahren					
normal	10 ng	5 mg/l	ca. 5%	32 – 64	30 – 240 min
partikelverstärkt	0,1 ng	10 µg/l			
Fixed time-Verfahren					
normal	10 ng	5 mg/l	2 – 4%	32 – 64	5 – 10 min
partikelverstärkt	0,1 ng	10 µg/l	4 – 8%		
Peak-rate-Verfahren	100 ng	5 mg/l	ca. 5%	10 – 500[a]	0,5 – 3 min
Partikelzählverfahren	0,1 ng	1 – 10 µg/l	5 – 10%	32 – 64	40 min

[a] spezielles System (Lit. 17)

stimmung von Antisera, d. h. zur Bestimmung des sogenannten „Antikörper-Titers" eingesetzt [22].

In dieser Technik steht die breiteste Palette an kommerziell erhältlichen Reagenzien zur Plasmaproteinbestimmung zur Verfügung. Zu Präzision und Empfindlichkeit siehe Tabelle 1.

2.2.2 Reaktionen in flüssiger Phase

Die meisten dieser Verfahren erfassen die Veränderung des elastischen Streuverhaltens aufgrund des Wachstums der Molekülaggregate während der Antigen-Antikörper-Reaktion. Das Streulichtverhalten, zunächst durch das Rayleigh'sche Gesetz (1) beschrieben, ändert sich dabei zu einer Debye-Streuung und geht kontinuierlich in eine Mie-Streuung über. Das Partikelwachstum führt damit einerseits zu einer räumlichen Verschiebung des Streulichts zu kleinen Winkeln, d. h. in Vorwärtsrichtung des anregenden Lichtstrahls (Abb. 7), andererseits steigt die Streulicht-

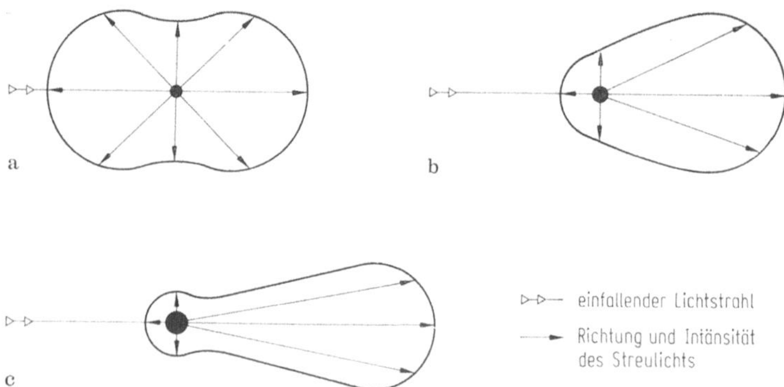

Abb. 7. Schematische Darstellung der Änderung der Streulicht-Charakteristik bei zunehmendem Partikelwachstum. Partikelgröße (d): **a** d < 1/20λ, Rayleighstreuung, **b** d ≤ X, Rayleigh-Debyestreuung, **c** d > X, Miestreuung

intensität mit der sechsten Potenz des Partikeldurchmessers bei konstanter Wellenlänge.

$$I_{Streu} = K \times I_0 \times N \times D^6 \lambda^{-4} \tag{1}$$

(K = Konstante)
(N = Teilchenzahl)
(D = Teilchendurchmesser)
(I_0 = Intensität des einfallenden Lichtstrahls)
(λ = Wellenlänge)

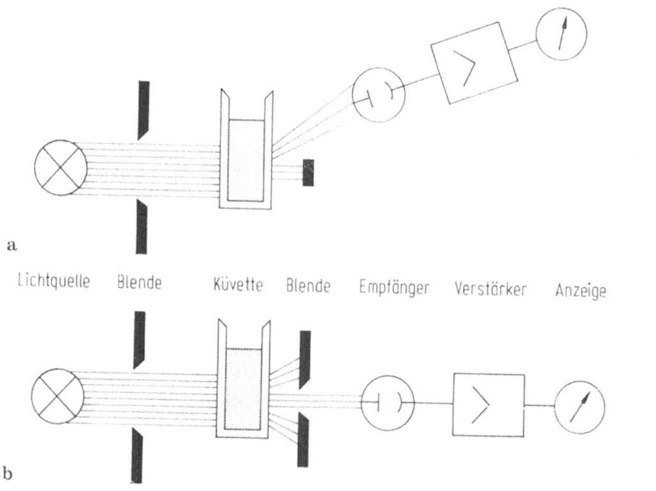

Abb. 8. Schematische Darstellung des Strahlenganges bei **a** nephelometrischer und **b** turbidimetrischer Messung der Immunpräzipitation

Obwohl der Exponent des Durchmessers kleiner wird, wenn die Teilchen in die Größe der Wellenlänge wachsen, wird die Reduktion der Teilchenzahl (durch fortschreitende Aggregation) bei weitem durch den ansteigenden Durchmesser kompensiert. Abbildung 8a zeigt den schematischen Aufbau eines Nephelometers. Je nach Wellenlänge und Beobachtungswinkel werden frühere oder spätere Stadien der Antigen/Antikörperreaktion bevorzugt erfaßt. Während bei den nephelometrischen Meßanordnungen nur ein bestimmter Teil des Streulichts gemessen wird, erfaßt die turbidimetrische Meßanordnung (Abb. 8b) indirekt den gesamten Streulichtverlust außer der Vorwärtsstreuung. Auch bei gleicher Wellenlänge

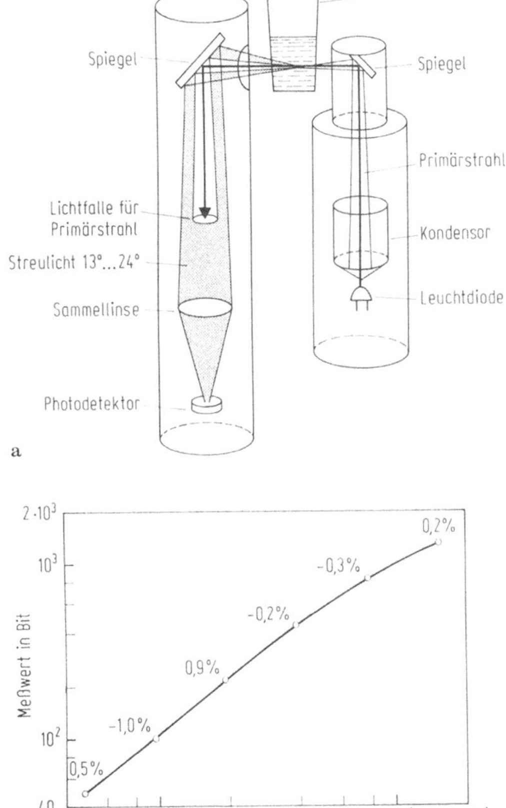

Abb. 9. a Strahlengang im Behring Nephelometer Analyzer, **b** Typische Eichkurve des Behring Nephelometer Analyzers. Die Abweichungen der Meßpunkte beziehen sich auf die beste Kurvenanpassung (logit-log Funktion)

sind deshalb beide Verfahren nicht streng komplementär. Da man bei der Nephelometrie praktisch vor einem schwarzen Hintergrund arbeiten kann, ist diese Technik prinzipiell empfindlicher als die Turbidimetrie, bei der das Verhältnis zweier Lichtströme gemessen wird. Aus Preis- und Praktikabilitätsgründen kommt dieser Unterschied bei den kommerziellen Geräten nicht zum Tragen. Neben den speziell für die turbidimetrische oder nephelometrische Proteinbestimmung entwickelten Systemen (Abb. 9), wurden und werden an vielen klinisch-chemischen Automaten Verfahren und Reagenzien für turbidimetrische fixed time Bestimmungen entwickelt. Bei der Verfahrensentwicklung sind jeweils gerätetechnische und reaktionstechnische Besonderheiten zu beachten [12].

Insgesamt unterscheiden sich die einzelnen Systeme sehr stark in ihrem Leistungsprofil, da in den meisten Fällen eine besondere Abstimmung von Gerät, Reagenz und Software vorgenommen wird. Die Daten von Tabelle 1 können deshalb nur Anhaltspunkte geben. Alle Verfahren werden mehr oder minder stark durch trübe, insbesondere lipämische Proben gestört; vor der Bestimmung muß dann eine Klärung der Probe [4, 23] durchgeführt werden. Hämolytische oder ikterische Proben führen im allgemeinen nicht zu Störungen.

Tabelle 2. Hersteller und Anbieter von Antisera, Reagenzien und Geräten zur Plasmaproteinbestimmung

---

Gelpräzipitation

Beckman Instruments GmbH, Frankfurter Ring 115, 8000 München 40
Behringwerke AG, Postfach 1140, 3550 Marburg
Immuno GmbH, Postfach 103080, 6900 Heidelberg
Kallestad Diagnostica GmbH, Colombistraße 27, 7800 Freiburg

Turbidimetrische Verfahren

Behringwerke AG, Postfach 1140, 3550 Marburg
Boehringer Mannheim GmbH, Sandhoferstraße 116, 6800 Mannheim
Hoffman La Roche AG, Diagnostika, Emil-Barell-Straße 1,
   7889 Grenzach-Wyhlen
Technicon GmbH, Im Rosengarten 11, 6368 Bad Vilbel

Nephelometrische Verfahren

Baker Instruments, Vogel GmbH, Marburger Straße 20, 6300 Gießen
Beckman Instruments GmbH, Frankfurter Ring 115, 8000 München 40
Behringwerke AG, Postfach 1140, 3550 Marburg

Partikelzählverfahren

Acade Diagnostic Systems GmbH, Mühlgrabenstraße 14, 5309 Meckenheim

Antisera

Atlantic Antibodies, AHS-Deutschland GmbH, Lerchenstraße 5,
   8000 München 50

Behringwerke AG, Postfach 1140, 3550 Marburg
Dokapatts GmbH, Stormanerstraße 30, 2000 Hamburg 70
Immuno GmbH, Postfach 103080, 6900 Heidelberg
Kallestad Diagnostica GmbH, Colombistraße 27, 7800 Freiburg

Unspezifische, d. h. nicht durch eine Antigen/Antikörperreaktion hervorgerufene Präzipitationen wie sie durch den Einsatz der reaktionsbeschleunigenden Polymeren bei manchen pathologischen Proben ausgelöst werden, können bei allen Systemen zu falschen Werten führen, wenn sie nicht durch bestimmte Maßnahmen als solche erkannt werden (Blindwertmessung ohne Antikörper, softwaremäßige Signalanalyse).

Wie aus Tabelle 1 ersichtlich ist, hat die Entwicklung von quantitativ auswertbaren Latex-Agglutinationstesten zu einer starken Empfindlichkeitssteigerung geführt. Für diese Tests werden Polystyrolpartikel, Größenordnungsbereich zwischen 80 und 400 nm, mit einer reaktiven Schale versehen und über diese dann polyklonale oder monoklonale Antikörper gebunden [24]. In Gegenwart von Antigen kommt es zur Agglutination, die nach den vorgenannten Verfahren gemessen werden kann. Das Ausmaß der Reaktion kann auch durch automatisches Auszählen der agglutinierten bzw. freien Partikel erfolgen (Particle counting Immuno Assay, PACIA) [25]. Zur automatisierten Durchführung dieses Verfahrens wurde ein spezielles Gerät entwickelt (s. Tabelle 2).

2.3 Immunoassays mit markierten Antikörpern oder markierten Antigenen

Bei diesen Verfahren werden die Reaktionsprodukte der Antigen/Antikörperreaktion indirekt über die Markierung, das Label, nachgewiesen. Die eingesetzten Label sind entweder selbst sehr empfindlich nachweisbar (Radioaktivität, Chemolumineszenz, Fluoreszenz) oder tragen durch eine sekundäre Signalbildungsreaktion (Enzym) zur hohen Empfindlichkeit solcher Teste bei.

Das Hauptanwendungsgebiet dieser Verfahren liegt wegen des höheren Arbeitsaufwandes und der geringeren Automatisierung nicht bei den klassischen Plasmaproteinen, die größtenteils über Präzipitationstechniken bestimmt werden. In erster Linie werden Hormone, Medikamentenspiegel, virale und bakterielle Antigene und spezifische Antikörper mit diesen Methoden bestimmt. Die quantitative Bestimmung von Spurenproteinen kann meist nur mit diesen Techniken erfolgen [26].

Methodische Einzelheiten werden an anderer Stelle beschrieben (s. S. 93 ff. und 127 ff. dieses Taschenbuches).

Wegen der methodischen Schwierigkeiten beim Markieren von Plasmaproteinen unter Erhalt ihrer natürlichen Immunreaktivität sind Immunoassays für Plasmaproteine meist nach dem „Sandwich"-Prinzip aufgebaut (Abb. 10). Als feste Phase wird fast ausschließlich Polystyrol verwendet; die Bindung von Protein an diese Phase erfolgt adsorptiv.

Die Bestimmung spezifischer Antikörper erfordert hochgereinigtes Antigenmaterial, das entweder direkt oder indirekt an die feste Phase gebunden wird.

Die indirekte Bindung kann z. B. nach Biotinylierung über Avidin oder über Vorbeschichtung mit einem Antikörper erfolgen [27]. Nach der Probeninkubation und dem Waschen der Festphase erfolgt die Inkubation mit einem markierten Antikörper gegen humanes γ-Globulin. Nach erneu-

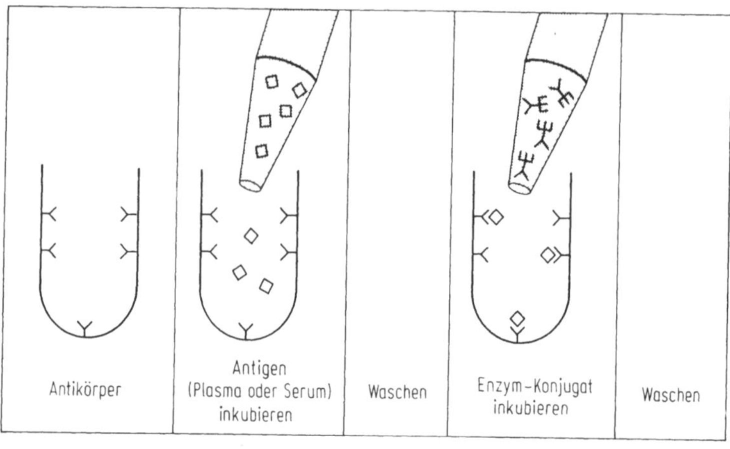

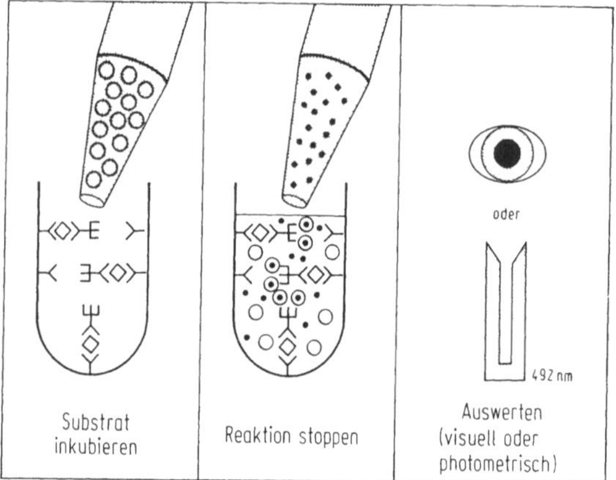

Abb. 10. Schematische Darstellung des Testprinzips eines Enzymimmunoassays nach dem Sandwich-Verfahren

tem Waschen wird die Menge des gebildeten „Sandwich" durch die Nachweisreaktion mit dem Label ermittelt. Bei Störmöglichkeiten ist zu beachten, daß mit dem Nachweisantikörper das gesamte gebundene humane
γ-Globulin erfaßt wird. Unspezifisch kann γ-Globulin aus der Probe durch
Verunreinigungen im Beschichtungsantigen oder durch adsorptive Bindung an die Festphase gebunden werden. Soll der Immunstatus differen-
ziert erfaßt werden, d. h. die Antikörpersubklasse bestimmt werden, so
wird die zweite Inkubation mit einem subklassenspezifischen markierten
Antikörper (anti-human-IgG bzw. anti-human-IgM) durchgeführt.

Zur Bestimmung der anderen Plasmaproteine wird die Festphase mit
dem spezifischen Antikörper einer beliebigen Tierart beladen. Nach Probeninkubation und Waschschritt wird mit einem markierten Zweitantikörper

der gleichen oder einer anderen Tierspezies inkubiert. Nach erneutem
Waschen wird die Nachweisreaktion quantifiziert.

Bei geeigneter Wahl des Zweitantikörpers und der Reaktionsmedien
kann auf den ersten Waschschritt verzichtet werden, d. h., Probe und
Zweitantikörper werden gleichzeitig mit der Festphase inkubiert. Besonders bei der Anwendung des letzten Verfahrens ist zu beachten, daß
ein Antigenüberschuß eintreten kann, der die Bindung von markierten
Immunkomplexen an die Festphase verhindert und so niedrigere Konzentrationen vortäuscht („high dose hook effect", [28]). Beispiele für die
Bestimmung von Plasmaproteinen im niedrigen Konzentrationsbereich
finden sich in [26] und [40].

In Zukunft werden möglicherweise auch Plasmaproteine im hohen Konzentrationsbereich mit den Techniken markierter Antikörper bestimmt
werden, da die Mikrospezifität der monoklonalen Antikörper nach den
bisherigen Erfahrungen vorwiegend in diesen Techniken effektiv zur
Bestimmung von Subpopulationen komplexer Antigene (z. B. Lipoproteine, Enzym-Inhibitor-Komplexe) eingesetzt werden kann.

3 Nicht-immunchemische Verfahren

3.1 Spezifische Funktionsteste

Die Konzentrationsbestimmung über die Funktion ist, außer bei den
Immunglobulinen, die über ihre Bindespezifität mit dem korrespondierenden Antigen bestimmt werden können, nur bei Proteinen mit enzymatischer Aktivität oder Inhibitor-Aktivität möglich.

Dies trifft im wesentlichen zu für Proteine, die am Gerinnungs- und
Fibrinolysesystem oder am Komplementsystem beteiligt sind.

Die Funktion dieser Enzymkaskaden wird in den klassischen koagulometrischen Verfahren [42] bzw. dem Komplementlysistest [43] global
erfaßt.

In den letzten Jahren wurden mehr und mehr synthetische Substrate
entwickelt, die es erlauben, die entsprechenden enzymatischen Aktivitäten
photometrisch zu erfassen (Chromogene Substrate).

Abbildung 11 zeigt beispielhaft die Bestimmung des C_1-Inaktivators,
im übrigen sei auf spezielle Übersichtsliteratur verwiesen [42].

Der C1-Inaktivator der Probe inaktiviert vorgelegte C1-Esterase. Die Rest-Aktivität der C1-Esterase
wird in einem kinetischen Test mit Extinktionszunahme bei 405 nm nach folgendem Reaktionsschema
bestimmt:

C1-Inaktivator-Probe + C1-Esterase-Überschuß ⟶ (C1-Esterase-C1-Inaktivator) + C1-Esterase-Rest

MeOC-Lys(ε-Cbo)-Gly-Arg-pNA $\xrightarrow{\text{C1-Esterase-Rest}}$ MeOC-Lys(ε-Cbo)-Gly-Arg-OH + p-Nitroanilin

Abb. 11. Testablauf einer Bestimmung des C1-Inaktivators mit chromogenem Substrat

3.2 Nichtspezifische Verfahren

Wegen ihrer großen praktischen Bedeutung ist hier die „Serumeiweiß-Elektrophorese" zu nennen (Abb. 12). Bei diesem Verfahren wird die Konzentration verschiedener Gruppen von Plasmaproteinen relativ zur Gesamteiweißmenge gemessen. Neben dem Albumin können aufgrund ihrer elektrophoretischen Beweglichkeit vier Gruppen von Proteinen unterschieden werden [32].

Krankheitsbedingte Konzentrationsänderungen von bestimmten Plasmaprotein-Gruppen (Akute Phase Proteine, Immunglobuline) können damit rasch erkannt werden.

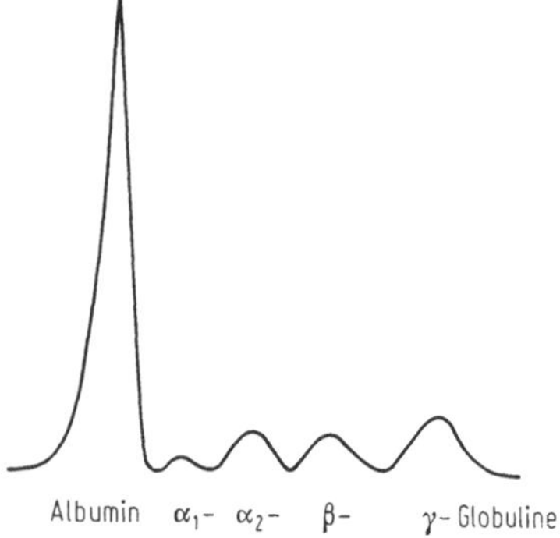

Abb. 12. Densitogramm einer elektrophoretischen Trennung der Serumproteine auf Celluloseacetatfolie

Häufig ist aus diagnostischen Gründen die rasche Bestimmung des Gesamt-Eiweißes im Serum notwendig, ohne daß eine Auftrennung in Einzelkomponenten notwendig ist. Wegen ihrer Spezifität und einfachen Durchführbarkeit wird für diesen Zweck die Biuret-Reaktion nach Weichselbaum (Lit. 33) sehr häufig eingesetzt.

Die Bestimmung beruht auf der Beobachtung, daß Stoffe mit mindestens zwei Peptidbindungen mit Kupfersalzen in alkalischer Lösung einen violetten Farbkomplex bilden. Während niedermolekulare Oligopeptide strukturabhängig in unterschiedlichem Ausmaß reagieren, tritt die Reaktion bei allen Proteinen gleich gut ein. Die Farbintensität der gebildeten Komplexe ist direkt proportional der Zahl der Peptidbindungen und deshalb ein Maß für die Proteinmenge. Die Quantifizierung erfolgt mit Hilfe eines mitgeführten Proteinstandards.

Das Extinktionsmaximum der Farbkomplexe liegt zwischen 530 bis 570 nm. Wegen möglicher Störeinflüsse durch lipämische, ikterische oder hämolytische Proben, muß ein Leerwert mitgeführt werden. Bei Proteinbestimmungen in gepufferten Lösungen sind Störungen durch Trishydroxymethylaminomethan und Glycin zu beachten. Die Methode ist soweit standardisiert worden, daß sie im klinisch-chemischen Labor als Referenzmethode eingesetzt wird [34].

Literatur

1. Schwick, H.-G., Haupt, H.: Chemie und Funktion der Human-Plasmaproteine. Angew. Chem. 92:83—95 (1980)
2. Röcker, L., Schmidt, H. M., Junge, B., Hoffmeister, H.: Orthostasebedingte Fehler bei Laboratoriumsbefunden. Das Medizinische Laboratorium 28:267—275 (1975)
3. Kuhfahl, E.: Zur Problematik des unerwarteten Laborergebnisses. Dt. Gesundh.-Wesen 31:1592—1597 (1976)
4. Guder, W. G.: Einfluß von Probenahme, Probentransport und Probenverwahrung auf klinisch-chemische Untersuchungsergebnisse. Ärztl. Lab. 22: 69—75 (1976)
5. Huber, R.: Structural Basis for Antigen-Antibody Recognition. Science 233:702—703 (1986)
6. Kuss, E.: Physikalisch-chemische Aspekte immunologischer und anderer reversibler Assoziations-Reaktionen. J. Clin. Chem. Clin. Biochem. 22:851—865 (1984)
7a. Seiler, R., Gronski, P., Kurrle, R., Lüben, G., Harthus, H.-P., Ax, W., Bosslet, K., Schwick, H.-G.: Monoklonale Antikörper: Chemie, Funktion und Anwendungsmöglichkeiten. Angew. Chem. 97:141—163 (1985)
  b. Falkenberg, F. W., Pierard, D., Mai, U., Kantwerk, G.: Polyclonal and Monoklonal Antibodies as Reagents in Biochemical and in Clinical-Chemical Analysis. J. Clin. Chem. Clin. Biochem. 22:867—882 (1984)
8a. Becker, W.: Die Standardisierung immunchemischer Plasmaprotein-Bestimmungen. Laboratoriumsblätter 30:25—32 (1980)
  b. WHO-Report: The measurement of IgM immunoglobulin. J. Biol. Stand. 10:105—107 (1982)
9. Heidelberger, M., Kendall, F. E.: The precipitin reaction between type III pneumococcus polysaccharide and homologous antibody III. A quantitative Study and theorie of the reaction mechanism. J. Exp. Med. 61:563—591 (1935)
10. Steensgaard, J.: The mechanism of immune precipitation. Immunol. today 5:7—10 (1984)
11. Gronski, P., Seiler, F. R.: Basic relationship in precipitating antigen-antibody systems: A comparison of a simple theory with experiment. Behring Inst. Mitt. 76:15—28 (1984)
12. Müller-Matthesius, R., Opper, C.: Der Einfluß von Meßzeit und Reaktionsmilieu bei kinetischen immunturbidimetrischen Proteinbestimmungen. J. Clin. Chem. Clin. Biochem. 18:501—510 (1980)
13. Schultze, H. E., Schwick, G.: Quantitative immunologische Bestimmung von Plasmaproteinen. Prot. Biol. Fluids 5:15—25 (1958)
14. Whicher, I. T., Price, C. P., Spencer, K.: Immunonephelometric and Immunoturbidimetric Assays for Proteins. CRC Critical Reviews in Clinical Laboratory Sciences 18 (3):213—246 (1982)
15. Hellsing, K.: Enhancing Effects of Nonionic Polymers on Immunochemical Reactions. In: Clinical and Biochemical Analysis Vol. 7: Automated Immunoanalysis. ed. Ritchie, R. F. Part 1:67—112 (1978)
16. Behringwerke AG, Frankfurt: Behring Nephelometer Analyzer. Drucksache 230407, 5—9 (1985)
17. Metzmann, E.: Protein Quantitation on both Branches of the Heidelberger Curve by Monitoring the Kinetik of Immunoprecipitation. Behring Inst. Mitt. 78:167—175 (1985)
18. Sandel, P., Vogt, W., Popp, B., Knedel, M.: Smoothing-, Spline- und Polygonal-Interpolation. Logit-Log- und Logit-Quadrat-Regression: Eine Gegenüberstellung math. Verfahren zur Ergebniswertberechnung von Rias. Z. Anal. Chem. 279:126—136 (1976)

19. Verbruggen, R.: Quantitative Immunoelectrophoretic Methods: A Literature Survey. Clin. Chem. 21:5—43 (1975)

20. Becker, W., Rapp, W., Schwick, H. G., Störiko, K.: Methoden zur quantitativen Bestimmung von Plasmaproteinen durch Immunpräzipitation. Z. Klin. Chem. Klin. Biochem. 6:113—122 (1968)

21. Henkel, E.: Marker-Free Immunological Analytical Methods. J. Clin. Chem. Clin. Biochem. 22:919—926 (1984)

22. Becker, W.: Determination of Antisera Titers using single Radial Immunodiffusion Method. Immunochem. 6:539—564 (1969)

23. Voigt, H. W.: Klärung lipämischer Seren durch neues Verfahren. Laboratoriumsblätter 27:168—172 (1977)

24a. Litchfield, W. I. et al.: Novel Shell/Core Particles for Automated Turbidimetric Immunoassays. Clin. Chem. 30:1489—1493 (1984)

24b. Kapmeyer, W. H., Pauly, H.-E., Tuengler, P.: Automated Nephelometric Immunoassays With Novel Shell/Core Particles. J. Clin Lab. Analysis 2: 76—83 (1988)

25. Masson, P. L., Cambiaso, C. L., Collet-Lassart, D.: Particle counting Immunoassay. Methods Enzymol. 74:152—161 (1981)

26. Grenner, G.: Enzyme-immunoassays for Trace Protein Measurements. Medical Lab. 11:25—38 (1982)

27. Oellerich, M.: Enzyme-Immunoassay: A Review. J. Clin. Chem. Clin. Biochem. 22:895—904 (1984)

28. Hoffmann, K. L., Parsons, G. H., Allerdt, L. I., Brooks, J. M., Miles, L. E. M.: Elimination of "Hook-Effekt" in Two Site Immunoradiometric Assays by Kinetic Rate Analysis. Clin. Chem. 30:1499—1501 (1984)

29. Perlick, E., Bergmann, A.: Gerinnungslaboratorium in Klinik und Praxis. Georg Thieme Verlag, Leipzig (1971)

30. Dalmasso, A. P.: Complement in the Pathophysiology and Diagnosis of Human Diseases. CRC Critical Reviews in Clinical Laboratory Sciences 24/2:123—183 (1986)

31. Witt, I.: New methods for the analysis of coagulation using chromogenic substrates. Walter de Gruyter, Berlin (1977)

32. Kohn, J., Riches, P. G.: A review of the Development and Application of Cellulose Acetate Membrane Electrophoresis. In: Protein Abnormalities Vol. 1, Physiology of Immunoglobulins, 15—27. Eds. Ritzmann, Stephan E., Liss, Alan R., New York (1982)

33. Weichselbaum, T. E.: An Accurate and rapid method for the determination of proteins in small amounts of blood serum and plasma. Amer. J. Clin. Pathol. 16:40—46 (1946)

34a. Doumas, B. T., Bayse, D. D., Carter, R. J., Peters, T., Schaffer, R.: A candidate reference method for determination of total Protein in Serum. I. Development and validation. Clin. Chem. 27:1642—1650 (1981)
   b. Doumas, B. T., Bayse, D. D. et al.: A candidate reference method for determination of total Protein in Serum. II Test for transferability. Clin. Chem. 27: 1651—1654 (1981)
   c. Richtlinien der Bundesärztekammer zur Qualitätssicherung in medizinischen Laboratorien (Verfahrenskontrolle). Entwurf vom 16. 01. 1987

Tandem-Massenspektrometrie (MS/MS)

H. Schwarz

Institut für Organische Chemie
Technische Universität Berlin
Straße des 17. Juni 135
D - 1000 Berlin 12

1 Einleitung

Effiziente analytische Methoden, die einen in die Lage versetzen, in einer komplizierten Matrix einzelne Komponenten qualitativ und quantitativ identifizieren und bestimmen zu können, werden in der Chemie und vielen ihrer Grenzgebiete benötigt, und die Aufgabenstellungen sind oft vergleichbar der Suche nach der Nadel im Heuhaufen. Der Bedarf wird schlaglichtartig verdeutlicht durch die vielfältigsten analytischen Aufgaben, die es zum Beispiel im Bereich der Biochemie, klinischen Chemie, Umweltanalytik, Kriminalistik oder der Verfahrens- und Qualitätskontrolle (um nur wenige Gebiete zu nennen) zu lösen gilt. Anhand von Kriterien, wie Spezifität, Präzision, Empfindlichkeit, Schnelligkeit und Preis-Leistungsverhältnis werden bestehende und neue analytische Methoden zu beurteilen sein. Als ein nicht billiges, aber sehr erfolgreiches methodologisches Konzept hat sich die *Kombination* [1] verschiedener oder die Benutzung multi-dimensionaler analytischer Methoden, wie z. B. zweidimensionale Chromatographie [2] erwiesen. Die weitverbreitete Benutzung der Kombination Gaschromatographie/Massenspektrometrie (GC/MS) [3] oder auch das steigende Interesse an der derzeit allerdings noch nicht ausgereiften Kopplung von Flüssigchromatographie/Massenspektrometrie (LC/MS) [4] belegen, wie durch die Kombination einer effizienten Trenntechnik (GC bzw. LC) mit einer hochempfindlichen und gleichzeitig substanzspezifischen Identifizierungsmethode (MS) recht schwierige und aufwendige Probleme lösbar sind. Das methodologische Prinzip dieser Separierungs-/Identifizierungssysteme (GC/MS bzw. LC/MS) ist in Abb. 1 dargestellt, und es läuft meistens darauf hinaus, daß aus einer komplexen Mischung (ABC, DEF, GHI etc.) zunächst die zu ermittelnde Komponente („Targetmolekül", z. B. ABC) abgetrennt und dann „on line" in einer zweiten Stufe im Massenspektrometer ionisiert, anhand seines Spektrums charakterisiert und durch Zugabe von isotopmarkierten Standards quantifiziert [5] wird. Die naheliegende Idee, sowohl die Separierung als auch die Identifizierung von Komponenten in komplizierten Mischungen unter ausschließlicher Benutzung von Massenspektrometern und Ausschluß konventioneller Trennmethoden durchzuführen, wurde zum ersten Mal von Beckey und Levsen [6] realisiert; das enorme Potential dieses Konzeptes wurde sofort von mehreren Laboratorien erkannt, und die Speerspitze der explosionsartig verlaufenden Entwicklung stellten die Laboratorien von R. G. Cooks (Purdue) und F. W. McLafferty (Cornell) dar. In Anlehnung an die Akronyme GC/MS und LC/MS und auch aufgrund der methodologischen Verwandtschaft mit diesen kombinierten Techniken wurde für die „neue" analytische Methode die Abkürzung MS/MS vorgeschlagen [7]. MS/MS hat sich, wie schon sehr bald prognostiziert worden ist [8], und leicht an der Fülle von Originalarbeiten [9], Übersichtsartikeln [8a, 10] und einer schon jetzt als Klassiker anzusehenden Monographie [11] zu erkennen ist, in kurzer Zeit weltweit als wichtige analytische Methode in vielen Laboratorien etabliert.

Das MS/MS-Prinzip ist in Abb. 2 für die direkte Analyse einer hypothetischen Mischung schematisch dargestellt. Kontinuierliche Probenzufuhr der kompletten Mischung ABC, DEF, GHI etc. in das Massenspektrometer liefert nach Ionisation die jeweiligen Molekül-Ionen ABC$^{+\cdot}$, DEF$^{+\cdot}$ etc. Um nun das Targetmolekül ABC zu erfassen, wird der Teil MSI des Tandem-Massenspektrometers so eingestellt, daß nur die ionisierte Komponente ABC$^{+\cdot}$ MSI passieren kann, während alle übrigen mit einem von ABC$^{+\cdot}$ verschiedenen m/z-Wert ausgeblendet werden. Anregung dieser massenselektierten Ionen in der zwischen MSI und MSII angebrachten Reaktionszelle z. B. durch Stoßanregung („Collisional

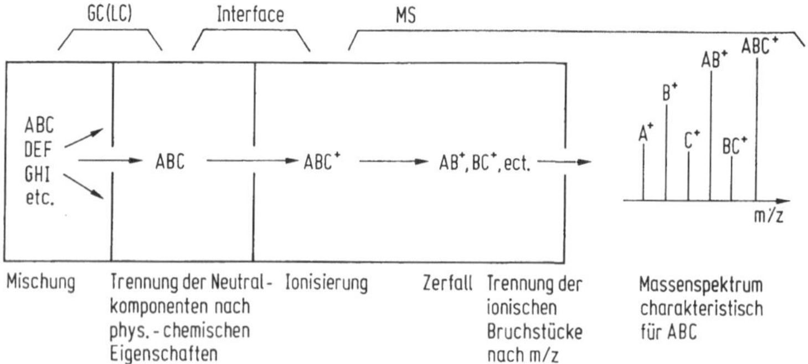

Abb. 1. Konventioneller GC/MS-Analysengang

Activation", CA) [10o, 12], streifende Kollision mit Oberflächen („Surface Induced Dissociation") [12] oder Laser- Anregung [14] liefert hochangeregte kurzlebige Spezies ABC^{+*}, die zu diversen, strukturspezifischen Bruchstücken wie BC$^+$, AB$^+$ etc. zerfallen können. Registrierung dieser Fragment-Ionen mit Hilfe von MSII liefert ein Massenspektrum, das für die Komponente ABC charakteristisch ist. Identifiziert wird die Verbindung entweder durch Interpretation des Spektrums oder durch Vergleich mit Bibliotheksspektren. Für die Quantifizierung gelten jene Gesichtspunkte, die auch bei GC/MS-Analysen zu bedenken sind [5].

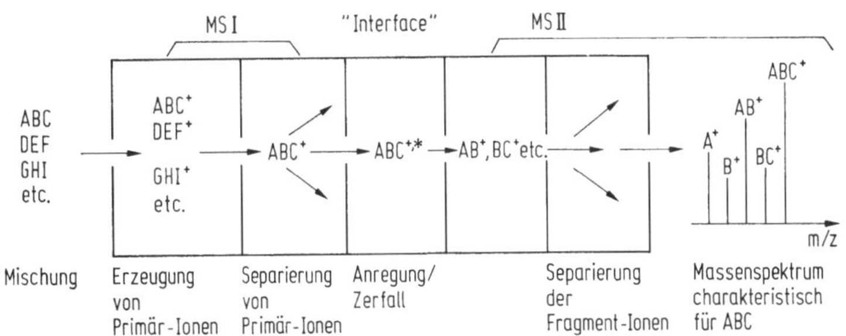

Abb. 2. Direkte Mischungsanalyse durch MS/MS ohne Benutzung von vorgeschalteter Trennmethoden

2 Leistungsfähigkeit von MS/MS

Das enorme Interesse, das MS/MS praktisch von Anfang an fand, rührte nicht zuletzt daher, daß in den ersten Publikationen gezeigt bzw. suggeriert wurde, wie ohne mühselige Probenvorbereitung eine direkte Mischungsanalyse von Komponenten möglich ist — ohne daß wesentliche Einbußen bei der Empfindlichkeit zu registrieren waren und der Zeitbedarf der Analysen geringer zu sein schien, als dies bei normalen GC/MS-Analysen oft der Fall ist. Die kürzere Analysenzeit eines MS/MS-Experimentes wird durch Abb. 2 verdeutlicht, wobei der entscheidende Punkt der ist, daß in einem GC/MS-Experiment die Trennung der Komponenten in der *Zeit*domäne erfolgt (man muß eben warten, bis das Targetmolekül ABC eluiert worden ist), während bei MS/MS die Auftrennung aller Komponenten praktisch „momentan" in der *Raum*domäne stattfindet (alle Komponente liegen als Ionen vor, deren Separierung in ca. 10^{-6} s erfolgt).

Einige Beispiele seien aufgeführt, in denen die bei MS/MS wesentlich verkürzte Analysenzeit als wichtiges Kriterium von den Autoren hervorgehoben worden ist. Der direkte Nachweis von Kokain in Pflanzen war (einschließlich Probenvorbereitung) in weniger als 15 min möglich [10a], Pilzinhaltsstoffe ließen sich in weniger als 5 min identifizieren [15], die Analysenzeit von Pyrrolizidinalkaloiden wurde durch MS/MS um den Faktor 30 verkürzt [16], eine komplette Analyse von Carbonsäuren in einer nichtvorbereiteten Urinprobe erfolgte in weniger als 15 min. [17],

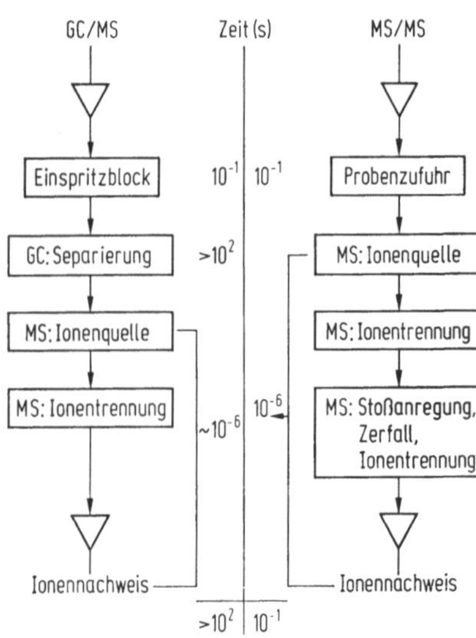

Abb. 3. Schematischer Vergleich des „Zeitbedarfes" bei GC/MS und MS/MS-Analysen

oder die vollständige Sequenzierung von am C- und N-Terminus blockierter Octa- und Nonapeptide von adipokinetischen Hormonen erfolgte in 4 h mit ca. 4 nmol der Naturstoffe [18]. Der relativ minimale Zeitbedarf einer MS/MS-Analyse macht die Methode natürlich immer dort besonders interessant, wo es darauf ankommt, ein rasches Screening durchzuführen, wie es z. B. bei chemotaxonomischen Untersuchungen nützlich ist [19].

Da in einem MS/MS-Experiment ein Doppelfilterprinzip wirkt (MSI wirkt beispielsweise massen- und MSII energieselektierend), ist zu erwarten, daß das „chemische Rauschen" erheblich reduziert und somit das Signal/Rauschverhältnis (S/N) drastisch gesteigert wird. Ein instruktives Beispiel aus dem Labor von R. G. Cooks ist in Abb. 4 gegeben [20], in dem gezeigt wird, wie der direkte Nachweis eines chlorierten Kohlenwasserstoffes in einer komplizierten Matrix durch das MS/MS Experiment bequem ermöglicht wird.

Weitere Beispiele lassen ebenfalls klar erkennen, daß im Hinblick auf Empfindlichkeit MS/MS den Vergleich mit GC/MS nicht zu scheuen braucht: So lassen sich Kohlenwasserstoffe glatt im 10^{-14} g Bereich identifizieren [10b], Alkaloide können in komplexen Mischungen noch in Mengen von 10^{-11} g erfaßt werden [10a, 19]; die Identifizierung von Glucose in Urinproben im 10^{-11} g-Bereich ist noch mit einem S/N-Verhältnis von 10:1 möglich [21]; Thiophen, Tetrahydropyran und n-Propylbenzol können in Gasolin im ppm-Bereich bequem erfaßt werden [7a]; ähnliches gilt für diverse Duftstoffe, die problemlos im ppb-Bereich identifiziert werden konnten [22], oder die quantitativen Analysen von Tetrachlordibenzodioxinen in Fischextrakten bzw. von Pesticiden, wie Parathion, in Pflanzen oder von Mycotoxinen im unteren 10^{-11} g Bereich [23]. Auch *drei* Atome des Kohlenstoffisotops ^{14}C ließen sich mit MS/MS in einer Matrix von 10^{16} ^{12}C-Atomen bestimmen, was einem „Lebensalter" der

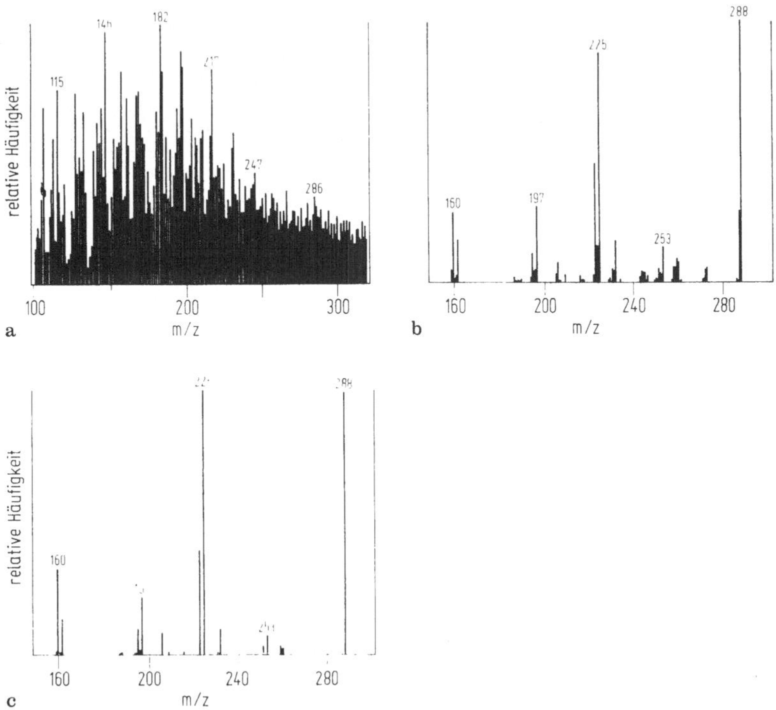

Abb. 4. a Chemisches Ionisations (CI)-Spektrum einer mit Trichlordibenzo-
dioxin (m/z 288) geimpften Kohle-Probe; **b** MS/MS-Spektrum von m/z 288
derselben Probe; **c** MS/MS-Spektrum der authentischen Substanz

Kohlenstoffprobe von 70000 Jahren entspricht [24], und auch die Analyse
der Bruchstücke von Kernreaktionen bedient sich der MS/MS-Prinzipien,
wobei die am Kernreaktor in Grenoble installierten Systeme ISOLDE,
TRISTAN und LOHENGRIN [25] wohl zu den größten Massenspektrometern zu rechnen sind, die je gebaut worden sind.

Nicht mehr ganz Zukunftsmusik ist die Kopplung von GC (und zwar
kurze Kapillarsäulen) mit MS/MS. Obwohl hierdurch wohl etwas an Zeit
verloren wird, sind doch der Gewinn an Empfindlichkeit und die Zusatz-
informationen des Retentionsindex so wertvoll, daß dieser Kombination
die Zukunft gehören dürfte. Interessante, vielversprechende Beispiele
werden in Ref. 26 beschrieben, Abb. 5 [26a] dient zur Illustration, und
der Nachweis von Dioxinen im ppt-Bereich durch GC/MS/MS [27] dürfte
nicht den Endpunkt der Entwicklung markieren. Große Erwartungen
werden verständlicherweise in die erste Etablierung eines unter Alltags-
bedingungen gut funktionierenden LC/MS/MS-Systems gesetzt.

In Tabelle 1 sind einige Schlüsselmerkmale für GC/MS und MS/MS (in
seiner „Primitivvariante", d. h. ohne Kopplung mit GC, LC etc.) zusammengestellt, und der Vergleich lehrt, daß MS/MS nicht als Alternative

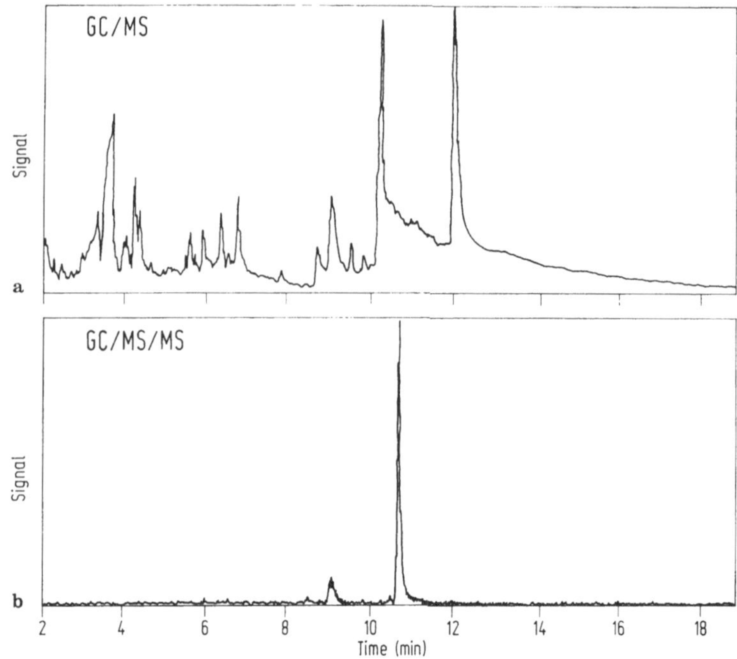

Abb. 5. Nachweis von Methryptolin (im unteren pg-Bereich) als Hepta-fluorbutylderivat in einem Extrakt von Rattenhirn. **a** GC/MS-Analyse; SIM-Mode; negativ CI (m/z 362); GC-Signal praktisch nicht nachweisbar (angedeutet durch Pfeil); **b** GC/MS/MS für Reaktion m/z 362 → m/z 179

sondern als Ergänzung zu GC/MS angesehen werden muß. Ganz abgesehen von Fällen, in denen MS/MS grundsätzlich ungeeignet ist (z. B. Analyse eines komplizierten Terpengemisches, bei dem viele Komponenten als Isomere vorliegen, MSI also keine Trennung aufgrund des m/z-Wertes bewerkstelligen kann), ist auch bei anderen Aufgaben GC/MS möglicher-weise der Vorzug zu geben. Dies wird z. B. immer dann der Fall sein, wenn das „Targetmolekül" unbekannt ist oder man es mit einer Mischung von vielen hundert (oder mehr) Komponenten zu tun hat und *jede* Komponente aufzuklären ist — hier ist GC/MS vermutlich nicht zu schlagen, es sei denn in der Kombination GC/MS/MS. Trotzdem können die in Tabelle 1 angedeuteten Vorteile für MS/MS nicht übersehen werden. Die Methode, obwohl für Routineanalysen immer noch zu teuer, wird sich als analyti-sches Verfahren behaupten.

Auch die Analyse biologisch wichtiger Verbindungen wird durch MS/MS wesentlich verbessert. Stellvertretend für viele interessante Resultate (für zahlreiche Beispiele siehe Ref. 10 und 11) soll kurz auf einige Aspekte der Sequenzierung von Peptiden [17, 28] eingegangen werden, bei denen konventionelle Verfahren deshalb nicht angewendet werden können, weil 1) der N-/C-Terminus blockiert ist, 2) N-alkylierte Aminosäuren als

Tabelle 1. Vergleich von Schlüsselmerkmalen für GC/MS und MS/MS

	GC/MS	MS/MS
Anforderung an thermische Stabilität der Probe	hoch	gering
Aufwand bei Probenvorbereitung	mittel	minimal
Analysenzeit	lang	kurz
Nachweisgrenze	10^{-11} g	10^{-11} g
Quantitative Analyse	ja	ja
Selektivität	hoch	hoch
Reproduzierbarkeit	gut	gut bis schlecht
Massenbereich	mittel	mittel bis hoch
Anforderung an die Qualifikation des Personals	mittel	mittel bis hoch
Analysenkosten	mittel	hoch

Peptidbausteine vorliegen oder 3) das Peptid ein Cyclopeptid darstellt. Für alle Fälle sind in den letzten Jahren Strategien entwickelt worden [29, 30, 31, 32], die darauf hinauslaufen, daß durch geeignete Ionisierung ein protoniertes Molekül MH$^+$ erzeugt wird, das dann selbst als MH$^+$ oder anhand eines Primärfragmentes in einem MS/MS-Experiment sequenziert wird. Beachtlich ist hierbei, daß es in einer eindeutigen Weise gelang [31 c, 32], das zentrale Problem der Unterscheidung von Sequenz und Retrosequenz bei Cyclopeptiden zu lösen. Der Trick besteht darin, durch Reaktionen im Massenspektrometer ein Fragment zu erzeugen, bei dem der N- bzw. C-Terminus zweifelsfrei gekennzeichnet sind. Von ähnlich grundsätzlicher Bedeutung ist die Unterscheidung von isomeren Aminosäuren, die mit Hilfe von MS/MS sowohl bei Leucin/Isoleucin [33] als auch bei isomeren C- versus N-alkylierten Aminosäuren [34] glatt gelingt; dies kann auf der Basis von MS allein nicht erreicht werden.

Auch die eindeutige Lokalisierung von z. B. Verzweigungsstellen, von funktionellen Gruppen oder Mehrfachbindungen in langkettigen Kohlenwasserstoffderivaten — Probleme, die die herkömmliche Analystik nur teilweise lösen konnte — gelingt sehr gut mit MS/MS, wie von Gross et al. in einer Reihe von Artikeln gezeigt werden konnte [35].

MS/MS scheint auch die analytische Methode der Wahl zu sein, um Pyrolyseprodukte von Biopolymeren direkt ohne vorherige Trennung zu identifizieren. Repräsentative Beispiele betreffen die Pyrolyse von Herings-DNA [36], von Lachssamen-DNA [37] oder von Bakterien bzw. Körpergewebe [38].

Auch die Strukturaufklärung organischer Salze (Ammonium-, Phosphonium- oder Sulfonium-Verbindungen) und die Analyse von Tensiden ist durch MS/MS wesentlich verbessert worden. Während das Molgewicht dieser Salze wie auch die Summenformeln des kationischen und anionischen Teils relativ leicht durch Ionisationsmethoden, wie Felddesorption (FD) [39] oder Fast Atom Bombardment (FAB) [40] zugänglich sind, gelingt es im allgemeinen nicht, die Konstitution der Ionen aufzuklären, da die Ionen ohne externe Anregung praktisch nicht zerfallen. Regt man

jedoch die massenselektierten Kationen in einem Stoßexperiment an, so
erhält man Massenspektren, aus denen die Konstitution derselben relativ
leicht abzuleiten ist [41].

Daß mittels MS/MS Konstitutionsisomere in der Regel immer glatt
unterscheidbar sind, überrascht vermutlich nicht, daß die Methode
auch bei der Lösung stereochemischer Probleme Meriten zu erwerben
vermag, deutet sich durch zwei elegante Arbeiten an: 1) 3-Hydroxyste-
roide, wie z. B. 3,20-Pregnandiol, liefern im EI-Spektrum ein charakteri-
stisches Signal bei m/z 234, und das Ion enthält die Ringe A, B, C zusammen mit der 3-Hydroxylgruppe. McLafferty et al. [42] konnten zeigen,
daß die vier stereoisomeren Fragmente mit m/z 234, d. h. $3\alpha,5\beta$; $3\beta,5\alpha$;
$3\alpha,5\beta$ und $3\beta,5\alpha$ recht unterschiedliche Spektren bei der Stoßaktivierung
liefern, die die stereochemischen Unterschiede der Ionen widerspiegeln.
2) Knowles und Mitarbeiter [43] haben — basierend auf MS/MS — eine
geniale Technik entwickelt, mit der die *absolute* Stereochemie eines chiralen
$^{16}O,^{17}O,^{18}O$-markierten Phosphatmonoesters bestimmt werden kann, und
die Eleganz des Experiments wie auch die Schlüssigkeit der Beweisfüh-
rung sind fast beispiellos.

Bevor instrumentelle Aspekte besprochen werden, müssen vier weitere
Anwendungsgebiete kurz erwähnt werden. Diese gehören im eigentlichen
Sinn nicht zur direkten Mischungsanalyse, verdienen aber Erwähnung,
da sie das enorme Potential von MS/MS verdeutlichen.

1) Die massenspektrometrische Analyse von isotopen-markierten
Verbindungen wird immer dann erschwert, wenn bei den Synthesen keine
vollständige Einbaurate erreicht wird. Mit MS/MS ist dieses Problem hin-
fällig geworden, da mit MSI das gewünschte Isotopomere aus dem Satz
der übrigen markierten Verbindungen herausgefischt und als „künstlich"
komplett markierte Spezies der eigentlichen Analyse in MSII zugeführt
wird. Erste Beispiele für diese Idee sind mittlerweile schon mehr als 10
Jahre alt [44] und die Methode hat in der Zwischenzeit ihre Bewährungs-
probe glatt bestanden.

2) Reaktive *neutrale* Zwischenstufen, wie z. B. *in situ* erzeugte Radikale
lassen sich durch MS/MS bequem charakterisieren [45]. Hierbei werden
die Radikale in Gegenwart „langsamer" Elektronen an Tetracyanochino-
methan angelagert (MSI), und die Anionen der resultierenden Addukte
nach Massenselektion und Stoßanregung mit Hilfe von MSII analysiert.
Aus den Zerfallsmustern können nicht nur Rückschlüsse auf die Konstitution der Radikale gezogen werden, auch die Kinetik von intramoleku-
laren Radikalumlagerungen konnte für einige Systeme bestimmt werden.

3) Das Studium von Ionenreaktionen in der Gasphase (d. h. in Abwesenheit von Gegenionen und solvatisierenden Molekülen) ist der einzige
Weg, um die *inhärenten* Eigenschaften der gefundenen Teilchen zu bestimmen und durch Vergleich mit analogen Prozessen in Lösung die
spezifische Rolle von Lösungsmitteln aufzuklären. Die enorme Rolle,
die MS/MS hier zu spielen vermag, ist in einem Review ausführlich dargelegt worden [46]. Der Vielzahl der dort eingehend diskutierten Reaktionstypen sollen hier als jüngere Beispiele nur wenige hinzugefügt werden:

(a) Die Dieckmann-Kondensation in der Gasphase ähnelt in vielen Aspekten dem Verlauf der Reaktion in Lösung, bei α-verzweigten Estern treten aber in der Gasphase unerwartete Varianten auf, die durch MS/MS in Kombination mit isotop-markierten Substraten direkt aufzuklären waren [47].

(b) Für die Diels-Alder-Reaktion unter Beteiligung geladener Reaktionsparter (einer Reaktion, die in jüngster Zeit in der synthetischen organischen Chemie größeres Interesse gefunden hat) konnten Gross und Mitarbeiter zeigen, daß die Reaktion zweistufig abzulaufen scheint [48].

(c) Wheland-Komplexe, die Lehrbuch-Intermediate der elektrophilen Aromatensubstitution, ließen sich für mehrere Systeme durch MS/MS charakterisieren [49].

(d) Die Aktivierung von CH- und CC-Bindungen von Alkanen durch nackte Übergangsmetallionen, ein Thema von aktuellster Bedeutung im Hinblick auf die Detailschritte der Katalyse, läßt sich in der Gasphase bequem studieren; als eine der wichtigsten Methoden zur Charakterisierung der Intermediate hat sich MS/MS herausgestellt, und die Zahl der auf diesem Gebiet publizierten Arbeiten ist kaum noch zu registrieren [50].

(e) Tandem-Massenspektrometer sind auch die idealen Instrumente, um in der Gasphase alle Arten von Ladungsaustauschprozessen durchzuführen, und die hierbei erzeugten Teilchen durch anschließende Reionisierung zu charakterisieren. Als besonders interessante Variante hat sich ein Verfahren herausgestellt, in dem aus Kationen durch Reduktion *isolierte* Neutralteilchen erzeugt und dann anschleßend reionisiert werden (Neutralisations-Reionisationsmassenspektrometrie, NR/MS [51]). Auf diese Weise ließen sich nicht nur hypervalente Moleküle (ND_4) oder Edelgas-Dimere erzeugen, sondern auch Moleküle wie $HC{\equiv}CX$ ($X=OH$, NH_2), Kohlensäure (H_2CO_3) oder Carbaminsäure (NH_2CO_3H) — alles Beispiele für Moleküle, die nach den Schuldogmen der Chemie gar nicht existieren dürften.

Diese wenigen Beispiele mögen genügen, um zu belegen, daß durch MS/MS das Massenspektrometer zu einem kompletten Minilabor geworden ist, in dem unter wohldefinierten Bedingungen Moleküle (Ionen wie auch Neutralteile) maßgeschneidert herstellbar und charakterisierbar sind [52].

3 Instrumentelle Details

3.1 Ionisationsmethoden

Wie in der Einleitung gezeigt wurde, erfolgt in einem MS/MS-Experiment die Identifizierung einer Target-Komponente einer Mischung „zweistufig", in dem aus ABC zunächst die korrespondierenden *Primär-Ionen* $ABC^{+\cdot}$ erzeugt werden, die dann nach Massenselektion und Stoßanregung *Sekundär-Ionen* AB^+, BC^+ etc. liefern. Es ist naheliegend, daß an die Ionisationsmethoden besondere Ansprüche zu stellen sind, um optimale Resultate zu erzielen. Hierzu gehören in erster Linie, daß zwischen dem intakten

Neutralmolekül und dem korrespondierenden Molekül-Ion eine eindeutige Korrelation bestehen muß. Erstrebenswert wäre ferner, daß 1. jede Neutralkomponente mit hoher Ionisierungswahrscheinlichkeit nur ein Primär-Ion liefert, 2. sich dieses Primär-Ion während oder nach der Ionisation strukturell nicht oder nur minimal ändert, 3. möglichst wenig (am besten gar keine) Tochter-Ionen bei der Ionisierung des Targetmoleküls entstehen und 4. ein Ionisationsverfahren gewählt wird, das zwischen Stoffklassen stark zu diskriminieren vermag (Stichwort „selektive" Ionisierung analog zu Tüpfelreaktionen [53]).

Es liegt auf der Hand, daß die gute alte EI-Methode vermutlich wegen ihrer Verwendbarkeit als universelle Ionisierungsmethode (trotz hoher Empfindlichkeit) für MS/MS-Experimente am wenigsten geeignet ist. Die Mehrzahl der oben aufgestellten Forderungen werden wohl am ehesten durch die unter dem Begriff „soft ionization" [54] bekannt und populär gewordenen Ionisierungsmethoden erfüllt werden. Hierzu gehören Feldionisation (FI) und Felddesorption (FD) [39], Chemische Ionisation (CI) [53] mit den Varianten der Plasma-Ionisation [55] und der „direkten" chemischen Ionisation" (DCI) [56], die Ionisierung mit strahlenden Isotopen (z. B. ^{252}Cf Plasma-Desorption, PD) [57], Laser-Ionization bzw. Desorption (LD) [58] oder die Bombardierung der Probe mit schnellen Atomen (FAB) [40] bzw. Ionen (SIMS) [59].

Während FD, PD, LD, FAB und SIMS bei der MS-Analyse hochmolekularer (Rekord derzeit m/z 23463 Dalton [60]) wie auch thermisch labiler bzw. überhaupt nicht verdampfbarer Substanzen vorteilhaft sind und hier durch Verwendung geeigneter Massenspektrometer und Probenpräpariertechniken (z. B. Monoschichten) spektakuläre Empfindlichkeiten erreicht worden sind (z. B. 10^{-14} mol des Peptids Bradykinin (M_r 1059) [61] oder 10^{-15} mol Gramicidin A (M_r 1880) [62] ließen sich durch „Trokken"-SIMS nachweisen), dürfte für die meisten MS/MS-Experimente CI die Methode der Wahl sein, um aus einer Probe ABC die entsprechenden Primär-Ionen in hoher Ausbeute bei gleichzeitig minimaler Strukturvariation und geringer Fragmentierung zu erzeugen. Dies hängt nicht zuletzt damit zusammen, daß bei CI ein gegebenes Substrat durch Wahl der Reaktandgase in mehr oder weniger definierter Weise in Ionen beliebiger Eigenschaften überführt werden kann. Postitive Ionen können z. B. durch Ladungsaustausch, Protonierung, Alkylierung oder die Anlagerung von Metall-Ionen erzeugt werden, und negative Ionen [63] lassen sich, z. B. durch Anlagerung von thermischen Elektronen oder diversen Anionen konfektionieren. Es ist nicht zuletzt der enorm experimentell verfügbare Spielraum von CI, der eine fast „maßgeschneiderte Ionisierung" bei gleichzeitig hoher Empfindlichkeit und Selektivität als die Methode der Wahl erscheinen läßt. Wenige Beispiele zur Illustration genügen. Verbindungen mit einer hohen Protonenaffinität (PA), wie z. B. Neurotransmitter oder biogene Amine, können durch NH_4^+ in Gegenwart vieler anderer Substanzen protoniert werden, falls letztere eine geringere PA als NH_3 aufweisen. Negative chemische Ionisation (NCI) ist z. B. die Methode der Wahl, wenn Moleküle zu ionisieren sind, die elektronegative Elemente oder elektronenziehende Substituenten wie F, Carbonyl- oder Nitrogruppen enthalten. Ladungsaustauschprozesse sind empfindlich von den jeweiligen Ionisierungsenergien der Reaktionspartner abhängig; so lassen sich mit $C_6H_6^{+\cdot}$ solche Verbindungen selektiv ionisieren, die eine kleinere Ionisierungsenergie (IE) als Benzol besitzen. Jene mit einer größeren IE sind „transparent".

Es sollte aber nicht unerwähnt bleiben, daß CI (und zu einem größeren Teil auch DCI) voraussetzen, daß das Targetmolekül thermisch stabil ist und eine Verdampfung ohne Zersetzung der Probe gewährleistet sein muß. Ist dies nicht der Fall, wie z. B. bei den meisten Biopolymeren und vielen Verbindungen mit Molmassen oberhalb m/z 2000, dann müssen andere Methoden herangezogen werden. Als instruktive Beispiele seien erwähnt die Analyse von Kohlenhydraten, Benzo[a]pyren modifizierten Dinucleotiden, Peptiden, Salzcluster, perbromierte Biphenylene etc., bei denen FD oder FAB in Kombination mit MS/MS sich als extrem erfolgreich erwiesen haben [64].

3.2 Gerätekonfigurationen für MS/MS [65]

3.2.1 Sektorinstrumente

Eine sehr preiswerte (im Leistungsvermögen allerdings nicht überragende) Version eines MS/MS-Experiments unter Benutzung eines *einfach*-fokussierenden Magnetfeldgerätes (B steht im Folgenden für magnetischen und E für elektrostatischen Sektor) beschrieben Enke und Mitarbeiter [66]. Bei Verwendung gepulster Ionenquellen und einer gleichzeitigen Moment- und Geschwindigkeitsanalyse unter Benutzung eines sehr schnellen Datenerfassungssystems gelingt es, mehrdimensionale Massenspektren zu registrieren.

Doppelfokussierende Geräte des EB oder, vorzugsweise, BE-Typs werden für MS/MS ebenfalls eingesetzt (wobei eine ganze Flut von Terminologien und Abkürzungen, wie DADI, MIKES, MAMI, Tandem-MS etc. existieren, die letzten Endes alle dasselbe Prinzip ausdrücken). Der leichten Bedienbarkeit der Geräte steht gegenüber, daß bei einer BE-Konfiguration MSI wohl Nominalauflösung der Primärionen gestattet, das Sekundärionen-Spektrum allerdings weniger als Nominalmassenauflösung besitzt. Eine Verbesserung kann wohl erzielt werden, indem B und E in verschiedener Weise miteinander gekoppelt werden („linked scans" [67]), allerdings muß dann das Auftreten von Artefakten in Kauf genommen werden; ferner ist es schwierig, wenn nicht unmöglich, Primärionen von ihren unmittelbaren Nachbarn zu trennen.

Unter den Sektorfeldinstrumenten mit 3 Sektoren gibt es mehrere Modifikationen, von denen die wichtigsten (und kommerziell erhältlichen) vom Typ EBE oder BEB sind [68]. Der große Vorteil gegenüber Geräten mit zwei Sektoren besteht darin, daß z. B. bei der Konfiguration EB-E oder BE-B die Auflösung von MSI wesentlich verbessert worden ist, beim MSII jedoch nicht. Bei Geräten des Typs BEB läßt sich leicht eine Modifikation realisieren [68b, 69], bei der MSI Nominalauflösung und MSII „Hochauflösungsbedingungen" nahe kommt. Nach einem detaillierten Vergleich verschiedener Triple-Sektorgeräte geben Beynon et al. der

Konfiguration BEB [65d] den Vorzug vor allen übrigen denkbaren Kombinationen.

Hochauflösung bei MSI und gleichzeitig MSII ist bei Viersektorgeräten gegeben — allerdings auf Kosten der Empfindlichkeit. Zwei unterschiedliche Typen werden kommerziell angeboten, und zwar das ZAB-4F von VG Analytical mit einer BEEB-Konfiguration [10u, 70] und von JEOL das HX110/HX 110, das eine EBEB-Anordnung besitzt [10t, 71]. Obwohl mit beiden Instrumenten Auflösungen bei MSII von 5—10000 „leicht" erreichbar sind, ist es in der Alltagspraxis aus Gründen der Empfindlichkeit angebracht, mit einem Auflösungsvermögen von 500—2000 zu arbeiten. Die bis jetzt vorliegenden Resultate (vor allem bei der Sequenzierung von Peptiden) sind sehr erfolgversprechend, und das nächste Problem, das es bei MS/MS-Analysen nun zu lösen gilt, lautet: Wie kann man Primärionen *hoher* Massen (> 2500 Dalton) zum Fragmentieren zwingen? Stoßanregung scheidet aus, da die beim Stoß mit z. B. He übertragene Energie zu gering ist, im allgemeinen Bindungsbrüche zu induzieren. Möglicherweise helfen hier die von Cooks [13] initiierten „Surface Induced"-Zerfälle oder Multi-Photonenabsorptionen weiter. Für die Praxis relevante Beispiele scheinen allerdings noch nicht vorzuliegen.

3.2.2 Quadrupolinstrumente

Die Kombination von drei Quadrupolen [72] mit Q_1 bzw. Q_3 für MSI bzw. MSII und Q_2 als Kollisionskammer, ist die im analytischen Alltag am häufigsten benutzte Variante von Tandem-Geräten. Triple-Quadrupolmassenspektrometer (TQMS), die von verschiedenen Herstellern angeboten werden, zeichnen sich dadurch aus, daß für MSI und MSII bequem Nominalauflösung zu erreichen ist, ferner die Transmission von Q_2 viel höher ist (10—50%) als bei den meisten Sektorinstrumenten (1—3%), die Geräte leicht zu unterhalten und zu bedienen und ferner völlig computerisierbar sind. Der Hauptnachteil (im Vergleich zu Sektorfeldgeräten) liegt im begrenzten Massenbereich, der in der Praxis wohl auf 1000—2000 Dalton beschränkt bleibt [73].

Die Entwicklung dauert allerdings auch bei Quadrupolgeräten an. Nicht nur Geräte des Typs QQQ, die ein MS/MS-Experiment erlauben, gibt es, neuerdings gibt es auch kommerziell erhältliche QQQQ-Systeme [74], die $(MS)^3$ ermöglichen, und auch QUISTOR (*Qu*adrupole *ion storage* trap) gestattet konsekutive MS-Experimente [75], und das zu einem erschwinglichen Preis!

3.2.3 Hybridinstrumente

Von den vielen denkbaren Kombinationen von Sektorfeldgeräten (B, E) mit Quadrupolen sind in der Tat viele verwirklicht worden [76], und zwar BQQ, EQ, QB, EBQ, EBQQ und BEQQ. Für MS/MS-Experimente am nütztlichsten sind solche des EBQQ- oder BEQQ-Typs, da MSI unter Hochauflösung und MSII mit Nominalauflösung betrieben werden können. Weitere charakteristische Merkmale mit vielen interessanten Experimenten werden für ein BEQQ-System beschrieben [in Ref. 65c, d, 76, 77].

3.2.4 Fourier-Transform-Massenspektrometrie (FT/MS) [78]

Die von FT/MS speziell in der Variante der Ionencyclotronresonanz (FTICR) [79] ausgelöste Euphorie hat auch MS/MS erfaßt. Das Problem, daß die für FTICR charakteristischen „Weltrekorde" bezüglich Auflösung und Empfindlichkeit (aber nicht dynamischen Bereich) nur bei Drücken $p < 10^{-9}$ torr zu erwarten sind, wurde im Prinzip dadurch gelöst, daß die Ionenerzeugung von der Detektion getrennt erfolgt (z. B. in einer externen Zelle). Als hervorragende Ionisierungsmethoden sind mit FTICR besonders verträglich die „Laser-Desorption" (LD) [58, 80] und SIMS [59, 62, 81], und erste Resultate [10q, 82] weisen darauf hin, daß auch die Plasmadesorption erfolgreich mit FTICR kombiniert werden kann. Wie hervorragend geeignet FTICR für $(MS)^n$-Experimente ($n \geq 2$) ist, soll abschließend nicht an einem Beispiel aus der Mischungsanalyse sondern der Chemie nackter Metallionen mit organischen Substraten demonstriert werden [83]. Ionen, wie beispielsweise Co^+ können aus $Co_2(CO)_8$ durch EI erzeugt werden; durch Wahl geeigneter Pulsfolgen werden in der *Zeitdomäne* alle übrigen Ionen aus der ICR-Quelle entfernt; anschließend erfolgt die dosierte (pulsed valve technique [84]) Zugabe von z. B. $Fe(CO)_5$, das mit Co^+ eine ganze Palette von Reaktionsprodukten liefert; mit Hilfe eines weiteren Pulses werden erneut alle Ionen bis auf das „Targetmolekül" $CoFe(CO)_3^+$ aus der Zelle entfernt; Stoßanregung mit gepulstem Ar erzeugt $CoFe^+$, das dann mit l-Penten zur Reaktion gebracht wird. Eines der Reaktionsprodukte, $CoFeC_{10}H_{14}^+$ wird erneut „isoliert"; die anschließende Stoßanregung liefert u. a. die Sandwich-Ionen $CoC_{10}H_{10}^+$ bzw. $FeC_{10}H_{10}^+$. Im gesamten Reaktionsablauf der dehydrierenden Cyclisierung werden alle Experimente (Synthese und Analytik) in einem einzigen Reaktionsgefäß (nämlich der ICR-Zelle) durchgeführt, und die Erzeugung der Metallocene entspricht einem $(MS)^4$-Experiment (Abb. 6).

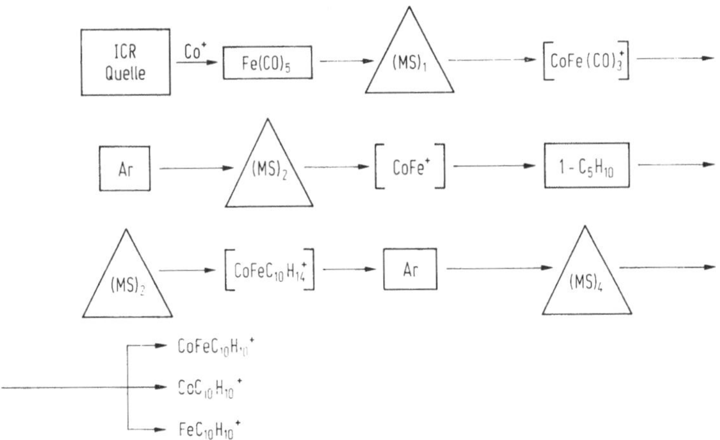

Abb. 6. $(MS)^4$-Experiment (FTICR [83]) zur dehydrierenden Cyclisierung von 1-Penten durch Metall-Ionen. Rechteckige Kästen bedeuten Kollisionsexperimente, Dreiecke symbolisieren Massenselektionsschritte, und eckige Klammern enthalten die jeweils „isolierten" Produkte

Literatur

1. Laitinen, H. A.: Anal. Chem. 47:1225 (1975)
2. Wehry, E. L.: ibid. 52:75R (1980)
3. (a) McFadden, W.: Techniques of Combined Gas Chromatography/Mass Spectrometry: Applications in Organic Analysis, Wiley-Interscience, New York (1973). (b) Message, G. M.: Practical Aspects of Gas Chromatography/Mass Spectrometry, Wiley-Interscience, New York (1984). (c) Odham, G., Larsson, G., Mardh, P.-A.: Gas Chromatography/Mass Spectrometry: Applications in Microbiology, Plenum Press, New York (1984). (d) Bruins, A. P.: Adv. Mass Spectrom. 119 (1985)
4. (a) Arpino, P. J., Guichon, G.: Anal. Chem. 51:682A (1979). (b) Games, D. E.: Adv. Mass Spectrom. 323 (1985). (c) Bruins, A. P.: J. Chromatogr. 323:99 (1985). (d) Vestal, M. L. in Burlingame, A. L., N. Castagnoli, Jr. (Hrg.) Mass Spectrometry in the Health and Life Sciences, Elsevier, Amsterdam, 99, (1985)
5. Millard, B. J.: Quantitative Mass Spectrometry, Heyden, London (1978)
6. Levsen, K., Beckey, H. D.: Org. Mass Spectrom. 9:570 (1974)
7. (a) McLafferty, F. W., Bockhoff, F. M.: Anal. Chem. 50:69 (1978). (b) Haddon, W. F. in Gross, M. L. (Hrg.) High Performance Mass Spectrometry, Amer. Chem. Soc., Washington, D. C., 97: (1978)
8. (a) Schwarz, H.: Nachr. Chem. Tech. Lab. 29:687 (1981). (b) ASILOMAR Conferences on Mass Spectrometry, Monterey, CA, 21—24 September 1980; 2—5 September 1981 und 18—22 September 1983.
9. Eine, nicht Anspruch auf Vollständigkeit erhebende Literaturrecherche hat ergeben, daß von Anfang 1974 bis August 1987 mehr als 4000 Arbeiten publiziert worden sind, in denen MS/MS in der einen oder anderen Variante benutzt worden ist, um Probleme aus nahezu allen Bereichen der Naturwissenschaften zu lösen. Allein auf der AS/MS Konferenz in Denver, Mai 1987, gab es mehr als 250 Beiträge, in denen MSMS vorkommt.
10. (a) Kondrat, R. W., Cooks, R. G.: Anal. Chem. 50:81A (1978). (b) Yost, R. A., Enke, C. G.: ibid. 51:1251 (1979). (c) Schwarz, H., Höhne, G., Blender, J. M., Veith, H. J.: Varian Appl. Note 40:1 (1979). (d) McLafferty, F. W.: Acc. Chem. Res. 13:33 (1980). (e) McLafferty, F. W., Todd, P. J., McGilvery, D. C., Baldwin, M. A., Bockhoff, F. M., Wendel, G. J., Wixon, M. R., Niemi, T. E.: Adv. Mass Spectrom. 8:1589 (1980). (f) Maugh, T. H.: Science 209:675 (1980). (g) Bente III, P. F., McLafferty, F. W.: Pract. Spectrosc. 3:253 (1980). (h) McLafferty, F. W., Lory, E. R.: Chromatogr. J. 203:109 (1981). (i) McLafferty, F. W.: Science 214:280 (1981). (j) Cooks, R. G., Glish, G. L.: Chem. Eng. News 30:40 (1981). (k) Cooks, R. G.: Nat. Bur. Stand. 609 (1980). (l) Yost, R. A.: Spectra 9:3 (1983). (m) Yost, R. A., Fetterolf, D. D.: Mass Spectrom. Rev. 2:1 (1983). (n) Gross, M. L.: ibid. 2:47 (1983). (o) Levsen, K., Schwarz, H.: ibid. 2:77 (1983). (p) Gross, M. L., Jensen, N. J., Lipptren-Fischer, D. L., Tomer, K. B. in Burlingame, A. L., Castagnoli, N., Jr. (Hrg.) Mass Spectrometry in the Health and Life Sciences, Elsevier, Amsterdam, 209 (1985). (q) McLafferty, F. W. in McNeal, C. J. (Hrg.) Mass Spectrometry in the Analysis of Large Molecules, Wiley-Interscience, New York, 107 (1986). (r) Hunt, D. F., Yates, J. R. III, Shabanowitz, J., Winston, S., Hauer, C. R.: Proc. Natl. Acad. Sci. (USA) 83:6233 (1986). (s) Burlingame, A. L., Baillie, T. A., Derrick, P. J.: Anal. Chem. 58:165R (1986). (t) Biemann, K.: ibid. 58:1288A (1986). (u) Carr, S. A., Reinhold, V. N., Green, B. N., Hass, J. R.: Biomed. Mass Spectrom. 12:288 (1985). (v) siehe auch: Brunnee, C.: Int. J. Mass. Spectrom. Ion Processes 76:125 (1987). (w) Zusammenfassung

über MS/MS-Instrumentation: Anal. Chem. 586:406A (1986). (x) McLafferty, F. W.: Adv. Mass Spectrom. 443 (1985)

11. McLafferty, F. W. (Hrg.) Tandem Mass Spectrometry, Wiley-Intersciences, New York (1983) mit: 26 Kapiteln, verfaßt von 52 Autoren, die aus 32 Industrie- und Forschungslaboratorien stammen, und insgesamt mehr als 900 Zitaten

12. (a) Cooks, R. G. (Hrg.), Collision Spectroscopy, Plenum Press, New York (1978). (b) McLafferty, F. W.: Philos. Trans. Roy. Soc., London 293A:93 (1979)

13. (a) Mabud, M. A., DeKrey, M. J., Cooks, R. G.: Int. J. Mass. Spectrom. Ion Processes 67:295 (1985). (b) Bier, M. E., Amy, J. W., Cooks, R. G., Sykn, J. E. P., Ceja, P., Stafford, G.: ibid. 77:31 (1987). (c) Schey, K., Cooks, R. G., Grix, R., Wollnick, H.: ibid. 77:49 (1987)

14. McIver, R. T., Jr., Bowers, W. D., Delbert, S.-S., Hunter, R. L.: J. Am. Chem. Soc. 106:7288 (1984)

15. McCluskey, G. A., Cooks, R. G., Knevel, A. M.: Tetrahedron Lett. 4471 (1978)

16. Haddon, W. F., Molyneux, R.: ASILOMAR Conference on Mass Spectrometry, Monterey CA, 21—24 September 1980

17. Hunt, D. F., Shabanowitz, J., Giodani, A. B.: Anal. Chem. 52:386 (1980)

18. (a) Eckart, K., Schwarz, H., Ziegler, R.: Biomed. Mass. Spectrom. 12:623 (1985). (b) Ziegler, R., Eckart, K., Schwarz, H., Keller, R.: Biochem. Biophys. Res. Commun. 133:337 (1985)

19. Zur Rolle von MS/MS in der Naturstoffchemie siehe z. B. A. Maquestiau, R. Flammang in Ref. 11, Kapitel 21.

20. (a) Busch, K. L., Cooks, R. G. in Rf. 11, Kapitel. 2. (b) Singleton, K. E., Cooks, R. G., Wood, K. V.: Anal. Chem. 55:762 (1983)

21. McClusky, G. A., Kondrat, R. W., Cooks, R. G.: J. Am. Chem. Soc. 100:6045 (1978)

22. Caldecourt, V. J., Zachett, D., Ton, J. C.: ASMS Conference, Minneapolis, Mai 1981

23. (a) Slayback, J. R. B., Story, M. S.: Ind. Res. Dev. 129 (1981). (b) Slayback, J. R. B.: Finnigan Top. 4:27 (1980). (c) Plattner, R. D.: Spectra 9:25 (1983)

24. Bennett, C. L.: Am. Sci. 67:450 (1979)

25. Moll, E., Schrader, H., Siegert, G., Ashgar, M., Bocqet, G. P., Baillent, G., Gautheron, J. P., Greif, J., Crawford, I., Chavin, C., Ewald, H., Wollnick, H., Armbruster, P., Fiebig, G., Lawin, H., Sistemich, K.: Nucl. Instr. Meth. 123:615 (1975)

26. (a) Johnson, J. V., Yost, R. A.: Anal. Chem. 57:758A (1985). (b) Yost, R. A., Fetterolf, D. D., Hass, J. R., Harvan, D. J., Weston, A. F., Skotnicki, P. A., Simon, N. M.: ibid. 56:2223 (1984). (c) Trehy, M. L., Yost, R. A., Dorsey, J. G.: ibid. 58:14 (1986)

27. Slayback, J. R. B., Taylor, P. A.: Spectra 9:18 (1983)

28. Biemann, K., Martin, S. A.: Mass Spectrom. Rev. 6:1 (1987)

29. (a) Ref. 18. (b) Richter, W. J., Raschdorf, F., Maerki, W. in Burlingame, A. L., Castagnoli, N., Jr. (Hrg.) Mass Spectrometry in the Health and Life Sciences, Elsevier, Amsterdam, 193 (1985)

30. Eckart, K., Schwarz, H., Chorev, M., Gilon, C.: Eur. J. Biochem. 157:209 (1986)

31. (a) Tomer, K. B., Crow, F. W., Gross, M. L., Kopple, K. D.: Anal. Chem. 56:880 (1984). (b) Cody, R. B., Amster, I. J., McLafferty, F. W.: Proc. Natl. Acad. Sci. 82:6367 (1985). (c) Eckart, K., Schwarz, H., Tomer, K. B., Gross, M. L.: J. Am. Chem. Soc. 197:6765 (1985). (d) Eckart, K., Schmidt, U., Schwarz, H.: Liebigs Ann. Chem. 1940 (1986). (e) Eckart, K., Schwarz, H.: Helv. Chim. Acta. 70:489 (1987)

32. (a) Eckart, K.: Dissertation D83, TU Berlin (1985). (b) Eckart, K. in Wittmann-Liebold, B. (Hrg.) Advanced Methods in Protein Microsequence Analysis, Springer-Verlag, Berlin/Heidelberg 403 (1986)

33. (a) Levsen, K., Wipf, H. K., McLafferty, F. W.: Org. Mass. Spectrom. 11:117 (1974). (b) Aubagnac, I. L., El-Amari, B.: ibid. 20:428 (1985). (c) Heerma, W., Bathelt, E. R.: Biomed. Einvir. Mass Spectrom. 13:205 (1986)

34. Eckart, K., Schwarz, H.: ibid. 13:641 (1986)

35. (a) Tomer, K. B., Crow, F. W., Gross, M. L.: J. Am. Chem. Soc. 105:5487 (1983). (b) Jensen, N. J., Tomer, K. B., Gross, M. L.: Anal. Chem. 57:2018 (1985). (c) Jensen, J. N., Tomer, K. B., Gross, M. L.: J. Am. Chem. Soc. 107:1863 (1985). (d) Adams, J., Gross, M. L.: ibid. 108:6915 (1986). (e) Jensen, N. J., Gross, M. L.: Lipids 21:362 (1986)

36. Levsen, K., Schulten, H. R.: Biomed. Mass Spectrom. 3:137 (1976)

37. Schoen, A. E., Cooks, R. G., Wiebers, J. C.: Science 203:1249 (1979)

38. Meuzelaar, H. L. C., McClenan, W. H., Metcalf, G. S., Mill, G. R.: AS/MS Conference, Minneapolis, Mai 1981

39. Beckey, H. D., Principles of Field Ionization and Field Desorption, Pergamon Press, Oxford (1977)

40. (a) Barber, M., Bordoli, R. S., Sedgwick, R. D., Tylor, A. N.: J. Chem. Soc. Chem. Commun. 325 (1981). (b) Barber, M., Bordoli, R. S., Elliott, G. J., Sedgwick, R. D., Tylor, A. N.: Anal. Chem. 54:645A (1982)

41. Übersicht. Veith, H. J.: Mass Spectrom. Rev. 2:419 (1983)

42. Cheng, M. T., Barbalas, M. P., Pegues, R. F., McLafferty, F. W.: J. Am. Chem. Soc. 105:1510 (1983)

43. Abott, S. J., Jones, S. R., Weinman, S. A., Bockhoff, F. B., McLafferty, F. W., Knowles, J. R.: ibid. 101:4323 (1979)

44. (a) Krüger, T. L., Litton, J. F., Kondrat, R. W., Cooks, R. G.: Anal. Chem. 48:2113 (1976), (b) Franke ,W. Schwarz, H., Thies, H., Chandrasekhar, J., Schleyer, P. V. R., Hehre, W. J., Saunders, M., Walker, G.: Chem. Ber. 114:2808 (1981)

45. Übersicht: McEwen, C. N., Rudat, M. A. in Ref. 11, Kapitel 20.

46. Übersicht mit 112 Zitaten: Zwinselman, J. J., Nibbering, N. M., Ciommer, B., Schwarz, H. in Ref. 11, Kapitel 4.

47. Burinsky, D. J., Cooks, R. G.: J. Org. Chem. 47:4864 (1982)

48. (a) Chess, E. K., Lin, P.-H., Gross, M. L.: ibid. 48:1552 (1983). (b) Groenewald, G. S., Chess, E. K., Gross, M. L.: J. Am. Chem. Soc. 106:539 (1984)

49. (a) Lay, J. O., Jr., Gross, M. L.: ibid. 105:3445 (1983). (b) My, N. K., Schilling, M., Schwarz, H.: Org. Mass Spectrom. 22:254 (1987)

50. Mehr als 100 einschlägige Zitate zusammen mit einer detaillierten MS/MS-Analyse der Chemie von Fe^+(Octin)-Komplexen sind zu finden in: Schulze, C., Schwarz, H., Peake, D. A., Gross, M. L.: J. Am. Chem. Soc. 109:2368 (1987)

51. Für jüngere Übersichtsartikel siehe: (a) Wesdemiotis, C., McLafferty, F. W.: Chem. Rev. 87:485 (1987). (b) Terlouw, J. K., Schwarz, H.: Angew. Chem. 99:829 (1987)

52. Hierzu siehe auch: (a) Cooks, R. G., Busch, K. L., Glish, G. L.: Science 222:273 (1983). (b) Holmes, J. L.: Org. Mass Spectrom. 20:169 (1985). (c) Delgas, W. N., Cooks, R. G.: Science 235:545 (1987)

53. Siehe Richter, W. J., Schwarz, H.: Angew. Chem. 90:449 (1978)

54. Übersichten: (a) Budzikiewicz, H., Analytiker-Taschenbuch, Springer-Verlag, Heidelberg, Berlin, 167 (1985). (b) Hunt, D. F. in Ref. 11, Kapitel 5. (c) Morris, H. R., (Hrg.) Soft Ionization Biological Mass Spectrometry, Heyden, London, (1981)

55. (a) Baldwin, M. A., McLafferty, T. W.: Org. Mass Spectrom. 7:1353

(1973). (b) Hunt, D. F., Shabanowitz, J., Botz, F. K., Brent, D. A.: Anal. Chem. 49:1160 (1977)

56. Rapp, U., Meyerhoff, G., Dielmann, G.: Österr. Chemie-Z. 81:101 (1980)
57. (a) MacFarlane, R. D., Torgenson, D. F.: Science 191:920 (1976). (b) MacFarlane, R. D.: Anal. Chem. 55:1247A (1983)
58. (a) Posthumus, M. A., Kistemaker, P. G., Meuzelaar, H. L. C., ten Noever de Brauw, M. C.: Anal. Chem. 50:985 (1978). (b) Lindner, B., Seydel, U.: ibid. 57:895 (1985). (c) Cotter, R. J., Tabet, J.-C.: Int. J. Mass Spectrom. Ion Phys. 53:151 (1983). (d) Antonov, V. S., Letokhov, V. W., Shibanov, A. N.: Appl. Phys. 25:71 (1981)
59. (a) Benninghoven, A., Sichtermann, W. K.: Anal. Chem. 50:1180 (1978). (b) Day, R. J., Unger, S. E., Cooks, R. G.: ibid. 52:577A (1980). (c) Benninghoven, A. (Hrg.) Ion Formation from Organic Solids, Springer-Verlag, Berlin, Heidelberg, (1983)
60. Sundquist, B., Reopsdorff, P., Fohlman, J., Hedin, A., Hakansson, P., Kamensky, I., Lindberg, M., Salehpour, M., Sawe, G.: Science 226:696 (1984)
61. Benninghoven, A., Niehuis, E., Friese, T., Greifendorf, D., Steffens, P.: Org. Mass Spectrom. 19:346 (1984)
62. (a) Lange, W., Greifendorf, D., Leyen, D. V., Niehuis, E., Benninghoven, A. in Benninghoven, A. (Hrg.) Ion Formation from Organic Solids, IFOS III, Springer-Verlag, Berlin, Heidelberg 67 (1986). (b) Übersicht: Benninghoven, A., Rüdemann, F. G., Werner, H. W., Secondary Ion Mass Spectrometry, Wiley, London (1987)
63. Budzikiewicz, H.: Angew. Chem. 93:635 (1981)
64. (a) Linscheid, M., D'Angona, J., Burlingame, A. L., Dell, A., Ballon, C. A.: Proc. Natl. Acad. Sci. U.S.A. 78:1471 (1981). (b) Amster, I. J., Baldwin, M. A., Cheng, M. T., Proctor, C. J., McLafferty, F. W.: J. Am. Chem. Soc. 105:1654 (1983). (c) Siehe auch Ref. 8a, 10, 11, 28
65. Für detaillierte Vergleiche siehe: (a) Ref. 10q, t, u, v, w; Ref. 28; Ref. 52a. (b) Diverse Kapitel von Ref. 11. (c) Pesch, R.: Spectra 9:13 (1983). (d) Beynon, J. H., Harris, F. M., Green, B. N., Bateman, R. H.: Org. Mass Spectrom. 17: 55 (1982)
66. Stults, J. T., Enke, C. G., Holland, J. F.: Anal. Chem. 55:1323 (1983)
67. Jennings, K. R., Mason, R. S. in Ref. 11, Kapitel 9
68. (a) Gross, M. L., Russel, D. H. in Ref. 11, Kapitel 12. (b) Weiske, T.: Dissertation D83, TU Berlin (1985)
69. Becker, G. W., Briggs, B. S., Debono, M., Gilliam, J. M., Molloy, R. M., Occolowitz, J., 34 AS/MS Conference 439 (1986)
70. Hass, J. R., Green, B. N., Bateman, R. H., Bott, P., 32 AS/MS Conference 380 (1984)
71. Kammei, Y., Itagaki, Y., Kubota, E., Kunihiro, H., Ishihara, M., 33 AS/MS Conference 855 (1985)
72. Yost, R. A., Enke, C. G.: J. Am. Chem. Soc. 100:2274 (1978)
73. Für ausführliche Diskussionen siehe: (a) Ref. 10v. (b) Dawson, P. H., Douglas, D. J., Ref. 11, Kapitel 6. (c) Yost, R. A., Enke, C. G., Ref. 11, Kapitel 8
74. (a) Beaugrand, C., Devant, G., Rolando, C., Jaouen, D.: 34 ASMS Conference 220 (1986). (b) Morrison, J. D., Stanney, K. A., Tedder, J., 34 ASMS Conference 222 (1986)
75. (a) Paul, W., Steinwedel, H.: Z. Naturforsch. 8A:448 (1953). (b) Rettinghaus, G.: Z. Angew. Phys. 22:321 (1967). (c) Dawson, P. H., Whetten, N. R.: J. Vac. Sci. Technol. 5:1, 11 (1968). (d) Lawson, G., Bonner, R. F., Todd, J. F. J.: J. Phys. E6:357 (1973). (e) Fulford, J. E., March, R. E.: Int. J. Mass Spectrom. Ion Phys. 26:155 (1978). (f) Beaty, E. C.: Phys. Rev. A, 33:3645 (1986)

76. Für ausführliche Literatur siehe: Ciupek, J. D., Verma, S., Schoen, A. E., Cooks, R. G.: Spectra 9:7 (1983)
77. Harrison, A. G., Mercer, R. S., Reiner, E. J., Young, A. B., Boyd, R. K., March, R. E., Porter, C. J.: Int. J. Mass Spectrom. Ion Processes 74:13 (1986)
78. (a) McIver, R. T., Bowers W. D. in Ref. 11, Kapitel 14. (b) Russel, D. H.: Mass Spectrom. Rev. 5:167 (1986)
79. Für viele Übersichtsartikel siehe die von Comisarow, M. B. und Nibbering, N. M. M. verfaßte Spezialausgabe in Int. J. Mass Spectrom. Ion Processes 72:1 (1986); siehe auch die FTMS gewidmete Sonderausgabe von Science 226 (10. Oktober 1984)
80. (a) McCrery, D. A., Ledford, E. G., Gross, M. L.: Anal. Chem. 54:1435 (1982). (b) Wilkins, C. L., Weil, D. A., Young, C. L. C., Ijames, C. F.: Anal. Chem. 57:520 (1985). (c) Coates, M. L., Wilkins, C. L.: Biomed. Mass Spectrom. 12:428 (1985). (d) McCrery, D. A., Peake, D. A., Gross, M. L.: Anal. Chem. 57:1181 (1985)
81. (a) Castro, M. E., Russell, D. H.: ibid. 56:578 (1984). (b) Castro, M. E., Mallis, L. M., Russel, D. H.: J. Am. Chem. Soc. 107:5652 (1985). (c) Wandaas, J. H., Gardella, J. A.: ibid. 107:6192 (1985)
82. Tabet, J.-C., Gäumann, T.: European FTICR Meeting, Metz, (1985)
83. Freiser, B. S.: Talanta 32:697 (1985) und dort zitierte Literatur
84. Carlin, T. J., Freiser, B. S.: Anal. Chem. 55:571 (1983)

III. Anwendungen

Anwendung der HPLC in der Klinisch-chemischen Analytik

M. Schöneshöfer

Abteilung für Laboratoriumsmedizin,
Städtisches Krankenhaus Berlin-Spandau,
Lynarstr. 12, D-1000 Berlin 20

1 Einleitung

Die Hochdruckflüssigkeitschromatographie (HPLC) ist die analytische
Technologie, die z. Z. wohl die dynamischste Entwicklung auf dem Gebiet
der biochemischen Analytik verzeichnet. Die Grundlagen und analytischen Charakteristika dieser Technologie sind inzwischen in zahlreichen
Übersichten beschrieben worden. Praktische Anwendung findet die HPLC
z. Z. primär in der biochemischen und pharmazeutischen Forschung.
Prinzipiell ist sie jedoch auch anwendbar für alle relevanten Parameter
der klinisch-chemischen Labordiagnostik (Tabelle 1).

Im folgenden soll die Rolle der HPLC in der klinisch-chemischen Analytik
erörtert werden. Im Gegensatz zur pharmazeutischen Analytik liegt
die besondere Problematik der klinisch-chemischen Analytik darin, daß
es hier gilt, Substanzen nicht in reinen Lösungen, sondern in komplexen
Körperflüssigkeiten spezifisch zu bestimmen, die durch besonders große
Matrixeffekte und Interferenzen gekennzeichnet sind. Im Vordergrund
dieses Artikels soll daher die Darstellung von praktischen Vorschriften
für die HPLC-Analyse von verschiedenen klinisch-chemischen Substanzen
stehen, wobei die Aufarbeitung der Probenmatrix eine besondere Berücksichtigung findet. Daran anknüpfend wird kurz die Problematik der
Anwendung der HPLC-Technologie in einem klinisch-chemischen Routine-

Tabelle 1. Repräsentative Übersicht der Konzentrationen von endogenen, klinisch-chemischen Analyten im menschlichen Serum

	mmol/l		μmol/l
Natrium	140	Albumin	600
Chlorid	105	Harnsäure	250
Bicarbonat	24	Phenylalanin	125
Glucose	5	Kreatinin	100
Harnstoff	4	Immunglobulin G	90
Cholesterin	4	Ammoniak	30
Kalium	4	Eisen	20
Calcium	2,5	Bilirubin (total)	10
Triglyceride	1	Immunglobulin M	1
	μmol/l		pmol/l
Östriol (Schwangersch.)	600	Aldosteron	180
Thyroxin-bind. Globulin	500	Insulin	120
Cortisol	400	Parathormon	100
HPL	300	Wachstumshormon	50
Thyroxin (gesamt)	125	LH	10
Corticosteron	20	Trijodthyronin (frei)	10
Trijodthyronin (gesamt)	2	ACTH	10
Prolactin	1	TSH	5
Östradiol (Frauen)	1	Angiotensin	4
Progesteron	1	Oxytocin	1
		Vasopressin	1

labor diskutiert, und es werden technologische Perspektiven aufgezeigt, die einen breiteren Einsatz der HPLC-Technologie im Routinelabor ermöglichen könnten.

2 HPLC-Analytik klinisch-chemischer Substanzen

Das Spektrum der klinisch-chemischen Analyte läßt sich grob in endogene und exogene Analyte unterteilen. Zur Gruppe der endogenen Analyte zählen alle körpereigenen Substanzen, zur Gruppe der exogenen Analyte alle pharmakologischen und toxikologischen Substanzen. In der Tabelle 2 ist mehr eine repräsentative als vollständige Übersicht von endogenen und exogenen Analyten wiedergegeben, die bislang mit der Technik der HPLC in Körperflüssigkeiten bestimmt wurden. Die für diese Analyte entwickelten Chromatographie-Systeme sind primär für die chromatographische Auftrennung von niedermolekularen Substanzen, weniger für die Auftrennung von hochmolekularen Substanzen, wie Proteine oder Nukleinsäuren, geeignet. Sowohl im Spektrum der biochemischen als auch der klinisch-chemischen Analyte liegt demzufolge der Schwerpunkt der HPLC-Anwendung in der Analytik von niedermolekularen Substanzen.

Tabelle 2. Repräsentative Übersicht von endogenen und exogenen, klinisch-chemischen Analyten in Körperflüssigkeiten, die bislang mit der HPLC bestimmt wurden

Aminosäuren	wasserlösliche Vitamine
alle essentiellen und	*Nukleotide, Nukleoside,*
nicht essentiellen Aminosäuren	*Purine und Pyrimidine*
Metabolite des Phenylalaninabbaus	*Porphyrine*
Metabolite des Leucin-,	*(Vorstufen und Katabolite)*
Isoleucin- und Valinabbaus	Delta-Aminolävulinsäure
Metabolite des Cysteinabbaus	Porphobilinogen
Metabolite des Glycinabbaus	Uro-, Koproporphyrin
Proteine	*Gallenfarbstoffe*
Hämoglobinvarianten	Biliverdin
Isoenzyme	Bilirubin
	Urobilinogen
Amine und deren Metabolite	
Adrenalin, Noradrenalin, Dopamin,	*Pharmaka*
Metanephrin, Normetanephrin	Zytostatika,
Vanillinmandelsäure, Homovanillin-	Kardiaka
säure	Sedativa
Serotonin	Antidepressiva
Hydroxyindolessigsäure	Antiepileptika
Polyamine	Antiasthmatika
	Anästhetika
Fette	Tuberkulostatika
Fettsäuren	Antirheumatika
Prostaglandine	Immunsupressiva
Triglyceride	
Phospholipide	*Rauschgifte*
Sphingolipide	Morphin und -Derivate
Gallensäuren	Methaqualon
	Paracetamol
Steroide	Aspirin
Nebennierenrindenhormone	Benzodiazepine
Androgene	Barbiturate
Gestagene	Tricyclische Antidepressiva
Östrogene	Phenothiazine
	Salizylate
Vitamine	Amphetamine
fettlösliche Vitamine	

Im Bereich der klinisch-chemischen Analyte wiederum wird z. Z. die HPLC am häufigsten für die Analytik exogener Substanzen (pharmako-logische und toxikologische Substanzen) eingesetzt.

2.1 Aminosäuren

2.1.1 Labordiagnostische Bedeutung

Die Diagnose einer erblichen Störung des Aminosäurestoffwechsels muß möglichst in den ersten Lebenswochen erfolgen, da nur durch eine frühzeitige adäquate Therapie (Diät) die sonst unvermeidlichen schweren und irreversiblen Schäden vermieden werden können. Der Beitrag der pädiatrischen Labordiagnostik zu einer solchen frühzeitigen Diagnose einer Stoffwechselerkrankung besteht in der Bestimmung von Konzentrationen der Aminosäuren im Blut bzw. deren Exkretionsraten im Harn.

2.1.2 HPLC-Analytik von Aminosäuren

Ein Überblick über die Anwendung der HPLC bei der Analytik der Aminosäuren ist in dieser Reihe bereits erschienen [1]. Das analytische Hauptproblem für die Aminosäurenanalyse in Körperflüssigkeiten besteht mehr in der Auflösung der Aminosäuren als in der Nachweisempfindlichkeit. Die Normalkonzentrationen im Plasma liegen im µmol/l-Bereich, die normalen Exkretionsraten im µmol/24 h-Bereich. In Abhängigkeit ihrer Substituenten lassen sich die Aminosäuren in verschiedene Gruppen (saure, basische, neutrale, aromatische) unterteilen. Innerhalb dieser Gruppen sind die strukturellen Unterschiede relativ gering.

Besonderheiten

Nur wenige Aminosäuren haben Seitenketten mit physikalischen Eigenschaften, die eine einfache direkte Detektion erlauben. Diese sind die aromatischen Aminosäuren, Phenylalanin, Tyrosin und Tryptophan, die aufgrund ihrer aromatischen Struktur UV-absorbierende, fluoreszierende und elektrochemische Eigenschaften aufweisen. Weiterhin besitzen diese Aminosäuren aufgrund ihrer aromatischen Struktur starke Affinitäten zu „reversed-phase"-beschichteten Oberflächen chromatographischer Trägermaterialien. Sie können daher — ebenso wie ihre Metabolite — in ihrer freien Form gut durch „reversed-phase"-HPLC aufgetrennt werden.

Für die Bestimmung der anderen Aminosäuren, insbesondere aber auch bei der Profilanalytik, wird allgemein eine Derivatisierung der Aminosäuren für die Detektion und Quantifikation angewandt. Alle Derivatisierungsreagenzien, die bislang untersucht wurden, interagieren mit der Aminogruppe der entsprechenden Aminosäuren. Diese Reagenzien reagieren generell mit N-terminalen Aminogruppen von Peptiden, Proteinen, mit anderen primären Aminen und Diaminen sowie in einigen Fällen auch mit sekundären Aminen. Die Eigenschaften der wesentlichen Derivatisierungsreagenzien sind in der Tabelle 3 zusammengefaßt. Detailliertere Beschreibungen ihrer Herstellung und ihrer Eigenschaften sind anderweitig veröffentlicht [1—4].

Das z. Z. gebräuchlichste Reagenz bei der Aminosäuren-Derivatisierung ist o-Phthalaldehyd (OPA). Die Reaktion von OPA mit Aminosäuren führt im alkalischen Medium in Gegenwart von Merkaptoverbindungen zu Isoindolderivaten. Diese besitzen fluoreszierende und elektrochemische Eigenschaften, sind im Vergleich zu Aminosäuren stark lipophile und somit besonders gut für die Trennung auf „reversedphase"-Phasen geeignet.

Vorteile der OPA-Derivatisierung sind:

1. Das Reagenz reagiert nicht mit Wasser.
2. Die Reaktion ist schnell (1 bis 2 Minuten).

Tabelle 3. Vergleich einiger Derivatisierungsreagenzien für Aminosäuren

	Ninhydrin	Dansyl-chlorid	Fluoresc-amin	o-Phthal-aldehyd (OPA)
Lsg-mittel	wäßrig	organisch	organisch	wäßrig
Inkubation	20 min 100 °C	30 min 37 °C	ca. 1 sec 25 °C	120 sec 25 °C
Detektion	Absorption 550 o. 470 nm	Fluoreszenz 340/510 nm	Fluoreszenz 390/475 nm	Fluoreszenz 340/455 nm
Empfind-lichkeit	mäßig (100 pmol)	gut (10 − 50 pmol)	gut (10 − 50 pmol)	sehr gut (10 pmol)
Sekundäre Amine	ja	ja	nein	nein
Vorsäulen-derivati-sierung	nein	ja	nein	ja
Bemerkung	Probleme: NH_3, Reagenz-Stabilität	Probleme: Seiten-reaktionen	teuer	Derivate: auch elektro-chemisch aktiv

3. Ammoniak führt zu keiner Interferenz.
4. Es bilden sich nur diskrete, einzelne Produkte in hoher Ausbeute.
5. Das Reagenz ist preiswert als Fertigreagenz zu beziehen.

Nachteile dieser Methode sind:

1. Die OPA Derivate sind nur begrenzt stabil und die Stabilität unterscheidet sich zwischen den einzelnen Aminosäuren.
2. OPA-Reagenz reagiert nicht mit sekundären Aminosäuren, es sei denn, daß diese zunächst zu primären Aminoderivaten umgewandelt werden, z. B. durch Reaktion mit Chloramin T.

Die Derivatisierung mit OPA kann vor und nach der HPLC-Trennung durchgeführt werden [1]. Im folgenden wird lediglich die Vorsäulenderivatisierung beschrieben, d. h. Überführen der Aminosäuren in OPA-Derivate, Trennung dieser Derivate auf „reversed-phase"-HPLC sowie fluorimetrische Detektion und Quantifizierung dieser Derivate.

Herstellung des OPA-Reagenz

Das OPA-Reagenz darf nicht früher als 24 Stunden vor Anwendung wie folgt angesetzt werden [5, 6]:

27 mg von OPA in 500µl absoluten Äthanol; + 5 ml einer 0,1 M Lösung von Natrium-Tetraborat; + 50 µl Merkaptoäthanol; mischen und in einem dicht verschlossenen Gefäß im Dunkeln aufbewahren.

Das Reagenz ist für mehrere Wochen stabil, wenn hin und wieder 20 µl Merkaptoäthanol hinzugefügt werden. Gebrauchsfertiges OPA-Reagenz ist von der Fa. Sigma Chemicals kommerziell zu erwerben.

Probenaufarbeitung

Serum

50 μl Serum + 200 μl Methanol; mischen; 10 min stehenlassen und zentrifugieren; 50 μl des Überstands mischen mit 200 μl OPA-Reagenz; 2 min bei Raumtemperatur stehenlassen; Injektion von 20 μl in HPLC-System.

Harn

50 μl Harn mischen mit 200 μl OPA-Reagenz; analog zum Serumüberstand weiterverarbeiten.

HPLC-System

Die Bedingungen für die HPLC-Analyse der OPA-Derivate von Aminosäuren sind in Tabelle 4 zusammengefaßt.

Tabelle 4. Bedingungen für die HPLC-Analyse von OPA-Aminosäuren

Elutions-Modus	Gradient
Stationäre Phase	„reversed-phase"
Mobile Phase	
Lösung A	0,05 M Phosphat (pH 5,5)/Methanol (80/20)
Lösung B	0,05 M Phosphat (pH 5,5)/Methanol (20/80)
Gradient	0−85% Lösung B
Zeit	30 min
Temperatur	25 °C
Flußrate (ml/min)	0,8
Detektion	fluorimetrisch
Wellenlänge	360/455 nm

Nachweis von sekundären Aminosäuren und Cystein

Prolin und Hydroxyprolin als sekundäre Aminosäuren reagieren nicht mit dem OPA-Reagenz. Cystein wird zu einem nur schwach fluorogenen Produkt umgesetzt. Für die sekundären Aminosäuren geht der OPA-Reaktion zunächst eine Oxidation mit Chloramin T sowie eine Reduktion mit Natriumboranat voraus [7]. Für den Nachweis des Cysteins wird zunächst eine Alkylierung des Cysteins mit Jodessigsäure [8] oder Oxidation zu Cystinsulfonsäure durchgeführt [9].

Automatisation

Inzwischen werden automatische Verfahren kommerziell angeboten, in denen die Aminosäurenderivatisierung in „on-line"-Verfahren in Mischkammern oder direkt auf Vorsäulen abläuft (Waters oder Anachem/Gilson).

Direkte HPLC-Bestimmung von aromatischen Aminosäuren

Aromatische Aminosäuren könnten theoretisch aufgrund ihrer Benzolringstruktur direkt durch UV-Absorption, Fluoreszenz oder elektrochemisch detektiert werden. Da jedoch im Serum, besonders aber im Harn, stark interferierende Substanzen vorliegen und diese nur durch sehr aufwendige Vorreinigungsschritte zu eliminieren sind, ist der direkte Nachweis dieser Aminosäuren in der Praxis nicht realisierbar.

2.2 Proteine

2.2.1. Labordiagnostische Bedeutung

Der quantitative Nachweis von Proteinen im menschlichen Serum nimmt einen hohen Stellenwert in der klinisch-chemischen Labordiagnostik ein. Das Spektrum der pathophysiologischen Fragestellungen reicht dabei von Störungen des primären und sekundären Proteinstoffwechsels bis hin zu endokrinen Regulationsstörungen unter Beteiligung von Proteohormonen. Für labordiagnostische Fragestellungen jedoch, in denen eine Auftrennung von Proteinen — z. B. bei der Differentialdiagnostik einer glomerulären und tubulären Proteinurie — erforderlich ist, werden Verfahren wie die einfache Protein-Elektrophorese, die Polyacrylamidgel-Elektrophorese oder die Isoelektrofokusier-Technik eingesetzt. Die bislang entwickelten HPLC-Systeme, wie etwa die „reversed-phase"-Chromatographie oder „size exclusion"-Chromatographie, stellen keine Alternative zu diesen klassischen Proteintrennungsverfahren dar und finden daher z. Z. in der klinisch-chemischen Diagnostik kaum Anwendung.

Lediglich die chromatographische Auftrennung von Hämoglobin-Varianten mittels HPLC auf Ionenaustauscherbasis spielt im Rahmen der Diagnostik und Langzeittherapie des Diabetes mellitus (quantitative Bestimmung des glykierten Hämoglobins HBA_1) sowie im Rahmen der Diagnostik der verschiedenen Hämoglobinopathien inzwischen eine zunehmend relevante Rolle.

2.2.2 HPLC-Analytik von Hämoglobin-Molekülen

Besonderheiten

In der Literatur sind inzwischen zahlreiche HPLC-Methoden für die Auftrennung von Hämoglobinvarianten beschrieben [10—23]. In diesen Methoden wurden als stationäre Phasen Kationenaustauscherharze als auch „reversed-phase"-beschichtete Kieselgele eingesetzt. Die besseren Trennungen werden auf Kationenaustauscherharzen erreicht, wobei entweder ein Salzgradient oder ein pH-Gradient angewendet wird.

Die hier beschriebene HPLC-Methode eignet sich sowohl für die Auftrennung der verschiedenen Hämoglobinvarianten als auch für die Bestimmung von glykiertem HBA_1 [24].

Probenaufarbeitung

Dreimaliges Waschen der Erythrozyten mit NaCl; inkubieren der resuspendierten Erythrozyten für 4 Std. bei 37 °C (Elimination der labilen Hämoglobine); zentrifugieren; lysieren in 0,5 ml destilliertem Wasser; zentrifugieren; + 2,5 ml HPLC-Lösung A; Injektion von 20 µl.

HPLC-System

Die Bedingungen für die HPLC-Analyse von Hämoglobinvarianten sind in Tabelle 5 beschrieben.

Für die HPLC-Trennung des Hämoglobins A_1 sind automatische Verfahren entwickelt worden, die inzwischen kommerziell erhältlich sind.

Tabelle 5. Bedingungen für die HPLC-Analyse von Hämoglobin-Varianten

Elutions-Modus	Gradient
Stationäre Phase	Kationenaustauscher
Mobile Phase	
Lösung A	0,02 M Tris-Puffer (pH 6,0)
Lösung B	0,02 M Tris-Puffer (pH 6,0) + 0,1 NaCl
Gradient	0 − 100% Lösung B
Zeit	6 min
Flußrate	1,5 ml/min
Detektion	UV-Absorption
Wellenlänge	415 nm

2.3 Biogene Amine und deren Metabolite

2.3.1. Labordiagnostische Bedeutung

Die für die klinisch-chemische Diagnostik wichtigsten biogenen Amine
sind die Derivate des Tyrosins, Noradrenalin, Adrenalin und Dopamin,
sowie des Tryptophans, 5-Hydroxytryptamin (Serotonin). Eine inzwischen diagnostisch geringere Bedeutung haben die Adrenalin- und Nor-
adrenalin-Metabolite, Metanephrin, Normetanephrin sowie die Vanillinmandelsäure (VMS), die Homovanillinsäure (HVS) als Metabolit des
Dopamins sowie die Hydroxyindolessigsäure (HIES) als Metabolit des
Serotonins. Die autonome Überproduktion der Katecholamine Adrenalin
und Noradrenalin in Form eines Phäochromozytoms führt zu dem klinischen Bild eines erhöhten Blutdrucks. Zur Abklärung der Pathogenese
eines erhöhten Blutdrucks auf der Basis eines Phäochromozytoms sollten
zunächst die Exkretionsraten der freien Katecholamine und/oder die
Exkretionsraten ihrer Metabolite, Metanephrin, Normetanephrin und
VMS, im Harn bestimmt werden. Konzentrationsbestimmungen der
Katecholamine im Plasma sind evtl. bei der Lokalisationsdiagnostik eines

Tabelle 6. Referenzbereiche der Plasmakonzentrationen sowie Exkretionsraten im Harn von labordiagnostisch relevanten, biogenen Aminen und
deren Metabolite

Analyt	Plasmakonzentration pmol/l	Exkretionsrate nmol/24 h
Adrenalin	164 − 464	22 − 109
Noradrenalin	1 094 − 1 625	136 − 620
Dopamin	197 − 560	1 260 − 2 980
Serotonin	667 − 1 079 (Serum)	
Metanephrin		100 − 600
Normetanephrin		440 − 1 760
VMS		17 000 − 33 000
HIES		10 000 − 50 000

Phäochromozytoms indiziert. Eine autonome Überproduktion von Dopamin auf der Basis eines Neuroblastoms geht einher mit der Symptomatik eines reduzierten Allgemeinzustands. Labordiagnostisch wird die Exkretionsrate des Dopamins bzw. dessen Metaboliten, der HVS, im Harn bestimmt. Eine Überproduktion von Serotonin im Rahmen eines sog. Carzinoid-Syndroms führt ebenfalls zum klinischen Bild eines erhöhten Blutdruckes sowie zu einer „Flush"-Symptomatik. Die Exkretionsraten des Serotonins bzw. der HIES im Harn werden hier zur Labordiagnostik herangezogen.

Die Konzentrationen im Plasma sowie die Exkretionsraten im Harn der biogenen Amine und deren Metabolite sind in der Tabelle 6 wiedergegeben.

2.3.2 HPLC-Analytik der Katecholamine Adrenalin, Noradrenalin und Dopamin

Besonderheiten

Da die Konzentrationen der Katecholamine im menschlichen Plasma sehr gering sind, und im Harn die Interferenzen in Form chemisch verwandter Substanzen und eines unspezifischen, chromogenen Hintergrunds sehr groß sind, ist für die analytische Quantifizierung dieser Analyte eine Probenaufarbeitung vor der HPLC-Analyse obligat.

In der Literatur sind inzwischen zahlreiche Arbeiten über die HPLC-Analytik der Katecholamine und ihrer Metabolite publiziert worden [25—55]. Diese Methoden unterscheiden sich im wesentlichen durch verschiedene Verfahren der Probenaufarbeitung sowie der Detektion.

Aus dem weitgefächerten Spektrum bislang publizierter HPLC-Methoden werden im folgenden repräsentative HPLC-Methoden für die Katecholamine und ihre Metabolite beschrieben.

Probenaufarbeitung

für die HPLC-Analyse von Katecholaminen im Plasma [56] und im Harn [57]:
1 ml Heparinplasma (Harn) + 100 µl interner Standard (Dihydroxybenzylamin, DHBA) + 50 µl 0,012 M Natriumbisulfit + 400 µl 1 M Tris-Puffer (pH 8,6) + 10 mg aktiviertes Aluminiumoxyd; mischen für 15 min; zentrifugieren und Überstand verwerfen; waschen des Aluminiumoxyds mit 2 ml Wasser; eluieren der Katecholamine mit 105 µl 0,06 M Salzsäure; mischen; zentrifugieren; Injektion des Überstandes.

HPLC-System

Die Bedingungen für die HPLC-Analyse für Katecholamine sind in Tabelle 7 zusammengefaßt [58].

2.3.3 HPLC-Analytik der Metabolite der Katecholamine im Harn

Meta- und Normetanephrin

Eine direkte Bestimmung der Metabolite ist aufgrund großer Interferenzen sehr problematisch, wenn auch inzwischen Methoden mit elektrochemischer Detektion als hinreichend spezifisch beschrieben werden. In der Regel ist auch hier vor der HPLC-Analyse eine mehr oder weniger intensive Probenaufarbeitung erforderlich.

Tabelle 7. Bedingungen für die HPLC-Analyse von Katecholaminen und deren Metabolite

---

Katecholamine
Elutions-Modus   isokratisch
Stationäre Phase   „reversed-phase"
Mobile Phase   0,01 M Phosphatpuffer (pH 4,0), 0,01 Natrium-
mmol/l   oktansulfat/Methanol (950/50)
Flußrate (ml/min)   1
Detektion   fluorimetrisch
Wellenlänge   285/305 nm

Alternative Detektionen
Detektion nach Nachsäulenderivatisierung zu Trihydroxyindolderivaten
(Lit. 25)
Detektion   fluorimetrisch
Wellenlänge   395/485
Detektion   elektrochemisch oder amperometrisch (Lit. 25)

Normetanephrin und Metanephrin (59)
Elutions-Modus   isokratisch
Stationäre Phase   „reversed-phase"
Korngröße (µm)   5
Mobile Phase   0,1 M Citrat-Monochloracetat Puffer
                            (pH 2,8)/Acetonitril (920/80)
Flußrate (ml/min)   0,8
Detektion   amperometrisch
Potential   0,8 Volt gegen AgCl-Referenzelektrode

VMS und HVS (60)
Elutions-Modus   isokratisch
Stationäre Phase   „reversed-phase"
Korngröße (µm)   10
Mobile Phase   Citrat-Phosphatpuffer/Acetonitril
(950/50)
Flußrate (ml/min)   1
Detektion   amperometrisch

Probenaufarbeitung

für die HPLC-Analyse von Normetanephrin und Metanephrin [59]:

2 ml Harn (angesäuert auf pH 2) + 2 ml Wasser + 200 µl konz. HCl; erhitzen der Proben für 30 Minuten bei 100 °C; + 5 ml Ammonium-Penta-borat + 400 µl Natronlauge; mischen; aufgeben auf Bio Rad-Säulen („Metanephrin-Säulen"); eluieren mit 5 ml Wasser; kuppeln der Säule an eine Anionenaustauschersäule; eluieren der Kationenaustauschersäule mit 8 ml 0,1 M Ammoniumhydroxyd in die Anionenaustauschersäule; waschen der Anionenaustauschersäule mit 5 ml Wasser; eluieren der Metanephrine mit 5 ml 0,2 M Ammonium-Acetat-Lösung; + 400 µl 1 M Essig-säure; Injektion von 50 µl.

HPLC-System

Die Bedingungen für die HPLC-Analyse der Metanephrine sind in Tabelle 7 zusammengefaßt.

VMS und HVS

Probenaufarbeitung

Sowohl die Probenaufarbeitung als auch das HPLC-System sind identisch für die HPLC-Bestimmung der Vanillinmandelsäure und der Homovanillinsäure [60].

HPLC-System

Die Bedingungen für die HPLC-Analyse der VMS und HVS sind in Tabelle 7 beschrieben.

2.3.4 HPLC-Analytik von Serotonin und Hydroxyindolessigsäure im Harn

HPLC-Methoden für die Bestimmung von Serotonin und Hydroxyindolessigsäure sind in der Literatur beschrieben [61—72].

Probenaufarbeitung

für die HPLC-Analyse von Serotonin im Harn [71]

   1 ml Harn + 1 ml 0,5 M Perchlorsäure; zentrifugieren; Injektion von 5 µl.

HPLC-System

Die Bedingungen für die HPLC-Analyse von Serotonin sind in Tabelle 8 wiedergegeben.

Tabelle 8. Bedingungen für die HPLC-Analyse von Serotonin und HIES im Harn (71)

Serotonin	
Elutions-Modus	isokratisch
Stationäre Phase	„reversed-phase"
Mobile Phase	Phosphatpuffer (pH 2,4)/Methanol (80/20)
Flußrate (ml/min)	1
Temperatur	25°C
Detektion	fluorimetrisch
Wellenlänge	296/335 nm
Hydroxyindolessigsäure im Harn (72)	
Elutions-Modus	isokratisch
Stationäre Phase	„reversed-phase"
Mobile Phase	0,1 M Acetatpuffer (pH 5,5)/Methanol (80/20)
Flußrate (ml/min)	1,3
Detektion	fluorimetrisch
Wellenlänge	300/350 nm

Probenaufarbeitung

für die HPLC-Analyse der Hydroxyindolessigsäure im Harn [72]:
50 µl Harn + 150 µl 0,7 M HCl + 1,5 ml Äther; schütteln für 30 sec; zentrifugieren; einengen der Ätherphase; aufnehmen mit 400 µl der mobilen Phase; Injektion von 50 µl.

HPLC-System

Die Bedingungen für die HPLC-Analyse der Hydroxyindolessigsäure sind in Tabelle 8 zusammengefaßt.

Automatisation

Inzwischen werden teil- oder vollautomatisierte HPLC-Systeme für die HPLC-Analyse der Katecholamine im Harn kommerziell angeboten. Dabei werden die Katecholamine aus Nativharn auf speziellen Matrices adsorbiert, vorgereinigt, desorbiert, analytisch aufgetrennt und elektrochemisch oder fluorimetrisch detektiert (Systeme von Merck, Gynkothek, Waters).

2.4 Fette

2.4.1 Labordiagnostische Bedeutung

Die Fette im menschlichen Organismus setzen sich aus einer heterogenen Gruppe von verschiedenen Substanzen zusammen. Sie werden unterteilt einmal in einfache Fette, wie Fettsäuren oder Prostaglandine, und zum anderen in komplexe Fette, in denen die Fettsäuren mit polyfunktionellen Alkoholen (Triglyceride, Phospholipide oder Sphingolipide) verestert sind. Im Rahmen der klinisch-chemischen Analytik ist die quantitative Bestimmung von Cholesterin, Triglyceriden und Fettsäuren im Serum für die biochemische Diagnostik von Fettstoffwechselstörungen von Bedeutung. Von diesen sind Cholesterin und Triglyceride wegen ihrer hohen Konzentration im menschlichen Serum nicht Gegenstand der HPLC-Analytik. In der pädiatrischen Labordiagnostik hingegen ist die Auftrennung und quantitative Bestimmung der verschiedenen Fettsäuren zur Diagnose von angeborenen Fettstoffwechselstörungen häufig indiziert.

Im folgenden soll daher lediglich auf die HPLC-Analytik der freien Fettsäuren eingegangen werden.

2.4.2 HPLC-Analyse von freien Fettsäuren

Besonderheiten

Freie Fettsäuren sind als besonders lipophile Substanzen stark an Serumproteine (Lipoproteine) gebunden. Vor der HPLC-Analyse ist daher eine effektive Extraktion der freien Fettsäuren aus der Proteinmatrix erforderlich. Freie Fettsäuren besitzen keine UV-absorbierenden oder fluorogenen Molekülgruppen. Deshalb ist zur Detektion und Quantifizierung der freien Fettsäuren eine Derivatisierung zu UV-absorbierenden Fettsäure-Derivaten notwendig.

Probenaufarbeitung

Vorschriften für klassische Extraktionsverfahren [73, 74] sowie von kommerziellen Festphasenextraktions-Verfahren [75] von freien Fettsäuren sind in mehreren Übersichtsartikeln beschrieben.

Tabelle 9. Bedingungen für die HPLC-Analyse der
Phenacylester von freien Fettsäuren

Elutions-Modus	Gradient
Stationäre Phase	„reversed-phase"
Korngröße (μm)	5
Mobile Phase	
Lösung A	Wasser
Lösung B	Acetonitril
Gradient	70—98% Lösung B
Flußrate (ml/min)	1,5
Detektion	UV-Absorption
Wellenlänge	254 nm

Für die UV-Detektion bei 254 nm haben sich die p-Bromophenacyl-Derivate als vorteilhaft erwiesen.

Die Vorschrift für die Synthese von p-Bromophenacyl-Derivaten ist in [76] beschrieben.

HPLC-System

Die HPLC-Bedingungen für die Analyse der Phenyacylester von freien Fettsäuren sind in Tabelle 9 wiedergegeben.

Für die HPLC-Analyse der freien Fettsäuren sind bislang noch keine automatisierte Methoden beschrieben.

2.5 Steroide

2.5.1 Labordiagnostische Bedeutung

Gegenstand dieses Kapitels sind die Steroidhormone der Nebennieren-rinde, der weiblichen und männlichen Gonaden sowie Derivate des Cholecalciferols, 25-Hydroxycholecalciferol und 1,25-Dihydroxychole-calciferol.

Im menschlichen Organismus ist die Ausgangssubstanz für alle diese Steroide das Cholesterin. Die Steroidhormone werden in den endokrinen Zellen der Nebennierenrinde bzw. der Gonaden gebildet. 25-Hydroxy-cholecalciferol wird in der Leber durch Hydroxylierung des Cholecalci-ferols und 1,25-Dihydroxycholecalciferol durch Hydroxylierung des 25-Hydroxycholecalciferols in der Niere gebildet. Letzteres Steroid stellt im menschlichen Organismus die biologisch relevante Substanz der Chole-calciferol-Derivate dar.

Die quantitative Bestimmung der Steroidhormone ist indiziert bei der Fragestellung von angeborenen Störungen der Steroidbiosynthese sowie von erworbenen Störungen des Steroidstoffwechsels bzw. der Steroid-hormonregulation.

Die quantitative Bestimmung der Derivate des Cholecalciferols ist indiziert bei Störungen des Calcium-Phosphat-Stoffwechsels.

In Tabelle 10 sind die Plasmakonzentrationen von einigen biologisch relevanten Steroiden bei Erwachsenen wiedergegeben.

Tabelle 10. Konzentrationen von biologisch relevanten Steroiden im Serum von Erwachsenen

Steroid	nmol/l
Cortisol	100 − 700
Corticosterone	5 − 30
11-Deoxycorticosterone	0,2 − 1,2
11-Deoxycortisol	4 − 40
Progesterone	2 (males and follicular phase)
	20 (luteal phase)
Testosterone	10 − 30
DHEA	7 − 30
DHEA-Sulphate	1 000 − 6 000
Östradiol	0 − 0,7
Androstenedione	1 − 3
25-Hydroxycholecalciferol	50 − 300
1,25-Dihydroxycholecalciferol	0,075 − 0,175

2.5.2. HPLC-Analytik von Steroiden

Steroidhormone

Besonderheiten

Steroidhormone liegen in relativ geringen Konzentrationen in menschlichen Körperflüssigkeiten (Serum und Harn) vor. Darüber hinaus sind sie mehr oder weniger affin an spezifische und unspezifische Eiweiße gebunden. Für die HPLC-Analytik ist daher eine Anreicherung und Vorreinigung der Steroide erforderlich. Durch UV-Absorption sind nur die Steroide mit einer 3-oxo-4-en Struktur im A-Ring des Steroid-Moleküls bei 254 nm (z. B. Cortisol, Testosteron, Progesteron) oder die Östrogene als aromatische Steroide bei 278 nm nachweisbar. Grundsätzlich sind daher nur diese Steroide mittels HPLC direkt nachweisbar. Generell sind Steroide sehr gut durch HPLC trennbar. Der Hauptnachteil der HPLC-Analytik liegt darin, daß aufgrund der oben aufgezeigten unzureichenden Detektierbarkeit keine ausreichende Nachweisempfindlichkeit der Steroidhormone im Plasma oder Harn möglich ist. Zur Verbesserung der Nachweisbarkeit werden deshalb im Anschluß an die HPLC-Auftrennung Quantifizierungstechniken mit einer hohen Nachweisempfindlichkeit, wie z. B. immunologische Bindungsanalysen, nachgeschaltet. Andererseits sind in letzter Zeit Verfahren beschrieben worden, in denen die nicht UV-sichtbaren Steroide (z. B. Dehydroepiandrosteron) mit speziellen Reaktanten zu UV-absorbierenden oder fluorogenen Derivaten umgesetzt werden [77, 78].

Probenaufarbeitung

Die klassischen Extraktionsverfahren von Steroiden aus Körperflüssigkeiten mittels Lösungsmittelverteilungs-Extraktion können mittlerweile als überholt angesehen werden. Es sind inzwischen verschiedene Verfahren der sog. Festphasen-Extraktion unter Nutzung von kommerziellen Extraktionskartuschen beschrieben worden (s. Tabelle 11).

Tabelle 11. Festphasenextraktion von Steroiden

Matrix	Handelsname	Hersteller
Divinylphenyl-Polymere	Amberlite XAD-2	
Kieselgel	Extrelut	Merck
Alkyliertes Kieselgel	Sep-Pak C_{18}	Waters
Alkyliertes Kieselgel	Bond-Elut C_{18}	Analytichem

Als typisches Beispiel für die Extraktion von Steroidhormonen aus Körperflüssigkeiten sei die Festphasenextraktion von Cortisol aus menschlichem Serum beschrieben [79]:

Konditionieren einer C_{18}-Extraktionssäule mit 2×1 ml Methanol; äquilibrieren mit 2×1 ml Wasser; 1 ml Serum $+$ 1000 ng Corticosteron (interner Standard); mischen und zentrifugieren für 5 min bei 700 g; aufgeben der Serumprobe auf die konditionierte Extraktionssäule; durchsaugen der Probe durch die Extraktionssäule mit negativem Druck in einer Flußrate von 2 ml/Min; waschen der Säule mit 2 ml Aceton/Wasser (20/80); waschen der Säule mit 2 ml Wasser; eluieren der Kartusche mit 2 ml Methanol; einengen zur Trockne und wiederauflösen in der mobilen Phase.

HPLC-System

Für die HPLC-Auftrennung von Steroiden können die verschiedenen stationären Phasen, sei es Adsorptions-, Verteilungs-, Ionenaustauscher- oder „reversed-phase"-Phasen, benutzt werden. Sowohl die Wahl der stationären wie auch der mobilen Phase muß jeweils für die spezifische Fragestellung der zu untersuchenden Steroidmoleküle ermittelt werden. Die gebräuchlichsten stationären Phasen sind Kieselgel-Phasen, die mit Diol-Gruppen oder mit „reversed-phase"-Gruppen beschichtet sind.

Die Bedingungen für die HPLC-Analyse von Cortisol sind in Tabelle 12 zusammengefaßt [80].

Vollautomatische Methoden, die Probenaufarbeitung und HPLC-Quantifizierung einschließen, sind inzwischen beschrieben worden für die Bestimmung des Cortisols im Serum und Harn sowie des Östriols im Harn von schwangeren Frauen [81, 82].

Derivate des Cholecalciferols

Probenvorbereitung

Die Derivate des Cholecalciferols sind relativ stabil im Plasma, wenn es bei $-20\,°C$ aufbewahrt wird.

Probenaufarbeitung

1 ml Plasma $+$ 3 ml Diäthyläther; extrahieren für 5 min; abtrennen der organischen Phase; waschen des Äthers mit 40 ml 0,1 M Natriumphosphatpuffer (pH 10,5); einengen der Ätherphase unter Stickstoff; aufnehmen in 100 µl der mobilen Phase; Injektion der 100 µl.

HPLC-System

Die Bedingungen für die HPLC-Analyse von 25-Hydroxycholecalciferol und 1,25-Dihydroxycholecalciferol sind in Tabelle 12 zusammengefaßt.

Da die Konzentration von 1,25-Dihydroxycholecalciferol im Blut sehr gering ist (s. Tabelle 10) und dieses Steroid daher mit physiko-chemischen Detektionsverfahren nicht zugänglich ist, wird die Fraktion, die dieses Steroid enthält, nach der HPLC-Auftrennung gesammelt. Nach Einengung wird das Steroid durch Bindungsanalyse quantifiziert.

Tabelle 12. Bedingungen für die HPLC-Analyse von Steroiden

Cortisol	
Elutions-Modus	Gradient
Stationäre Phase	„reversed-phase"
Korngröße (μm)	5
Mobile Phase	
Lösung A	Wasser
Lösung B	Acetonitril
Gradient	$18-32\%$ Lösung B
Zeit	15 min
Temperatur	$40\,^{\circ}$C
Flußrate (ml/min)	1,3
Detektion	UV-Absorption
Wellenlänge	254 nm
25-Hydroxycholecalciferol und 1,25-Dihydroxycholecalciferol	
Elutions-Modus	isokratisch
Stationäre Phase	„reversed-phase"
Korngröße (μm)	5
Mobile Phase	9% Wasser in Methanol
Flußrate (ml/min)	1,5
Detektion	UV-Absorption
Wellenlänge	265 nm

2.6 Vitamine

2.6.1 Labordiagnostische Bedeutung

Die Bestimmung der Vitamine in Körperflüssigkeiten ist indiziert bei der klinischen Fragestellung einer Hypovitaminose, in seltenen Fällen auch einer Hypervitaminose. Die Konzentrationen im Plasma bzw. die Exkretionsraten im Harn verschiedener Vitamine bei Normalpersonen sind in der Tabelle 13 wiedergegeben.

2.6.2 HPLC-Analytik von Vitaminen

Besonderheiten

Die Vitamine sind unterteilt in fettlösliche und wasserlösliche Vitamine. Zu den klinisch relevanten, fettlöslichen Vitaminen zählen das Vitamin A (Retinol), Vitamin D (25-Hydroxy-Vitamin D_3), Vitamin E (Tocopherol) und Vitamin K (Phyllochinon). Wasserlösliche Vitamine sind

Tabelle 13. Referenzbereiche der Plasmakonzentrationen bzw. Exkretionsraten im Harn von Vitaminen

Vitamin	Plasmakonzentration nmol/l	Exkretionsrate nmol/24 h
Retinol (A)	700 − 1 750	0
Tocopherol (E)	15 000 − 30 000	0
Phyllochinon (K)	1 − 6	0
Thiamin (B_1)	20 − 40	100 − 200
Riboflavin (B_2)	54 − 108	
Pyridoxin (B_6)		3 000 − 4 200
Cobalamin (B_{12})	0,08 − 0,3	
Ascorbinsäure (C)	45 000 − 70 000	
Folsäure	15 − 30	4,5 − 54

das Vitamin C, Vitamin B_1 (Thiamin), Vitamin B_2 (Riboflavin), Nikotinamid, Vitamin B_6 (Pyridoxin), Vitamin B_{12} und Folsäure. Die fettlöslichen Vitamine sind stark an Serum-Eiweißen (Lipoproteinen) gebunden. Demzufolge ist vor der HPLC-Analyse eine Extraktion aus der Serummatrix erforderlich. Alle fettlöslichen Vitamine besitzen chemische Strukturen, die eine photometrische oder fluorimetrische Detektion ermöglichen.

Die wasserlöslichen Vitamine sind bis auf das Vitamin C in sehr geringen Konzentrationen im Plasma vorhanden (s. Tabelle 13). Deshalb sind hier intensive Anreicherungsverfahren erforderlich. Im Gegensatz zu den fettlöslichen Vitaminen werden die wasserlöslichen in größeren Mengen im Harn ausgeschieden. In der biochemischen Labordiagnostik werden u. a. deshalb weniger Serumkonzentrationen als mehr die Exkretionsraten bestimmt. Die Konzentrationen von Vitamin B_{12} und Folsäure sowohl im Serum als auch im Harn sind zu gering, um sie bislang mit der HPLC durch physikalische Detektion bestimmen zu können.

Die Vitamine besitzen eine starke Heterogenität hinsichtlich ihrer chemischen Struktur. Entsprechend existiert in der Literatur eine Vielfalt von HPLC-Verfahren. Im folgenden werden für jedes Vitamin jeweils eine repräsentative HPLC-Methode beschrieben.

Vitamin A

Probenvorbereitung um Extraktion

Da Vitamin A extrem empfindlich gegenüber Sauerstoff und Licht ist, sollten alle Operationen bei minimalem Licht und die Einengungsschritte unter Stickstoff durchgeführt werden. Im Plasma selbst ist Retinol stabil, wenn es bei −20° gelagert wird [83].

Probenaufarbeitung

für die HPLC-Analyse von Vitamin A im Serum:

100 µl Plasma + 100 µl Retinylacetat (Äthanol); mischen für 15 sec; + 200 µl n-Hexan; mischen für 2 min; zentrifugieren; einengen der n-Hexanphase; aufnehmen in 100 µl Äthanol; Injektion von 20 µl.

Tabelle 14. Bedingungen für die HPLC-Analyse von fettlöslichen Vitaminen

---

Retinol
Elutions-Modus	isokratisch
Stationäre Phase	„reversed-phase"
Mobile Phase	Methanol (100%)
Zeit	15 min
Flußrate (ml/min)	1
Detektion	UV-Absorption
Wellenlänge	325 nm

Vitamin E
Elutions-Modus	isokratisch
Stationäre Phase	„reversed-phase"
Mobile Phase	7% Dichlormethan in Methanol
Flußrate (ml/min)	1
Detektion	UV-Absorption
Wellenlänge	292 nm

Vitamin K
Elutions-Modus	isokratisch
Stationäre Phase	„reversed-phase"
Mobile Phase	15% Dichlormethan in Methanol
Flußrate (ml/min)	1
Detektion	UV-Absorption
Wellenlänge	270 nm

HPLC-System

Die Bedingungen für die HPLC-Analyse von Vitamin A sind in Tabelle 14 zusammengefaßt.

Vitamin E

Probenvorbereitung

Vitamin E ist empfindlich gegenüber Oxidation. Plasma sollte daher bei −20 °C gelagert werden.

Probenaufarbeitung

für die HPLC-Analyse von Vitamin E

100 µl Plasma + 100 µl Tocopherylacetat (Äthanol); mischen; + 200 µl n-Hexan; extrahieren für 30 sec; einengen der n-Hexan-Phase; aufnehmen mit 100 µl Äthanol; Injektion von 20 µl.

HPLC-System

Die Bedingungen für die HPLC-Analyse von Vitamin E sind in Tabelle 14 wiedergegeben.

Vitamin K

Probenvorbereitung

Bei −20 °C ist Vitamin K für mehrere Monate stabil. Vitamin K wird sehr schnell durch Licht und im alkalischen Milieu zerstört.

Probenaufarbeitung

für die HPLC-Analyse von Vitamin K:

200 µl Plasma + 4 ml Äthanol; mischen; + 8 ml n-Hexan; mischen; einengen der organischen Phase; aufnehmen in 2 ml n-Hexan; laden auf eine Sep Pack Silika-Kartusche (Waters); waschen mit 10 ml n-Hexan; eluieren der Vitamin K-Fraktion mit 10 ml 3% Äther in n-Hexan; einengen der n-Hexan-Phase; aufnehmen in 100 µl der mobilen HPLC-Phase; Injektion der 100 µl.

HPLC-System

Die Bedingungen für die HPLC-Analyse von Vitamin K sind in Tabelle 14 beschrieben.

Vitamin C

Probenvorbereitung

Vitamin C ist stabil in schwach sauren Lösungen. Für die HPLC-Analyse auf „reversed-phase"-Material ist eine Vorsäulen-Derivatisierung erforderlich.

Probenaufarbeitung und Derivatisierung

für die HPLC-Analyse von Vitamin C

1 ml Vollblut + 4 ml 0,3 M Trichloressigsäure; zentrifugieren; Überstand + 0,2 ml 4,5 M Natriumacetatpuffer (pH 6,2); oxidieren mit Ascorbinsäureoxidase; + 0,25 ml o-Phenylendiamin; inkubieren bei 37° für 30 min; Injektion von 20 µl der Vitamin C-Derivat-Lösung.

HPLC-System

Die Bedingungen für die HPLC-Analyse des Vitamin-C-Derivats sind in Tabelle 15 zusammengefaßt.

Vitamin B_1

Besonderheiten

Thiamin ist relativ stabil in Vollblut. In den meisten Methoden wird die Gesamtthiaminkonzentration im Plasma gemessen. Dabei wird Thiamin zunächst durch enzymatische Dephosphorylisierung aus den drei phosphorylisierten Formen freigesetzt. Thiamin selbst hat zwar eine UV-Absorption bei 254 nm, aufgrund der geringen Konzentration im Vollblut ist jedoch das UV-Signal zu gering, um Thiamin direkt zu detektieren. Daher ist die Umsetzung des Thiamins in ein fluorogenes Thiochrom-Derivat erforderlich.

Probenaufarbeitung

für die HPLC-Analyse von Vitamin B_1:

2 ml Plasma + 0,5 ml 25% Perchlorsäure; zentrifugieren für 20 min; 1 ml des Überstandes + 0,5 ml einer internen Standard-Lösung (15 µmol Salicylamid, 0,6 M NaOH, 1,8 M Na-Acetat) + 0,1 ml einer sauren Phosphatase-Enzymlösung (10 mg/ml saure Phosphatase aus Kartoffeln,

Tabelle 15. Bedingungen für die HPLC-Analyse von wasserlöslichen Vitaminen

---

Vitamin C
Elutions-Modus	isokratisch
Stationäre Phase	„reversed-phase"
Korngröße (μm) 3	3
Mobile Phase	0,08 M Phosphat (pH 7,8)/Methanol (80/20)
Flußrate (ml/min)	0,8
Detektion	fluorimetrisch
Wellenlänge	355/425 nm

Vitamin B_1
Elutions-Modus	isokratisch
Stationäre Phase	„reversed-phase"
Korngröße (μm)	10
Mobile Phase	0,05 molar Zitratpuffer (pH 4) + 0,01 mmol Natrium-Octansulfat/Methanol (55/45)
Flußrate (ml/min)	1,2
Detektion	fluorimetrisch nach Nachsäulenderivatisierung mit $K_3Fe(CN)_6$
Wellenlänge	367/435 nm

Vitamin B_2
Elutions-Modus	isokratisch
Stationäre Phase	„reversed-phase"
Korngröße (μm)	10
Mobile Phase	34% Methanol in Wasser
Flußrate (ml/min)	1
Detektion	fluorimetrisch
Wellenlänge	450/530 nm

Vitamin B_6 (Pyridoxin)
Elutions-Modus	Gradient
Stationäre Phase	Kationenaustauscher
Korngröße (μm)	10
Mobile Phase	
Lösung A	0,02 M HCl
Lösung B	0,5 M Phosphat (pH 5,5)
Gradient	0−100% Lösung B
Zeit	30 min
Detektion	fluorimetrisch nach Nachsäulenderivatisierung: 0,1% Natriumbisulfit in 1 M Phosphat-Puffer (pH 7,5)
Flußrate	4,5 ml/h Flußrate: 4,5 ml/h
Wellenlänge	330/400 nm

(Typ II, Aktivität 0,4 U/mg in 0,9% NaCl)); Inkubation über Nacht bei 37 °C; injizieren von 20 μl.

HPLC-System

Die Bedingungen für die HPLC-Analyse mit Derivatisierung von Vitamin B_1 sind in Tabelle 15 wiedergegeben.

Vitamin B$_2$

Probenvorbereitung

Vitamin B$_2$ ist extrem empfindlich gegenüber Licht.

Probenaufarbeitung

für die HPLC-Analyse von Vitamin B$_2$ im Harn

Angesäuerter Harn kann direkt für die HPLC-Analyse eingesetzt werden (Injektion von 20 µl angesäuerten, zentrifugierten Harns).

HPLC-System

Die Bedingungen für die HPLC-Analyse von Vitamin B$_2$ sind in Tabelle 15 beschrieben.

Vitamin B$_6$

Vitamin B$_6$ ist der allgemeine Name für 6 natürlich vorkommende und biologisch aktive Vitamine, die letztlich Derivate des 2-Methyl-3-Hydroxypyridoxins darstellen.

Probenaufarbeitung

für die HPLC-Analyse des Vitamin B$_6$ im Plasma:

2 ml Plasma + 1 ml 20% Trichloressigsäure; 1 ml des Überstandes + 5 µl einer wäßrigen Lösung von 2-Amino-5-Chlorobenzoesäure (100 nmol/ l) (interner Standard); Injektion von 500 µl.

HPLC-System

Die Bedingungen für die HPLC-Analyse von Vitamin B$_6$ sind in Tabelle 15 zusammengefaßt.

2.7 Porphyrine und Vorstufen

2.7.1 Labordiagnostische Bedeutung

Bei der biochemischen Differentialdiagnostik von primären und sekundären Porphyrien hat die Bestimmung der verschiedenen Porphyrine und ihre Vorstufen eine zentrale Bedeutung. Für die Diagnostik der hepatischen Prophyrien stehen mehr die Vorstufen der Porphyrine, die Delta-Aminolävulinsäure und Porphobilinogen im Vordergrund, während bei den erythrozytären mehr die verschiedenen carboxylierten Porphyrine von Bedeutung sind. Es hat sich inzwischen herauskristallisiert, daß für die oft schwierige Differentialdiagnose der Porphyrien die relativen Konzentrationen der Porphyrine untereinander (Porphyrinprofil) eine wesentlich größere diagnostische Aussagekraft haben als die quantitative Bestimmung von einzelnen Porphyrinen. Insbesondere hier erweist sich der Einsatz der HPLC als besonders fruchtbar. Die Referenzbereiche für die Konzentrationen der Porphyrine im Plasma sowie deren Exkretionsraten im Harn als auch die Exkretionsraten der Vorstufen Delta-Aminolävulinsäure und des Porphobilinogens sind in der Tabelle 16 wiedergegeben.

Tabelle 16. Referenzbereiche der Exkretionsraten von Porphyrinen und Vorstufen im Harn

Analyt	Exkretionsrate μmol/24 h
Aminolävulinsäure	1,9 – 49,0
Porphobilinogen	0,4 – 7,5
	nmol/24 h
Uroporphorin	4 – 30
Heptacarboxyporphyrin	0 – 4
Hexacarboxyporphyrin	0 – 3
Pentacarboxyporphyrin	0 – 6
Koproporphyrin	20 – 120
Tricarboxyporphyrin	0 – 2
Dicarboxyporphyrin (Protoporphyrin)	0 – 2

2.7.2 HPLC-Analytik von Delta-Aminolävulinsäure und Porphobilinogen im Harn

Beide Substanzen besitzen keine physikalischen Eigenschaften, die eine Detektion durch UV-Absorption oder Fluoreszenz ermöglichen. Aufgrund ihrer primären Aminogruppe ist jedoch ein empfindlicher Nachweis —

Tabelle 17. Bedingungen für die HPLC-Analyse von Porphyrinen und deren Vorstufen

Delta-Aminolävulinsäure und Porphobilinogen (OPA-Derivate)	
Elutions-Modus	isokratisch
Stationäre Phase	„reversed-phase"
Korngröße (μm)	10
Mobile Phase	0,1 M Phosphat (pH 3,3)/Methanol (70/50)
Flußrate (ml/min)	1
Detektion	fluorimetrisch
Wellenlänge	330/418 nm
Porphyrine	
Elutions-Modus	Gradient
Stationäre Phase	„reversed-phase"
Korngröße (μm)	5
Mobile Phase	
Lösung A	0,05 M Lithium-Citratpuffer (pH 2,5)/Methanol (50/60)
Lösung B	0,05 M Lithium-Citratpuffer (pH 5,5)/Methanol (5/95)
Gradient	0 – 100%
Zeit	30 min
Flußrate (ml/min)	0,5
Detektion	fluorimetrisch
Wellenlänge	406/520 nm

analog zur Aminosäurenanalytik — nach Derivatisierung mit OPA möglich (s. Kapitel 2.1).

Probenaufarbeitung

20 µl Harn + 20 µl OPA-Reagenz; für 2 Minuten reagieren lassen; stoppen der Reaktion mit 20 µl 0,1 M Phosphatpuffer (pH 4,0); Injektion von 5 µl [84].

HPLC-System

Die Bedingungen für die HPLC-Analyse der OPA-Derivate der Delta-Aminolävulinsäure und von Porphobilinogen sind in Tabelle 17 zusammengefaßt.

2.7.3 HPLC-Analytik von Porphyrinen

Die klassische Bestimmungsmethode von Porphyrinen durch Veresterung der freien Säuren und anschließender chromatographischer Auftrennung ist inzwischen überholt. In der überwiegenden Zahl der bislang veröffentlichten HPLC-Methoden werden die freien Carboxylsäuren der Porphyrine direkt analysiert.

Besonderheiten

Die komplexe, biochemische Differentialdiagnostik der Porphyrien macht eine Untersuchung der Porphyrine nicht nur im Harn oder Plasma, sondern auch im Stuhl und in den Erythrozyten erforderlich [85—98].

In der Literatur sind ausführliche Arbeitsvorschriften für die Extraktion der Porphyrine aus dem Stuhl [99], aus Erythrozyten [100], aus Plasma [101] und Harn [102] beschrieben.

Probenaufarbeitung

für die HPLC-Analyse der Porphyrine im Harn:

In den meisten, neueren HPLC-Methoden zur Bestimmung der Porphyrine im Harn beschränkt sich die Probenvorbereitung auf eine Ansäuerung und die Zentrifugation des Harns mit anschließender Direktinjektion von 2 bis ca. 20 µl Harn.

HPLC-System

Die Bedingungen für die HPLC-Analyse der Porphyrine sind in Tabelle 17 wiedergegeben.

2.8 Arzneimittel und Rauschgifte

2.8.1 Labordiagnostische Bedeutung

Die Bestimmung von Pharmaka-Konzentrationen im menschlichen Blut spielt eine zentrale Rolle bei der Überprüfung einer Unter- oder Überdosierung im Rahmen therapeutischer Maßnahmen („Therapeutic Drug Monitoring") sowie bei der Kontrolle der Medikamenten-Einnahme seitens des Patienten (Patienten-„Compliance"). Für die forensische Diagnostik ist die Bestimmung von Rauschgiften in Körperflüssigkeiten, hier insbesondere im Magensaft und im Harn, von Bedeutung.

2.8.2 HPLC-Analytik

Da es sich bei den pharmakologischen und toxikologischen Substanzen zum allergrößten Teil um chemisch klar definierte, niedermolekulare Substanzen handelt und diese Substanzen zumeist in relativ hohen Konzentrationen in Körperflüssigkeiten vorliegen, hat die HPLC für die Analytik dieser Substanzen eine besonders dominante Bedeutung gewonnen. Mit Ausnahme weniger Substanzen, z. B. gasförmige oder sehr niedrig konzentrierte Substanzen, sind für fast alle pharmakologischen und toxikologischen Substanzen zahlreiche HPLC-Methoden entwickelt worden. Da die Darstellung der HPLC-Anwendung in der pharmakologischen und toxikologischen Analytik den hier vorgegebenen Rahmen sprengen würde, wird auf die umfangreiche Übersichtsliteratur zur Thematik der HPLC in der Pharmakologie [103—107] und der Toxikologie [108, 109] verwiesen.

Literatur

1. Engelhardt, H.: HPLC von Aminosäuren und Proteinen. In: Analytiker Taschenbuch Band 6, Springer Verlag, Berlin, Heidelberg, New York, (1986), S. 169
2. Chan, M. M. S.: Amino Acid Analysis by HPLC. Bulletin GR 5925, Beckman Instruments, Fullerton, CA, USA. (1985)
3. Perrett, D.: In: The Chemistry and Biochemistry of the Amino Acids. Barrett, G. C., Chapman and Hall, London, (1984), S. 426
4. Lee, K. S., Drescher, D. G. (1978): Int. J. Biochem., 9, 457
5. Lindroth, P., Mopper, K. (1979): Anal. Chem. 51, 1667
6. Joseph, M. H., Davies, P. (1983): J. Chromatogr. 277, 125
7. Cooper, J. D. H., Lewis, M. T., Turnell, D. C. (1984): J. Chromatogr. 285, 484
8. Cooper, J. D. H., Turnell, D. C. (1982): J. Chromatogr. 227, 158
9. Lee, K. S., Drescher, D. G. (1977): J. Biol. Chem. 82, 250
10. Wilson, J. B., Headlee, M. E., Huisman, T. H. J. (1983): J. Lab. Clin. Med. 102, 174
11. Toren, E. C., Vacik, D. N., Mockridge, P. B. (1983): J. Chromatogr. 266, 207
12. Ou, C.-N., Buffone, G. J., Reimer, G. L. (1983): J. Chromatogr. 266, 197
13. Dunn, P. J., Cole, R. A., Soeldner, J. S. (1979): Metabolism 28, 777
14. Torelli, J. A. Eklund P. (1982): J. Chromatogr. 233, 334
15. Gupta, S. P., Hanash, S. M. (1983): Analytical Biochem. 134, 117
16. Leone, L., Monteleone, M., Gabutti, V. et al. (1985): J. Chromatogr. 321, 407
17. Humfeld, S., Susanto, F., Reinauer, H. (1985): Lab. med. 9, 349
18. Saleh, A. K., Moussa, M. A. A. (1985): Clin. Chem. 31, 1872
19. Kutlar, F., Kutlar, A., Huisman, T. H. J. (1986): J. Chromatogr. 357, 147
20. Huisman, T. H. J., Henson, J. B., Wilson, J. B. (1983): J. Lab. Clin. Med. 102, 163
21. Humfeld, S., Reinauer, H. (1984): Lab. med. 8, 385
22. Ellis, G., Diamandis, E. P., Giesbrecht, E. E. et al. (1984): Clin. Chem. 30, 1746
23. Abraham, E. C., Abraham, A., Stallings, M. (1984): J. Lab. Clin. Med. 104, 1027

24. Burke, D. J., Duncan, J. K., Siebert, C. et al. (1986): J. Chromatogr. 359, 533
25. Yamatodani, A., Wada, H. (1981): Clin. Chem. 27, 1983
26. Goto, M., Zou, G., Ishii, D. (1983): J. Chromatogr. 275, 2771
27. Abeling, N. G., v. Gennip, A. H., Overmars, H. et al. (1984): Clin. Chim. Acta 137, 211
28. Hunt, W. A., Dalton, T. K. (1983): Analytical Biochem. 135, 259
29. Weicker, H., Feraudi, M., Hägele, H. et al. (1984): Clin. Chim. Acta 141, 17
30. Schleicher, E. D., Kees, F. K., Wieland, O. H. (1983): Clin. Chim. Acta 129, 295
31. Oka, K., Sekiya, M., Osada, H. et al. (1982): Clin. Chem. 28, 646
32. Yoshida, A., Yoshioka, M., Sakai, T. et al. (1982): J. Chromatogr. 227, 162
33. Causon, R. C., Carruthers, M. E., Rodnight, R. (1981): Analytical Biochem. 116, 223
34. Mitsui, A., Nohta, H., Ohkura, Y. (1985): J. Chromatogr. 344, 61
35. Gerlo, E., Malfait, R. (1985): J. Chromatogr. 343, 9
36. Jenner, D. A., Brown, M. J., Lhoste, F. J. M (1981): J. Chromatogr. 224, 507
37. Krstulovic, A. M., Dziedzic, S. W., Bertani-Dziedzic, L. et al. (1981): J. Chromatogr. 217, 523
38. Causon, R. C., Carruthers, M. E. (1982): J. Chromatogr. 229, 301
39. Tsuchiya, H., Tatsumi, M., Takagi, N. et al. (1986): Analytical Biochem. 155, 28
40. Julien, C., Rodriguez, C., Cuisinaud, G. et al. (1985): J. Chromatogr. 344, 51
41. Christenson, R. H., McGlothlin, C. D., Hedrick, R. et al. (1982): Clin. Chem. 28, 1204
42. Yui, Y., Itokawa, Y., Kawai, C. (1980): Analytical Biochem. 108, 11
43. Bertani-Dziedzic, L. M., Krstulovic, A. M., Dziedzic, S. W. et al. (1981): Clin. Chim. Acta 110, 1
44. Hanson, P., Smith, J. R. L., Robinson, R. et al. (1980): Clin. Biochem. 13, 262
45. Eriksson, B.-M., Gustafsson, S., Persson, B.-A. (1983): J. Chromatogr. 278, 255
46. Anderson, G. M., Feibel, F. C., Cohen, D. J. (1985): Clin. Chem. 31, 819
47. Wielders, J. P. M., Mink, C. J. K. (1984): J. Chromatogr. 310, 379
48. Moleman, P., Borstok, J. J. M. (1983): Clin. Chem. 29/5, 878
49. Fenech, C., Guyon, F., Dauchy, P. (1985): Clin. Chim. Acta 153, 49
50. Hamaji, M., Seki, T. (1979): J. Chromatogr. 163, 329
51. Muskiet, F. A. J., Nagel, G. T., Wolthers, B. G. (1980): Analytical Biochem. 109, 130
52. Holly, J. M., Patel, N. (1986): Ann. Clin. Biochem. 23, 447
53. Jackman, G. P. (1982): Clin. Chim. Acta. 120, 137
54. Orsulak, P. J., Kizuka, P., Grab, E. et al. (1983): Clin. Chem. 29, 305
55. Bauersfeld, W., Ratge, D., Knoll, E. et al. (1986): J. Clin. Chem. Clin. Biochem. 24, 185
56. Hammond, V. A., Johnston, D. G. (1984): Clin. Chim. Acta 137, 87
57. Armbruster, F. P., Schmidt-Gayk, H., Hitzler, W. (1984): Ärztl. Lab. 30, 343
58. Anderson, G. M., Young, J. G., Jatlow, P. I. et al. (1981): Clin. Chem. 27, 2060
59. Parker, N. C., Levtzow, C. B., Wright, P. W. et al. (1986): Clin. Chem. 32, 1473

60. Bauersfeld, W., Diener, U., Knoll, E. et al. (1982): J. Clin. Chem. Clin. Biochem. 20, 217
61. Shihabi, Z. K. (1980): J. Scaro, Clin. Chem. 26, 907
62. Wahlund, G.-G., Edlen, B. (1981): Clin. Chim. Acta 110, 71
63. Sasa, S., Blank, C. L., Wenke, D. C. et al. (1978): Clin. Chem. 24, 1509
64. Garnier, J. P., Bousquet, B., Dreux, C. (1981): J. Chromatogr. 204, 225
65. Anderson, G. M., Schlicht, K. R., Cohen, D. J. (1985): Analytical Biochem. 144, 27
66. Chou, P. P., Jaynes, P. K. (1985): J. Chromatogr. 341, 167
67. Skrinska, V., Hahn, S. (1984): J. Chromatogr. 311, 380
68. Fornstedt, N. (1980): J. Chromatogr. 181, 456
69. Anderson, G. M., Young, J. G., Cohen, D. J. et al. (1981): Clin. Chem. 27, 775
70. Ingebretsen, O. C., Bakken, A. M., Farstad, M. (1985): Clin. Chem. 31, 695
71. de Jong, J., Tjaden, U. R., van't Hof, W. (1983): J. Chromatogr. 282, 443
72. Rosano, T. G., Meola, J. M., Swift, T. A. (1982): Clin. Chem. 28, 207
73. Christie, W. W. (ed) Lipid Analysis, 2nd Edn., Pergamon Press, New York, (1982) S. 96
74. Marinetti, G. (ed) Lipidchromatographic Analysis 1, Marcel Dekker Inc., New York (1982)
75. Kaluzny, M. A., Duncan, L. A., Merritt, M. V. et al. (1985): J. Lipid Res 26, 135
76. Durst, H. D., Milano, M., Kikta, E. J. et al. (1975): Anal. Chem., 47, 1797
77. Novotny, M., Karlsson, K.-E., Konishi, M. et al. (1984): J. Chromatogr. 305, 159. Lim, C. K. HPLC of small molecules, IRL Press, (1986) S. 156
78. Kawasaki, T., Maeda, M., Tsjuji, A. (1982): J. Chromatogr. 233, 61
79. Hofreiter, B. T., Mizera, A. C., Allen, J. P. et al. (1983): Clin. Chem. 29, 1808
80. O'Hare, M. J., Nice, E. C. In: Steroid Analysis by HPLC-Recent Applications, Kautsky, M. P. (ed.), Marcel Dekker Inc., New York (1983) S. 277
81. Schöneshöfer, M., Kage, A., Weber, B., Lenz, I., Köttgen, E. (1985): Clin. Chem. 31
82. Schöneshöfer, M., Dhar, T. K., Ioanides, D. (1986): Clin. Chem. 32
83. Nierenberg, D. W. (1984): J. Chromatogr. 311, 239
84. Ho, J., Guthrie, R., Tieckelmann, H. (1986): J. Chromatogr. 375, 57
85. Armbruster, F. P., Schmidt-Gayk, H., Kohlmeier, M. et al. (1983): Ärztl. Lab. 29, 379
86. Hill, R. H., Bailey, S. L., Needham, L. L. (1982): J. Chromatogr. 232, 251
87. Johansson, I. M., Niklasson, F. A. (1983): J. Chromatogr. 275, 51
88. Jacob, K., Sommer, W., Meyer, H. D. et al. (1985): J. Chromatogr. 349, 283
89. Meyer, H. D., Jacob, K., Vogt, W., et al. (1981): J. Chromatogr. 217, 473
90. Hart, D., Piomelli, S. (1981): Clin. Chem. 27, 220
91. Salmi, M., Tenhunen, R., (1980): Clin. Chem. 26, 1832
92. Jackson, A. H., Rao, K. R. N., Smith, S. G. (1982): Biochem. J. 203, 515
93. Scoble, H. A., McKeag, M., Brown, P. R. et al. (1981): Clin. Chim. Acta 113, 253
94. Johansson, B., Nilsson, B., (1982): J. Chromatogr. 229, 439
95. Longas, M. O., Poh-Fitzpatrick, M. B. (1980): Analytical Biochem. 104, 268

96. Meyer, H. D., Vogt, W., Jacob, K. (1984): J. Chromatogr. 290, 2007
97. Lim, C. K., Peters, T. J. (1984): Clin. Chim. Acta 139, 55
98. Schreiber, W. E., Raisys, V. A., Labbé, R. F. (1983): Clin. Chem. 29, 527
99. Lockwood, H. W., Poulos, V., Rossi, E. et al. (1985): Clin. Chem. 31, 456
100. Lockwood, W. H., Poulos, V. (1980): Int. J. Biochem. 12, 1049
101. Day, R. S., De Salamanca, R. E., Eales, L. (1978): Clin. Chim. Acta 89, 25
102. Poh-Fitzpatrick, M. B., Sosin, A. E. (1982): J. Bemis. J. Am. Acad. Dermatol. 7, 100
103. Done, J. H., Knox, J. H., Loheac, J.: "Applications of High-Speed Liquid Chromatography", Wiley, New York (1975)
104. Huetteman, R. E., Cotter, M. L., Shaw, C. J. (1975): Anal. Chem. 47, 233
105. Janicki, C. A., Gilpin, R. K., Moyer, Es. S. et al. (1977): Anal. Chem. 49, 110R
106. Meffin, P. J., Harapat, S. R., Yee, Y. G. et al. (1977): J. Chromatogr. 138, 183
107. Hartwick, R. A., Brown, P. R. (1980): Advances in Clinical Chemistry 21, 25
108. Kaistha, K. K. (1977): J. Chromatogr. 141, 145
109. Horvath, A. T., Clegg, G. (1978): Clin. Chem. 24, 804

Immunoassays für niedermolekulare, umweltrelevante Verbindungen

M. Schwalbe-Fehl

Hoechst AG, Analytisches Laboratorium
Postfach 80 03 20, D - 6230 Frankfurt (M) 80

1 Einleitung

Immunologische Nachweisverfahren haben seit ihrer Einführung vor über 25 Jahren breite Anwendung vor allem in der Klinischen Chemie gefunden. Die wesentlichen Vorteile dieser Methoden bestehen darin, daß sie wegen ihrer hohen Empfindlichkeit und Spezifität nur ein geringes Probenvolumen erfordern und mit vertretbarem Zeit- und Kostenaufwand durchgeführt werden können. Ein weiterer Vorteil ist die Möglichkeit der Mechanisierung der Verfahren bei großen Probeserien.

Dies hat dazu geführt, daß verschiedene Anbieter eine große Zahl von Immunoassays für die Bestimmung von Proteinen, Hormonen und Arzneimitteln entwickelt und vermarktet haben. Als Folge dieses Angebotes können heute selbst einfach ausgestattete Laboratorien eine Reihe diagnostischer Untersuchungen mit Hilfe von Immunoassays durchführen.

Auch auf dem Gebiet der Umweltanalytik ist großer Bedarf an empfindlichen, schnellen und kostengünstigen Analysenverfahren vorhanden. Aus diesem Grund wurden in den letzten Jahren immer häufiger Immunoassays für Agrochemikalien oder andere niedermolekulare Verbindungen mit Umweltrelevanz, wie z. B. polychlorierte Kohlenwasserstoffe, entwickelt.

Im Gegensatz zur Klinischen Chemie sind bisher jedoch nur wenige komplette Testkits für umweltrelevante Substanzen kommerziell erhältlich, so daß der Anwender in der Regel solche Immunoassays zumindest teilweise selbst entwickeln muß. Möglicherweise ist dies ein Grund dafür, daß das Verfahren bisher noch keine breitere Anwendung bei Routineanalysen gefunden hat. Nichtsdestoweniger findet man in der Literatur eine Reihe von Beispielen, die verdeutlichen, daß für ganz unterschiedliche niedermolekulare Verbindungen Immunoassays erfolgreich entwickelt werden konnten. Mumma und Brady [1987] geben einen aktuellen Überblick über immunologische Verfahren für Agrochemikalien.

Grundsätzlich basieren alle Immunoassays auf der spezifischen Reaktion eines Antigens mit dem zugehörigen Antikörper. Diese Reaktion kann mit Hilfe des Massenwirkungsgesetzes quantitativ beschrieben werden (siehe auch Knoll in diesem Band). Die Vielzahl möglicher Varianten dieses einfachen Prinzipes und vor allem die verwirrende Terminologie bei der Benennung der unterschiedlichen Verfahren haben sicher nicht zu einer allgemeinen Akzeptanz des Verfahrens beim analytischen Chemiker beigetragen.

Die vorliegende Arbeit verfolgt zwei Ziele: zum einen sollen anhand ausgewählter Beispiele die Vor- und Nachteile vom Immunoassays mit denen herkömmlicher Analysenverfahren verglichen werden; zum anderen soll der Praktiker gezielt einige Hinweise zur Entwicklung eines Immunoassays erhalten.

2 Entwicklung eines Immunoassays

2.1 Immunogensynthese

Umweltrelevante Verbindungen sind durchweg im Sinne der immunologischen Terminologie niedermolekulare Verbindungen. Es ist bekannt, daß niedermolekulare Moleküle — Haptene genannt — in einem Wirbeltierorganismus keine Immunantwort hervorrufen können. Erst Verbindungen mit molaren Massen über 5000 Dalton wirken immunogen, d. h. induzieren die Bildung von Antikörpern. Bei Haptenen kann jedoch ein Hilfsmolekül als Immunogen eingesetzt werden, welches aus dem Hapten und einem Trägerprotein synthetisiert wird.

Verschiedene Methoden zur Immunogensynthese werden ausführlich von Knoll in diesem Band vorgestellt. Prinzipiell können alle Verfahren erfolgreich eingesetzt werden, die eine kovalente Bindung — meist eine Peptidbindung — zwischen den reaktiven Gruppen des Trägerproteins (z. B. COOH-, NH_2-, SH-Gruppen) und dem Hapten herstellen. Dabei muß das Hapten nicht notwendigerweise in der Form eingesetzt werden, die später im Immunoassay bestimmt werden soll. Man kann eine strukturell verwandte Verbindung mit einer geeigneten reaktiven Gruppe benutzen.

Grundsätzlich ist zu beachten, daß die Spezifität des Antiserums in der Regel besonders groß ist gegenüber denjenigen Strukturelementen des Haptens, die am weitesten von der Proteinbindungsstelle entfernt liegen. Dies bedeutet, daß man die Spezifität des Antiserums weitgehend durch geschickte Wahl des Immunogens vorausbestimmen kann.

Dies soll am Beispiel des Pflanzenschutzmittels 2,4-Dichlorphenoxyessigsäure (2,4-D) verdeutlicht werden. Abbildung 1 zeigt die Strukturen zweier von 2,4-D abgeleiteter Immunogene, mit deren Hilfe Antiseren erzeugt wurden. Rinder und Fleeker [1981] immunisierten Kaninchen mit 5-Amino-2,4-D, welches über die 5-Position an Rinderserumalbumin gekoppelt war. Sie erhielten Antiseren, deren Affinität gegenüber 2,4,5-Trichlorphenoxyessigsäure (2,4,5-T) etwa fünffach höher war als gegenüber 2,4-D. Gleichzeitig war die Spezifität ihrer Antiseren gegenüber der Carbonsäurestruktur erstaunlich hoch; die Antikörper unterschieden eindeutig 2,4,5-T und das entsprechende Propionsäureanaloge Silvex (2-(2,4,5-Trichlorphenoxy)propionsäure).

Knopp et al. [1985] koppelten 2,4-D über die freie Carboxylgruppe an verschiedene Proteine. Sie erhielten Antiseren, deren Affinität gegenüber 2,4-D etwa zehnfach höher war als diejenige gegenüber 2,4,5-T. Die Antikörper konnten jedoch nicht zwischen der freien Säure 2,4-D und ihrem Methylester 2,4-DME unterscheiden.

| Immunogenstruktur | Reaktivität des Antiserums gegen | | | | |
	2,4-D	2,4,5-T	2,4-DME	Silvex	MCPA
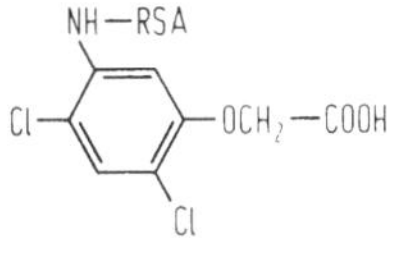 Rinder, Fleeker (1981)	14...22%	100%	—	1...6%	1...5%
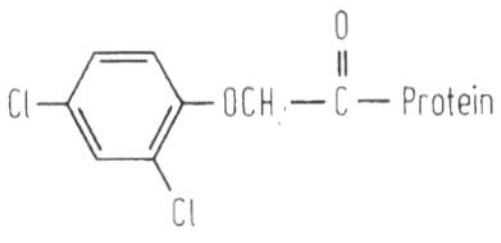 Knopp et al. (1985)	100%	9%	100%	—	5%

Abb. 1. Einfluß der Immunogenstruktur auf die Spezifität 2,4-D: 2,4-Dichlorphenoxyessigsäure; 2,4,5-T: 2,4,5-Trichlorphenoxyessigsäure; 2,4-DME: 2,4-Dichlorphenoxyessigsäuremethylester; Silvex: 2-(2,4,5-Trichlorphenoxy)-propionsäure; MCPA: 4-Chlor-2-methylphenoxyessigsäure; RSA: Rinderserumalbumin

Am Beispiel von 2,4-D wird deutlich, daß es möglich ist, Immunoassays
für eine ganze Gruppe von strukturverwandten Chemikalien herzustellen.
In der Tat bietet die gezielte Auswahl der Immunogenstruktur die einzige
Möglichkeit, die gewünschte Spezifität des Antiserums zu erzielen. Je
nach Problemstellung kann es durchaus sinnvoll sein, mit unterschiedlichen Haptenstrukturen Immunogene herzustellen und mehrere Immunisierungen durchzuführen. Auf diese Weise können zum Beispiel für ein
Pflanzenschutzmittel parallel sowohl substanzspezifische als auch grup-
penspezifische Immunoassays entwickelt werden. Letztere können dann
auch für die Bestimmung von Abbauprodukten, die Strukturelemente
mit der Wirksubstanz gemeinsam haben, eingesetzt werden.

Das Hapten muß nicht unbedingt direkt an ein Protein gekoppelt
werden. Besonders bei kleinen Haptenen hat es sich bewährt, einen sogenannten „Spacer" zwischen Hapten und Protein einzuführen. Dieser
wirkt als Abstandshalter zwischen Hapten und Protein und kann die
Spezifität und Reaktivität eines Antiserums unter Umständen entscheidend verbessern. Meist werden als Spacer — je nach Art der reaktiven
Gruppe im Hapten — bifunktionelle Carbonsäuren oder Amine mit
Kettenlängen von vier bis sechs C-Atomen eingesetzt. Sie bewirken in der
Regel eine verbesserte Immunantwort, weil das Hapten im Immunogen
sterisch besser zugänglich wird.

Als Trägerproteine können ganz unterschiedliche hochmolekulare
Proteine dienen. Häufig wird in der Literatur die Verwendung von Rinderserumalbumin beschrieben, weil dieses Protein billig und relativ rein erhältlich ist. In der Regel geht man davon aus, daß die Immunantwort im
immunisierten Tier generell verbessert wird, wenn das Trägerprotein dem
immunisierten Organismus möglichst fremd ist.

2.2 Immunisierung

2.2.1 Polyklonale Antiseren

In der Vergangenheit wurden für Immunoassays von umweltrelevanten,
niedermolekularen Verbindungen weitgehend polyklonale Antiseren eingesetzt. Zu ihrer Erzeugung wird das Immunogen nach einem empirischen
Immunisierungsschema einem Tier — in der Regel Kaninchen — wiederholt injiziert (Einzelheiten s. Knoll in diesem Band). Als Antwort auf
die Immunisierung wird eine Vielzahl unterschiedlicher Antikörper gebildet. Neben den erwünschten Antikörpern, die das Hapten erkennen,
gibt es auch solche, die gegen unterschiedliche Strukturen im Trägerprotein
gerichtet sind. Jeder einzelne der unterschiedlichen Antikörper stammt
von einer Zellinie (Klon) der B-Lymphozyten ab. Das gesamte Antiserum
wird daher als polyklonal bezeichnet. Bestimmt werden kann in einem
polyklonalen Antiserum immer nur die Spezifität als Summe der Spezifitäten aller einzelnen Antikörper.

Da jedes Wirbeltier auf eine Immunisierung individuell reagiert, unterscheiden sich die Antiseren verschiedener Tiere prinzipiell. Gleichzeitig
bedeutet dies, daß jedes Antiserum einzigartig ist und nicht durch wieder-
holte Immunisierungen reproduziert werden kann. Deshalb muß bei poly-

klonalen Antikörpern sichergestellt sein, daß ausreichende Mengen einer einheitlichen Charge, eventuell durch Mischen mehrerer Einzelseren, verfügbar ist.

Eine Möglichkeit, haptenspezifische Antikörper aus einem Antiserum anzureichern, bietet die Affinitätschromatographie. Huber [1985] beschreibt dieses Verfahren am Beispiel eines Antiserums gegen Atrazin. Ein Haptenderivat wird zunächst an das Trägermaterial (Aminohexylsepharose 4B-Gel) gekoppelt. Bei der anschließenden chromatographischen Auftrennung des Antiserums werden diejenigen Antikörper, die das Hapten erkennen, in der Säule gebunden; die restlichen unerwünschten Antikörper werden nicht zurückgehalten und können daher mit Pufferlösung eluiert werden. Die Hapten-Antikörper-Bindung wird im nächsten Schritt durch Senken des pH-Wertes (pH 2) aufgehoben. Die Antikörper lassen sich dann eluieren und in Pufferlösung aufbewahren.

Das auf diese Weise erhaltene Antiserum ist nach wie vor polyklonal, da es immer noch Antikörper aus mehreren Klonen enthält. Es enthält jedoch nur noch diejenigen Antikörper, die das gewünschte Hapten erkennen, und ist damit wesentlich spezifischer als natives Antiserum. Die Anwendung der Affinitätschromatographie zur Isolierung der gewünschten Antikörper bewirkt in der Regel eine Steigerung der Empfindlichkeit des Immunoassays (Huber [1985]).

2.2.2 Monoklonale Antikörper

Im Gegensatz zu polyklonalen Antiseren werden bei der Herstellung monoklonaler Antikörper nicht die Antikörper, sondern die Antikörperproduzierenden Zellen selektiert. Nach der Immunisierung, die meistens an Mäusen durchgeführt wird, wird die Milz des Versuchstieres entnommen. Daraus können dann die B-Lymphozyten gewonnen werden; diese B-Zellen sind die Vorläufer von Plasmazellen. Sie werden durch Antigene sowohl zur Teilung als auch zur Differenzierung in Antikörper-produzierende Plasmazellen stimuliert. Auch die Herstellung monoklonaler Antikörper setzt also die Immunisierung eines Versuchstieres voraus.

Die B-Lymphozyten werden im nächsten Schritt in vitro mit Tumorzellen (Myelomzellen) in einem Nährmedium fusioniert. Die fusionierten Zellen — Hybridzellen genannt — leben im Nährmedium (Aszitesflüssigkeit) weiter und sekretieren Antikörper. Die Hybridzelle verbindet somit die Antikörper-produzierenden Eigenschaften einer Lymphozytenzelle mit der nahezu unbegrenzten Lebensdauer einer Tumorzelle. Eine ausführliche Beschreibung des Vorgehens bei der Produktion monoklonaler Antikörper findet sich bei Peters et al. [1985].

Entscheidend für die Eigenschaften der Hybridzellen ist die Tatsache, daß jede Zelle einen einzigartigen Antikörper mit definierter Spezifität und Affinität produziert. Die grundlegende Arbeit bei der Herstellung monoklonaler Antikörper besteht darin, aus der Vielzahl der Hybridzellen diejenigen zu selektieren, die die gewünschte Reaktion mit dem Hapten zeigen. Zu diesem Zweck muß bereits ein Test vorliegen, mit dem die Antikörper-Hapten-Reaktion erfaßt werden kann.

Im Vergleich zu polyklonalen Antiseren sind monoklonale Antikörper sicher in der Herstellung aufwendiger und erfordern zusätzlich zellbiologische und immunologische Erfahrung sowie die entsprechende Ausstattung im Labor.

Da man mittlerweile die Antikörperherstellung auch als Auftragsarbeit in unterschiedlichen Instituten durchführen lassen kann, sollte dies jedoch auf Dauer kein Hindernis beim Einsatz monoklonaler Antikörper sein.

Auf der anderen Seite bieten monoklonale Antikörper den Vorteil, praktisch unbegrenzt verfügbar zu sein. Dies kann bei Immunoassays, die kommerzialisiert werden sollen, eine entscheidende Voraussetzung sein. Darüber hinaus liegt von Ansatz zu Ansatz ein definiertes Protein mit gleicher Qualität und Spezifität vor.

2.3 Auswahl des Testsystems

Immunoassays erfordern als Hilfsreagens eine markierte Form des Antigens oder Antikörpers, die die Quantifizierung der Antigen-Antikörper-Reaktion ermöglicht. Je nach Art der Markierung erhält man entweder Radio-Immunoassays, Fluoreszenz-Immunoassays oder Enzym-Immunoassays.

Bis vor wenigen Jahren wurden für niedermolekulare, umweltrelevante Verbindungen praktisch ausschließlich Radioimmunoassays entwickelt. Eine ausführliche Darstellung des Prinzips eines Radioimmunoassays sowie mögliche Markierungsreaktionen finden sich bei Knoll in diesem Band. Radioimmunoassays haben den Nachteil, daß die Handhabung radioaktiver Proben auf spezielle Kontrollbereiche beschränkt sind. Außerdem ist der apparative Aufwand im Vergleich zum Enzymimmunoassay bedeutend höher.

Aus diesem Grund werden in den letzten Jahren fast ausschließlich Enzymimmunoassays für umweltrelevante Substanzen entwickelt. Diese Tests verwenden eine enzymatische Reaktion zur Messung der Antigen-Antikörper-Bindung. Dazu genügt ein einfaches Spektralphotometer. Enzymimmunoassays können daher auch in sehr einfach ausgestatteten Laboratorien durchgeführt werden.

Bisher wurden fast ausschließlich heterogene Enzymimmunoassays für umweltrelevante Verbindungen entwickelt, d. h., die Antikörper-gebundene Haptenfraktion wird von der frei vorliegenden abgetrennt. Dieses Vorgehen hat im Gegensatz zu homogenen Testansätzen ohne Trennschritt den Vorteil, daß Probenbestandteile, die in der Inkubationslösung vorliegen, abgetrennt werden. Der Trennschritt bewirkt in der Regel eine höhere Empfindlichkeit des Tests.

Ein heterogener Enzymimmunoassay wird mit dem Namen ELISA (enzyme-linked immunosorbent assay) bezeichnet. Für den Trennschritt beim ELISA wird die Tatsache ausgenutzt, daß hochmolekulare Proteine, zu denen auch die Antikörper und Immunogene gehören, adsorptiv an Festphasen aus Polystyrol oder Polypropylen gebunden werden. Dabei ist es unerheblich, ob die Festphase als Röhrchen, in Form einer Mikrotiterplatte oder als Kügelchen angeboten wird (Huber [1985]).

Grundsätzlich kann man zwei unterschiedliche Typen des ELISA unterscheiden. Abbildung 2 zeigt das Vorgehen beim ELISA unter Verwendung eines Enzym-markierten Haptens. Im ersten Schritt wird zunächst eine

1. Schritt: Inkubation einer Festphase mit Antikörperlösung („Coaten"); überschüssiges Antiserum wird durch Waschen entfernt

2. Schritt: Zusatz von Probenlösung und Enzymmarkiertem Hapten; Inkubation; nicht gebundenes Hapten und Enzymtracer werden nach Inkubation durch Waschen entfernt

3. Schritt: Zusatz des Enzymsubstrates, Inkubation; anschließend Messung des Umsetzungsproduktes

Abb. 2. Prinzip des ELISA unter Verwendung eines Enzym-markierten Haptens

verdünnte Antikörperlösung mit der Festphase inkubiert. Dabei werden unter definierten Bedingungen konstante Mengen des Antikörpers an die Festphase gebunden. Überschüssiges Antikörperreagens wird durch Waschen mit einer Pufferlösung entfernt.

Im nächsten Schritt werden die Probenlösung und das enzymmarkierte Hapten, im folgenden kurz Enzymtracer genannt, in definierten Mengen zugesetzt. Es wird um so mehr Enzymtracer von den Antikörpern gebunden, je weniger Haptenmoleküle in der Probe vorliegen. Überschüssiger Enzymtracer und die Probenlösung werden nach der Inkubation durch Waschen mit Puffer entfernt. Zur Quantifizierung der Antikörper-Enzymtracer-Bindung wird im nächsten Schritt das Enzymsubstrat zugesetzt. Da das Ausmaß der enzymatischen Umsetzung von der Menge des gebundenen Enzymtracers abhängt, erhält man ein Meßsignal, welches umgekehrt proportional zur Haptenkonzentration in der Probe ist. Dieser ELISA-Typ erfordert die Synthese eines Enzymmarkierten Haptenderivates.

Oellerich [1983] gibt einen umfassenden Überblick über die unterschiedlichen Enzyme, die dazu verwendet werden können, sowie über die Kopplungsreaktionen, die für eine Synthese bereits erfolgreich eingesetzt wurden.

Ein zweiter Typ des ELISA, der in jüngerer Zeit besonders häufig erfolgreich eingesetzt wurde und der deshalb etwas ausführlicher dargestellt wird, ist in Abb. 3 beschrieben. Hierbei wird zum Beschichten der Fest-

1. Schritt: Inkubation der Festphase mit einem hochmolekularen Haptenderivat; überschüssiges Derivat wird durch Waschen entfernt

2. Schritt: Zusatz von Antiserum und Probenlösung (häufig nach Vorinkubation); nicht gebundenes Antiserum und freies Hapten werden nach Inkubation durch Waschen entfernt

3. Schritt: Zugabe eines Enzym-markierten zweiten Antikörpers; nicht gebundener Anteil wird nach Inkubation durch Waschen entfernt

4. Schritt: Zusatz des Enzymsubstrates, Inkubation; anschließend Messung des Umsetzungsproduktes

Abb. 3. Prinzip des ELISA unter Verwendung eines Enzym-markierten zweiten Antikörpers

phase ein hochmolekulares Haptenderivat, ähnlich dem Immunogen, verwendet. Das Immunogen selbst sollte jedoch nicht eingesetzt werden, da das Antiserum praktisch immer Antikörper enthält, die das Träger-protein erkennen und daher unspezifisch binden.

Grundsätzlich eignet sich ein Konjugat, das ein anderes Trägerprotein als das Immunogen enthält. Wie und Hammock [1984] beschreiben aus-führlich den Einfluß des an die Festphase gebundenen Konjugates auf Spezifität und Empfindlichkeit eines ELISA am Beispiel des Pflanzen-schutzmittels Diflubenzuron.

Der Vorteil dieses ELISA-Verfahrens besteht darin, daß die Kopplung eines biologisch inaktiven Trägerproteins an das Hapten einfacher durch-zuführen ist als die Synthese eines Enzym-Hapten-Konjugates. Letzteres muß auch nach der chemischen Umsetzung und Reinigung noch enzyma-tisch aktiv sein.

Im nächsten Schritt wird das an die Festphase gebundene Trägerprotein mit Antiserum und Probe inkubiert. Häufig wurde vor diesem Schritt bereits Antiserum und Probe unabhängig vom Testansatz vorinkubiert, weil damit erfahrungsgemäß eine Steigerung der Empfindlichkeit erzielt wird. Nur diejenigen Antikörper, die noch nicht mit dem Hapten in der Probe reagiert haben, können folglich eine Bindung mit dem Konjugat an der Festphase eingehen. Daher werden um so weniger Antikörper im Testansatz zurückgehalten, je mehr Hapten in der Probe vorlag.

Im nächsten Schritt wird ein Enzym-markierter zweiter Antikörper zugesetzt, der käuflich erhältlich ist. Seine Spezifität muß allgemein gegen die Immunglobuline derjenigen Tierspezies gerichtet sein, in der das erste Antiserum erzeugt wurde. Wurde z. B. die Immunisierung gegen das zu bestimmende Hapten in Kaninchen durchgeführt, so können als zweite Antikörper Enzym-markierte Anti-Kaninchen-IgG-Antikörper aus Scha-fen oder Mäusen benutzt werden. Diese zweiten Antikörper erkennen bei der Inkubation die Kaninchenantikörper in einer spezifischen Antigen-Antikörper-Reaktion und werden folglich um so stärker an der Festphase des Testansatzes gebunden, je mehr Hapten-spezifische Antikörper bereits vorliegen.

Nach der Inkubation des zweiten Antikörper und dem Entfernen von überschüssigem Reagens durch Waschen wird die enzymatische Be-stimmung durch Zugabe des Substrates und Messung des Produktes durch-geführt. Das Meßsignal nimmt auch bei diesem ELISA-Typ umgekehrt proportional zur Haptenmenge in der Probe zu.

Der Vorteil bei der Verwendung des Enzym-markierten zweiten Anti-körpers liegt darin, daß das Reagens käuflich erhältlich ist. Somit ent-fällt die Notwendigkeit, für jedes Hapten gezielt einen Enzymtracer her-stellen zu müssen. Aus den Abbildungen 2 und 3 geht jedoch klar hervor, daß bei Verwendung des Enzym-markierten zweiten Antikörpers ein zu-sätzlicher Inkubationsschritt erforderlich ist.

Die ELISA-Verfahren wurden besonders ausführlich dargestellt, weil fast alle in der jüngeren Literatur beschriebenen Immunoassays für um-weltrelevante Verbindungen von diesem Testprinzip Gebrauch machen. Bisher wurden für Enzymimmunoassays auf diesem Gebiet nur zwei Enzyme eingesetzt, Peroxidase und alkalische Phosphatase. Beide Enzyme lassen sich relativ leicht an Haptenderivate koppeln. Außerdem sind sowohl

Peroxidase-markierte zweite Antikörper als auch solche, die an alkalische Phosphatase gekoppelt sind, kommerziell erhältlich. Typische Nachweisreaktionen für beide Enzyme sind bei Oellerich [1983] beschrieben.

Es gibt einige wenige Beispiele, die zeigen, daß auch Fluoreszenzimmunoassays erfolgreich für niedermolekulare Verbindungen im Umweltbereich einsatzbar sind (Schwalbe et al. [1984]). Hierzu wurden fluoreszenzmarkierte Haptenderivate verwendet. Dennoch konnte sich bisher diese Immunoassayvariante nicht allgemein durchsetzen.

Die Auswertung radioimmunologischer Verfahren ist bei Knoll in diesem Band dargestellt. Prinzipiell gelten die gleichen Überlegungen auch für Enzymimmunoassays und Fluoreszenzimmunoassays. Darüber hinaus finden sich bei Müller-Esterl [1986] eine Reihe von praktischen Hinweisen für die Entwicklung und Auswertung von Enzymimmunoassays. Grundsätzlich müssen alle Immunoassays in wäßrigen Lösungen durchgeführt werden, da nur dort Antikörper ausreichend stabil und reaktiv sind. Umweltrelevante Verbindungen besitzen jedoch häufig nur geringe Wasserlöslichkeiten. Besonders lipophile Substanzen, wie zum Beispiel Dioxine, können jedoch nach Zusatz von organischen Detergentien (Triton, Cutscum) oder geringen Mengen an organischen, mit Wasser mischbaren Lösungsmittel (Acetonitril, Methanol) ausreichend solubilisiert werden, um im Immunoassay bestimmt werden zu können.

2.4 Bestimmung der Antikörperspezifität

Zur Charakterisierung und Bewertung eines Immunoassays muß die Spezifität des darin eingesetzten Antiserums so ausführlich wie möglich beschrieben werden. Zu diesem Zweck werden außer dem Hapten auch strukturverwandte Verbindungen im Immunoassay eingesetzt. Ziel der Untersuchungen ist zunächst die Ermittlung der Art von kreuzreagierenden Substanzen, d. h. von Verbindungen, die ebenfalls mit den Antikörpern eine Antigen-Antikörper-Reaktion eingehen können. Darüber hinaus soll die Menge der kreuzreagierenden Verbindungen bestimmt werden, die benötigt wird, um eine definierte Menge Antiserum — meist 50% einer konstant gewählten Verdünnung — zu binden.

Ein Beispiel soll die Problematik näher erläutern: Ein Antiserum reagiert sowohl mit dem intakten Pflanzenschutzmittel wie auch mit einem strukturverwandten Abbauprodukt, wobei letzteres eine Kreuzreaktivität von 20% besitzt. Dies bedeutet, daß die fünffache Menge des Metaboliten erforderlich ist, um das gleiche Meßsignal im Immunoassay zu verursachen. Liegen nun in einer Probe intakter Wirkstoff und Metabolit nebeneinander vor, so erlaubt das vorliegende Antiserum nur die Bestimmung eines Summenparameters. Zur Quantifizierung des Anteiles von beiden Verbindungen muß entweder ein spezifisches Antiserum oder eine unabhängige Bestimmungsmethode eingesetzt werden.

Auch monoklonale Antikörper besitzen Kreuzreaktivitäten, da auch sie gemeinsame Strukturelemente in strukturverwandten Verbindungen in unterschiedlichen Ausmaßen erkennen und anzeigen. Zur Validierung eines Immunoassays gehört folglich grundsätzlich eine ausführliche Untersuchung der Kreuzaktivitäten.

3 Anwendungen

3.1 Immunoassays für Pflanzenschutzmittel

Tabelle 1 enthält einen Überblick über alle Pflanzenschutzmittel, für die
bisher Immunoassays publiziert wurden. Etwa die Hälfte aller Arbeiten
erschien 1984 oder später, was verdeutlicht, daß dieses Arbeitsgebiet von
aktuellem Interesse ist.

Die Liste zeigt grundsätzlich, daß Immunoassays nicht auf bestimmte
Substanzklassen beschränkt sind. Sowohl für sehr schlecht wasserlösliche
Verbindungen wie die Pyrethroide (Cypermethrin, Permethrin) als auch
für sehr hydrophile Substanzen wie Paraquat wurden erfolgreich Immuno-
assays entwickelt. Bisher wurden dazu außer in Ausnahmen (Paraoxon,
Paraquat) generell polyklonale Antiseren eingesetzt.

Die Nachweisgrenzen für Pflanzenschutzmittel liegen meist im unteren
Nanogrammbereich, d. h., pro Testansatz werden absolut circa 0,1−20 ng
des zu bestimmenden Wirkstoffes benötigt.

Tabelle 1. Immunologisch bestimmte Pflanzenschutzmittel

Wirkstoff	Anwendungsbeispiele
Aldicarb	—
Aldrin, Dieldrin	—
Atrazin, Terbutryn (Huber [1985])	Gewässerproben
Benomyl und Abbauprodukte	Zitrusfrüchte, Trauben, Pfirsiche, Äpfel, Tomaten, Gurken
S-Bioallethrin (Wing and Hammock [1979])	—
Chlorsulfuron	Boden
Cypermethrin, Permethrin	Boden, Wasser
2,4-D, 2,4,5-T (Knopp et al. [1985], Rinder und Fleeker [1981])	Wasser, Plasman, Urin
DDA (Metabolit von DDT)	Urin
Diclofopmethyl (Schwalbe et al. [1984])	Boden, Milch, Urin, Serum, Zuckerrüben, Sojabohnen, Weizen
Diflubenzuron und strukturverwandte Verbindungen (Wie and Hammock [1984])	Wasser, Milch
Iprodion	Tomaten, Gurken, Trauben, Erdbeeren
Molinat	Gewässer
Metalaxyl	Tomaten, Gurken, Kartoffeln, Avocados, Kürbis
Paraoxon, Parathion	Plasma, Serum, Salat
Paraquat (Van Emon et al. [1986])	Milch, Fleisch, Kartoffeln, Boden, Plasma, Urin, Luft
Triadimefon	Apfel, Birne, Ananas, Trauben

Weitere Literaturzitate s. Hammock et al. [1987] sowie Mumma und Brady
[1987]

Neben den reinen Testbeschreibungen gibt es eine ganze Reihe von Anwendungsbeispielen, die ebenfalls in Tabelle 1 zusammengestellt sind. Diese Beispiele verdeutlichen, daß prinzipiell alle möglichen Probematerialien im Immunoassay eingesetzt werden können. Generell müssen alle Immunoassays in wäßrigen Lösungen durchgeführt werden, damit die immunologische Aktivität der Antikörper erhalten bleibt. Besonders einfach ist daher bei der Durchführung eines Immunoassays die Verwendung von wäßrigen Probelösungen wie zum Beispiel Plasma oder Serum, Urin oder Gewässerproben. Diese werden generell ohne weitere Reinigung direkt im Immunoassay eingesetzt.

Huber [1985] beschreibt einen ELISA für die Bestimmung des Herbizids Atrazin in wäßrigen Proben. Dabei werden Nachweisgrenzen bis zu 0,11 ng/l (0,11 ppt) oder 10 fmol Atrazin/Test in der empfindlichsten Variante des Verfahrens erreicht. Auch für das Herbizid Terbutryn ist der beschriebene ELISA einsetzbar. Die Gewässerprobe mußte vor der Testdurchführung lediglich filtriert und auf einen pH-Wert von 7,5 eingestellt werden. Probenkonzentrationen von 25 µg/l bis 1,5 mg/l lagen im Bereich der Eichkurve, ohne daß die Probe konzentriert werden mußte. Dieses Beispiel verdeutlicht, daß Immunoassays möglicherweise bei der Gewässeranalytik ein zukünftiges Anwendungsgebiet finden werden.

Newsome [1986] gibt einen Überblick über immunologische Verfahren, bei denen u. a. Pflanzenschutzmittel in Lebensmitteln bestimmt wurden. Die festen Proben wurden zunächst mit einem geeigneten Lösungsmittel extrahiert. Dieser Extrakt wurde in allen Fällen ohne weitere Reinigung direkt im Immunoassay eingesetzt. Mit diesem Vorgehen wurden Nachweisgrenzen zwischen 0,1 und 1 mg/kg erreicht. Auch Bodenextrakte können ohne weitere Reinigungsschritte direkt in Immunoassays für Pflanzenschutzmittel eingesetzt werden (Schwalbe et al. [1984]).

Ein für Pflanzenschutzmittel besonders interessanter Aspekt der Immunoassays ist die Tatsache, daß Antikörper prinzipiell optisch aktive Verbindungen unterscheiden können. Dies wurde am Beispiel des S-Bioallethrins erstmals nachgewiesen (Wing und Hammrock [1979]).

Aufgrund der aktuellen Diskussion auf dem Umweltsektor ist zu erwarten, daß zunehmend racemische Pflanzenschutzmittel, von denen nur ein Enantiomeres die biologische Wirkung besitzt, durch optisch reine Produkte ersetzt werden. Daher wird die Möglichkeit, optische Isomere auf einfachem Wege und in niedrigsten Konzentrationen zu differenzieren, in der Zukunft sicher an Bedeutung gewinnen.

3.2 Immunoassays für polychlorierte Verbindungen

Es gibt eine Reihe von Beispielen, die zeigen, daß auch polychlorierte Verbindungen aus der PCB- und Dioxinreihe mit Hilfe von Immunoassays bestimmt werden können. Da alle diese Verbindungen extrem hydrophob sind, werden im Test generell zur Verbesserung der Löslichkeit entweder Detergentien (Cutscum, Triton) oder organische Lösungsmittel (z. B. DMSO) zugesetzt.

Gerade auf dem Gebiet der polychlorierten Verbindungen ist eine sorgfältige Auswahl der Immunogenstruktur von entscheidener Bedeutung, um sicherzustellen, daß die Antikörper die gewünschte Spezifität besitzen. Vanderlaan et al. [1987] beschreiben die Herstellung monoklonaler Antikörper, die die Bestimmung von 2,3,7,8-Tetrachlordibenzo-p-dioxin (2,3,7,8-TCDD) ermöglichen sollen. Sie verwendeten als Haptenderivat für die Immunogensynthese 1-Amino-3,7,8-trichlordibenzo-p-dioxin. Die anschließende Immunisierung und Herstellung von Hybridzellen lieferten eine Vielzahl unterschiedlicher monoklonaler Antikörper, aus denen zunächst nur diejenigen ausgewählt wurden, die 2,3,7,8-TCDD erkennen und binden konnten. Untersuchungen zur Kreuzreaktivität dieser Hybridzellen verdeutlichten, daß daneben jedoch auch Tetrachlordibenzo-p-dioxine erkannt werden, die 1,3,7,8-Substituenten tragen sowie 1,2,3,7,8-Pentachlordibenzo-p-dioxin und verschiedene Tetrachlordibenzofurane.

Aufgrund des allgemein steigenden Interesses an Dioxinanalysen wurde von unterschiedlichen Firmen, vor allem in USA, bereits die Entwicklung kommerzieller Tests für Dioxine angekündigt. Diese sollen in Kürze verfügbar sein; genauere Spezifikationen sind jedoch noch nicht bekannt. Ziel dieser Entwicklungen ist es, Dioxinimmunoassays als kostengünstige Ergänzung konventioneller analytischer Verfahren in erster Linie zum Screening umweltrelevanter Proben einzusetzen.

3.3 Mycotoxin — Immunoassays

Mycotoxine sind niedermolekulare sekundäre Stoffwechselprodukte aus Pilzen, die in Nahrungsmitteln und Tierfutter vorkommen können und zu gesundheitlichen Schädigungen bei Mensch und Tier führen. In der Bundesrepublik Deutschland ist daher bereits seit 1977 eine Aflatoxin-Verordnung in Kraft: Lebensmittel mit mehr als 10 ppb Aflatoxin B_1, B_2, G_1, G_2 bzw. mit mehr als 5 ppb Aflatoxin B_1 allein dürfen nicht als Nahrungsmittel in den Verkehr gebracht werden. Eine effektive Kontrolle dieser Verordnung erfordert hochempfindliche, spezifische Analysenverfahren für die Bestimmung der Mycotoxine. Aufgrund dieser Tatsachen wurden in den letzten Jahren eine Reihe von Immunoassays zur Bestimmung unterschiedlicher Mycotoxine entwickelt.

Chu [1984] hat in einem Übersichtsartikel die wesentlichen Aspekte dieses Arbeitsgebietes zusammengestellt. Auch bei Mycotoxinen wurden in der Vergangenheit zunächst ausschließlich Radioimmunoassays eingesetzt; einige Tritiummarkierte Mycotoxine wie z. B. Aflatoxin B_1 sind daher auch kommerziell erhältlich. Dennoch ging auch in diesem Arbeitsgebiet in den letzten Jahren eindeutig der Trend hin zum ELISA.

Anwendungsbeispiele für die Bestimmung von Aflatoxinen in Getreide, Erdnüssen und Milch sowie von Ochratoxinen in verschiedenen Getreiden zeigen eindeutig, daß Nachweisempfindlichkeiten im ppt-Bereich leicht erreicht werden können. Es ist zu erwarten, daß auch auf dem Gebiet der Mycotoxinanalytik in Kürze kommerzielle Testbestecke angeboten werden, die die Nahrungsmittelkontrolle erheblich erleichtern und beschleunigen werden.

3.4 Immunoassays für Pflanzeninhaltsstoffe

In den letzten 12 Jahren wurden zahlreiche Immunoassays für die Bestimmung von diversen niedermolekularen Pflanzeninhaltsstoffen entwickelt und publiziert. Weiler [1983] gibt einen umfassenden Überblick über dieses Anwendungsgebiet.

Einerseits können auf diese Weise Pflanzen auf pharmakologisch aktive Stoffwechselprodukte (z. B. Alkaloide, Glucoside) untersucht werden; andererseits erlauben Immunoassays die Quantifizierung und Lokalisierung von Pflanzenhormonen (z. B. Indolessigsäure, Cytokinine, Gibberelline) in einer Weise, wie sie mit herkömmlichen Analysenmethoden nicht befriedigend bearbeitet werden konnte. Darüber hinaus können Immunoassays für Pflanzeninhaltsstoffe auch bei der Qualitätskontrolle von Lebensmitteln eingesetzt werden; ein Beispiel dafür ist die Bestimmung von Limonin in Zitrussäften (Weiler [1983]).

4 Vergleich von Immunoassays mit herkömmlichen Analysenverfahren

Alle Vergleiche, die bisher zwischen immunologischen und herkömmlichen Analysenmethoden publiziert wurden, haben gut übereinstimmende quantitative Analysenergebnisse gezeigt. Es steht also außer Frage, daß Immunoassays erfolgreich für die Bestimmung von niedermolekularen, umweltrelevanten Verbindungen eingesetzt werden können.

In Tabelle 2 sind die wesentlichen Vor- und Nachteile immunologischer Verfahren zusammengestellt. Aus diesen Fakten ergeben sich zwangsläufig die entscheidenden Unterschiede zu herkömmlichen Analysenverfahren, zu denen vor allem die Gaschromatographie (GC) und Hochleistungsflüssigkeitschromatographie (HPLC) gezählt werden.

Immunoassays erfordern grundsätzlich Entwicklungszeiten von mehreren Monaten, da bereits die Immunisierung mehrfache Injektionen des

Tabelle 2. Vor- und Nachteile immunologischer Bestimmungsverfahren

Vorteile
- hohe Empfindlichkeit
- gute Spezifität
- minimale Probenvorbereitung nötig
- kurze Analysenzeiten
- geringe Kosten pro Einzelanalyse
- einfache Ausstattung ausreichend
- Automatisierung möglich
- einfache Durchführung

Nachteile
- relativ lange Entwicklungszeit
- Abhängigkeit von der Immunantwort eines Tieres
- Kreuzreaktivitäten

Immunogens im Abstand von zwei bis vier Wochen voraussetzt. Diese relativ lange Vorbereitungszeit vor der eigentlichen Testentwicklung erlaubt es nicht, auf aktuelle Probleme z. B. bei der Umweltanalytik direkt zu reagieren. In einem solchen Fall sind konventionelle Methoden zu bevorzugen, die allgemein zur Verfügung stehen.

Darüber hinaus ist das Ausmaß der Immunantwort vom lebenden Organismus abhängig und kann nur in begrenztem Umfang beeinflußt werden.

Hohe Nachweisempfindlichkeiten werden bei Immunoassays generell als Vorteil akzeptiert. Bestimmungsgrenzen für niedermolekulare Verbindungen, die im ppb- oder ppt-Bereich liegen, sind in jüngerer Zeit die Regel (Chu [1984], Weiler [1983], Mumma und Brady [1987]). Da dies jedoch stark durch den Testaufbau und die Probenvorbereitung beeinflußt werden kann, können die Nachweisgrenzen bei Immunoassays eher stärker beeinflußt bzw. an die Notwendigkeiten angepaßt werden als bei herkömmlichen Verfahren. Häufig ist auch der Meßbereich eines immunologischen Verfahrens, der ohne Probenmanipulation abgedeckt wird, größer (vgl. Huber [1985]).

Trotz möglicher Kreuzreaktivitäten zwischen strukturverwandten Verbindungen ist die Spezifität immunologischer Verfahren aufgrund der Antigen-Antikörper-Reaktion grundsätzlich höher als bei herkömmlichen Methoden. So ist die Anwendung des Immunoassays in der Regel ohne weitere Probenreinigung in einer Vielzahl von biologischen Matrices möglich.

In diesem Punkt liegt eine der wesentlichen Stärken des Immunoassays. Interferenzen durch Begleitstoffe in der Probe, die bei GC- oder HPLC-Analysen eine Messung empfindlich stören würden, beeinflussen die Antigen-Antikörper im Konzentrationsbereich der umweltrelevanten organischen Verbindungen nicht. Dies bewirkt, daß der Zeitbedarf und die Kosten pro Analyse entscheidend sinken, weil aufwendige Reinigungsschritte bei Extraktionen entfallen.

Auf der anderen Seite bedeutet diese Eigenschaft aber auch, daß Immunoassays nicht für Multikomponentenanalysen verwendbar sind, die teilweise bei der Lebensmittelkontrolle angestrebt werden. Hierbei sollen unterschiedliche Wirkstoffe in einem Analysengang parallel bestimmt werden. Dies ist bei Immunoassays wegen der zugrundeliegenden Antigen-Antikörper-Reaktion nicht möglich.

Ein wesentlicher Grund für die geringen Kosten eines Immunoassays besteht außerdem darin, daß für die Durchführung nur relativ einfache apparative Ausstattungen erforderlich sind. Es genügt prinzipiell ein Spektralphotometer, welches die Auswertung der enzymatischen Reaktion in einem ELISA erlaubt. Daneben sind jedoch eine Reihe von Hilfsmitteln wie Pipettoren oder Waschautomaten im Handel erhältlich, die die Durchführung wesentlich erleichtern und darüber hinaus die Genauigkeit und Reproduzierbarkeit des Immunoassays entscheidend verbessern.

Grundsätzlich ist ein ELISA, der ja nur aus Pipettier- und Waschschritten sowie einer Extinktionsmessung besteht, relativ einfach automatisierbar.

Ein weiterer Vorteil der einfachen Durchführbarkeit besteht darin, daß das Laborpersonal leicht angelernt werden kann. Darüber hinaus erfordert ein Immunoassay neben dem Antiserum nur wenige Reagentien wie Puffer und Enzymsubstrate. Die reinen Material- und Gerätekosten sind daher — verglichen mit GC- oder HPLC-Methoden — vergleichsweise niedrig.

Wie und Hammock [1982] geben einen ausführlichen Vergleich für Rückstandsanalysen von Diflubenzuron, die sowohl mit einem ELISA als auch mit herkömmlichen Verfahren (HPLC oder GC) durchgeführt wurden. Demnach besitzen die konventionellen Methoden bei etwa gleicher Empfindlichkeit 20 bis 50fach höhere Reagentienkosten pro Probe; außerdem kann mit Hilfe des ELISA pro Arbeitstag mindestens die zehnfache Menge an Proben bearbeitet werden.

Daraus kann auch gefolgert werden, daß immunologische Verfahren immer dann vorteilhaft eingesetzt werden können, wenn große Serien von Analysen bearbeitet werden. Bei einem ELISA mit Mikrotiterplatten können leicht bis zu 96 Bestimmungen parallel durchgeführt und ausgewertet werden.

Darüber hinaus bieten sich Immunoassays aufgrund der einfachen Durchführbarkeit immer dann an, wenn keine ausreichende Ausrüstung für klassische Analysen einsetzbar ist. Dabei ist sogar eine Anwendung direkt im Feld denkbar.

Ein wesentlicher Nachteil für die Anwendung von Immunoassays bei routinemäßigen Rückstandsanalysen von Pflanzenschutzmitteln ist die Tatsache, daß das Verfahren bisher noch keine generelle Akzeptanz bei offiziellen Stellen wie Registrierungsbehörden findet.

Dies kann nur entscheidend verändert werden, wenn in Zukunft quantitative Ergebnisse, die durch Immunoassays erzielt wurden, mit Hilfe konventioneller Verfahren validiert werden. Ein erstes Beispiel dafür findet sich bei Van Emon et al. [1986], die die Anwendung eines Immunoassays für Paraquat bei den Analysen zu einer Anwenderstudie erprobten und mit den Ergebnissen einer Standard-GC-Methode verglichen.

Eine weitere Möglichkeit der Validierung von Immunoassays in der Umweltanalytik wäre die Durchführung von Ringversuchen als externe Qualitätskontrolle.

5 Zusammenfassung und Ausblick

Folgende Schritte müssen bei der Entwicklung eines immunologischen Bestimmungsverfahrens durchgeführt werden:

1) Synthese eines hochmolekularen Konjugates (Immunogens) aus einem Trägerprotein und dem Hapten
2) Immunisierung
3) Entwicklung und Optimierung der Versuchsdurchführung, evtl. Synthese eines markierten Haptenderivates
4) Charakterisierung der Antikörpereigenschaften (Spezifität, Affinität)

In der Literatur finden sich zahlreiche Beispiele für die erfolgreiche Entwicklung von Immunoassays für niedermolekulare, umweltrelevante Verbindungen. Diese Verfahren erlauben prinzipiell die Quantifizierung einer Substanz im Spurenbereich. Ihre Stärke liegt unzweifelhaft darin, große Serien von Analysen mit relativ niedrigem Zeit- und Kostenaufwand durchführen zu können. Aus diesem Grund ist zu erwarten, daß in Zukunft Immunoassays immer häufiger bei Routinekontrollen z. B. von Lebensmitteln eingesetzt werden.

So wird sicher die Anzahl der Analysen auf Mycotoxine steigen, sobald verläßliche, billige Immunoassays zur Routinebestimmung kommerziell erhältlich sind. Eine ähnliche Entwicklung könnte auch auf dem Umweltsektor eintreten.

Schwerpunkte des Einsatzes von Immunoassays könnten in den kommenden Jahren vor allem dort liegen, wo herkömmliche Analysenverfahren sehr aufwendig und damit teuer sind (z. B. Dioxinanalysen). Auch für Kontrollanalysen und zum Screening direkt im Feld oder in einfach ausgestatteten Laboratorien könnten entsprechend aufgebaute Immunoassays einsetzbar werden.

Bisher wurden als Pflanzenschutzmittel fast ausschließlich synthetische Moleküle von relativ einfacher Struktur entwickelt. Neue biotechnologische Verfahren könnten dies in Zukunft ändern, Avermectin und Ivermectin sind erste Beispiele für solche Entwicklungen. Darüber hinaus arbeitet die Forschung an der Nutzbarmachung verschiedener Toxine aus Bakterienstämmen (z. B. Bacillus thuringiensis). Auch für diese Verbindungen wurden bereits immunologische Bestimmungsverfahren entwickelt (Hammock et al. [1987]).

Immunoassays werden niemals konventionelle analytische Verfahren im Labor verdrängen. Sie können jedoch als wertvolle Ergänzung des Repertoires eines Analytikers eingesetzt werden.

Literatur

Chu, F. S. (1984): Immunoassays for Analysis of Mycotoxins. J. Food Protection 47:562—569

Hammock, B. D., Gee, S. J., Cheung, P. Y. K., Miyamoto, T., Goodrow, M. H., Van Emon, J., Seiber, J. N. (1987): Utility of Immunoassays in pesticide trace analysis. In: Greenhalgh, R., Roberts, T. R. (Hrsg.) Pesticide Science and Biotechnology. Sixth IUPAC Congress of Pesticide Chemistry, Blackwell Scientific Publications, Oxford, London, Edinburgh, Boston, Palo Alto, Melbourne, 309—316

Huber, S. J. (1985): Improved Solid-Phase Enzyme Immunoassay Systems in the ppt Range for Atrazin in Fresh Water. Chemosphere 14:1795—1803

Knopp, D., Nuhn, P., Dobberkau, H. J. (1985): Radioimmunoassay for 2,4-dichlorophenoxyacetic acid. Arch. Toxicol. 58:27—32

Müller-Esterl, W. (1986): Practical Considerations in Enzyme-Immunoassays Illustrated by a Model System. In: Bergmeyer, H. U. (Hrsg.): Methods in Enzymatic Analysis. Vol. IX. Verlag Chemie, Weinheim, 15—37

Mumma, R. O., Brady, J. F. (1987): Immunological assays for agrochemicals. In: Greenhalgh, R., Roberts, T. R. (Hrsg.): Pesticide Science and Biotechnology. Sixth IUPAC Congress of Pesticide Chemistry. Blackwell Scientific Publications, Oxford, London, Edinburgh, Boston, Palo Alto, Melbourne, 341—348

Newsome, W. H. (1986): Potential and Advantages of Immunochemical Methods for Analysis of Foods. J. Assoc. Off. Anal. Chem. 69:919—923

Oellerich, M. (1983): Principles of Enzyme-immunoassays. In: Bergmeyer, H. U. (Hrsg.): Methods in Enzymatic Analysis. Vol. I, Verlag Chemie, Weinheim, 233—260

Peters, J. H., Baumgarten, H., Schulze, M. (1985): Monoklonale Antikörper, Herstellung und Charakterisierung, Springer-Verlag, Berlin, Heidelberg, New York, Tokyo

Rinder, D. F., Fleeker, J. R. (1981): A Radioimmunoassay to Screen for 2,4-Dichlorophenoxyacetic Acid and 2,4,5-Trichlorophenoxyacetic Acid in Surface Water. Bull. Environm. Contam. Toxicol. 26:375—380

Schwalbe, M., Dorn, E., Beyermann, K. (1984): Enzyme Immunoassay and Fluoroimmunoassay for the Herbicide Diclofop-methyl. J. Agric. Food Chem. 32:734—741

Vanderlaan, M., Van Emon, J., Watkins, B., Stanker, L. (1987): Monoclonal antibodies for the detection of trace chemicals. In: Greenhalgh, R., Roberts, T. R. (Hrsg.): Pesticide Science and Biotechnology. Sixth IUPAC Congress of Pesticide Chemistry, Blackwell Scientific Publications, Oxford, London, Edinburgh, Boston, Palo Alto, Melbourne, 597 to 602

Van Emon, J., Hammock, B., Seiber, J. N. (1986): Enzyme-linked Immunosorbent Assay for Paraquat and its Application to Exposure Analysis. Anal. Chem. 58:1866—1873

Weiler, E. W. (1983): Immunoassays of Plant Constituents. Biochem. Soc. Transactions 11:485—495

Wie, S. I., Hammock, B. D. (1982): Development of Enzyme-linked Immunosorbent Assays for Residue Analysis of Diflubenzuron and BAY SIR 8514. J. Agric. Food Chem. 30:949—957

Wie, S. I., Hammock, B. D. (1984): Comparison of Coating and Immunizing Antigen Structure on the Sensitivity and Specificity of Immunoassays for Benzoylphenylurea Insecticides. J. Agric. Food Chem. 32:1294 to 1301

Wing, K. D., Hammock, B. D. (1979): Stereoselectivity of a Radioimmunoassay for the Insecticide S-Bioallethrin. Experientia 35:1619—1620

Leuchtbakterien zum Nachweis
bakterientoxischer Effekte im Wasser

R. Kanne

Bayer AG, Werksverwaltung Leverkusen, Umweltschutz
D-5090 Leverkusen, Bayerwerk

1 Einleitung

Die Analytik der hemmenden Wirkung chemischer Verbindungen auf
den Stoffwechsel von Bakterien stellt ein breites, nach wie vor aktuelles
Arbeitsgebiet der modernen Mikrobiologie dar. Die wichtigsten Anwendungsgebiete sind, neben der Suche nach neuen Wirkstoffen und der
Qualitätsprüfung von Pharmaka und Konservierungsstoffen, auch öko-
toxikologische Untersuchungen von Stoffen, Oberflächen- und Abwässern.
Mikrobiologische Analysenverfahren haben den Vorteil, daß aufgrund der
bakteriellen Stoffwechselvielfalt für die unterschiedlichen Anwendungsgebiete spezifische Testorganismen zur Verfügung stehen. Die klassischen
Verfahren haben allerdings den Nachteil, daß die Untersuchungen wegen
der Inkubationszeiten relativ zeitaufwendig sind. So benötigt z. B. der
Wachstumshemmtest nach Bringmann/Kühn [1] mindestens 8 h, in der
Regel aber 16 h bis zum Vorliegen des Ergebnisses. Kurzfristiges Reagieren
auf sich ändernde Produktionszyklen oder Veränderungen in der Ab-
wasserzusammensetzung ist demnach so gut wie ausgeschlossen.

Aus diesem Grund ist bei der Entwicklung neuer Testverfahren ein
deutlicher Trend zu immer schneller ansprechenden Systemen zu beobachten. In dieser Hinsicht stellen die in den letzten Jahren entwickelten
Leuchtbakterienteste einen wesentlichen Fortschritt dar [2]. Die Analysen-

zeit verkürzt sich bei diesem Verfahren auf Werte zwischen 15 und 30 min, so daß vom Prinzip her routinemäßige Prozeßüberwachungen mit Hilfe dieser mikrobiologischen Tests möglich wären. Allerdings müssen diese extrem schnell ansprechenden Testverfahren mit lumineszenten Bakterien, wie alle anderen neuen Testverfahren auch, erst noch den Beweis erbringen, ob sie in der routinemäßigen Anwendung praktisch verwertbare Ergebnisse liefern.

In der vorliegenden Arbeit soll das vorhandene Wissen über Leuchtbakterien in knapper Form zusammengefaßt und die Möglichkeiten, aber auch Grenzen der Anwendung von Leuchtbakterien für bakterientoxikologische Untersuchungen, soweit sie heute absehbar sind, dargestellt werden.

2 Biolumineszenz

Die Biolumineszenz, d. h. die Fähigkeit bestimmter Organismen, einen Teil der durch Stoffwechselreaktionen freigesetzten Energie in Form von Licht zu emittieren, ist ein in der Natur relativ weit verbreitetes und seit langem bekanntes Phänomen. Erste Beschreibungen finden sich schon in der alt-chinesischen Literatur vor 2500 Jahren und in Werken des griechischen Philosophen Aristoteles [3]. Zu den bekanntesten Vertretern Licht emittierender Organismen gehören die weltweit verbreiteten über 2000 Leuchtkäferarten. Darüber hinaus findet man die Biolumineszenz auch bei einigen Crustaceen, Quallen und Schneckenarten sowie einer kleinen Gruppe unterschiedlicher Bakterienstämme [4, 5].

2.1 Funktion

Bei den höheren Lebewesen dient die Biolumineszenz in erster Linie als sexuelles Lockmittel während der Paarung. Hierbei können sich die einzelnen Arten anhand unterschiedlicher Leuchtmuster auch auf größere Entfernungen eindeutig erkennen und so den Fortbestand der Art begünstigen.

Während demnach die Funktion der Biolumineszenz im Lebenszyklus höherer Organismen sinnvoll beschrieben werden kann, sind wir bei der Beantwortung der Frage nach dem Sinn der bakteriellen Biolumineszenz heute noch weitgehend auf Hypothesen bzw. Spekulationen angewiesen.

Es liegen eine Vielzahl von Untersuchungen über die natürlichen Standorte freilebender Leuchtbakterienstämme in den Ozeanen vor [6, 7, 8], ohne daß bis heute eindeutige Randbedingungen für das Vorkommen freilebender lumineszenter Bakterien definiert werden konnten. Die größte Schwierigkeit hierbei besteht darin, daß die Zellen durch Assoziation mit anderen Lebewesen, in erster Linie Fischen, über große Entfernungen transportiert und verbreitet werden [9]. Dennoch leiten sich die in der Literatur am häufigsten zitierten Erklärungsversuche über die Funktion der bakteriellen Biolumineszenz von der Ökologie der Leuchtbakterien ab.

Diesen Hypothesen liegt die Tatsache zugrunde, daß bei den meisten lumineszenten Bakterien die Lichtemission von einer ausreichenden Induktorkonzentration in dem umgebenden Milieu abhängt [10, 11]. Dieser Autoinduktor wird von den Bakterienzellen produziert und in das Medium (Wasser) abgegeben. Ist die Nährstoffversorgung an dem gegebenen Standort, z. B. bei freischwimmenden Zellen im Meer, gering, vermehren sich die Zellen nur langsam, es wird wenig Induktor ausgeschieden und sogleich stark verdünnt, so daß keine Lichtemission erfolgt und der begrenzte Nährstoff voll für den Erhalt der Zellsubstanz genutzt werden kann. Bei einer Erhöhung des Nährstoffangebots vermehren sich die Zellen schneller, die Autoinduktorkonzentration steigt und die Zellen beginnen zu leuchten. Demnach wäre bakterielle Lumineszenz ein Indikator für Regionen hoher Nährstoffkonzentrationen. Eine heute vielfach akzeptierte Hypothese lautet dementsprechend, daß die bakterielle Lichtemission eine wesentliche Rolle bei dem Nährstoffumsatz in den Ozeanen spielt. Mit Leuchtbakterien besiedelte nährstoffreiche Faecespartikel locken durch ihre Lichtemission Fische an, die diese Partikel aufnehmen und verwerten, bevor sie unwiderruflich auf dem Grund der Tiefsee verloren gehen [5, 12]. Für die Bakterien ergibt sich der Vorteil, daß durch die Aufnahme in den Magen-Darm-Trakt die Nährstoffversorgung sichergestellt ist.

In dieses Erklärungsschema paßt auch die direkte Symbiose zwischen Leuchtbakterien und höheren Lebewesen, z. B. Fischen, Würmern usw. [13, 14]. Diese Wirtsorganismen kultivieren lumineszente Bakterien in speziellen Leuchtorganen, die dem Beutefang oder der Kommunikation dienen. Auch unter diesen Bedingungen wird durch eine Anreicherung vieler Zellen auf begrenztem Raum bei gesicherter Nährstoffversorgung eine hohe Induktorkonzentration und damit das Leuchten sichergestellt.

Andere Überlegungen zielen, ausgehend von der Gesamtbilanz der Biolumineszenz (siehe Abbildung 3), in eine völlig andere Richtung. Danach soll das Licht als Nebenprodukt bei bestimmten Reaktionen mit molekularem Sauerstoff anfallen und ursprünglich eine Rolle bei der Beseitigung, von für diese Organismen giftigem Disauerstoff, gespielt haben [15].

2.2 Physiologie

Im Gegensatz zu den vielen noch offenen Fragen zu der Funktion der bakteriellen Lumineszenz sind die physiologischen Grundlagen der Biolumineszenz weitgehend aufgeklärt und bekannt. Hierbei gilt es, deutlich zu trennen zwischen dem Leuchtstoffwechsel höherer Organismen und dem von Bakterien.

Bei den höheren Organismen reagiert das Luciferin unter der katalytischen Wirkung der Luciferase mit Adenosintriphosphat (Abb. 1). In

1. ATP + Luciferin $\xrightarrow[\text{Mg}^{2+}]{\text{Luciferase}}$ Adenyl-luciferin-pyrophosphat

2. Adenyl-Luciferin $\xrightarrow{\text{O}_2}$ Adenyl-oxiluciferin + H_2O + Photonen
$$(\lambda \max = 562 \text{ mm})$$

Abb. 1. Biolumineszenzreaktionen bei höheren Organismen (Leuchtkäfer)

Gegenwart von Sauerstoff reagiert das gebildete Adenylluciferin zum Adenyloxyluciferin, wobei H_2O und Photonen freigesetzt werden [16]. Sowohl das an der Reaktion beteiligte Luciferin als auch das für die Reaktion benötigte Enzym, die Luciferase, lassen sich aus den Organismen, z. B. Leuchtkäfern, isolieren und sind heute im Handel erhältlich. Benutzt werden die Verbindungen zum quantitativen Nachweis von Adenosintriphosphat in biologischen Materialien. Die Methoden für diese in-vitro-Reaktion sind eingehend beschrieben und sollen hier nicht weiter behandelt werden [17].

An der bakteriellen Biolumineszenzreaktion ist das aus der Atmungskette und der Substratkettenphosphorylierung resultierende Adenosintriphosphat nicht direkt beteiligt [18].

Die Lichtreaktion ist vielmehr als ein zur Atmungskette konkurrierender Seitenweg direkt an den Energiestoffwechsel der Zelle gekoppelt (Abb. 2). Die aus dem Tricarbonsäurezyklus stammenden Reduktionsaequivalente, NAD (P)H, übertragen ihre Elektronen auf Flavinmononucleotid, FMN [19]. In der eigentlichen Luciferasereaktion wird ein Atom des molekularen Sauerstoffs auf einen langkettigen Aldehyd, Tetradecanal übertragen, wobei $FMNH_2$ oxidiert und gleichzeitig Licht emittiert wird. Die Gesamtbilanz der Reaktion ist in Abb. 3. dargestellt. Biochemisch ist also die Luciferase als eine Monooxygenase zu betrachten [20].

Die beschriebene direkte Anbindung der bakteriellen Lichtreaktion an den Energiestoffwechsel der Zelle hat für die Anwendung dieses Systems

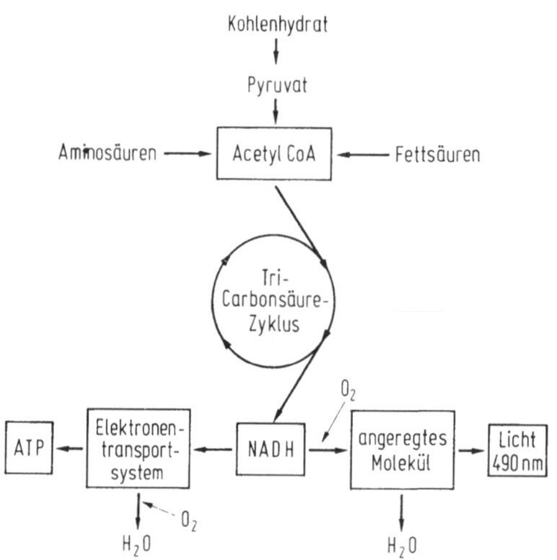

Abb. 2. Die Stoffwechselwege der Leuchtbakterien

$$FMNH_2 + O_2 + RCHO \rightarrow RCOOH + FMN + H_2O + h\nu$$

Abb. 3. Gesamtbilanz der bakteriellen Lumineszenzreaktion

für die Bestimmung bakterientoxikologischer Effekte den Vorteil, daß, wenn eine der Enzymreaktionen des Stoffwechsels gestört wird, sich die Nachlieferung der für die Lichtreaktion benötigten Cofaktoren verringert und dadurch die Lichtemission limitiert wird. Eine verminderte Lichtemission kann deshalb bei sonst gleichbleibenden Milieubedingungen direkt als eine Hemmung des Zellstoffwechsels interpretiert werden, solange nicht, und hier bestehen noch einige Wissenslücken, der Elektronenfluß durch stoffwechselregulatorische Einflüsse von der Lichtreaktion abgezogen und in die Atmungskette umgeleitet werden.

2.3 Regulation

Den Regulationsmechanismen der Lichtemission und damit auch den für die bakterielle Biolumineszenz benötigten Genen und den entsprechenden Genprodukten kommen aufgrund dieser Fragestellung eine besondere Bedeutung zu. Insbesondere durch die grundlegenden Arbeiten von Silverman und Mitarbeitern sind diese molekularbiologischen Grundlagen heute weitgehend bekannt [21, 22, 23]. Für die Expression der Biolumineszenz werden insgesamt sieben „lux-Gene" benötigt. Diese Gene befinden sich auf zwei Operons (Abb. 4) und codieren sowohl die Regulation als auch die enzymatischen Aktivitäten. So sind „lux A" und „lux B" verantwortlich für die α- und ː-Untereinheiten der Luciferase, „lux C", „lux D" und „lux E" für die Synthese und die Regenerierung des langkettigen Aldehyds und die Gene „lux I" und „lux R" für die Regulation. Wie bereits erwähnt erfolgt die Regulation der Biolumineszenz zumindest teilweise über die Synthese und Exkretion eines Autoinduktors.

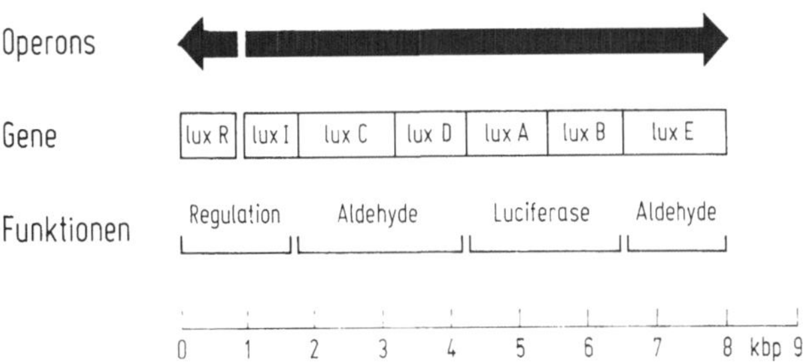

Abb. 4. Gene der bakteriellen Biolumineszenz und ihre Funktionen

Bei V. fischeri handelt es sich bei diesem Autoinduktor um das N-(3-Oxo-hexanoyl)-3-aminodihydro-2(3H)-furanon (Abb. 5), für dessen Synthese vermutlich das „lux I"-Gen verantwortlich ist, wohingegen über die Genprodukte des „lux R"-Gens noch relativ wenig bekannt ist. Möglicherweise codiert das „lux R"-Gen eine induktorspezifische Rezeptorregion in der Zellhülle.

Neben dem hier beschriebenen Autoinduktorsystem wird die bakterielle Biolumineszenz auch durch die klassischen Regelkreise des bakteriellen

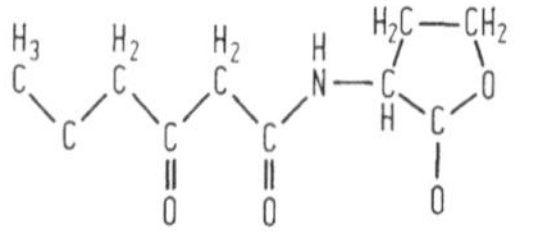

N-(3-Oxo-hexanoyl)-3-aminodihydro-2(3H)-furanon

Abb. 5. Autoinduktor der Lumineszenzreaktion bei Vibrio fischeri

Stoffwechsels gesteuert. Beispiele hierfür sind die Katabolitrepression durch Glukose und deren Aufhebung durch cAMP [25], Stimulierung und Hemmung durch Nährlösungsbestandteile wie Arginin [26], NaCl sowie Pyruvat und andere Stoffwechselprodukte [27].

Darüber hinaus untersuchten Nealson und Hastings [18] den Einfluß von Sauerstoff auf die Biolumineszenz mehrerer Leuchtbakterienstämme, z. B. Photobacterium fischeri und Photobacterium leiognathi. Kössler [29] beschrieb die natürlichen Veränderungen der Lichtemission im Verlaufe der einzelnen Wachstumsphasen (Abb. 6).

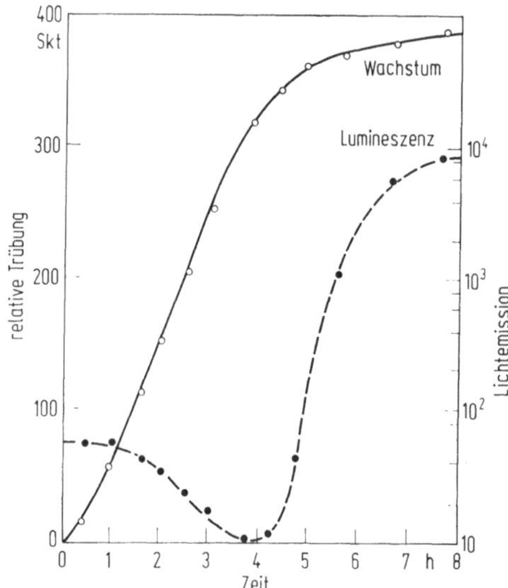

Abb. 6. Verlauf von Wachstum (Trübung) und Lumineszenz einer Suspension von Vibrio luminosus nach Kössler (29)

Diese kurze, unvollständige Aufzählung, von in der Literatur beschriebenen Kontrollmechanismen der bakteriellen Biolumineszenz, soll die vielfältigen, natürlichen Einflußgrößen auf die Lichtemission von Leuchtbakterien veranschaulichen. Inwieweit diese Regelmechanismen die Ergebnisse bakterientoxikologischer Untersuchungen mit Leuchtbakterien beeinflussen und welche Auswirkungen sich hieraus für die Interpretation der Werte ergeben, ist die zentrale Fragestellung bei der Anwendung von Leuchtbakterientesten.

3 Durchführung

Das Prinzip der Bakterientoxizitätsteste mit Leuchtbakterien beruht auf der Tatsache, daß aufgrund der geschilderten direkten Kopplung der bakteriellen Luciferasereaktion an den Energiestoffwechsel der Zelle eine Abnahme der Lichtemission unter den gewählten Versuchsbedingungen in der Regel als Vergiftungseffekt interpretiert werden kann. Der entscheidende Vorteil dieser Messungen liegt in der Tatsache, daß der eigentliche Meßparameter, die Lichtemission, mit relativ geringen apparativem Aufwand schnell und reproduzierbar gemessen werden kann.

Die entsprechenden auf dem Markt befindlichen Meßgeräte verfügen über eine temperierbare, mit einem Photomultiplier verbundene Meßzelle. Glasküvetten mit den auszuwertenden Testansätzen werden in diese Meßzelle eingeführt und die Lichtemission unter definierten Bedingungen bestimmt [30].

Die Einzelheiten der Testdurchführung sind zur Zeit Gegenstand eines Normverfahrens, so daß an dieser Stelle keine verbindliche Methodenvorschrift beschrieben werden kann. Statt dessen soll die prinzipielle Vorgehensweise an zwei Beispielen erläutert werden.

Ausgangspunkt der Untersuchung ist eine definierte Leuchtbakteriensuspension, die bei $0-5\,^\circ\mathrm{C}$ gelagert wird. Bei dem von der Fa. Beckmann, jetzt Microbics, entwickelten Verfahren wird diese Suspension durch Rehydratisierung eines gefriergetrockneten Bakterienpräparates hergestellt [31]. Eine entsprechende Suspension kann aber auch aus frisch im eigenen Labor angezogenen Bakterienkulturen hergestellt werden.

In Abb. 7 ist die von der Fa. Microbics empfohlene Testdurchführung schematisch dargestellt:

Aus der gekühlten Vorratssuspension wird bei gleichzeitiger Verdünnung um den Faktor 50 die benötigte Anzahl an Leuchtbakterientestkulturen hergestellt und nach einem 15minütigen Temperaturangleich auf die Testtemperatur deren Lichtemission I_0 bestimmt.

Unmittelbar anschließend werden die Testkulturen mit gleichen Mengen der zu untersuchenden Proben (z. B. Verdünnungen einer Testsubstanzlösung) — bzw. Kontrollösung — versetzt und nach weiteren 15 bis 30 Minuten Inkubation die entsprechenden Lichtemissionen I_t bestimmt.

Aus den Meßwerten des Kontrollansatzes errechnet sich ein Korrekturfaktor KF nach folgender Formel:

$$KF = \frac{I_{Kt}}{I_{K0}} \tag{1}$$

Hierbei bedeutet:

KF = Korrekturfaktor

I_{K0} = Lichtemission des Kontrollansatzes nach Temperaturangleich vor Zugabe der Kontrollösung in relativen Lichteinheiten

I_{Kt} = Lichtemission des Kontrollansatzes nach Inkubation in relativen Lichteinheiten

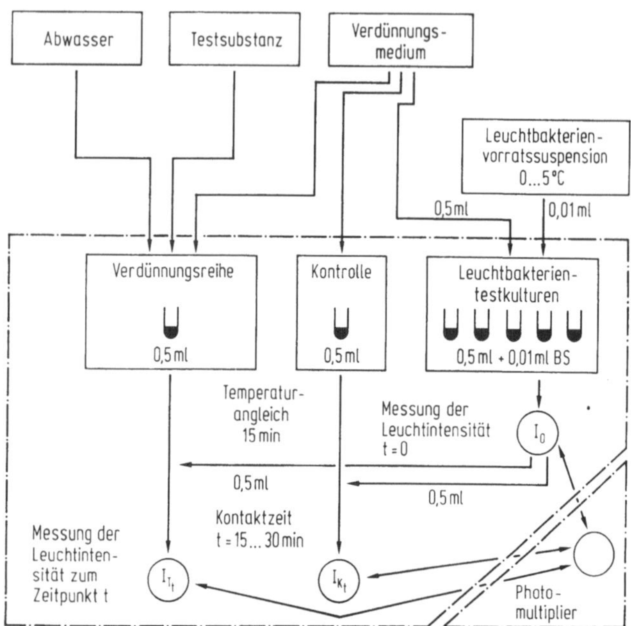

Abb. 7. Testschema Leuchtbakterientest nach Beckmann (Beispiel 1)

Der KF-Wert gibt an, um welchen Faktor sich die Lichtemission in
dem unbelasteten Kontrollansatz ändert. Unter Berücksichtigung dieses
Korrekturfaktors läßt sich die prozentuale Hemmung in den Testansätzen
wie folgt berechnen:

$$H = \frac{I_{To} \times KF - I_{Tt}}{I_{To} \times KF} \times 100 \tag{2}$$

Hierbei bedeutet:

H = Hemmung der Lichtemission in %

I_{To} = Lichtemission im Testansatz nach Temperaturangleich,
vor Zugabe der Testlösung in relativen Lichteinheiten

I_{Tt} = Lichtemission des Testansatzes nach der Inkubation in
relativen Lichteinheiten

KF = Korrekturfaktor berechnet nach Formel (1)

Wesentlich einfacher und schneller in der Testdurchführung ist die in
Abbildung 8 dargestellte Variante [32]. Die gekühlte Leuchtbakteriensuspension wird in der Meßvorrichtung mit der zu untersuchenden Probe
bzw. der Kontrollösung versetzt und unmittelbar anschließend die Lichtemission I_0 gemessen. Anschließend erfolgt ein 15—30minütiger Temperaturangleich auf die Testtemperatur und danach die zweite Lichtemissions-
messung.

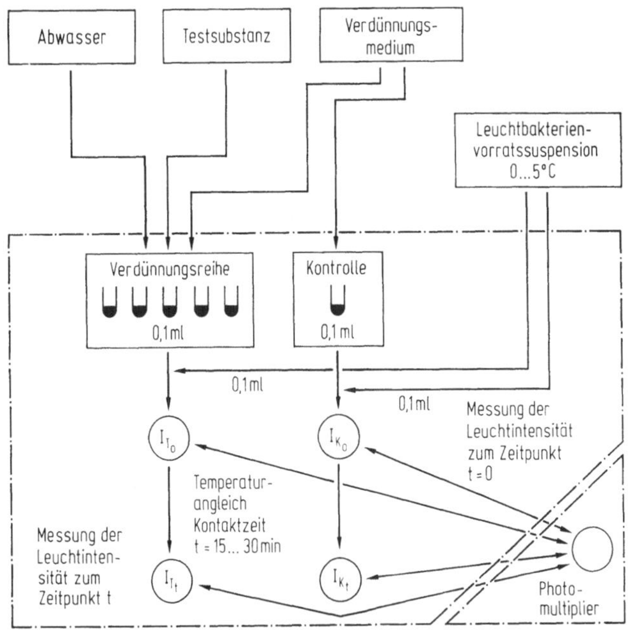

Abb. 8. Testschema Leuchtbakterientest (Beispiel 2)

In der gekühlten Leuchtbakterienvorratssuspension sind die Stoffwechselvorgänge und damit auch die Lichtemission der Bakterien deutlich reduziert. Im Verlaufe des Temperaturangleichs beschleunigen sich die Stoffwechselreaktionen und die Lichtemission steigt an. Diese Zunahme wird gemessen und anhand der gegebenenfalls gegenüber dem Kontrollansatz verringerten Lichtemission des Testansatzes, die bakterientoxische Wirkung der zu untersuchenden Probe nach folgender Formel berechnet:

$$H = \frac{(I_{Kt} - I_{Ko}) - (I_{Tt} - I_{To})}{(I_{Kt} - I_{Ko})} \times 100 \tag{3}$$

Hier bedeutet:

H = Hemmung der Lichtemission im Testansatz in %

I_{Ko} = Lichtemission im Kontrollansatz vor dem Temperaturangleich in relativen Lichteinheiten

I_{Kt} = Lichtemission im Kontrollansatz nach dem Temperaturangleich in relativen Lichteinheiten

I_{To} = Lichtemission im Testansatz vor dem Temperaturangleich in relativen Lichteinheiten

I_{Tt} = Lichtemission im Testansatz nach dem Temperaturangleich in relativen Lichteinheiten

Bei der Testdurchführung ist zu beachten, daß bei Verwendung von marinen Leuchtbakterien die osmotischen Verhältnisse des Meerwassers durch Aufsalzen des Testgutes mit NaCl und Herstellen der Verdünnungen mit NaCl-Lösung in jeder Phase des Tests aufrechterhalten werden müssen, da gerade halophile Meeresbakterien extrem empfindlich auf Veränderungen der Salzkonzentration des Mediums reagieren. Als optimale Inkubationstemperatur für marine Leuchtbakterien haben sich 15 °C erwiesen. Bei Leuchtbakterien aus dem Boden bzw. dem Süßwasser ist eine osmotische Anpassung des Testgutes nicht notwendig, als Inkubationstemperatur erwiesen sich 20−25 °C als geeignet.

Beide beschriebenen Varianten der Meßdurchführung dürften vergleichbare Meßergebnisse liefern, Vorteile weist die Variante 2 bei der Untersuchung gefärbter Proben auf, da hier der durch die Färbung bedingte Quench in der Lichtemission teilweise miterfaßt wird. Die Kompensation des Farbquenches ist bei der Methode 1 nur mit Hilfe von speziellen Farbkorrekturküvetten möglich, die von der Handhabung her sehr aufwendig sind und auf die hier nicht weiter eingegangen werden soll. Für ein Monitoring, insbesondere von gefärbten Abwässern, scheint deshalb auch wegen des geringen Zeitbedarfs die Methode 2 geeigneter zu sein.

4 Aussagekraft

Die gezeigten Durchführungsbeispiele veranschaulichen, daß Leuchtbakterienteste mit relativ geringem apparativen und zeitlichen Aufwand durchgeführt werden können. Bei Verwendung gefriergetrockneter Bakterienpräparate können diese Testverfahren auch in Laboratorien ohne mikrobiologische Ausstattung durchgeführt werden. Die Empfindlichkeit und Reproduzierbarkeit der Messungen ist an einer Vielzahl von Chemikalien überprüft worden und hat sich in beiden Punkten als zufriedenstellend erwiesen [33].

Tatsache ist allerdings auch, daß die Hemmung der Biolumineszenz nicht in jedem Fall kritiklos als ein toxischer Effekt interpretiert werden darf, da wie bereits erwähnt die bakterielle Biolumineszenz durch eine Vielzahl von Regulations- und Kontrollmechanismen beeinflußt wird. Das bedeutet, daß für eine Abnahme der Lichtemission durchaus auch physiologische Ursachen verantwortlich sein können.

Derartige Verfälschungen der Meßergebnisse aufgrund der Autoinduktorkonzentration können durch exakt standardisierte Anzucht- und Versuchsbedingungen, insbesondere kurze Testzeiten weitgehend ausgeschlossen werden. Wesentlich kritischer ist in diesem Zusammenhang das Phänomen der Katabolitrepression zu bewerten, aufgrund derer völlig harmlose Stoffe, wie z. B. Glukose, Pyruvat oder Arginin, eine Minderung der Lichtemission hervorrufen können. Ein weiteres Beispiel für diesen Regelmechanismus ist die von Kössler [29] und einigen anderen Autoren [34, 35] beschriebene Beobachtung, daß nach dem Überimpfen von Leuchtbakterien in frisches Nährmedium, trotz ausreichender Autoinduktorkonzentration die Lichtemission über einen bestimmten Zeitraum abnimmt, um danach über den Ausgangswert anzusteigen (Abb. 6). Eine derartige nährstoffbedingte Hemmung der Lichtemission kann bei unkritischer Auswertung der Meßergebnisse durchaus als bakterientoxischer Effekt gedeutet werden und damit zu „falsch positiven" Ergebnissen führen.

Während bei der Prüfung definierter Verbindungen solche Effekte relativ einfach erkannt und überprüft werden können, ist dies bei Untersuchungen komplexer, undefinierter Oberflächen- und Abwasserproben bei den heute allgemein verfügbaren natürlichen Leuchtbakterien nicht möglich. Aufgrund dieser Situation muß die Aussagekraft natürlicher Leuchtbakterien in bezug auf die Überwachung und Bewertung undefinierter Wasserproben äußerst kritisch beurteilt werden. Hinzu kommt, daß diese Leuchtbakterien, deren Lebensraum das Meer bzw. der Boden sind, bei der Prüfung hochbelasteter Wasserproben in ihren Regulationsmechanismen überfordert sind, da sie aufgrund ihrer natürlichen Standorte nicht an derartig komplexe Substrate adaptiert sind und dementsprechend willkürlich reagieren.

5 Erweiterung des Anwendungsspektrums durch gentechnologische Konstruktion

Eine Möglichkeit, dennoch das an sich bestechende Meßprinzip der Biolumineszenz für eine sinnvolle Untersuchung auch hochbelasteter Wässer einsetzen zu können, besteht darin, durch Selektion oder gentechnologische Konstruktion solche lumineszente Bakterienstämme zu isolieren, bei denen entweder die Mechanismen der Regulation und Katabolitrepression ausgeschaltet sind, oder die aufgrund ihrer Herkunft an komplexe Substrate adaptiert sind.

Die gentechnologische Übertragung der Luciferase Operons auf E. coli wurde von Silverman in den USA bereits vor Jahren publiziert [21, 22]. Silverman gelang es auch, die Luciferasegene auf ein aus einer biologischen Kläranlage isoliertes Abwasserbakterium zu übertragen, das seitdem erfolgreich für die Überwachung von Abwasserströmen eingesetzt wird [32].

Meßergebnisse von Abwasseruntersuchungen aus dem Kanalnetz des Bayerwerkes Leverkusen mit diesem neuen Testorganismus, im Vergleich zu Ergebnissen mit einem natürlich vorkommenden Leuchtbakterienstamm, machen deutlich, wie kraß sich die unterschiedliche Reaktion verschiedener Stämme auf das Meßergebnis auswirken kann. Es zeigt sich, daß die eingesetzten natürlichen Leuchtbakterien extrem empfindlich auf die untersuchten Proben reagieren (Abb. 9). Nahezu an allen Probenahmestellen können deutliche bakterientoxische Effekte nachgewiesen werden. Mit die höchsten Werte wurden an den beiden Zuläufen zur Kläranlage gemessen, an den Stellen also, von denen aus das Abwasser ohne weitere Verdünnung direkt in die Kläranlage eingeleitet wird. Bei einer durchschnittlichen Inaktivierung des Leuchtbakterienstammes von 75 bzw. 53% hätte mit einer ernsthaften Schädigung des Belebtschlammes in der Kläranlage, also auch mit einer unzureichenden Reinigungsleistung gerechnet werden müssen. Tatsächlich arbeitete die Kläranlage während der fraglichen Zeit aber nachweislich störungsfrei mit BSB-Eliminationsleistungen von deutlich über 90%. Von einer Schädigung der Biomasse kann demnach nicht die Rede sein. Das bedeutet aber, daß mit dem einge-

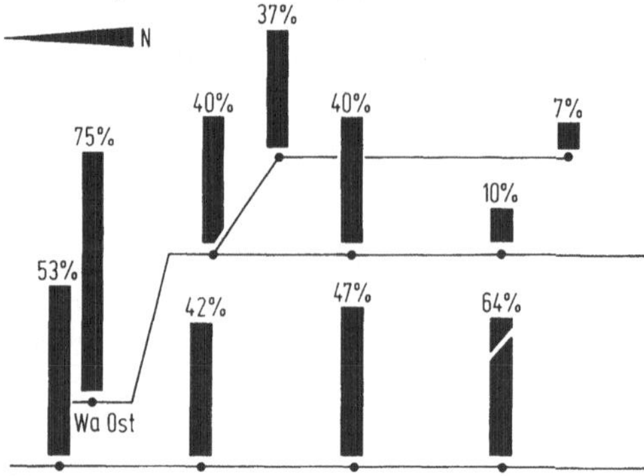

Abb. 9. Bakterientoxizität in Tagesmischproben der Kontrollstationen des Biokanalnetzes (Mittelwerte).
Testorganismus: ATCC 29304
Untersuchungszeitraum: 23. 07. 85 — 24. 10. 85

setzten Leuchtbakterienstamm keine kläranlagenrelevanten Meßergebnisse erzielt werden können. Eine sinnvolle Überwachung von Kläranlagenzuläufen mit dem Ziel, zu erwartende Störungen in der Kläranlage frühzeitig zu erkennen, ist mit diesem System nicht möglich.

Im Gegensatz dazu sind mit dem gentechnologisch konstruierten lumineszenten Abwasserstamm so gut wie keine bakterientoxischen Effekte nachweisbar (Abb. 10). Insbesondere die beiden Kläranlagenzuläufe sind

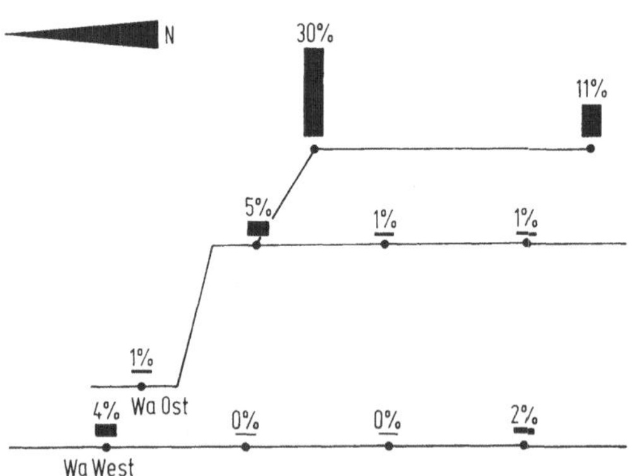

Abb. 10. Bakterientoxizität in Tagesmischproben der Kontrollstationen des Biokanalnetzes (Mittelwerte).
Testorganismus: PDB 10170 K
Untersuchungszeitraum: 23. 07. 85 — 24. 10. 85

während des Untersuchungszeitraumes praktisch ohne meßbare Bakterientoxizität. Diese Ergebnisse passen logisch zu der Realität des störungsfreien Kläranlagenbetriebs und durch weitergehende Vergleichsuntersuchungen in Versuchskläranlagen konnte abgesichert werden, daß mit diesen neuen lumineszenten Abwasserbakterien solche bakterientoxischen Belastungen erkannt werden, die auch einen meßbar schädigenden Einfluß auf die Eliminationsleistung biologischer Klärsysteme haben [36].

Hierfür wurde synthetisches Abwasser, das in seiner Zusammensetzung dem Leverkusener „Bayer-Abwasser" angepaßt ist, mit steigenden Konzentrationen bekannter Bakteriengifte versetzt und in die Laboranlagen eingeleitet. Parallel zu der Bakterientoxizitätsmessung in diesen Zuläufen mit unserem lumineszenten Abwasserbakterium wurde die Eliminationsleistung der Anlage bestimmt.

Die Ergebnisse dieser Vergiftungsversuche sind in Abbildung 11 am Beispiel von 3,5-Dichlorphenol dargestellt.

Mit dem unbelasteten synthetischen Abwasser werden Eliminationsraten von mehr als 90%, bezogen auf den TOC-Gehalt, erreicht. 3,5-Dichlorphenolkonzentrationen bis zu 10 mg/l haben keinen signifikanten Einfluß auf diese Eliminationsrate.

Allerdings wird auch keine bakterientoxische Wirkung angezeigt. Bei 25 mg/l im Zulauf zu der Laboranlage zeigt das lumineszente Abwasserbakterium K 70 pDB 101 einen eindeutig bakterientoxischen Effekt an.

Entsprechend diesem bakterientoxischen Zulauf reduziert sich auch die Eliminationsleistung der Laboranlage. 50 mg/l haben eine weitgehende Inaktivierung von K 70 pDB 101 zur Folge und demzufolge bricht auch

Vergiftungsversuche mit 3,5-Dichlorphenol in einer Modellkläranlage
Synthetisches Industrieabwasser, aufgestockt mit den angegebenen Konzentrationen an 3,5-Dichlorphenol
Mittlere Verweilzeit: 12 h

Vergiftungsversuche mit 3,5-Dichlorphenol in Modellkläranlagen

Test-konzentration (mg/l)	Versuchsdauer (Tage)	Bakterientoxizität im Zulauf Testorganismus: K 70 pDB 101 (% Hemmung)	TOC-Elimination der Versuchsanlage (%)
0	16	0	> 90
3	10	0	> 90
10	13	0	> 90
25	28	28	89
50	11	57	61
75	31	72	55

Abb. 11. Vergiftungsversuche mit 3,5-Dichlorphenol in einer Modellkläranlage.
Synthetisches Industrieabwasser, aufgestockt mit den angegebenen Konzentrationen an 3,5-Dichlorphenol.
Mittlere Verweilzeit: 12h

die Eliminationsleistung der Anlage zusammen. Die Ergebnisse dieser Untersuchungen zeigen, daß mit Hilfe von Leuchtbakterientesten sinnvolle Überwachungsanalytik auch in hochbelasteten Abwässern möglich sein kann. Voraussetzung hierfür ist jedoch, daß als Testorganismen solche Stämme eingesetzt werden, die aufgrund ihrer Herkunft an die zu beantwortende Fragestellung angepaßt sind. In bezug auf die bakterientoxikologische Überwachung von Abwasserströmen scheint dies aber nur mit gentechnologisch konstruierten lumineszenten Abwasserbakterien möglich zu sein.

Andererseits zeigen diese Arbeiten aber auch einen Weg auf, spezifische Leuchtbakterientestsysteme für praxisorientierte, interessierende Anwendungsgebiete zu entwickeln.

Zusammenfassend läßt sich feststellen, daß Leuchtbakterienteste leicht zu handhabende Meßverfahren zur Erkennung bakterientoxischer Effekte sind, die in kurzer Zeit gut reproduzierbare Meßergebnisse liefern. Bei den allgemein verfügbaren, natürlich vorkommenden Leuchtbakterien muß allerdings wegen den vielfältigen physiologischen Regulationsmechanismen der Biolumineszenz zumindest bei hochbelasteten, komplex zusammengesetzten Proben mit „falsch positiven" Ergebnissen gerechnet werden.

Ungeachtet dessen haben Leuchtbakterienteste ihre Daseinsberechtigung als schnell ansprechende Screeningverfahren, möglichst in automatisierter Form, für das Monitoring von Wässern. Bei positiven Befunden müssen allerdings die Ursachen hierfür mit Hilfe anderer biologischer oder chemischer Analysenverfahren aufgeklärt und abgesichert werden. Die Bestimmung absoluter Werte und eine Bewertung der untersuchten Proben ist mit unserem heutigen Wissensstand jedoch nicht möglich. Die Häufigkeit „falsch positiver" Ergebnisse kann durch den Einsatz spezifischer, auf die Fragestellung hin selektionierter oder konstruierter Testorganismen drastisch reduziert werden.

Literatur

1. Bringmann, G., Kühn, R. (1977): Z. Wasser- u. Abwasser-Forsch. 10:87
2. Bullich, A. A. (1982): Process Biochem. 17:45
3. De Luca, M., Kricka, L. J., McElroy, W. D. (1982): Trends in Analytical Chemistry 10:225
4. Herring, P. J. (1978) in: Herring, P. J. (ed) Bioluminescence in action. Academic, London, p 199
5. Nealson, K. H., Hastings, J. W. (1979): Microbiol. Rev. 43 (4):496
6. Ohwada, K., Tabor, P. S., Colwell, R. R. (1980): Applied and Environmental Microbiol. 40:746
7. Ruby, E. G., Greenberg, E. P., Hastings, J. W. (1979): Applied and Environmental Microbiol. 39:302
8. Shilo, M., Yetinson, T. (1979): Applied and Environmental Microbiol. 38:577
9. Haygood, M. G., Nealson, K. H. (1984) in: Klug, M., Reddy, A. (eds), Current Perspectives in Microbial Ecology. American Society for Microbiology, Washington, D. C., p 56
10. Nealson, K., Platt, T., Hastings, J. W. (1979): J. Bacteriol. 104:313

11. Greenberg, E. P., Hastings, J. W., Ulitzur, S. (1979): Arch. Microbiol. 120:87
12. Andrews, C. C., Karl, D. M., Small, L. F., Fowler, S. W. (1984): Nature, London 307:539
13. Reichelt, J., Nealson, K. H., Hastings, J. W. (1977): Arch. Microbiol. 112:157
14. Poinar, G. O., Thomas, G. M., Hess, R. (1977): Nematologica 23:79
15. Macheroux, P., Ghisla, S. (1985): Nachr. Chem. Tech. Lab. 33 (9):785
16. Levin, G. V., Schrot, J. R., Hess, W. C. (1975): Environmental Science and Technology 9:961
17. Kanne, R. (1981): Vom Wasser 57:277
18. Hastings, J. W., Potrikus, C. J., Gupta, S. C., Kurfürst, M., Makemson, J. C. (1985): Advances in Microbial Physiology 26:233
19. Lhotse, J. M., Favaudon, V., Hastings, J. W., Ghisla, S. (1980) in: Yagi, K., Yamano, T. (eds): Flavins and Flavoproteins, Japan Scientific Societies Press, Tokyo, p 131
20. Hastings, J. W. (1982) in: Nozaki, M., Yamamoto, S., Ishimura, Y., Coon, M., Ernster, L., Estabrook, R. (eds): Oxygenases and Oxygen Metabolism, Academic, New York, p 225
21. Engelbrecht, J. A., Silverman, M. (1984): P.N.A.S. 81:4154
22. Engebrecht, J. A. Nealson, K., Silverman, M. (1983): Cell 32:773
23. Belas, R., Mileham, A., Simon, M., Silverman, M. (1984): J. Bacteriol. 158:890
24. Eberhard, A., Burlingame, A. L., Eberhard, C., Kenyon, G. L., Nealson, K. H., Oppenheimer, N. J. (1981): Biochemistry 20:2444
25. Makemson, J. C. (1973): Arch. Microbiol. 93:347
26. Waters, C. A., Hastings, J. W. (1977): Journal of Bacteriology 131:519
27. Ruby E. G., Nealson, K. H. (1977): Appl. Environ. Microbiol. 34:164
28. Nealson, K. H., Hastings, J. W. (1977): Arch. Microbiol. 112:9
29. Kössler, F. (1970): Zeitschrift für Allg. Mikrobiologie 10 (7):475
30. Stanley, P. E. (1983): Trends in Analytical Chemistry 2 (11):248
31. Ribo, J. M., Kaiser, K. L. E. (1987): Toxicity Assissment 2:305
32. Kanne, R., Rast, H. G., Springer, W. (1986): Fresenius Z. Anal. Chem. 325:136
33. Devillers, J., Chambon, P., Zakarya, D., Chastrette, M. (1986): Chemosphere 15:993
34. Reeve, C. A., Baldwin, T. O. (1981): J. of Bacteriol. 146:1038
35. Reeve, C. A., Baldwin, T. O. (1982): J. of Biological Chemistry 257:1037
36. Kanne, R. (1986): Vom Wasser 67:195

IV. Basisteil

Um den Umfang des Basisteils nicht zu Lasten der methodischen Beiträge immer mehr anwachsen zu lassen, verweisen wir bei einem Teil der nachstehenden Beiträge auf einen der vorhergehenden Bände. In diesen Fällen hat sich der Inhalt der betreffenden Tabellen in der Zwischenzeit nicht oder nur unwesentlich geändert, so daß eine Aktualisierung erst zu einem späteren Zeitpunkt erforderlich ist. Die Tabellen der SI-Einheiten werden stets unverändert beibehalten, damit diese dem Leser eines jeden Bandes unmittelbar zur Verfügung stehen. Die Informationszentren für Vergiftungsfälle werden ebenfalls — aktualisiert bzw. überprüft — in jedem Band wiederholt.

Literatur (Monographien)

Fortsetzung der in Band 7 begonnenen Übersicht über neu erschienene
Monographien auf dem Gebiet der Analytischen Chemie und ihren Teil-
bereichen. Die Systematik wurde um einige Teilgebiete erweitert und
— bes. unter „6 Analyse bestimmter Matrices" — neu geordnet. Die Inhaltsübersicht umfaßt alle Sachgebiete, auch solche, unter denen keine
Neuerscheinungen genannt sind.

Inhaltsübersicht

1 Analyse allgemein

Anderson, R.: Sample Pretreatment. 1987. Wiley, New York

Basic Tables for Chemical Analysis. 1986. NBS; Gaithersburg

Borman, S. A. (Ed.): Instrumentation in Analytical Chemistry 1982–86. 1986. Royal Society of Chemistry, London

Butler, L. R. P. (Ed.): Analytical Chemistry in the Exploration, Mining, and Processing of Materials. 1986. IUPAC, Blackwell

Braun, T., Bujdoso, E., Schubert, A.: Literature of Analytical Chemistry: A Scientometric Evaluation. 1987. CRC Press, Boca Raton

Christian, G. D., O'Reilly, J. E. (Ed.): Instrumental Analysis, 2nd Edition. 1986. Allyn and Bacon, Newton

Clevett, K. J.: Analyzer Technology. 1986. Wiley, Chichester

Deming, S. N., Morgan, S. L.: Experimental Design: A Chemometric Approach. 1987. Elsevier, Amsterdam

Dörffel, K.: Statistik in der analytischen Chemie. 1987. 4. Aufl. VCH, Weinheim

Dörffel, K., Müller, H., Uhlmann, M.: Prozeßanalytik. 1986. VEB Deutscher Verlag für Grundstoffindustrie, Leipzig

Ebel, S., Dorner, W. (Eds.): Jahrbuch Chemielabor 1987. 1987. VCH, Weinheim

Fritz, J. S., Schenk, G. H.: Quantitative Analytical Chemistry. 1987. Allyn and Bacon, Newton

Geary, W.: Radiochemical Methods – Analytical Chemistry by Open Learning. 1986. Wiley, Chichester

Geckeler, K., Eckstein, H.: Analytische und präparative Labormethoden. 1987. Vieweg, Wiesbaden

Hartley, T. F.: Computerized Quality Control. Programs for the Analytical Laboratory. 1987. Horwood, Chichester

Kolthoff, I. M., Elving, P. J., Krivan, V. (Eds.): Treatise on Analytical Chemistry, 2nd Edition, Part 1, Vol. 14. 1986. Wiley, New York

Kunze, V. R.: Grundlagen der quantitativen Analyse. 1986. VCH, Weinheim

Kurtz, D. A. (Ed.): Trace Residue Analysis: Chemometric Estimations of Sampling, Amount, and Error. 1985. American Chemical Society, Washington

Krstulovic, A. M. (Ed.): Quantitative Analysis of Catecholamines and Related Compounds. 1986. Wiley, New York

Lawrence, J. F. (Ed.): Trace Analysis. Vol. 4. 1985. Academic Press, New York

Massart, D. L., Vandeginste, B. G. M., Deming, S. N., Michotte, Y.: Chemometrics. A Textbook. 1987. Elsevier, Amsterdam

Mendham, J., Dodd, D., Cooper, D.: Classical Methods. Vol. II. 1987. Wiley, New York

Paquot, C., Hautfenne, A.: Standard Methods for the Analysis of Oils, Fats and Derivatives. 1986.

Potts, P. J.: A Handbook of Silicate Rock Analysis. 1987. Blacki, Glasgow

Sharaf, M. A., Illman, D. L., Kowalski, B. R.: Chemometrics. 1986. Wiley, Chichester

Skoog, D. A.: Principles of Instrumental Analysis, 3rd Edition. 1985. Saunders, New York
Svehla, G. (Ed.), Safarik, L., Stransky, Z.: Wilson and Wilson's Comprehensive Analytical Chemistry. Vol. XXII. Titrimetric Analysis in Organic Solvents. 1987. Elsevier, Amsterdam
Valcarcel, M., Luque de Castro, M. D.: Flow-Injection Analysis. Principles and Applications. 1987. Horwood, Chichester
Vincent, A.: Oxidation and Reduction in Inorganic and Analytical Chemistry. 1985. Wiley, New York
Westgard, J. O., Barry, P. L.: Cost-Effective Quality Control: Managing the Quality and Productivity of Analytical Processes. 1986. American Association for Clinical Chemistry, Washington
Widmann, G., Riesen, R.: Thermal Analysis — Terms, Methods, Applications. 1987. Hüthig, Heidelberg
Willet, J. E.: Analytical Chemistry by Open Learning. 1987. Wiley, Chichester
Woodget, B. W., Copper, D.: Samples and Standards — Analytical Chemistry by Open Learning. 1987. Wiley, Chichester
Zweig, G., Sherma, J. (Eds.): Modern Analytical Techniques. 1986. Academic Press, Orlando

1.1 Immunoassays

Ngo, T. T., Lenhoff, H. M. (Eds.): Enzyme-Medicated Immunoassay. 1985. Plenum Press, New York

1.2 Sensoren

Carr-Brion, K.: Moisture Sensors in Process Control. 1986. Elsevier Applied Science, Barking
Edmons, T. E. (Ed.): Chemical Sensors. 1987. Blackie, Glasgow
Janata, J., Huber, R. J. (Eds.): Solid State Chemical Sensors. 1985. Academic Press, New York
Schuetzle, D., Hammerle, R. (Eds.): Fundamentals and Applications of Chemical Sensors. 1986. American Chemical Society, Washington

2 Chromatographie allgemein

De Graeve, J., Berthou, F., Frost, M., Arpino, P., Prome, J. C.: Méthodes chromatographiques couplées à la spectrométrie de masse. Technologie et applications dans les domaines de l'environnement, la pharmacologie et la biochimie. 1986. Lavoisier, Paris
Giddings, J. C., Grushka, E., Brown, P. R. (Eds.): Advances in Chromatography, Vol. 25. 1986. Dekker, New York
Giddings, J. C., Grushka, E., Brown, P. R. (Eds.): Advances in Chromatography, Vol. 26. 1986. Dekker, New York
Giddings, J. C., Grushka, E., Brown, P. R. (Eds.): Advances in Chromatography, Vol. 27. 1987. Dekker, New York

Joensson, J. A. (Ed.): Chromatographic Theory and Basic Principles. 1987. Dekker, New York

Kahszan, R.: Quantitative Structure, Chromatographic Retention Relationships. 1987. Wiley, Chichester

Kaiser, R. E. (Ed.): Planar Chromatography. Vol. 1. 1986. Hüthig, Heidelberg

Katz, E.: Quantitative Analysis using Chromatographic Techniques. 1987. Wiley, Chichester

Mac Donald, J. C. (Ed.): Inorganic Chromatographic Analysis. 1985. Wiley, Chichester

Schoenmakers, P.: Optimization of Chromatographic Selectivity. A Guide to Method Development. 1986. Elsevier, Amsterdam

Wankat, P. C.: Large-Scale Adsorption and Chromatography. 1986. CRC Press, Boca Raton

2.1 Gaschromatographie

Dressler, M.: Selective Gas Chromatographic Detectors. 1986. Elsevier, Amsterdam

Grob, K.: Making and Manipulating Capillary Columns for Gas Chromatography. 1986. Hüthig, Heidelberg

Grob, K.: On-Column Injection in Capillary Gas Chromatography — Basic Technique, Retention Gaps, Solvent Effects. 1987. Hüthig, Heidelberg

Grob, K.: Split and Splitless Injection in Capillary Gas Chromatography. 1986. Hüthig, Heidelberg

Linskens, H. F., Jackson, J. F. (Eds.): Gas Chromatography/Mass Spectrometry. 1986. Springer, Berlin

Oehme, M.: Hochauflösende Gas-Chromatographie. 1987. Hüthig, Heidelberg

Paryjczak, T.: Gas Chromatography in Adsorption and Catalysis. 1987. Wiley, Chichester

Sandra, P., Bicchi, C. (Eds.): Capillary Gas Chromatography in Essential Oil Analysis. 1987. Hüthig, Heidelberg

Willet, J.: Gas Chromatography. 1987. Wiley, Chichester

2.2 Flüssigchromatographie (HPLC)

Bidlingmeyer, B. A. (Ed.): Preparative Chromatography. 1987. Elsevier, Amsterdam

Frei, R. W., Zech, K. (Eds.): Selective Handling and Determination in High-Performance Liquid Chromatography. Part A. 1987. Elsevier, Amsterdam

Heisz, O.: Hochleistungs-Flüssigkeits-Chromatographie. ABC der Meß- und Analysentechnik. 1987. Hüthig, Heidelberg

Jeung, E. S. (Ed.): Detectors for Liquid Chromatography. 1986. Wiley, Chichester

Krull, I. S. (Ed.): Reaction Detection in Liquid Chromatography. 1986. Dekker, New York

Lim, C. K. (Ed.): HPLC of Small Molecules. A Practical Approach. 1986. IRL Press, Oxford

Lindsey, S.: High Performance Liquid Chromatography. 1987. Wiley, Chichester
Meyer, V.: Practical HPLC. 1988. Sauerländer, Aarau
Rossomando, E. F.: High Performance Liquid Chromatography in Enzymatic Analysis. 1987. Wiley, Chichester

2.3 Dünnschichtchromatographie

Fried, B., Sherma, J.: Thin-Layer Chromatography — Techniques and Applications, 2nd Edition. 1986. Dekker, New York
Hamilton, R., Hamilton, S.: Thin Layer Chromatography. 1987 Wiley, Chichester
Ranny, M.: Thin-Layer Chromatography with Flame Ionization Detection. 1986. Reidel, Dordrecht

2.4 Ionenchromatographie

Gjerde, D. T., Fritz, J. S.: Ion Chromatography, 2. Auflage. 1987. Hüthig, Heidelberg
Tarter, J. G. (Ed.): Ion Chromatography. 1987. Dekker, New York
Weiß, J.: Handbuch der Ionenchromatographie. 1985. DIONEX GmbH (Ed.)

3 Elektrochemische Analysenmethoden

Andrews, A. T.: Electrophoresis. Theory, Techniques, and Biochemical and Clinical Applications. 1986. O.U.P., Oxford
Evans, A.: Protentiometry and Ion-selective Electrodes — Analytical Chemistry by Open Learning. 1987. Wiley, Chichester
Evans, R. A.: Potentiometry and Ion Selective Electrodes. 1987. Wiley, New York
Kalvoda, R.: Electroanalytical Methods in Chemical and Environmental Analysis. 1987. Plenum Press, New York
Melvin, M.: Electrophoresis. 1987. Wiley, Chichester
Riley, T., Watson, A.: Polarography and other Voltammetric Methods. 1987. Wiley, Chichester
Thomas, J. D. R.: Ion-Selective Electrode Reviews, Vol. 6. 1985. Pergamon Press, Oxford

4 Molekülspektroskopie

Broude, V. L., Rashba, E. I., Sheka, E. F.: Spectroscopy of Molecular Excitons. 1985. Springer, Berlin, Heidelberg, New York
Davidson, G., Ebsworth, E. A.: Spectroscopic Properties of Inorganic and Organometallic Compounds, Vol. 17. Specialist Periodical Reports. 1985. The Royal Society of Chemistry, London

Davidson, G., Ebsworth, E. A.: Spectroscopic Properties of Inorganic and Organometallic Compounds, Vol. 18. 1986. The Royal Society of Chemistry, London

Rao, K. N. (Ed.): Molecular Spectroscopy: Modern Research. 1985. Academic Press, New York

Sternhell, S., Kalman, J. R.: Organic Structures from Spectra. 1986. Wiley, New York

Vanasse, G. A. (Ed.): Spectrometric Techniques. 1985. Academic Press, New York

Wang, C. H.: Spectroscopy of Condensed Media: Dynamics of Molecular Interactions. 1984. Academic Press, New York

Zupan, J. (Ed.): Computer-Supported Spectroscopic Databases. 1986. Horwood, Chichester

4.1 Schwingungsspektroskopie

Baranska, H.: Laser Raman Spectroscopy. 1987. Wiley, Chichester

Griffiths, P. D., de Haseth, A.: Fourier Transform Infrared Spectrometry. 1986. Wiley, New York

Herres, W.: HRGC-FTIR: Capillary Gas Chromatography — Fourier Transform Infrared Spectroscopy. 1987. Hüthig, Heidelberg

Willis, H. A., van der Maas, J. H. (Eds.): Laboratory Methods in Vibrational Spectroscopy. Wiley, New York

4.2 Elektronenspektroskopie

Phillips, J. P., Bates, D., Feuer, H., Thyagarajan, B. S. (Eds.): Organic Electronic Spectral Data, Vol. XXII. 1986. Wiley, New York

4.3 Photometrie

4.4 Fluoreszenzspektrometrie

Rendell, D.: Fluorescence and Phosphorescence Spectroscopy. 1987. Wiley, Chichester

Schölmerich, J., Andreesen, A., Kapp, A., Ernst, M., Woods, W. G.: Bioluminescence and Chemiluminescence — New Perspectives. 1987. Wiley Chichester

4.5 Photoakustische Spektroskopie

4.6 Massenspektroskopie

Aczel, T. (Ed.): American Society for Testing and Materials, Special Technical Publication No. 902: Mass Spectrometric Characterization of Shale Oils. 1986. ASTM, Philadelphia

Benninghoven, A., Colton, R. J., Simons, D. S., Werner, H. W. (Eds.): Springer Series in Chemical Physics, Vol. 44: Secondary Mass Spectrometry SIMS V. (Proceedings of the 5th International Conference, Washington, D. C., Sept. 30—Oct. 4, 1985). 1986. Springer, Berlin

Benninghoven, A., Rüdenauer, F. G., Werner, H. W.: Secondary Ion Mass Spectrometry — Basic Concepts, Instrumental Aspects, Applications and Trends. 1987. Wiley, New York

Benninghoven, A., Werner, H. W., Huber, H., Slodzian, G. (Eds.): Secondary Ion Mass Spectroscopy SIMS VI, Proc. 6th Int. Conference Versailles 1987. 1987. Wiley, New York

Davies, R., Frearson, M.: Mass Spectrometry. 1987. Wiley, New York

Drucksworth, H. E., Barber, R. C., Venhatasukramanian, V. S.: Mass Spectroscopy, 2nd Edition. 1986. Cambridge University Press, New York

Futrell, J. H. (Ed.): Gaseous Ion Chemistry and Mass Spectrometry. 1986. Wiley, New York

Gaskell, S. J.: Mass Spectrometry in Biomedical Research. 1986. Wiley, Chichester

Gilbert, J. (Ed.): Applications of Mass Spectrometry in Food Science. 1987. Elsevier, London

Kuzema, A. S., Savin, O. R., Chertkov, I. Y.: Analyzing Systems of Magnetic Mass Spectrometers. 1987. Naukova Dumka, Kiev

Petrov, A. A., Golovkina, L. S., Rusinova, G. V.: Mass Spectra of Petroleum Hydrocarbons: Handbooks (Atlas). 1986. Nedra, Moscow

Rose, M. E.: Mass Spectrometry, Vol. 8, Specialist Periodic Reports. 1986. Royal Society of Chemistry, London

Todd, J. F. J. (Ed.): Advances in Mass Spectrometry 1985, Part A: 10th International Mass Spectrometry Conference. (Swansea, UK, 9—13 September, 1985). 1986. Wiley, Chichester

Vul'fson, N. S., Zaikin, V. G., Mikaya, A. I.: Mass Spectrometry of Organic Compounds. 1986. Khimiya, Moscow

Watson, T. J.: Introduction to Mass Spectrometry. 1987. Wiley, New York

White, F. A., Wood, G. M.: Mass Spectrometry. Applications in Science and Engineering. 1986. Wiley, New York

Zhou, H.: Mass Spectrometry and its Application in Inorganic Analysis. 1986. Science Publ. House, Beijing

Zinkevich, I. G., Ioffe, B. V.: Interpretation of Mass Spectra of Organic Compounds. 1986. Khimiya, Leningradskoe Otdelenie, Leningrad

4.7 NMR-Spektroskopie

Bradbury, E. M., Nicolini, C. (Eds.): NMR in the Life Science. 1986 Plenum Press, New York

Elvidge, J. A., Jones, J. R.: Handbook of Tritium NMR Spectroscopy and Applications. 1985. Wiley, New York

Emsley, J. W., Feeney, J.: Progress in Nuclear Magnetic Resonance Spectroscopy, Vol. 16. 1986. Pergamon Press, Oxford

Gerstein, B. C., Dybowski, C. R.: Transient Techniques in NMR of Solids; An Introduction to Theory and Practice. 1985. Academic Press, New York

4.8 ESR-Spektroskopie

Wertz, J. E.; Bolton, J. E.: Electron Spin Resonance: Elementary Theory and Practical Applications. 1986. Chapman and Hall, London

Ayscough, P. B.: Electron Spin Resonance, Vol. 9. 1985. Royal Society of Chemistry, London.

5 Atomspektroskopie

Cresser, M. S., Ebdon, L.: Annual Reports on Analytical Atomic Spectroscopy, Vol. 14. 1985. Royal Society of Chemistry, London

Hurst, G. S., Morgan, G. C. (Eds.): Resonance Ionization Spectroscopy 1986. Institute of Physics Conferences Series Number 84. 1987. Institute of Physics, Bristol

Letokhov, V. S.: Laser Photoionization Spectroscopy. 1987. Academic Press, Orlando

Radziemski, R., Solarz, J., Paisner, J. (Eds.): Laser Spectroscopy and its Application. 1987. Dekker, New York

5.1 Atomabsorptionsspektroskopie (AAS)

Caroli, S.: Improved Hollow Cathode Lamps for Atomic Spectroscopy. Ellis Horwood Series in Analytical Chemistry. 1985. Horwood, Chichester

5.2 Optische Emissionsspektroskopie (OES, AES, ICP-AES)

Boumans, P. W. J. M. (Ed.): Inductively Coupled Plasma Emission Spectroscopy. Part I: Methodology, Instrumentation and Performance. Part II: Applications and Fundamentals. 1987. Wiley, New York

Montaser, A., Golightly, D. W. (Eds.): Inductively Coupled Plasmas in Analytical Atomic Spectrometry. 1987. VCH, Weinheim

5.3 Röntgenspektroskopie

Ladd, M. F. C., Palmer, R. A.: Structure Determination by X-Ray Crystallography, 2nd Edition. 1986. Plenum Press, New York

Lawes, G.: Scanning Electron Microscopy and X-Ray Microanalysis. 1987. Wiley, New York

Lawes, G.: Scanning Electron Microscopy and X-Ray Microanalysis — Analytical Chemistry by Open Learning. 1987. Wiley, Chichester

6 Analyse bestimmter Matrices

6.1 Lebensmittel

Rüssel, H.: Rückstandsanalytik von Wirkstoffen in tierischen Produkten. 1986. Thieme, Stuttgart

6.2 Umweltanalytik

Breen, J. J., Robinson, P. E.: Environmental Applications of Chemometrics. 1985. American Chemical Society, Washington

Fresenius, W., Gmelin, K. E., Schneidohr, W.: Water Analysis. 1987. Springer, Berlin Heidelberg

de Kruijf, H. A. M., Kool, H. J.: Organic Micropollutants in Drinking Water and Health. Proceedings of an International Symposium, Amsterdam, The Netherlands, June 11—14, 1985. Elsevier, New York

Merian, E., Frei, R. W., Härdi, W., Schlatter, Ch.: Carcinogenic and Mutagenic Metal Compounds — Environmental and Analytical Chemistry and Biological Effects. 1987. Gordon & Breach, New York

Pickett, E. E. (Ed.): Atmospheric Pollution. 1988. Springer, Berlin Heidelberg

Shriver, D. F., Drezdzon, M. A.: The Manipulation of Air-Sensitive Compounds. 2nd Edition. 1987. Elsevier, Amsterdam

Suffet, T. H., Malaiyand, M.: Organic Pollutants in Water. 1987. American Chemical Society, Washington

Tolgyessy, J. L., Klehr, E. H.: Nuclear Environmental Chemical Analysis. 1987. Halsted, New York

Zimmermann, E. K., Taylor-Mayer, E. R. (Eds.): Mutagenicity Testing in Environmental Pollution Control. 1985. Wiley, New York

6.3 Pestizide

Rosen, J. (Ed.): Applications of New Mass Spectrometric Techniques in Pesticide Chemistry. 1987. Wiley, New York

6.4 Klinisch-toxikologische und forensische Analytik

Bailey, D. M.: Annual Reports in Medicinal Chemistry, Vol. 26. 1985. Academic Press, New York

Davies, G. (Ed.): Forensic Science. 2nd Edition. 1986. American Chemical Society, Washington

DFG (Ed.): Klinisch-toxikologische Analytik. 1987. VCH, Weinheim

Jaeger, H. (Ed.): Capillary Gas Chromatography-Mass Spectrometry in Medicine and Pharmacology. (Workshop Held at Neu-Ulm, Fed. Rep. of Germany, May 6—8, 1985). 1987. Hüthig, Heidelberg

Maehly, A., Williams, R. L. (Eds.): Forensic Science Progress. Vol. 1—3. 1986. Springer, Berlin

Yinon, J. (Ed.): Forensic Mass Spectrometry. 1987. CRC, Boca Raton

6.5 Biochemie, Naturstoffe

Aszalos, A. (Ed.): Modern Analysis of Antibiotics. 1986. Dekker, New York

DeLeenheer, A. P., Lambert, W. E., DeRuyter, M. G. M. (Eds.): Modern Chromatographic Analysis of the Vitamins. 1985. Dekker, New York

Glick, D. (Ed.): Methods of Biomedical Analysis. 1985. Wiley, New York

Nykaenen, I.: Gas Chromatographic and Mass Spectrometric Investigation of the Flavor Composition of Some Labiatae Herbs Cultivated in Finland. 1987. Alko, Helsinki

6.6 Pharmazeutika

6.7 Kosmetische Präparate

Bore, P. (Ed.): Cosmetic Analysis — Selected Methods and Techniques. Cosmetic Science and Technology Series, Vol. 4. 1985. Dekker, New York

6.8 Drogen

Gudzinowicz, B. J., Younkin, B. T. Jr., Gudzinowicz, M. J.: Drugs and Pharmaceutical Sciences, Vol. 26, Drug Dynamics for Analytical, Clinical and Biological Chemists. 1984. Dekker, New York

6.9 Polymere

McNeal, C. (Ed.): Mass Spectrometry in the Analysis of Large Molecules. 1986. Wiley, Chichester
Muinov, T. M.: Mass Spectrometry of Degradiation of Polymers with Defect Macromolecules. 1986. Donish, Dushanbe

Die relativen Atommassen der Elemente

Den in der Tabelle verwendeten Namen und Symbolen der chemischen
Elemente liegt die DIN-Norm 32640[1] zugrunde, die auf der Basis der
„IUPAC-Regeln für die Nomenklatur der anorganischen Chemie 1970"[2]
erstellt wurde. Gemäß der Empfehlung dieser Norm wird anstelle der
früher verwendeten Begriffe „Ordnungszahl" oder „Kernladungszahl" der
Begriff „Protonenzahl" verwendet. Die Zahlenwerte der relativen Atom-
massen (früher Atomgewichte) der Elemente wurden der IUPAC-Ver-
öffentlichung „Atomic Weights of the Elements 1985"[3] entnommen.
Anläßlich der IUPAC-Tagung im August 1987 wurden keine Änderungen
dieser Werte vorgenommen.

[1] DIN 32640 (Juli 1980), Chemische Elemente und einfache organische
Verbindungen. Namen und Symbole. Beuth-Verlag, GmbH, Berlin 30 und
Köln 1.

[2] International Union of Pure and Applied Chemistry (IUPAC). Regeln
für die Nomenklatur der anorganischen Chemie 1970. Deutsche Fassung.
Verlag Chemie, Weinheim 1976.

[3] Atomic Weights of the Elements 1985 (IUPAC Commission on Atomic
Weights). Pure and Applied Chem. 58, 1677 (1986).

Tabelle: Namen und Symbole der chemischen Elemente, alphabetisch
geordnet nach den Namen

Name		Symbol	Protonen-zahl	relative Atommasse
Deutsch	Englisch			
Actinium*	Actinium	Ac	89	
Aluminium	Aluminium	Al	13	26,981 539
Americium*	Americium	Am	95	
Antimon	Antimony	Sb	51	121,75
Argon	Argon	Ar	18	39,948
Arsen	Arsenic	As	33	74,921 59
Astat*	Astatine	At	85	
Barium	Barium	Ba	56	137,327
Berkelium*	Berkelium	Bk	97	
Beryllium	Beryllium	Be	4	9,012 182
Bismut (Wismut)	Bismuth	Bi	83	208,980 37
Blei (Plumbum)	Lead (Plumbum)	Pb	82	207,2
Bor	Boron	B	5	10,811
Brom	Bromine	Br	35	79,904
Cadmium	Cadmium	Cd	48	112,411
Caesium	Caesium	Cs	55	132,905 43
Calcium	Calcium	Ca	20	40,078
Californium*	Californium	Cf	98	
Cer	Cerium	Ce	58	140,115
Chlor	Chlorine	Cl	17	35,4527

* Keine stabilen Isotope

Tabelle (Fortsetzung)

Name		Symbol	Protonen-zahl	relative Atommasse
Deutsch	Englisch			
Chrom	Chromium	Cr	24	51,9961
Cobalt	Cobalt	Co	27	58,93320
Curium*	Curium	Cm	96	
Dysprosium	Dysprosium	Dy	66	162,50
Einsteinium*	Einsteinium	Es	99	
Eisen (Ferrum)	Iron (Ferrum)	Fe	26	55,847
Erbium	Erbium	Er	68	167,26
Europium	Europium	Eu	63	151,965
Fermium*	Fermium	Fm	100	
Fluor	Fluorine	F	9	18,9984032
Francium*	Francium	Fr	87	
Gadolinium	Gadolinium	Gd	64	157,25
Gallium	Gallium	Ga	31	69,723
Germanium	Germanium	Ge	32	72,61
Gold (Aurum)	Gold (Aurum)	Au	79	196,96654
Hafnium	Hafnium	Hf	72	178,49
Helium	Helium	He	2	4,002602
Holmium	Holmium	Ho	67	164,93032
Indium	Indium	In	49	114,82
Iod	Iodine	I	53	126,90447
Iridium	Iridium	Ir	77	192,22
Kalium	Potassium	K	19	39,0983
Kohlenstoff (Carbon)	Carbon	C	6	12,011
Krypton	Krypton	Kr	36	83,80
Kupfer (Cuprum)	Copper (Cuprum)	Cu	29	63,546
Lanthan	Lanthanum	La	57	138,9055
Lawrencium*	Lawrencium	Lr	103	
Lithium	Lithium	Li	3	6,941
Lutetium	Lutetium	Lu	71	174,967
Magnesium	Magnesium	Mg	12	24,30500
Mangan	Magnanese	Mn	25	54,93805
Mendelevium*	Mendelevium	Md	101	
Molybdän	Molybdenum	Mo	42	95,94
Natrium	Sodium	Na	11	22,989768
Neodym	Neodymium	Nd	60	144,24
Neon	Neon	Ne	10	20,1797
Neptunium*	Neptunium	Np	93	
Nickel (Niccolum)	Nickel	Ni	28	58,69
Niob	Niobium	Nb	41	92,90638
Nobelium*	Nobelium	No	102	
Osmium	Osmium	Os	76	190,2
Palladium	Palladium	Pd	46	106,42
Phosphor	Phosphorus	P	15	30,973762
Platin	Platinum	Pt	78	195,08
Plutonium*	Plutonium	Pu	94	
Polonium*	Polonium	Po	84	

* Keine stabilen Isotope

Tabelle (Fortsetzung)

Name		Symbol	Protonen-zahl	relative Atommasse
Deutsch	Englisch			
Praseodym	Prasecdymium	Pr	59	140,90765
Promethium*	Promethium	Pm	61	
Protactinium*	Protactinium	Pa	91	231,035 88
Quecksilber (Mercurium)	Mercury	Hg	80	200,59
Radium*	Radium	Ra	88	
Radon*	Radon	Rn	86	
Rhenium	Rhenium	Re	75	186,207
Rhodium	Rhodium	Rh	45	102,905 50
Rubidium	Rubidium	Rb	37	85,467 8
Ruthenium	Ruthenium	Ru	44	101,07
Samarium	Samarium	Sm	62	150,36
Sauerstoff (Oxygen)	Oxygen	O	8	15,999 4
Scandium	Scandium	Sc	21	44,955 910
Schwefel (Sulfur)	Sulfur	S	16	32,066
Selen	Selenium	Se	34	78,96
Silber (Argentum)	Silver (Argentum)	Ag	47	107,868 2
Silicium	Silicon	Si	14	28,085 5
Stickstoff (Nitrogen)	Nitrogen	N	7	14,006 74
Strontium	Strontium	Sr	38	87,62
Tantal	Tantalum	Ta	73	180,947 9
Technetium*	Technetium	Tc	43	
Tellur	Tellurium	Te	52	127,60
Terbium	Terbium	Tb	65	158,925 34
Thallium	Thallium	Tl	81	204,383 3
Thorium*	Thorium	Th	90	232,038 1
Thulium	Thulium	Tm	69	168,934 21
Titan	Titanium	Ti	22	47,88
Uran*	Uranium	U	92	238,028 9
Vanadium	Vanadium	V	23	50,941 5
Wasserstoff (Hydrogen)	Hydrogen	H	1	1,007 94
Wolfram	Tungsten (Wolfram)	W	74	183,85
Xenon	Xenon	Xe	54	131,29
Ytterbium	Ytterbium	Yb	70	173,04
Yttrium	Yttrium	Y	39	88,905 85
Zink (Zincum)	Zinc	Zn	30	65,39
Zinn (Stannum)	Tin (Stannum)	Sn	50	118,710
Zirconium	Zirconium	Zr	40	91,224

* Keine stabilen Isotope

Maximale Arbeitsplatzkonzentrationen (1987)

Gegenüber der in Band 7, Seite 479ff. enthaltenen „Liste der für den Analytiker wichtigsten Stoffe mit MAK-Werten" (Tabelle 1) ergaben sich 1987 nur folgende Änderungen:

Stoff	Formel	MAK		H; S	Dampfdruck in mbar bei 20°C
		ml/m³	mg/m³		
Formaldehyd	$HCHO$	0,5 vgl. Tab. 4	0,6	S	
N-Methylanilin	$C_6H_5 \cdot NH \cdot CH_3$	0,5	2	H	
Styrol	$C_6H_5 \cdot CH:CH_2$	20	85		6

Eine Reihe von Stoffen wurde in die Liste der krebserzeugenden Arbeitsstoffe aufgenommen:

Tabelle 2: (Stoffe, die beim Menschen erfahrungsgemäß bösartige Geschwülste zu verursachen vermögen)

4-Chlor-o-toluidin
Dichlordiethylsulfid
N-Methyl-bis(2-chlorethyl)amin

Tabelle 3: (Stoffe, die bislang nur im Tierversuch sich nach Meinung der Kommission eindeutig als krebserzeugend erwiesen haben, unter Bedingungen, die der möglichen Exponierung des Menschen am Arbeitsplatz vergleichbar sind)

2-Amino-4-nitrotoluol
Auramin
Chlorfluormethan
Chrom(VI)-Verbindungen (in Form von Stäuben/Aerosolen)
4,4'-Diaminodiphenylmethan
Dieselmotor-Emissionen
4,4'-Oxydianilin
4,4'-Thiodianilin
2,4,5-Trimethylanilin
4-Vinyl-1,2-cyclohexendiepoxid

Tabelle 4: (Stoffe mit begründetem Verdacht auf krebserzeugendes Potential)ı

1,4-Butansulton
1-n-Butoxy-2,3-epoxypropan
1-tert.Butoxy-2,3-epoxypropan

Akronyme

Die Liste der wichtigsten Akronyme aus dem Bereich der Instrumentellen
Analytik wurde gegenüber Band 5 überarbeitet und wesentlich erweitert.

Akronym	Bedeutung, deutsch	Bedeutung, englisch
AAS	Atomabsorptionsspektrophotometrie	Atomic Absorption Spectrophotometry
ACP	Wechselstrompolarographie	Alternating Current Polarography
AES	Augerelektronenspektroskopie	Auger Electron Spectrometry
AES	Atomemissionsspektrometrie	Atomic Emission Spectrometry
AFS	Atomfluoreszenz-Spektroskopie	Atomic Fluorescence Spectroscopy
API	Atmosphärendruck-Ionisation	Atmospheric Pressure Ionization
ARUPS	Winkelaufgelöste Photoelektronen-Spektroskopie	Angular Resolved UV-Photoelectron Spectroscopy
ASV	Inversvoltammetrie an der Anode	Anodic Stripping Voltammetry
ATR	Abgeschwächte Totalreflexion	Attenuated Total Reflectance
AVLIS	Laser-Isotopentrennung an Atomplasmen	Atomic Vapor Laser Separation
BIXE	Durch Beschuß induzierte Röntgenstrahlemission	Bombardment Induced X-ray Emission
CA	Stoßaktivierung	Collision Activation
CARS	—	Coherent Antistokes Raman Spectroscopy
CAT	(Spektrenakkumulation)	Computer Averaged Transients
CCC	Gegenstrom-Chromatographie	Counter Current Chromatography
CD	Zirkulardichroismus	Circular Dichroism
CFS	Kohärente Vorwärtsstreuung	Coherent Forward Scattering
CI	Chemische Ionisation	Chemical Ionization
CID	Stoßinduzierter Zerfall	Collision Induced Dissociation
CIDNP	Chemisch induzierte dynamische Kernpolarisation	Chemically Induced Dynamic Nuclear Polarization
CMP	Kapazitiv gekoppeltes Mikrowellenplasma	Capacitively Coupled Microwave Plasma
CP	Kreuzpolarisierung	Cross Polarization
CPAA	Aktivierungsanalyse mit Hilfe geladener Teilchen	Charged Particle Activation Analysis
CP-MAS	Kreuzpolarisierung — Rotation um den magischen Winkel	Cross-Polarization — Magic-Angle-Spinning
CS-AAS	AAS mit Kontinuumstrahler	Continuous Source Atomic Absorption Spectrophotometry

Akronym	Bedeutung, deutsch	Bedeutung, englisch
CSV	Inversvoltammetrie an der Kathode	Cathodic Stripping Voltammetry
CV-AAS	Kaltdampf-Atomabsorptionsspektrophotometrie	Cold Vapor Atomic Absorption Spectrophotometry
CW	(Variable Frequenz-Methode)	Continuous Wave
DAD	(Photo)Dioden-Array-Detektor	(Photo)Diode Array Detector
DADI	Ionenenergie-Spektroskopie zum Nachweis metastabiler Zerfälle	Direct Analysis of Daugther Ions
DC	Dünnschicht-Chromatographie	Thin Layer Chromatography
DCCC	Tropfen-Gegenstrom-Chromatographie	Droplet Counter-Current Chromatography
DCI	Direkte Chemische Ionisation	Direct Chemical Ionization
DCP	Gleichstrom-Plasma	Direct Current Plasma
DCP	Gleichstrom-Polarographie	Direct Current Polarography
DME	Quecksilber-Tropfelektrode	Dropping Mercury Electrode
DNMR	Dynamische NMR-Spektroskopie	Dynamic Nuclear Magnetic Resonance
2 D-NMR	Zweidimensionale NMR-Spektroskopie	Two-dimensional NMR Spectroscopy
DOSS	Doppel-Optik-Simultan-Spektrometrie	Dual Optic Simultaneous Spectrometry
DPASV	—	Differential Pulse Anodic Stripping Voltammetry
DPCS (DPCSV)	—	Differential Pulse Cathodic Stripping Voltammetry
DPP	Differential-Puls-Polarographie	Differential Pulse Polarography
DRIFT	IR-Spektroskopie mit diffus reflektierter Strahlung	Diffuse Reflectance Infrared Fourier Transform Spectroscopy
DSC	Differentialkalorimetrie	Differential Scanning Calorimetry
DTA	Differentialthermoanalyse	Differential Thermal Analysis
DUVAS	UV-Spektrometer mit Derivativ-Aufzeichnung	Derivative UV-Absorption Spectrometer
EA-MS	Elektronenanlagerungs-Massenspektrometrie	Electron Attachment Mass Spectrometry
ECD	Elektroneneinfangdetektor	Electron Capture Detector
EDX	Energiedispersive Röntgenspektroskopie	Energy Dispersive X-ray Spectroscopy
EDXRF	Energiedispersive Röntgenfluoreszenz-Spektroskopie	Energy Dispersive X-ray Fluorescence
EI	Elektronenstoß-Ionisation	Electron Impact Ionization
ELS	Energieverlust-Spektroskopie	Energy Loss Spectroscopy
EM	Elektronenmikroskopie	Electron Microscopy
EMP	Elektronen-Mikrosonde	Electron Microprobe Analysis

Akronym	Bedeutung, deutsch	Bedeutung, englisch
ENDOR	Elektron-Kern-Doppel-resonanz	Electron Nuclear Double Resonance
EPMA	Elektronenstrahl-Mikroanalyse (Mikrosonde)	Electron Probe Microanalysis
ES	Emissions-Spektroskopie	Emission Spectroscopy
ESCA	Elektronenspektroskopie für die chemische Analyse	Electron Spectroscopy for Chemical Analysis
ESR	Elektronenspinresonanz-Spektroskopie	Electron Spin Resonance
ETA	Elektrothermoanalyse	Electrothermal Analysis
ETA-AAS	AAS mit elektrothermischer Atomisierung	Electrothermal Atomization Atomic Absorption Spectrophotometry
EXAFS	Feinstruktur der Absorptionsbanden im Röntgenspektrum (Nahordnung)	Extended X-ray Absorption Fine Structure
F-AAS	Flammen-Atomabsorptionsspektrophotometrie	Flame Atomic Absorption Spectrophotometry
FAB	Ionisierung durch Atombeschuß	Fast Atom Bombardment
FANES	Nicht-thermische Ofen-Atomemissions-Spektrometrie	Furnace Atomization Non-thermal Emission Spectrometry
FD	Felddesorption	Field Desorption
FEM (FIM)	Feldionenmikroskopie	Field Electron Microscopy
FI	Feldionisation	Field Ionization
FIA	—	Flow Injection Analysis
FIA	Fluoreszenz-Indikator-Analyse	Fluorescence Indicator Analysis
FID	Flammenionisations-Detektor	Flame Ionization Detector
FMR	Ferromagnetische Resonanz	Ferromagnetic Resonance
FOCS	Faseroptik (Lichtleiter) mit chemischen Sensoren	Fiber Optics Chemical Sensors
FTIR	Fouriertransform-IR-Spektroskopie	Fourier Transform Infrared Spectroscopy
FTMS	Fouriertransform-Massenspektrometrie	Fourier Transform Mass Spectrometry
FTNMR	Fouriertransform-NMR-Spektroskopie	Fourier Transform NMR Spectroscopy
GC	Gas-Chromatographie	Gas Chromatography
GC-GC	Glaskapillaren-Gas-Chromatographie	Glas Capillary Gas Chromatography
GC-IR	Gas-Chromatographie-IR-Spektroskopie-Kopplung	Gas Chromatography Infrared Spectroscopy Coupling
GC-MS	Gas-Chromatographie-Massenspektrometrie-Kopplung	Gas Chromatography Mass Spectrometry Coupling
GD-MS	Glimmlampen-Massenspektrometrie	Glow Discharge Mass Spectrometry
GF-AAS	Graphitrohr-Atomabsorptionsspektrophotometrie	Graphite Furnace Atomic Absorption Spectrophotometry

Akronym	Bedeutung, deutsch	Bedeutung, englisch
GIR	Reflexionsspektroskopie bei streifendem Lichteinfall	Grazing Incidence Reflection
GLC	Gas-Absorptions-Chromatographie	Gas Liquid Chromatography
GPC	Gelpermeations-Chromatographie	Gel Permeation Chromatography
GSC	Gas-Adsorptions-Chromatographie	Gas Solid Chromatography
HDC	Partikelgrößen-Verteilungs-Chromatographie	Hydrodynamic Chromatography
HEED	Hochenergie-Elektronenbeugung	High Energy Electron Diffraction
HEIS	(Hochenergie)Ionenstreuung	High Energy Ion Scattering
HORSES	Nichtlineare Raman-Effekte	Higher Order Raman Spectral Excitation Studies
HPLC	Hochleistungs-Flüssigkeits-Chromatographie	High Performance Liquid Chromatography
HPPLC	Hochdruck-Planar-Flüssigkeitschromatographie	High Pressure Planar Liquid Chromatography
HPTLC	Hochleistungs-Dünnschicht-Chromatographie	High Performance Thin Layer Chromatography
HRE	Hyper-Raman-Effekt	Hyper Raman Effect
HREELS	Hochauflösende Elektronenenergie-Verlust-Spektroskopie	High Resolution Electron Energy Loss Spectroscopy
IBSCA	Ionenstrahl-Spektralanalyse	Ion Beam Spectrochemical Analysis
ICAP	Induktiv gekoppeltes Argon-Plasma	Inductively Coupled Argon Plasma
ICAP-AES	Atomemissionsspektrometrie mit induktiv gekoppeltem Argon Plasma	Inductively Coupled Argon Plasma Atomic Emission Spectrometry
ICISS	Rückstoß-Ionenstreuungs-Spektroskopie	Impact Collision Ion Scattering Spectroscopy
ICLAS	Intracavity-Laser-Absorptionsspektroskopie	Intracavity Laser Absorption Spectroscopy
ICP	Induktiv gekoppeltes Plasma	Inductively Coupled Plasma
ICP-FIS	Induktiv gekoppelte Plasma-Fourier-Transform-Spektrometrie	Inductively Coupled Plasma Fourier Transform Spectrometry
ICR	Ionencyclotron-Resonanz	Ion Cyclotron Resonance
IDMS	Isotopenverdünnungs-Massenspektrometrie	Isotope Dilution Mass Spectrometry
IEE	Induzierte Elektronenemission	Induced Electron Emission
IKES	Ionenenergie-Spektroskopie zur Analyse metastabiler Zerfälle	Ion Kinetic Energy Spectroscopy
IMA	Ionenstrahl-Mikroanalyse	Ion Probe Microanalysis

Akronym	Bedeutung, deutsch	Bedeutung, englisch
INADEQUATE	Doppel-Quanten-Transfer-Experiment mit natürlicher ^{13}C-Häufigkeit	Incredible Natural Abundance Double Quantum Transfer Experiment
INDOR	Internukleare Doppelresonanz	Internuclear Double Resonance
INEPT	—	Insensitive Nuclei Enhancement by Polarization Transfer
INS	Unelastische Neutronenstreuung	Inelastic Neutron Scattering
IR (IRS)	Infrarotspektroskopie	Infrared Spectroscopy
IRRAS	Infrarot-Reflexions-Absorptionsspektroskopie	Infrared Reflection Absorbance Spectroscopy
IRS	Innere Reflexions-Spektroskopie	Internal Reflectance Spectroscopy
IRS	Inverser Raman-Effekt	Inverse Raman Spectroscopy
IRTF	Fourier-Transform-Infrarot-Spektroskopie	Spectres infrarouge par transformé de Fourier
ISFET	Ionensensitiver Feldeffekt-Transistor	Ion Sensitive Field Effect Transistor
ISS	Ionenstreuungs-Spektroskopie	Ion Scattering Spectroscopy
KRIPES	K-aufgelöste inverse Photoelektronenspektroskopie	K-resolved Inverse Photoemission Spectroscopy
LALLS	Kleinwinkel-Laserstreuung	Low Angle Laser Light Scattering
LAMMA	Lasermikrosonden-Massenspektrometrie	Laser Microprobe Mass Analyzer
LAMOFS-ETE	Laser-angeregte Molekülfluoreszenz-Spektrometrie mit elektrothermischer Verdampfung	Laser Exited Molecular Fluorescence with Electrothermal Evaporation
LAMS	Laser-Massenspektrometrie	Laser Mass Spectrometry
LASER	(Laser)	Light Amplification by Stimulated Emission of Radiation
LC	Flüssigkeits-Chromatographie	Liquid Chromatography
LC-MS	Flüssigkeits-Chromatographie-Massenspektrometrie-Kopplung	Liquid Chromatography Mass Spectrometry Coupling
LD	Laser-Desorptions-Massenspektrometrie	Laser Desorption Mass Spectrometry
LEAFS	Laser-angeregte Atomfluoreszenz	Laser Excited Atomic Fluorescence Spectrometry
LEED	Beugung langsamer Elektronen	Low Energy Electron Diffraction
LEERM	Elektronenmikroskop mit langsamen Elektronen	Low Energy Electron Reflection Microscope
LEI	Ionisation durch Laser	Laser Enhanced Ionization
LIF	Laser-induzierte Fluoreszenz-Spektroskopie	Laser Induced Fluorescence

Akronym	Bedeutung, deutsch	Bedeutung, englisch
MAS	Rotation um den magischen Winkel	Magic Angle Spinning
MAS-ETE	Molekülabsorption mit elektrothermischer Verdampfung	Molecular Absorption with Electrothermal Evaporation
MASER	—	Microwave Amplification by Stimulated Emission of Radiation
MATR	Vielfach-ATR	Multiple Attenuated Total Reflectance IR-Spectroscopy
MES	Mößbauerspektroskopie	Mößbauer Effect Spectroscopy
MID	Nachweis selektierter Ionen	Multiple Ion Detection
MIKES	Ionenenergie-Spektroskopie zum Nachweis metastabiler Zerfälle	Mass Analyzed Ion Kinetics Spectrometry
MIP	Mikrowelleninduziertes Plasma	Microwave Induced Plasma
MOLE	Ramanspektroskopie mit Laser-Mikrosonde	Molecular Optics Laser Examiner
MONES-ETE	Molekül-nichtthermische Emissionsspektrometrie mit elektrothermischer Verdampfung	Molecule-Nonthermal Emission Spectrometry — Electrothermal Evaporation
MORD	Magneto-optische Rotationsdispersion	Magneto Optical Rotatory Dispersion
MPI	Multiphotonen-Ionisierung	Multiple Photon Ionization
MPD	Mikrowellen-Plasmadetektor	Microwave Induced Plasma Detector
MS	Massenspektrometrie	Mass Spectrometry
MW	Mikrowelle	Microwave
NAA	Neutronen-Aktivierungsanalyse	Neutron Activation Analysis
NCI	Negative Ionen bei chemischer Ionisation	Negative Ions with Chemical Ionization
NEI	Negative Ionen bei Elektronenstoß-Ionisation	Negative Ions with Electron Impact Ionization
NIRA (NIR)	IR-Spektroskopie im nahen Infrarot	Near Infrared Analysis
NIRS	Nah-Infrarot-Reflexions-Spektroskopie	Near Infrared Reflection Spectroscopy
NMR	Kernmagnetische Resonanzspektroskopie	Nuclear Magnetic Resonance
2D-NMR	Zweidimensionale NMR-Spektroskopie	Two-dimensional NMR Spectroscopy
NOE	Kern-Overhauser-Effekt	Nuclear Overhauser Effect
NQR	Kern-Quadrupol-Resonanz	Nuclear Quadrupole Resonance
OES ($\equiv$ AES)	Optische Emissionsspektralanalyse	Optical Emission Spectroscopy
OMA	Optischer Vielkanal-Analysator	Optical Multichannel Analyzer

Akronym	Bedeutung, deutsch	Bedeutung, englisch
OPLC	Überdruck-Schicht-Chromatographie	Over-Pressure Layer Chromatography
ORD	Optische Rotations-dispersion	Optical Rotatory Dispersion
PARS	Photoakustische Raman-Spektroskopie	Photoacoustic Raman Spectroscopy
PAS	Photoakustische Spektro-skopie	Photo Acoustic Spectro-scopy
PC	Papierchromatographie	Paper Chromatography
PDMS	Plasmadesorptions-Massen-spektrometrie	Plasma Desorption Mass Spectrometry
PED	Photoelektronen-Beugung	Photoelectron Diffraction
PES	Photoelektronen-Spektro-skopie	Photoelectron Spectroscopy
PESIS	Photoelektronenspektro-skopie innerer Elektronen	Photoelectron Spectroscopy of Inner Shell Electrons
PFIMS	Pyrolyse-Feldionisations-Massenspektrometrie	Pyrolysis Field Ionization Mass Spectrometry
PFT	Puls Fourier Transfor-mation	Pulse Fourier Transform
PGC	Pyrolyse-Gas-Chromato-graphie	Pyrolysis Gas Chromato-graphy
PID	Photoionisations-Detektor	Photo Ionization Detector
PIXE	Partikel-induzierte Röntgen-emissions-Spektroskopie	Particle Induced X-ray Emission
REM	Raster-Elektronenmikro-skopie	Reflection Electron Micro-scopy
RFA	Röntgenfluoreszenz-Spektralanalyse	X-ray Fluorescence Analysis
RFF	Fluoreszenzmessung mit Lichtleitern	Remote Fiber Fluorescence
RIKE	Raman-induzierter Kerr-Effekt	Raman Induced Kerr Effect
RIM	Substanznachweis über Ionenreaktionen	Reactant Ion Monitoring
RIMS	Photoionisations-Massen-spektrometrie	Resonance Ionization Mass Spectrometry
RIS	Element- (Molekül-) spezif. Laser-Ionisation	Resonance Ionization Spectroscopy
RPLC	Umkehrphasen-Flüssigkeits-Chromatographie	Reversed Phase Liquid Chromatography
RRS	Resonanz-Raman-Effekt	Resonance Raman Scattering
RSI	Interferometrie auf Grund der Brechzahländerung	Refractively Scanned Inter-ferometer
RTM	Rastertunnelmikroskopie	Scanning Tunneling Micro-scopy
RTS	Rastertunnelspektroskopie	Scanning Tunneling Spectro-scopy
SAM	Scanning-Auger-Mikroskopie	Scanning Auger Microscopy
SAM	Materialprüfung durch akustische Absorption	Scanning Acoustic Micro-scopy

Akronym	Bedeutung, deutsch	Bedeutung, englisch
SCE	Gesättigte Calomel-Elektrode	Saturated Calomel Electrode
SCRS	–	Stokes Coherent Raman Spectroscopy ("Scissors")
SEM	Scanning Elektronen-Mikroskopie	Scanning Electron Microscopy
SERS	Oberflächenverstärkte Raman-Spektroskopie	Surface Enhanced Raman Spectroscopy
SFC	Überkritische Fluid-Chromatographie	Supercritical Fluid Chromatography
SID	Einzelionen-Registrierung	Single Ion Detection/Selected Ion Detection
SID	Oberflächen-Ionisierung	Surface Induced Dissociation
SIM	Einzelionen-Nachweis	Selected Ion Monitoring
SIMAAC	Simultane Multielement-Atomabsorptionsspektrophotometrie mit Kontinuumstrahler	Simultaneous Multielement Atomic Absorption Using a Continuous Source
SIMS	Sekundärionen-Massenspektrometrie	Secondary Ion Mass Spectrometry
SNMS	Neutralteilchen-Emission durch fokussierte Strahlung	Sputtered Neutral Mass Spectrometry
SSMS	Funken-Massenspektrometrie	Sparc Source Mass Spectrometry
STM	Raster-Tunnel-Mikroskopie	Scanning Tunneling Microscopy
STS	Raster-Tunnel-Spektroskopie	Scanning Tunneling Spectroscopy
SWV	Rechteckwellen-Polarographie	Square-Wave Voltammetry
TCD	Wärmeleitfähigkeitsdetektor	Thermal Conductivity Detector
TEELS	Transmissions-Elektronenenergieverlust-Spektrometrie	Transmission Electron Energy Loss Spectrometry
TEM	Transmissions-Elektronenmikroskopie	Transmission Electron Microscopy
TGA	Thermogravimetrische Analyse	Thermogravimetric Analysis
TID	Thermoionischer Detektor	Thermal Ionization Detector
TLC	Dünnschicht-Chromatographie	Thin Layer Chromatography
TPA	Zweiphotonenabsorption	Two Photon Absorption
UPS	UV-Photoelektronen-Spektroskopie	Ultraviolet Photoelectron Spectroscopy
UR	Ultrarot- (= Infrarot-) Spektroskopie	Infrared Spectroscopy
URAS	Ultrarotabsorptionsschreiber	–
UV (UVS)	Ultraviolett-Spektroskopie	Ultraviolet Spectroscopy
VIS	Spektroskopie im sichtbaren Spektralbereich	Visible Spectroscopy
WLD	Wärmeleitfähigkeits-Detektor	Thermal Conductivity Detector

Akronym	Bedeutung, deutsch	Bedeutung, englisch
XAES	Auger-Elektronen-Spektroskopie mit Röntgenstrahl-Anregung	X-ray Induced Auger Electron Spectroscopy
XANES	Feinstruktur der Absorptionsbande im Röntgenspektrum	X-Ray Absorption Near Edge Structure
XPS	Röntgen-Photoelektronen-Spektroskopie	X-ray Photoelectron Spectroscopy
XRD	Röntgenbeugung	X-ray Diffraction
XRF	Röntgenfluoreszenz-Analyse	X-ray Fluorescence Analysis
XRS	Röntgenspektroskopie	X-ray Spectroscopy
ZAAS	Zeeman-Atomabsorptions-spectrophotometrie	Zeeman Atomic Absorption Spectrophotometry

Prüfröhrchen für Luftuntersuchungen und technische Gasanalysen

Siehe Band 7, Seite 492–503

SI-Einheiten

Die Einheiten des Internationalen Einheitensystems (kurz: SI-Einheiten) sind durch das „Gesetz über Einheiten im Meßwesen" (1969) in Verbindung mit einem später erlassenen Änderungsgesetz (1973) in der Bundesrepublik verbindlich geworden. Die Übergangsbestimmungen sind Ende 1977 abgelaufen. Heute sollten nur noch die SI-Einheiten und ihre mit den SI-Vorsätzen gebildeten dezimalen Vielfachen und Teile verwendet werden. Dem Einheitengesetz liegen vor allem die Beschlüsse der „Generalkonferenz für Maß und Gewicht" (CGPM)[1] zugrunde. Mehrere DIN-Normen, im wesentlichen DIN 1301 und DIN 1304[2] interpretieren das Gesetz und enthalten weitere Empfehlungen für die Anwendung auf der Basis der ISO-Nummern 31 und 1000[3]. Die wichtigsten Neuerungen, die sich durch das Einheitengesetz für die chemische Praxis ergeben haben, hat E. Merkel[4] in einer Broschüre zusammengestellt, diskutiert und anhand praktischer Anwendungsbeispiele erläutert. Eine ausführliche Darstellung der geltenden Größen- und Einheitsysteme und ihrer historischen Entwicklung gab J. F. Cordes in Band 2 dieses Taschenbuchs[5].

In den Tabellen 1—3 sind die SI-Basis-Einheiten sowie abgeleitete SI-Einheiten und weitere allgemein anwendbare Einheiten außerhalb des SI aufgeführt.

Die Teile und Vielfache von Einheiten, die durch Multiplikation mit den Faktoren $10^{\pm 1}$, $10^{\pm 2}$, $10^{\pm 3}$ (k = 1, 2, ..., 6) gebildet werden, haben besondere Namen und Zeichen. Diese werden dadurch gebildet, daß vor die Namen und Zeichen der SI-Einheiten besondere Vorsätze bzw. Vorsatzzeichen gesetzt werden, die in Tabelle 4 aufgeführt sind.

In den Tabellen 5—13 sind für einige wichtige SI-Einheiten Faktoren bzw. Formeln zur Umrechnung in andere Einheiten angegeben. Die SI-Einheiten und deren dezimales Vielfache oder Teile sind dort durch Fettdruck herausgegeben.

---

[1] Le système international d'Unités, 1970, Comité Consultatif des Unités (Generalkonferenz für Maß und Gewicht), Deutsche Übersetzung „SI, das Internationale Einheitsystem". Braunschweig: Vieweg 1977

[2] DIN-Normen. Berlin und Köln: Beuth-Vertrieb

[3] International Organization for Standardization ISO 31, 14 Teile (1973 bis 1975: ISO 1000 (1972))

[4] E. Merkel: Die SI-Einheiten in der chemischen Praxis. Köln: Aulis-Verlag 1980

[5] Analytiker-Taschenbuch Bd. 2, S. 3—29: J. F. Cordes, Größen- und Einheitsysteme, SI-Einheiten. Berlin, Heidelberg, New York: Springer 1981

Tabelle 1. SI-Basiseinheiten

Basisgröße	SI-Basiseinheit	
	Name	Zeichen
Länge	Meter	m
Masse	Kilogramm	kg
Zeit	Sekunde	s
elektrische Stromstärke	Ampere	A
thermodynamische Temperatur	Kelvin	K
Stoffmenge	Mol	mol
Lichtstärke	Candela	cd

Tabelle 2. Abgeleitete SI-Einheiten mit besonderem Namen und mit besonderem Zeichen

Größe	SI-Einheit		Beziehung
	Name	Zeichen	
ebener Winkel	Radiant	rad	$1\ \text{rad} = 1\ \text{m/m}$
Raumwinkel	Steradiant	sr	$1\ \text{sr} = 1\ \text{m}^2/\text{m}^2$
Frequenz eines periodischen Vorganges	Hertz	Hz	$1\ \text{Hz} = 1\ \text{s}^{-1}$
Aktivität einer radioaktiven Substanz	Becquerel	Bq	$1\ \text{Bq} = 1\ \text{s}^{-1}$
Kraft	Newton	N	$1\ \text{N} = 1\ \text{J/m} = 1\ \text{m} \cdot \text{kg/s}^2$
Druck, mechanische Spannung	Pascal	Pa	$1\ \text{Pa} = 1\ \text{N/m}^2$ $= 1\ \text{kg/m} \cdot \text{s}^2$
Energie, Arbeit, Wärmemenge	Joule	J	$1\ \text{J} = 1\ \text{N} \cdot \text{m} = 1\ \text{W} \cdot \text{s}$ $= 1\ \text{m}^2 \cdot \text{kg/s}^2$
Leistung, Wärmestrom	Watt	W	$1\ \text{W} = 1\ \text{J/s} = 1\ \text{m}^2 \cdot \text{kg/s}^3$
Energiedosis	Gray	Gy	$1\ \text{Gy} = 1\ \text{J/kg} = 1\ \text{m}^2/\text{s}^2$
elektrische Ladung, Elektrizitätsmenge	Coulomb	C	$1\ \text{C} = 1\ \text{A} \cdot \text{s}$
elektrisches Potential, elektrische Spannung	Volt	V	$1\ \text{V} = 1\ \text{J/C}$ $= 1\ \text{m}^2 \cdot \text{kg/s}^3 \cdot \text{A}$
elektrische Kapazität	Farad	F	$1\ \text{F} = 1\ \text{C/V}$ $= 1\ \text{s}^4 \cdot \text{A}^2/\text{m}^2 \cdot \text{kg}$
elektrischer Widerstand	Ohm	Ω	$1\ \Omega = 1\ \text{V/A}$ $= 1\ \text{m}^2 \cdot \text{kg/s}^3 \cdot \text{A}^2$
elektrischer Leitwert	Siemens	S	$1\ \text{S} = 1\ \Omega^{-1}$ $= 1\ \text{s}^3 \cdot \text{A}^2/\text{m}^2 \cdot \text{kg}$
magnetischer Fluß	Weber	Wb	$1\ \text{Wb} = 1\ \text{V} \cdot \text{s}$ $= 1\text{m}^2 \cdot \text{kg/s}^2 \cdot \text{A}$
magnetische Flußdichte, magnetische Induktion	Tesla	T	$1\ \text{T} = 1\ \text{Wb/m}^2$ $= 1\ \text{kg/s}^2 \cdot \text{A}$
Induktivität	Henry	H	$1\ \text{H} = 1\ \text{Wb/A}$ $= 1\ \text{m}^2 \cdot \text{kg/s}^2 \cdot \text{A}^2$
Celsius-Temperatur	Grad Celsius	°C	$1\,°\text{C} = 1\ \text{K}$
Lichtstrom	Lumen	lm	$1\ \text{lm} = 1\ \text{cd} \cdot \text{sr}$
Beleuchtungsstärke	Lux	lx	$1\ \text{lx} = 1\ \text{lm/m}^2$ $= 1\ \text{cd} \cdot \text{sr/m}^2$

Tabelle 3. Allgemein anwendbare Einheiten des SI

Größe	Einheit		Beziehung
	Name	Zeichen	
Volumen	Liter	l, L	$1\,l = 1\,dm^3 = 1\,L$
Zeit	Minute	min[a]	$1\,min = 60\,s$
	Stunde	h[a]	$1\,h = 60\,min$
	Tag	d[a]	$1\,d = 24\,h$
Masse	Tonne	t	$1\,t = 10^3\,kg = 1\,Mg$
	Gramm	g	$1\,g = 10^{-3}\,kg$
Druck	Bar	bar	$1\,bar = 10^5\,Pa$

[a] nicht mit Vorsätzen verwenden

Tabelle 4. Vorsätze und Vorsatzzeichen für dezimale Teile und Vielfache von Einheiten („SI-Vorsätze")

Vorsatz	Vorsatzzeichen	Faktor, mit dem die Einheit multipliziert wird
Atto	a	10^{-18}
Femto	f	10^{-15}
Piko	p	10^{-12}
Nano	n	10^{-9}
Mikro	μ	10^{-6}
Milli	m	10^{-3}
Zenti	c	10^{-2}
Dezi	d	10^{-1}
Deka	da	10^1
Hekto	h	10^2
Kilo	k	10^3
Mega	M	10^6
Giga	G	10^9
Tera	T	10^{12}
Peta	P	10^{15}
Exa	E	10^{18}

Tabelle 5.

Länge	m	km	in	ft	yd	stat mile	n mile
1 m (Meter)	1	0,001	39,3701	3,28084	1,09361	—	—
1 km (Kilometer)	1000	1	39370,1	3280,84	1093,61	0,621371	0,539957
1 inch (Zoll)	0,0254	—	1	0,08333	0,02778	—	—
1 foot (Fuß)	0,3048	—	12	1	0,3333	0,000189	—
1 yard	0,9144	—	36	3	1	0,000568	—
1 statute mile (Landmeile)	1609,344	1,609344	63360	5280	1760	1	0,868976
1 international nautical mile	1852	1,852	72960	6076,12	2025,37	1,15078	1

Tabelle 6.

Fläche	m²	km²	cm²	in²	ft²	yd²	sq mile	acre	a	ha
1 m² (Quadratmeter)	1	—	10000	1550	10,7639	1,196	—	—	0,01	—
1 km² (Quadratkilometer)	—	1	—	—	—	—	0,3861	247,105	10000	100
1 square inch (Quadratzoll)	—	—	6,4516	1	—	—	—	—	—	—
1 square foot (Quadratfuß)	0,092903	—	929,03	144	1	0,111	—	—	—	—
1 square yard (Quadratyard)	0,836127	—	8361,27	1296	9	1	—	—	—	—
1 square mile (Quadratmeile)	—	2,5899	—	—	—	—	1	640	—	258,999
1 acre	4046,86	—	—	—	—	4840	0,00156	1	40,4686	0,404686
1 a (Ar)	100	—	—	—	1076,39	—	—	—	1	0,01
1 ha (Hektar)	10000	0,01	—	—	—	—	—	2,47105	100	1

Tabelle 7.

Volumen	m³	cm³	in³	ft³	yd³	US fl oz	UK fl oz	US gal	UK gal	UK pint
1 m³ (Kubikmeter)	1	10⁶	61024	35	1,3	33814	35195	264,2	219,9	1759,8
1 cm² **(Kubikzentimeter)**	10⁻⁶	1	0,061024	—	—	0,033814	0,035195	—	—	—
1 cubic inch (Kubikzoll)	—	16,3872	1	—	—	0,5541	0,5768	—	—	0,0288
1 cubic foot (Kubikfuß)	0,0283168	28316,8	1728	1	0,03704	957,5	996,6	7,4805	6,2288	49,831
1 cubic yard (Kubikyard)	0,76456	—	46656	27	1	—	—	201,97	168,18	1345,43
1 US fluid ounce (Flüssigkeits-Unze)	—	29,574	1,805	—	—	1	1,041	—	—	—
1 UK fluid ounce (Flüssigkeits-Unze)	—	28,413	1,7339	—	—	0,96075	1	—	—	0,05
1 US gallon	—	3785,4	231	0,1337	—	128	133,23	1	0,8327	6,662
1 UK gallon	—	4546,09	277,42	0,1605	—	153,72	160	1,201	1	8
1 UK print	—	568,261	34,68	0,02	—	19,215	20	0,1501	0,125	1

Tabelle 8.

Temperatur

Umrechnungsformeln:

Celsius-Temperatur ϑ in °C: $\qquad \vartheta = \dfrac{5}{9} (\vartheta_F - 32) = \dfrac{\vartheta_F - 32}{1,8}$

Fahrenheit-Temperatur ϑ_F in °F: $\vartheta_F = \dfrac{9}{5} \vartheta + 32 = 1,8\vartheta + 32$

Temperaturdifferenzen:

1 Kelvin $\quad = \mathbf{1\,K} = 1\,°C \qquad T_K = \vartheta + 273,15$

1 Grad Rankine $= 1\,°R = 1\,°F \qquad T_R = \vartheta_F + 459,67$

Tabelle 9.

Masse	kg	g	t	oz	lb	sh cwt	cwt	sh tn	ton
1 kg (Kilogramm)	1	1 000	0,001	35,274	2,204 62	—	—	—	—
1 g (Gramm)	0,001	1	—	—	—	—	—	—	—
1 t (Tonne)	1 000	—	1	35 274	2 204,62	22,046 2	19,685	1,102 31	0,984 21
1 oz (ounce avoirdupois)	—	28,35	—	1	0,062 5	—	—	—	—
1 lb (pound avoirdupois)	0,453 59	453,592 4	—	16	1	0,01	0,008 9	0,000 5	—
1 sh cwt (short hundredweight, US-Einheit)	45,359 2	—	—	—	100	1	0,892 9	0,05	0,044 6
1 cwt (hundredweight, brit. Einheit)	50,802 3	—	—	—	112	1,12	1	0,056	0,05
1 sh tn (short ton, US-Einheit)	907,185	—	—	—	2 000	20	17,857	1	0,892 9
1 ton (brit. Einheit)	1 016,05	—	1,016 05	—	2 240	22,4	20	1,12	1

Tabelle 10.

Kraft	N	dyn	p	kp	lbf
1 N (Newton)	1	10^5	101,9716	0,1019716	0,224809
1 dyn	10^{-5}	1	$1,019716 \cdot 10^{-3}$	$1,019716 \cdot 10^{-6}$	$2,24809 \cdot 10^{-6}$
1 p (Pond)	$9,80665 \cdot 10^{-3}$	980,665	1	0,001	$2,20462 \cdot 10^{-3}$
1 kp (Kilopond)	9,80665	$9,80665 \cdot 10^5$	1000	1	2,20462
1 lbf (pound-force)	4,44822	$4,44822 \cdot 10^5$	453,592	0,453592	1

Tabelle 11.

Druck	Pa	bar	kp/m²	at	atm	Torr	lbf/in²
1 Pa = 1 N/m²	1	10^{-5}	$1,019716 \cdot 10^{-1}$	$1,019716 \cdot 10^{-5}$	$0,986923 \cdot 10^{-5}$	$0,750062 \cdot 10^{-2}$	$145,038 \cdot 10^{-6}$
1 bar $= 10^5$ dyn/cm²	10^5	1	$10,19716 \cdot 10^3$	1,019716	0,986923	750,062	14,5038
1 kp/m² = 1 mm WS	9,80665	$0,980665 \cdot 10^{-4}$	1	10^{-4}	$0,967841 \cdot 10^{-4}$	$0,735559 \cdot 10^{-1}$	$1,42233 \cdot 10^{-3}$
1 at = 1 kp/cm²	$0,980665 \cdot 10^5$	0,980665	10^4	1	0,967841	735,559	14,2233
1 atm = 760 Torr	101325	1,01325	$1,033227 \cdot 10^4$	1,033227	1	760	14,69595
1 Torr	133,3224	$1,333224 \cdot 10^{-3}$	13,59510	$1,359510 \cdot 10^{-3}$	$1,315789 \cdot 10^{-3}$	1	$19,3368 \cdot 10^{-3}$
1 lbf/in² = 1 psi (pound-force per sq. inch)	$6,89476 \cdot 10^3$	$68,9476 \cdot 10^{-3}$	703,070	$70,3070 \cdot 10^{-3}$	$68,0460 \cdot 10^{-3}$	51,7128	1

Tabelle 12.

Arbeit, Energie, Wärme- menge, Drehmoment	J	kWh	PSh	hph	kpm	kcal	Btu	MeV
1 J (Joule) = 1 WS **= 1 Nm = 10 erg**	1	$2{,}778 \cdot 10^{-7}$	$3{,}77 \cdot 10^{-7}$	$3{,}725 \cdot 10^{-7}$	0,1019716	$2{,}388 \cdot 10^{-4}$	$9{,}478 \cdot 10^{-4}$	$6{,}242 \cdot 10^{12}$
1 kWh (Kilowattstunde)	$3{,}6 \cdot 10^{6}$	1	1,39562	1,34102	$3{,}671 \cdot 10^{5}$	859,845	3412,14	$2{,}247 \cdot 10^{19}$
1 PSh (PS-Stunde)	$2{,}648 \cdot 10^{6}$	0,735499	1	0,986320	$2{,}7 \cdot 10^{5}$	632,41	2509,62	$1{,}653 \cdot 10^{19}$
1 hph (horse-power hour)	$2{,}685 \cdot 10^{6}$	0,745700	1,013870	1	$273{,}7 \cdot 10^{3}$	641,186	2544,43	$1{,}676 \cdot 10^{19}$
1 kpm (Kilopondmeter)	9,80665	$2{,}724 \cdot 10^{-6}$	$3{,}70 \cdot 10^{-6}$	$3{,}653 \cdot 10^{-6}$	1	$2{,}342 \cdot 10^{-3}$	$9{,}295 \cdot 10^{-3}$	$6{,}122 \cdot 10^{13}$
1 kcal (Kilokalorie)	4186,8	$1{,}163 \cdot 10^{-3}$	$1{,}581 \cdot 10^{-3}$	$1{,}560 \cdot 10^{-3}$	426,935	1	3,96832	$2{,}614 \cdot 10^{16}$
1 Btu (British thermal unit)	1055,06	$2{,}931 \cdot 10^{-4}$	$3{,}985 \cdot 10^{-4}$	$3{,}930 \cdot 10^{-4}$	107,586	0,251996	1	$6{,}586 \cdot 10^{15}$
1 MeV (Mega-Elektronvolt)	$1{,}602 \cdot 10^{-13}$	$4{,}45 \cdot 10^{-20}$	$6{,}050 \cdot 10^{-20}$	$5{,}968 \cdot 10^{-20}$	$1{,}63 \cdot 10^{-14}$	$3{,}82 \cdot 10^{-17}$	$1{,}518 \cdot 10^{-15}$	1

Tabelle 13.

Leistung	kW	PS	hp	kpm/s	kcal/s	Btu/s	ft·lbf/s
1 kW (Kilowatt) $= 10^{10}$ erg/s	1	1,35962	1,34102	101,9716	0,238846	0,94781	737,562
1 PS (Pferdestärke)	0,735499	1	0,986320	75	0,1757	0,69712	542,476
1 hp (horsepower)	0,745700	1,01387	1	76,042	0,17811	0,70679	550
1 kpm/s (Kilopondmeter je Sekunde)	$9{,}807 \cdot 10^{-3}$	0,013333	0,0131509	1	$2{,}342 \cdot 10^{-3}$	$9{,}295 \cdot 10^{-3}$	7,23301
1 kcal/s (Kilokalorie je Sekunde)	4,1868	5,692	5,614	426,939	1	3,96832	3088,05
1 Btu/s (British thermal unit/sec)	1,05505	1,4345	1,4149	107,586	0,251993	1	778,17
1 ft·lbf/s (foot-pound-force/sec)	$1{,}356 \cdot 10^{-3}$	$1{,}843 \cdot 10^{-3}$	$1{,}818 \cdot 10^{-3}$	0,138255	$3{,}328 \cdot 10^{-4}$	$1{,}285 \cdot 10^{-3}$	1

Informations- und Behandlungszentren für Vergiftungsfälle mit durchgehendem 24-Stunden-Dienst

im deutschsprachigen Raum

(überprüft im Oktober 1986)

Bundesrepublik Deutschland

Berlin: Beratungsstelle für Vergiftungserscheinungen
an der Universitäts-Kinderklinik, KAVH
Heubnerweg 6, 1000 Berlin 19
Tel. (030) 3023022

Reanimationszentrum der Medizinischen Klinik und Poliklinik
der Freien Universität im Klinikum Westend
Spandauer Damm 130, 1000 Berlin 19
Tel. (030) Durchwahl 3035466 oder 30352215
Klinikzentrale 30351

Bonn: Universitäts-Kinderklinik und Poliklinik Bonn
Informationszentrale für Vergiftungen
Adenauerallee 119, 5300 Bonn
Tel. (0228) Durchwahl 2606211
Pforte 26061

Braunschweig: Medizinische Klinik des Städtischen Krankenhauses
Salzdahlumer Straße 90, 3300 Braunschweig
Tel. (0531) Durchwahl 62290
Klinikzentrale 6880

Bremen: Kliniken der Freien Hansestadt Bremen
Zentralkrankenhaus St.-Jürgen-Straße
Klinikum für innere Medizin, Intensivstation
St.-Jürgen-Straße, 2800 Bremen
Tel. (0421) Durchwahl 4975268 oder 4973688

Freiburg: Universitäts-Kinderklinik Freiburg
Informationszentrale für Vergiftungen
Mathildenstraße 1, 7800 Freiburg
Tel. (0761) Durchwahl 2704361
Klinikzentrale 2701, Pforte 2704300/01 nach 16 Uhr

Göttingen: Universitäts-Kinderklinik und Poliklinik
Humboldtallee 38, 3400 Göttingen
Tel. (0551) Durchwahl 396239
Klinikzentrale 396210/11 (Verm. a. d. diensthabenden Arzt)

Hamburg: I. Medizinische Abteilung des Krankenhauses Barmbek
Giftinformationszentrale
Rübenkamp 148, 2000 Hamburg 60
Tel. (040) Durchwahl 63853345/3346

Homburg: Universitäts-Kinderklinik Homburg/Saar
Informationszentrale für Vergiftungen
6650 Homburg/Saar
Tel. (06841) Durchwahl 162257/162846
Klinikzentrale 161

Kiel: I. Medizinische Universitätsklinik Kiel
Zentralstelle zur Beratung bei Vergiftungsfällen
Schittenhelmstraße 12, 2300 Kiel
Tel. (0431) Durchwahl 5974268
Klinikzentrale 5971, Pforte 5972444/2445

Koblenz: Städtisches Krankenhaus Kemperhof, Koblenz
I. Medizinische Klinik
Koblenzer Straße 115—155, 5400 Koblenz
Tel. (0261) Zentrale 4991
Durchwahl: Kinder bis zu 14 Jahren: 499676
　　　　　　　Erwachsene:　　　　　　499648

Ludwigshafen: Städtische Krankenanstalten Ludwigshafen
Entgiftungszentrale
Bremserstraße 79, 6700 Ludwigshafen
Tel. (0621) Durchwahl 503431
Klinikzentrale 5030

Mainz: Zentrum für Entgiftung und Giftinformation
II. Medizinische Klinik und Poliklinik der Universität
Langenbeckstraße 1, 6500 Mainz
Tel. (06131) 232466
Klinikzentrale 171

München: Giftnotruf München
(Toxikologische Abteilung der II. Medizinischen Klinik rechts
der Isar der Technischen Universität)
Ismaninger Straße 22, 8000 München 80
Tel. (089) Durchwahl 41402211
Telex: 50-24404 klire d

Münster: Medizinische Klinik und Poliklinik
Domagkstr. 3, 4400 Münster
Tel. (0251) Durchwahl 836245/6188
Klinikzentrale 831, bei speziellen Vergiftungen auch
Inst. für Pharmakologie und Toxikologie
Durchwahl 835510

Nürnberg: II. Medizinische Klinik der Städtischen Krankenanstalten
Toxikologische Abteilung
Flurstraße 17, 8500 Nürnberg 5
Tel. (0911) Durchwahl 3982451

Papenburg: Marienhospital-Kinderabteilung
Hauptkanal rechts 75, 2990 Papenburg
Tel. (04961) Klinikzentrale 831

Deutsche Demokratische Republik

Der Zentrale Toxikologische Auskunftsdienst (ZTA) der DDR ist rund um die Uhr unter den Rufnummern Berlin 3669418 und 3653353/54 zu erreichen. Bei Störung beider Telefonanschlüsse ist folgende Telefonnummer anzuwählen: SMH Berlin (Rettungsamt) 2820561, App. 279. Um eine Information des ärztlichen Bereiches wird gebeten.

Österreich

Wien: Vergiftungsinformationszentrale
Spitalgasse 23, A-1090 Wien
Tel. 0222/434343

Entgiftungsstation des Wilhelminenspitals der Stadt Wien
Montleartstraße 37, A-1160 Wien
Tel. 0222/952511

Schweiz

Zürich: Schweizerisches Toxikologisches Informationszentrum
Klosterbachstraße 107, CH-8030 Zürich
Tel. 01/2515151

Organisationen der Analytischen Chemie
im deutschsprachigen Raum

Internationale Organisationen

International Union of Pure and Applied Chemistry (IUPAC)
Analytical Chemistry Division
Vorsitzender: Professor Dr. G. H. Nancollas, Buffalo, N.Y., USA

Federation of European Chemical Societies (FECS)
Working Party on Analytical Chemistry (WPAC)
Vorsitzender: Professor Dr. L. Ninistö, Helsinki

Nationale Organisationen

Bundesrepublik Deutschland

Gesellschaft Deutscher Chemiker

Fachgruppe „Analytische Chemie"
Vorsitzender: Professor Dr. H. Kelker, Hoechst AG, Frankfurt

mit folgenden Arbeitskreisen:

Deutscher Arbeitskreis für Spektroskopie (DASp)
Vorsitzender: Prof. Dr. L. Laqua, Dortmund

Arbeitskreis Chromatographie
Vorsitzender: Priv. Doz. Dr. G. Schomburg, Mülheim, MPI

Arbeitskreis Archäometrie
Vorsitzender: Professor Dr. G. Schulze, Berlin, Techn. Universität

Arbeitskreis Mikro- und Spurenanalyse der Elemente (A. M. S. E. L.)
Vorsitzender: Prof. Dr. F. H. Frimmel, Karlsruhe

Arbeitskreis Kristallstrukturanalyse von Molekülverbindungen (KSAM)
Vorsitzender: Dr. habil. A. Gieren, Universität Innsbruck

Arbeitskreis Laborautomation und Datenverarbeitung
Vorsitzender: Prof. Dr. S. Ebel, Würzburg, Universität

Diskussionsgruppe Analytik im Umweltschutz (DAU)
Vorsitzender: Professor Dr. E. Lahmann, Berlin, Bundesgesundheits-
amt

Die Fachgruppe „Analytische Chemie" hält auf dem Gebiet der analytischen Chemie engen Kontakt mit den GDCh-Fachgruppen:

Lebensmittelchemie und gerichtliche Chemie
Vorsitzender: Dr. H. Berg, Karlsruhe, Chem. Untersuchungsanstalt

Magnetische Resonanzspektroskopie
Vorsitzender: Professor Dr. R. Kosfeld, Duisburg, Universität-GH

Nuclearchemie
Vorsitzender: Professor Dr. H. J. Ache, Karlsruhe, KFZ

Waschmittelchemie
Vorsitzender: Dr. H. Stache, Chemische Werke Hüls AG

Wasserchemie
Vorsitzender: Professor Dr. K.-E. Quentin, München, Techn. Universität

Arbeitsgemeinschaft Massenspektrometrie der Deutschen Physik.
Gesellschaft der GDCh und der Deutschen Bunsengesellschaft
Vorsitzender: Dr. D. Henneberg, Mülheim, MPI

sowie mit

dem Chemikerausschuß des Vereins Deutscher Eisenhüttenleute (VDEh)
Vorsitzender: Dr. K. H. Koch, Dortmund

dem Chemikerausschuß der Gesellschaft Deutscher Metallhütten- u.
Bergleute (GDMB)
Vorsitzender: Dr. D. Hirschfeld, Essen, Krupp GmbH

der Deutschen Gesellschaft für Klinische Chemie e. V.
Präsident: Prof. Dr. Dr. H. Wisser, Stuttgart

Deutsche Demokratische Republik

Chemische Gesellschaft der DDR
    FV Analytik
    Vorsitzender: Professor Dr. G. Ackermann, Freiberg

Österreich

Gesellschaft Österreichischer Chemiker
Österreichische Gesellschaft für Mikrochemie und Analytische Chemie
Präsident: Prof. Dr. J. F. K. Huber, Wien

Schweiz

Schweizerische Gesellschaft
    für Analytische und Angewandte Chemie
    Vorsitzender: Prof. Dr. J. Solms, Zürich

Schweizerische Gesellschaft
    für Instrumentalanalytik und Mikrochemie
    Vorsitzender: Prof. Dr. W. Haerdi, Genf, Universität